蒋秀欣　蒋树刚　编著

液晶电视维修技能从新手到高手

YEJINGDIANSHI WEIXIU JINENG CONG XINSHOU DAO GAOSHOU

化学工业出版社
·北京·

内容提要

本书采用实物图与电路图双重图解的方式，以市场上品牌液晶电视机作为维修实例，详细介绍了液晶电视机的维修技能。本书分为新手入门篇和高手精通篇两部分内容。其中新手入门篇包括：液晶电视机维修基础、液晶电视机维修工具、组件板的检测与代换、组件板上的易损件维修等内容。高手精通篇包括：电源板维修、背光灯升压板维修、逻辑板维修、主信号处理板维修、公用通道维修、伴音板维修、液晶屏组件维修等内容。作者专门拍摄了液晶电视机维修时的现场实物图片，便于读者学习更加直观和方便。

本书内容实用、图文并茂、案例典型、数据可靠，非常适合家电维修人员参考使用。

图书在版编目（CIP）数据

液晶电视维修技能从新手到高手／蒋秀欣，蒋树刚编著. —北京：化学工业出版社，2013.3（2022.7重印）
ISBN 978-7-122-15994-6

Ⅰ.①液… Ⅱ.①蒋…②蒋… Ⅲ.①液晶电视机-维修
Ⅳ.①TN949.192

中国版本图书馆CIP数据核字（2012）第296140号

责任编辑：李军亮　要利娜　　装帧设计：王晓宇
责任校对：宋　玮

出版发行：化学工业出版社（北京市东城区青年湖南街13号　邮政编码100011）
印　　装：天津盛通数码科技有限公司
787mm×1092mm　1/16　印张15¾　字数409千字　2022年7月北京第1版第15次印刷

购书咨询：010-64518888　　售后服务：010-64518899
网　　址：http://www.cip.com.cn
凡购买本书，如有缺损质量问题，本社销售中心负责调换。

定　　价：48.00元

前言

液晶电视具有轻薄便携、分辨率大、清晰度高、绿色环保、耗电量低等优点，越来越受消费者的欢迎。这几年，液晶电视的发展非常迅速，在城乡家庭中普及率越来越高。但是作为电器产品，液晶电视在使用过程中，难免会遇到一些故障，如何快速维修好液晶电视是摆在家电维修人员面前的问题，为了帮助维修人员快速学会液晶电视的维修，我们编写了本书。

从整体上看，液晶电视机的结构非常简单：1 块液晶屏组件＋2 只喇叭＋几块组件板。因此，液晶电视机的维修分为三个层次：板级维修；组件板的易损件维修；组件板的器件全面维修。

① 板级维修　液晶电视机的板级维修很简单，就是哪块板件坏了更换哪个块板，比 CRT 电视机的维修还要简单。这就像家用电脑的维修一样，不仅专业人员可以维修，业余爱好者掌握了基本的常识也可维修。液晶电视机板的维修常识包括：各组件板的故障率、组件板损坏引起的故障现象、组件板的工作条件、组件板的单独测试方法，这些内容在本书的第 1 章、第 2 章作介绍。

② 组件板的易损件维修　液晶电视机组件板上的易损件，主要集中在高压、高温、大电流环境，这与 CRT 彩电及其他家用电器相同。液晶电视机组件板故障率从高到低排列为：电源板→背光灯升压板→液晶屏组件→主信号处理板→逻辑板。

液晶电视机内的每块组件板上的器件数量达几百个甚至数千个，但其易损件仅有几个，且易损件出现故障的概率占整个组件板的 70％以上。比如，电源板上易损件有保险管、MOS 开关管、电源模块、大电流整流二极管、150～330μF/450V 大电解电容，与 CRT 彩电开关电源上的易损件相似；再比如背光升压板上的易损件有高压变压器、保险管、MOS 驱动管，与 CRT 彩电的行扫描电路相似。

③ 组件板的器件全面维修　液晶电视机与 CRT 电视机相比较，声音信号处理方法及电路结构基本相同，图像信号的前期处理方法及电路也基本相同，如电视节目依次经高频调谐器、中频公用通道、视频解码变换为模拟的红绿蓝三基色信号和行场同步信号。图像信号的后期处理方法及电路与 CRT 电视机存在着本质区别，液晶电视机主要由许多超大规格数字芯片组成数/模转换器、格式变换、液晶显示控制等处理电路，但由于这部分电路中所用的数字芯片功能强大，外围器件很少，维修时一般只考虑芯片引脚虚焊问题，可以大大简化维修的难度，使液晶电视机组件板的全面器件维修成为可能。

本书由蒋秀欣、蒋树刚编著。在编写过程中还得到李金章、许喜国、张春民、田启朋、王宝风、刘敏、史伟、刘战敏、张滨、祝群英等的大力支持，在此深表感谢。

由于编写水平有限，书中难免有不妥之处，恳请广大读者给予批评指正。

编著者

图例说明

为了方便读者快速地从书中获取所需的信息，书中特意安排了下面的图标，根据这些图标的指示去阅读，既可掌握维修中的实用技巧，又可了解重点、难点。

经验 这个图标所示内容比较重要，是维修液晶电视机捷径，认真阅读并充分理解这些内容，有助于读者从众多的内容中直接提取出维修必须掌握的要点。

技巧 这个图标所示内容是维修经验之谈，是液晶实际维修中积累的小诀窍。

资料 这个图标所示内容介绍液晶电视机相关的知识，以拓展知识面，省去到处查阅资料的麻烦。

警告 这个图标所示内容是检修液晶电视机特别注意的地方，在进行相关操作时应按要求进行，否则会造成新的故障，或影响操作人员的安全。

代换原则 这个标示所示内容是代换器件时才需要阅读。

液晶电视维修技能从新手到高手

目录

CONTENTS

新手入门篇

高手精通篇

新手入门篇

导读　本篇介绍液晶电视机初级维修需要的一些知识，主要包括三个方面：一是液晶电视机的内部结构、整机电路框架结构、图声信号及控制信号的走向；二是液晶电视机内的各组件板功能、识别、损坏所引起的故障现象、好坏检测、代换原则；三是液晶电视机维修必须的工具。这些内容是液晶电视机初级维修员、想动手维修液晶电视机、无线电爱好者需要了解掌握的。

第1章

液晶电视机维修基础

导读　本章从宏观上介绍液晶电视机的内部结构、整机电路框图、图像信号流程、各组件板在机内的位置、引起的常见故障现象、好坏判定方法。

液晶电视机，表示符号 LCD TV。液晶电视机品牌不同，其规格命名方法不尽相同，如海信液晶电视机命名规则如下。

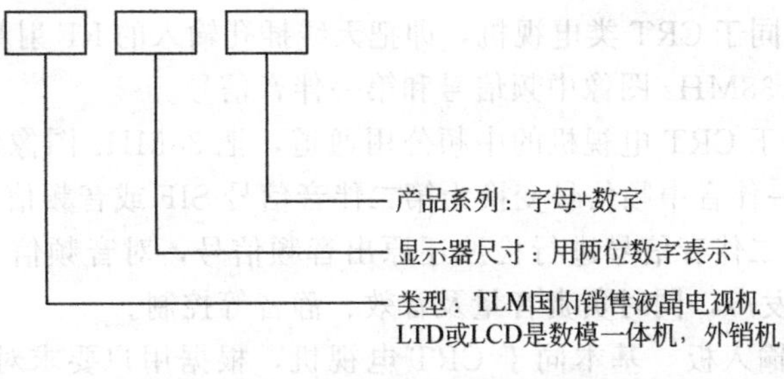
产品系列：字母+数字
显示器尺寸：用两位数字表示
类型：TLM国内销售液晶电视机
LTD或LCD是数模一体机，外销机

例如海信 TLM26P69D，代表内销 26 英寸液晶电视 P69 系列，D 代表低端产品。

1.1 液晶电视机的基本构成及工作原理

导读　液晶屏组件＋几块组件板＋喇叭，便构成了液晶电视机，这比 CRT 电视机要简单得多，有点像电脑的主机。

液晶电视机的工作原理，与 CRT 电视机比较，其接收处理伴音信号的过程基本相同，接收处理电视信号的前期过程也相同，但后期过程除采用液晶屏作为显示器外，还增加了视频信号数字化处理、格式变换、液晶显示控制等过程。

(1) 液晶电视机的基本结构

图 1-1 是液晶电视机的基本结构示意图，包括液晶屏组件、电源板、逻辑板、背光灯升压板、伴音板、数字板、高频调谐器、中频组件板、AV 外部信号板、按键/遥控板（前面板）、喇叭等。

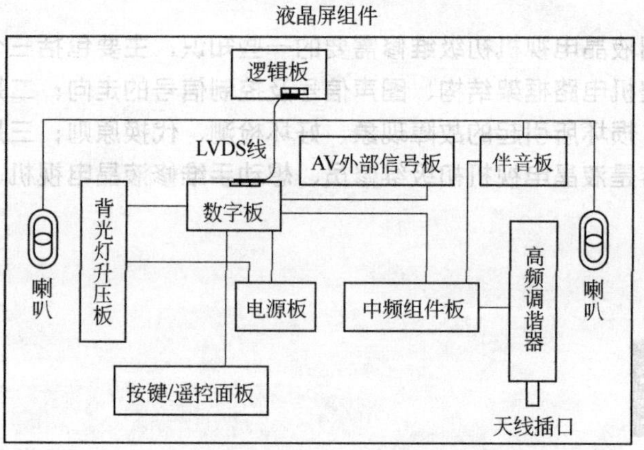
液晶屏组件
逻辑板
LVDS线
AV外部信号板
伴音板
数字板
背光灯升压板
喇叭
高频调谐器
喇叭
电源板
中频组件板
按键/遥控面板
天线插口

图 1-1 液晶电视机的基本结构示意图

目前的液晶电视机，有的把高频调谐器、中频组件板做在一起，称为中频一体化高频调谐器；有的把高频调谐器、中频组件板、AV 外部信号板、数字板做在一起，称为主信号处理板（简称为主板）；有的小屏幕的液晶电视机把电源板和背光板做在一起，称为电源背光二合一板（IP 板）。

(2) 液晶电视机的基本原理

图 1-2 是液晶电视机的电路框图。与 CRT 类电视相比，图声信号的前期处理相同，所不同的是成像部分。下面对液晶电视机各组件板的功能进行简单的介绍。

① 高频调谐器　同于 CRT 类电视机，即把天线插孔输入的 RF 射频信号，变换为 IF 中频信号，IF 信号包括 38MHz 图像中频信号和第一伴音信号。

② 中频组件　同于 CRT 电视机的中频公用通道，把 38MHz 图像信号变换为全电视视频信号 CVBS，把第一伴音中频信号变换为第二伴音信号 SIF 或音频信号 AUDIO。

③ 伴音板　把第二伴音信号进行检波还原出音频信号，对音频信号进行选择切换及功率放大后，推动喇叭发声，同时负责音量及音效、静音等控制。

④ AV 外部信号输入板　基本同于 CRT 电视机，根据用户要求对外部输入的图/声信号选择通过后，送数字板、伴音板。

⑤ 数字板　全称 CPU 及数字信号格式变换板，属于液晶电视机特有器件，其功能很强大，既要执行 CPU 的各项控制，如开/关机控制、背光灯开/关控制、背光源亮度调整、音量及音效、亮度/对比度/色饱和度/清晰度控制、TV/AV/S-VIDEO/VGA/YPbPr/HDMI/DVI 切换，还要对视频信号进行解码、模拟/数字转换、格式变换、液晶显示控制等处理后，输出 LVDS 低差分数字式图像信号，送逻辑板。

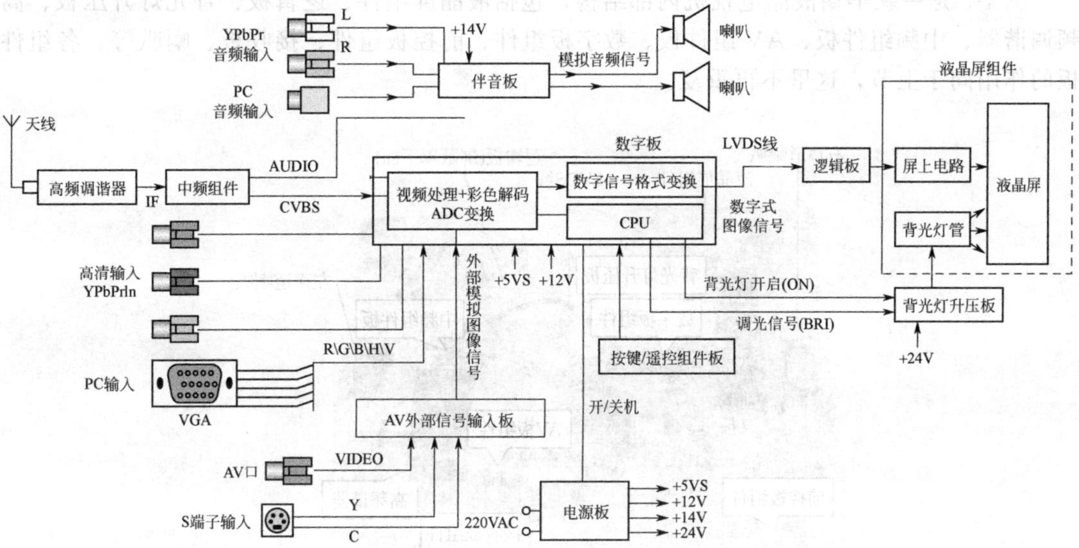
YPbPr
音频输入
L
R
+14V
喇叭
模拟音频信号
伴音板
喇叭
PC
音频输入
液晶屏组件
天线
数字板
LVDS线
AUDIO
高频调谐器
IF
中频组件
视频处理+彩色解码
ADC变换
数字信号格式变换
逻辑板
屏上电路
液晶屏
CVBS
CPU
数字式
图像信号
背光灯管
高清输入
YPbPrIn
外部模拟图像信号
+5VS
+12V
背光灯开启(ON)
背光灯升压板
调光信号(BRI)
R\G\B\H\V
按键/遥控组件板
+24V
PC输入
VGA
开/关机
AV外部信号输入板
AV口
VIDEO
Y
S端子输入
C
220VAC
电源板
+5VS
+12V
+14V
+24V

图 1-2 液晶电视机的电路框图

⑥ 逻辑板 其功能类似 CRT 电视机视放板（但原理不同），负责把 LVDS 格式的图像信号转换成液晶屏组件能够识别的 RSDS 格式的数字图像信号，以通过屏内的行、列驱动电路，控制液晶屏显示彩色图像。

⑦ LVDS 信号连接线 类似于 CRT 彩电去往视放板的连接线。逻辑板通过 LVDS 线与数字板连接。数字板通过 LVDS 连接线输出几对差分信号和上屏电源（12V/5V）。

⑧ 背光灯升压板 又称背光灯高压板、背光板驱动板，简称背光灯板。因背光灯升压板是将直流电压变换为高频高压交流电压，这与开关电源板的作用刚好“相逆”，因此，背光灯升压板又称为逆变器（英文 INVERTER）。其作用是根据数字板的要求，将＋24V（少数为＋18V、＋12V）电源变换升压为高频高压脉冲，提供给液晶屏组件上的 CCFL 背光灯管，以便点亮背灯，照亮液晶屏，使观众能够看到液晶屏显示的彩色图像。

⑨ 按键/遥控组件板 其结构和工作原理同于 CRT 电视机。其上设置有操作按键、遥控接收器。前者将用户指令编码为相应的数码提供 CPU；后者接收遥控器发射的红外遥控，依次进行放大、检测，还原出遥控指令码送 CPU。

⑩ 电源板 英文 POWER，将 220VAC 变成＋5VS、＋12V、＋24V 等稳定直流电压提供给其他组件板。

⑪液晶屏组件 内置有液晶屏面板、背光灯、屏上电路。液晶屏面板用于显示图像；背光灯用于对液晶屏提供背光源；屏上电路，又称行/列驱动电路，列驱动电路又叫信号驱动极，负责把逻辑板送来的 RSDS 格式的数字图像信号转换为行、列驱动信号，驱动液晶面板在相应位置显示各个像素，并利用人眼的滞留性，形成一幅彩色画面。

1.2 液晶电视机的发展过程

液晶电视机的发展趋势是屏幕由小到大、功能由少到多、结构由繁到简。

(1) 早期的液晶电视机

早期液晶电视机的特点是组件板多，有的无电源板（采用外置电源适配器）。

图 1-3 是一款早期液晶电视机内部结构，包括液晶屏组件、逻辑板、背光灯升压板、高频调谐器、中频组件板、AV 组件板、数字板组件、前控板组件、接收板、喇叭等。各组件板的作用同于上节，这里不再重复。

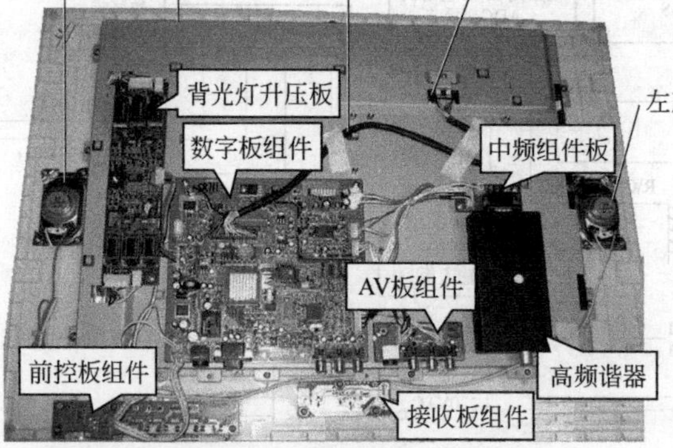
右声道喇叭
液晶屏组件
LVDS线
逻辑板(屏蔽罩下面)
左声道喇叭
背光灯升压板
数字板组件
中频组件板
AV板组件
前控板组件
高频谐器
接收板组件

图 1-3 早期液晶电视机的内部结构

(2) 新型的液晶电视机

新型的液晶电视机，除对功能升级改进（如增加了画中画功能、USB 接口、小卡接口等），还把两块板或多块电路板整合到一块线路板上。如把数字板组件与中频组件甚至高频调谐器、AV 信号板组合到一起，称为主信号处理板；有的小屏幕的液晶电视机则把电源板和背光灯升压板整合一块板，称为电源二合一板或 IP 板；有的大屏幕液晶电视机把背光升压板由一块增加二块。

① 高频谐器＋中频组件＋AV 板整合的液晶电视机　图 1-4 是高频调谐器＋中频组件＋AV 板整合的画中画液晶电视机。这种电视机的信号板上包括了主画面、子画面图/声信号的接收及模拟处理功能。图像信号的数字处理则由数字板进行。

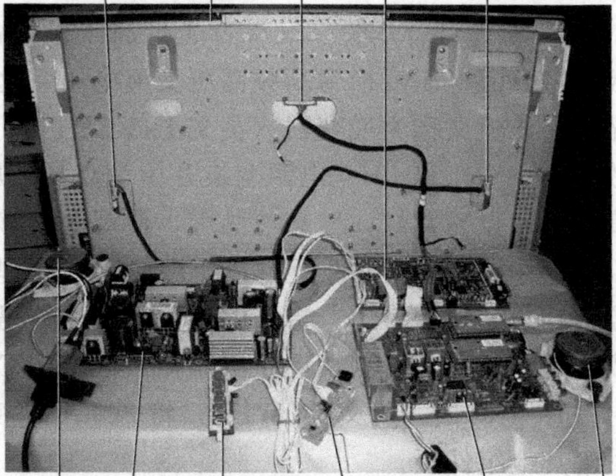
右背光灯升压板插头
液晶屏组件
逻辑板插头
数字板
左背光灯升压插头
喇叭
电源板
按键操作板
遥控接收板
带PIP(画中画)的信号板
喇叭

图 1-4 高频调谐器＋中频组件＋AV 板整合的液晶电视机

② 数字板＋信号板整合的液晶电视机　图 1-5 是数据板＋信号板整合的液晶电视机，是把数字板与高频调谐器、中频组件板、伴音板、AV 外部信号输入板等所有图声信号处理板，全部整合到一起，称为主信号处理板，简称信号板或主控板、主板。

图 1-5（a）的主信号处理板上整合了图声信号所有电路；图 1-5（b）的主信号处理板则整合了除 AV2 信号输入之外的其他图声信号处理电路。

③ 电源板＋背光灯升压板整合的液晶电视机　如图 1-6 所示，把背光灯升压板和电源板做到一块线路板上，称为“IP 整合”，也就是取背光灯升压板的别称逆变器 INVERTER、电源板 POWER 的第一字母。

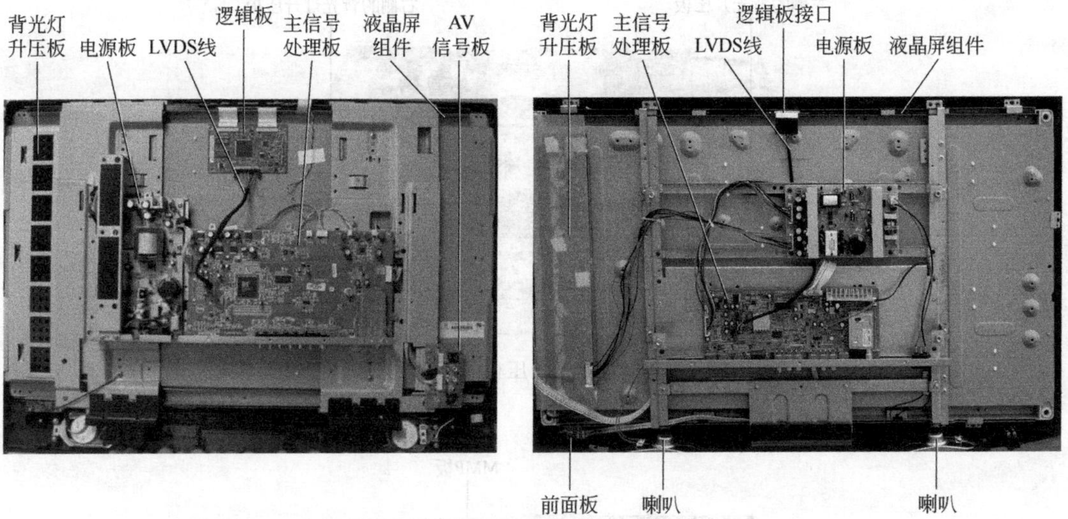
背光灯升压板
电源板
LVDS线
逻辑板
主信号处理板
液晶屏组件
AV信号板
背光灯升压板
主信号处理板
LVDS线
逻辑板接口
电源板
液晶屏组件
前面板
喇叭
喇叭

(a) 数字板+高频调谐器+中频通道+AV1板整合成主信号处理板　　(b) 数字板+所有图声信号板整合成主信号处理板

图 1-5　数字板＋信号板整合的液晶电视机

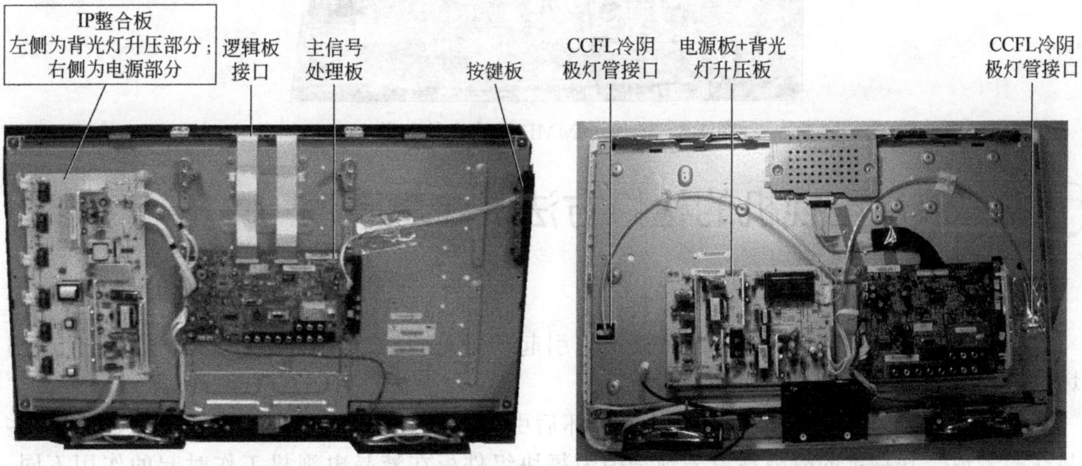
IP整合板
左侧为背光灯升压部分；
右侧为电源部分
逻辑板接口
主信号处理板
按键板
CCFL冷阴极灯管接口
电源板+背光灯升压板
CCFL冷阴极灯管接口

(a) 机型1　　(b) 机型2

图 1-6　IP 整合的液晶电视机

④ 背光灯升压板增至 2 块的液晶电视机　如图 1-7 所示，主要用于大屏幕的液晶电视机。因为液晶屏尺寸增大，液晶屏内需要设置的背光灯管数量随之增多，又因大屏幕液晶屏内的灯管单独连接，所以，一个灯管需要一路单独的背光灯驱动，这就要求之配套的背光灯升压板提供的驱动脉冲路数及功率增加。为此，背光灯升压板由 1 块增至 2 块。

⑤ 增加附加功能的液晶电视机　有的新型的液晶电视机，还增加了一些附加功能，如 USB 通用串行总线接口、SD 卡读取、光盘刻录等功能，当然电视机内也会增加相应的附属信号处理板。图 1-8 是增加了 MMP 板的液晶电视机。

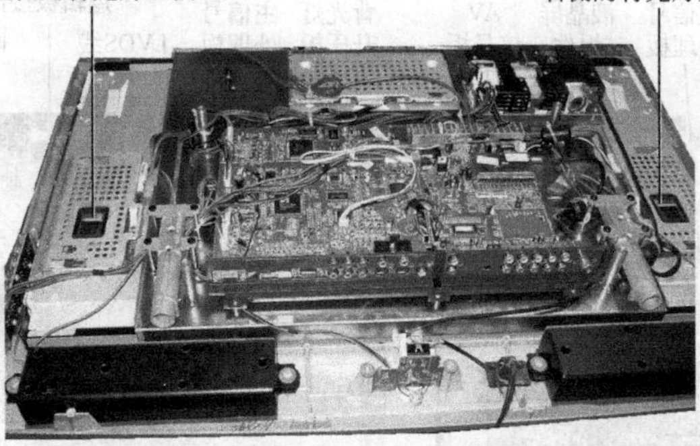
左侧的背光升压板
右侧的背光灯升压板

图 1-7　两块背光升压板的液晶电视机

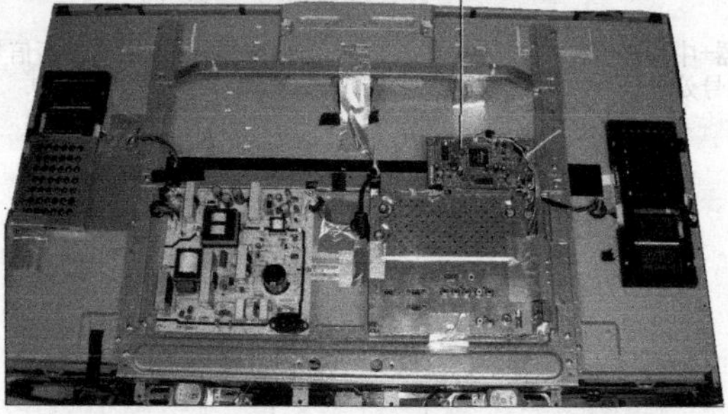
MMP板

图 1-8　增加了 MMP 板的液晶电视机

1.3 液晶电视机的检修方法及注意事项

(1) 各组件板损坏引起的常见故障现象

图 1-9 是液晶屏组件及前操作面板损坏引起的常见故障现象，图 1-10 是电路组件板损坏引起的常见故障现象。

从图 1-10 中可以看出，每块组件板损坏后引起的故障现象既有特定的表现，也有一些共性的表现。其特定的故障现象表现是因为每块组件板在液晶电视机工作时起的作用不同，其共性故障现象是由于组件板之间存在电源供给、开/关控制、信号传送的关系。

(2) 组件板接口的关键测试点

图 1-11 是液晶电视机组件板接口的关键测试点。通过测试组件板输出端的电压就可判定组件板是否工作正常，再通过测试组件板的工作条件，例如供电电源、控制信号输入端电压，就可判定出该组件板是否存在问题。这些测试点均为该组件板插座（头）相关引脚。

(3) 液晶电视机的常用检修方法

对组件板损坏引起的特点性故障现象，根据故障现象就可直接判断出来，但对组件损坏引起的共性故障现象，可按下面的方法区分确定。

① 故障现象法　液晶电视机出了故障，可以根据屏幕上出现的声、光、图、字符的变化及有无，来大致区分故障部位。

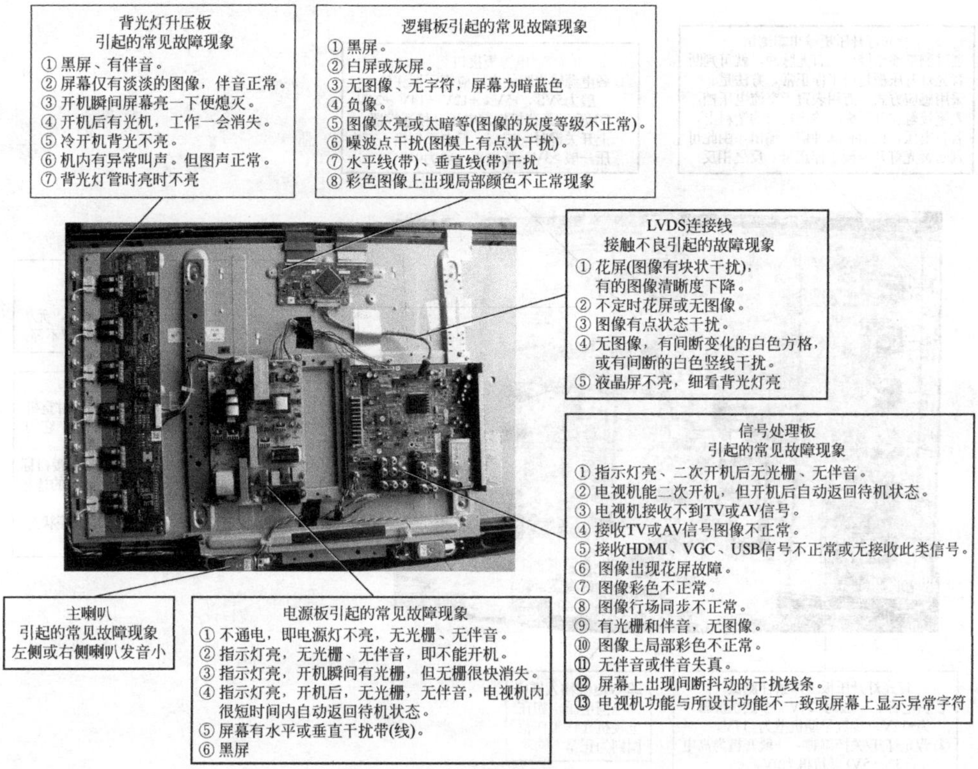
背光灯升压板
引起的常见故障现象
①黑屏、有伴音。
②屏幕仅有淡淡的图像，伴音正常。
③开机瞬间屏幕亮一下便熄灭。
④开机后有光机，工作一会消失。
⑤冷开机背光不亮。
⑥机内有异常叫声。但图声正常。
⑦背光灯管时亮时不亮
逻辑板引起的常见故障现象
①黑屏。
②白屏或灰屏。
③无图像、无字符，屏幕为暗蓝色
④负像。
⑤图像太亮或太暗等(图像的灰度等级不正常)。
⑥噪波点干扰(图模上有点状干扰)。
⑦水平线(带)、垂直线(带)干扰
⑧彩色图像上出现局部颜色不正常现象
LVDS连接线
接触不良引起的故障现象
①花屏(图像有块状干扰)，
有的图像清晰度下降。
②不定时花屏或无图像。
③图像有点状态干扰。
④无图像，有间断变化的白色方格，
或有间断的白色竖线干扰。
⑤液晶屏不亮，细看背光灯亮
信号处理板
引起的常见故障现象
①指示灯亮、二次开机后无光栅、无伴音。
②电视机能二次开机，但开机后自动返回待机状态。
③电视机接收不到TV或AV信号。
④接收TV或AV信号图像不正常。
⑤接收HDMI、VGC、USB信号不正常或无接收此类信号。
⑥图像出现花屏故障。
⑦图像彩色不正常。
⑧图像行场同步不正常。
⑨有光栅和伴音，无图像。
⑩图像上局部彩色不正常。
⑪无伴音或伴音失真。
⑫屏幕上出现间断抖动的干扰线条。
⑬电视机功能与所设计功能不一致或屏幕上显示异常字符
主喇叭
引起的常见故障现象
左侧或右侧喇叭发音小
电源板引起的常见故障现象
①不通电，即电源灯不亮，无光栅、无伴音。
②指示灯亮，无光栅、无伴音，即不能开机。
③指示灯亮，开机瞬间有光栅，但无栅很快消失。
④指示灯亮，开机后，无光栅，无伴音，电视机内
很短时间内自动返回待机状态。
⑤屏幕有水平或垂直干扰带(线)。
⑥黑屏

图 1-9 液晶屏组件及前操作面板引起的故障现象

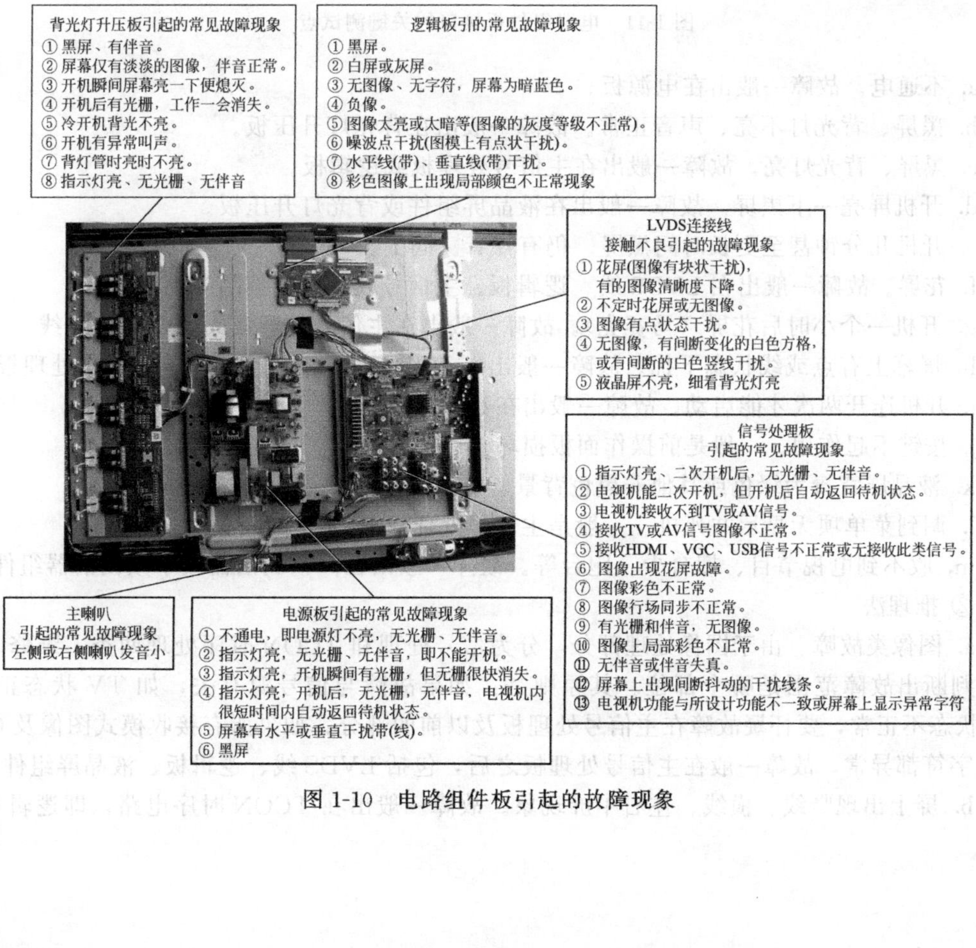
背光灯升压板引起的常见故障现象
①黑屏、有伴音。
②屏幕仅有淡淡的图像，伴音正常。
③开机瞬间屏幕亮一下便熄灭。
④开机后有光栅，工作一会消失。
⑤冷开机背光不亮。
⑥开机有异常叫声。
⑦背灯管时亮时不亮。
⑧指示灯亮、无光栅、无伴音
逻辑板引的常见故障现象
①黑屏。
②白屏或灰屏。
③无图像、无字符，屏幕为暗蓝色。
④负像。
⑤图像太亮或太暗等(图像的灰度等级不正常)。
⑥噪波点干扰(图模上有点状干扰)。
⑦水平线(带)、垂直线(带)干扰。
⑧彩色图像上出现局部颜色不正常现象
LVDS连接线
接触不良引起的故障现象
①花屏(图像有块状干扰)，
有的图像清晰度下降。
②不定时花屏或无图像。
③图像有点状态干扰。
④无图像，有间断变化的白色方格，
或有间断的白色竖线干扰。
⑤液晶屏不亮，细看背光灯亮
信号处理板
引起的常见故障现象
①指示灯亮、二次开机后，无光栅、无伴音。
②电视机能二次开机，但开机后自动返回待机状态。
③电视机接收不到TV或AV信号。
④接收TV或AV信号图像不正常。
⑤接收HDMI、VGC、USB信号不正常或无接收此类信号。
⑥图像出现花屏故障。
⑦图像彩色不正常。
⑧图像行场同步不正常。
⑨有光栅和伴音，无图像。
⑩图像上局部彩色不正常。
⑪无伴音或伴音失真。
⑫屏幕上出现间断抖动的干扰线条。
⑬电视机功能与所设计功能不一致或屏幕上显示异常字符
主喇叭
引起的常见故障现象
左侧或右侧喇叭发音小
电源板引起的常见故障现象
①不通电，即电源灯不亮，无光栅、无伴音。
②指示灯亮，无光栅、无伴音，即不能开机。
③指示灯亮，开机瞬间有光栅，但无栅很快消失。
④指示灯亮，开机后，无光栅，无伴音，电视机内
很短时间内自动返回待机状态。
⑤屏幕有水平或垂直干扰带(线)。
⑥黑屏

图 1-10 电路组件板引起的故障现象

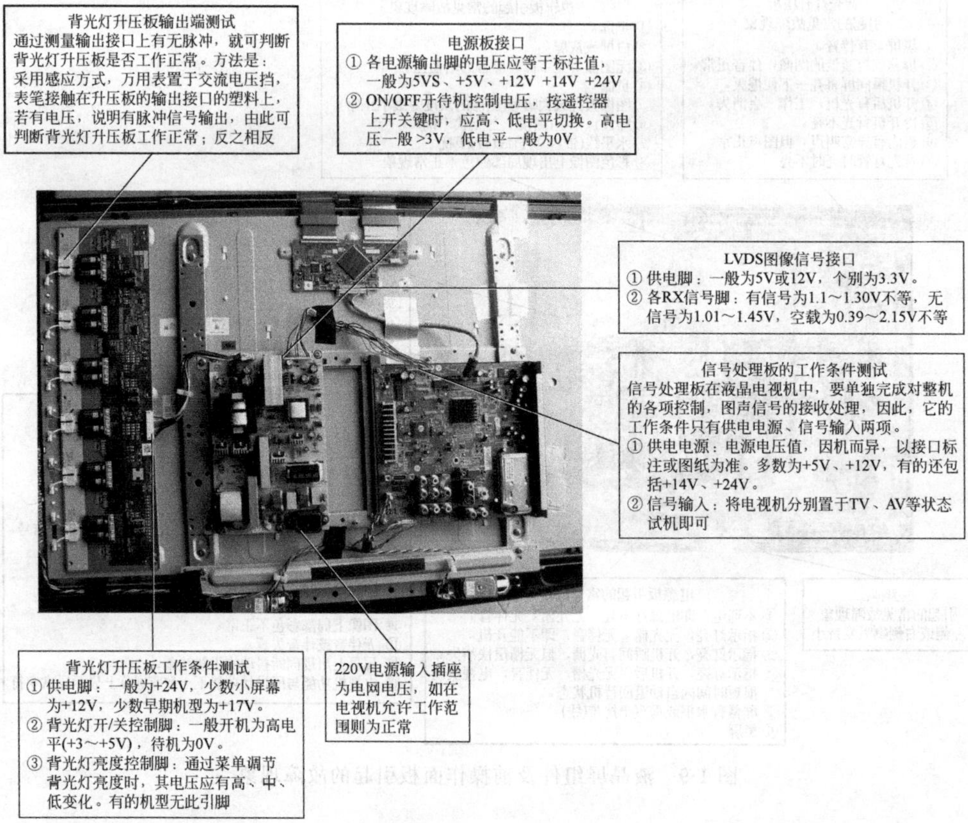
背光灯升压板输出端测试
通过测量输出接口上有无脉冲，就可判断背光灯升压板是否工作正常。方法是：采用感应方式，万用表置于交流电压挡，表笔接触在升压板的输出接口的塑料上，若有电压，说明有脉冲信号输出，由此可判断背光灯升压板工作正常；反之相反
电源板接口
① 各电源输出脚的电压应等于标注值，一般为5VS、+5V、+12V +14V +24V
② ON/OFF开待机控制电压，按遥控器上开关键时，应高、低电平切换。高电压一般 >3V，低电平一般为0V
LVDS图像信号接口
① 供电脚：一般为5V或12V，个别为3.3V。
② 各RX信号脚：有信号为1.1～1.30V不等，无信号为1.01～1.45V，空载为0.39～2.15V不等
信号处理板的工作条件测试
信号处理板在液晶电视机中，要单独完成对整机的各项控制，图声信号的接收处理，因此，它的工作条件只有供电电源、信号输入两项。
① 供电电源：电源电压值，因机而异，以接口标注或图纸为准。多数为+5V、+12V，有的还包括+14V、+24V。
② 信号输入：将电视机分别置于TV、AV等状态试机即可
背光灯升压板工作条件测试
① 供电脚：一般为+24V，少数小屏幕为+12V，少数早期机型为+17V。
② 背光灯开/关控制脚：一般开机为高电平(+3～+5V)，待机为0V。
③ 背光灯亮度控制脚：通过菜单调节背光灯亮度时，其电压应有高、中、低变化。有的机型无此引脚
220V电源输入插座
为电网电压，如在电视机允许工作范围则为正常

图 1-11　电路组件板接口的关键测试点

a. 不通电。故障一般出在电源板。

b. 黑屏、背光灯不亮、声音正常。故障一般出在背光灯升压板。

c. 黑屏、背光灯亮。故障一般出在主信号处理板或逻辑板。

d. 开机屏亮一下黑屏。故障一般出在液晶屏组件或背光灯升压板。

e. 开机几分钟甚至更长时间黑屏、仍有伴音。同上。

f. 花屏。故障一般出在 LVDS 线、逻辑板、主信号处理板、液晶屏组件。

g. 开机一个小时后花屏（马赛克）。故障一般出在主信号处理板或 LVDS 连接线。

h. 屏幕上有点或线状态干扰。故障一般出在 LVDS 线、液晶屏组件、主信号处理板。

i. 开机连开两次才能启动。故障一般出在数字板或主处理板。

j. 按键不起作用。一般是前操作面板损坏。

k. 液晶屏背景为绿色或其他非黑色背景。一般是屏线接触不良。

l. 调到菜单项无显示并死机。一般是主信号处理板上的程序错误。

m. 收不到电视节目、搜台少、跑台等。故障一般出在高频调谐器或中频调谐器组件。

② 推理法

a. 图像类故障。由于图像处理部分，分为信号处理和 TCON 时序处理两类，维修时必须先判断出故障范围是哪个部位。其原则是：如果故障与信号源有关，如 TV 状态正常，AV 状态不正常，要怀疑故障在主信号处理板及以前的部分；如果所有接收模式图像及 OSD 屏显字符都异常，故障一般在主信号处理板之后，包括 LVDS 线、逻辑板、液晶屏组件。

b. 屏上出现竖线、横线、左右半屏现象。故障一般出在 TCON 时序电路，即逻辑板和

液晶屏组件。

c. 花屏故障。一类是LVDS信号不正常，常表现为图像有红色或绿色噪点；另一类是屏驱动电压异常（这些电压由逻辑板提供）。

d. 黑屏或白屏。需要先判断故障在信号处理部分，还是TCON逻辑板上。一般通过测试两者之间的LVDS连接线电压即可。

③ 信号注入法　手持万用表的表笔，碰触天线、高频调谐器输出口、中频组件口、伴音功放块输入和输出脚、多功能伴音芯片的信号输入和输出脚，以对电视机输入人体感应信号，观察屏幕和喇叭的反映情况，来确认后级的电路是否具有放大及信号传输能力。

④ 万用表测试　这个方法是检修液晶电视机的主要方法，也是故障判断最准确的方法。用万用表测试组件板插头电压、组件板上器件的关键测试点的电阻及电压，以确定组件板及其上的器件是否工作正常，由此来推断该组件板或器件是否正常。

比如，测试组件板的插口引脚电压、电阻，既可准确地判断出这个组件板是否正常工作，又可判断这块组件板不能正常工作原因在组件本身，还是相关的其他组件板没有为之提供正确的工作条件。

再比如，当怀疑某组件有问题时，通过测试其插口的输出脚电压，就可判断出该组件板是否工作正常。如果输出脚电压正常，说明该组件板输出的电压或信号正常，由此推断该组件板正常工作，也就说明该组件板正常。反之，如果输出电压异常，说明该组件板没有正常工作，此时，可进一步测试该组件板的工作条件（包括供电电压、启动控制、信号输入脚电压等），来确定组件板本身是否问题。

⑤ 直观感觉法　主要是通过眼、耳、鼻、手等感觉器官进行检查判断。例如用眼观察可以发现接口或器件是否有外在损坏状，如器件烧焦、炸崩、霉变、引脚开焊（焊点有细细的圆圈线等）、芯片鼓包或有裂纹、电解电容鼓包或漏液；耳听可以发现机内的打火、冒烟、闪光、爆裂及变压器性能不良发出的“吱吱”声；鼻嗅可以发现器件烧坏后的焦糊味、变压器的漆包线烧坏的烧漆味；手摸可以发现器件是否有过热现象，以及接口松动、器件焊接不良等，但切忌摸高压部位，如电源板、背光灯升压板的输出部分。

⑥ 人工模拟法测试法　把组件板拆下来，人为对其提供工作条件和假负载后，再测试其输出接口的电压，以判断该组件板是否工作正常。

(4) 液晶电视机的检修流程

一般是根据液晶电视机的故障现象，初步判断该故障涉及到哪几块组件板，再通过测试或其他方法对这几块组件板进行排查。

图1-12是液晶电视机的基本维修流程图。图1-13～图1-17是液晶电视机常见故障的检修流程图。

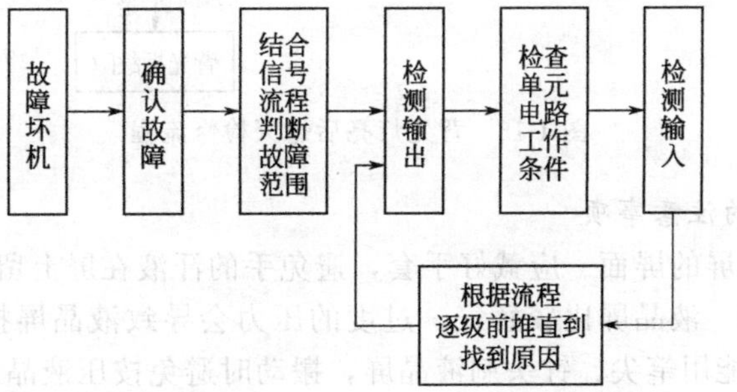
故障坏机
确认故障
结合信号流程判断故障范围
检测输出
检查单元电路工作条件
检测输入
根据流程逐级前推直到找到原因

图1-12　液晶电视机的维修原则流程图

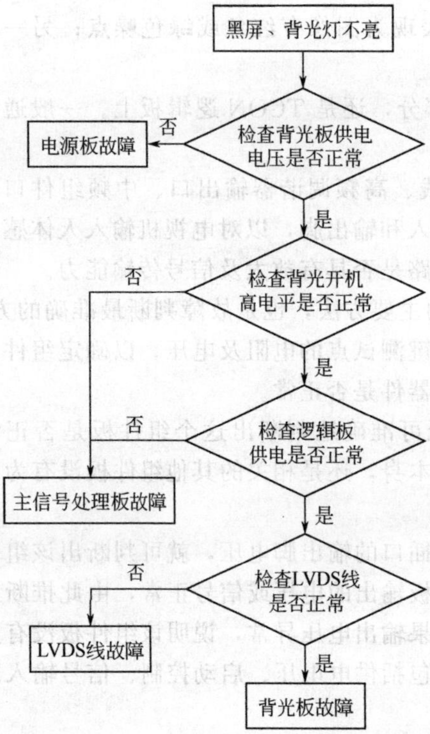
黑屏、背光灯不亮
检查背光板供电电压是否正常
否
电源板故障
是
检查背光开机高电平是否正常
否
是
检查逻辑板供电是否正常
否
主信号处理板故障
是
检查LVDS线是否正常
否
LVDS线故障
是
背光板故障

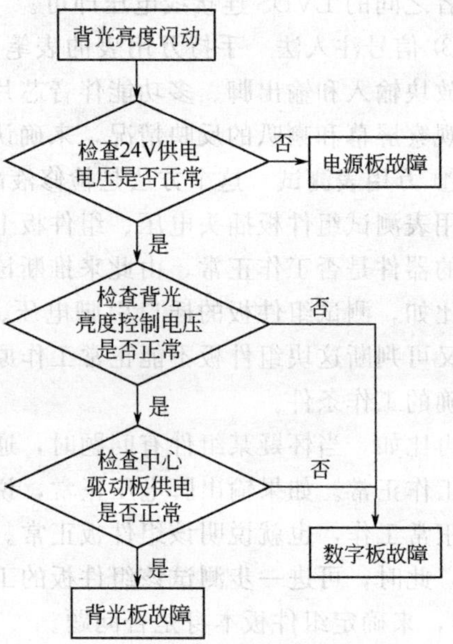
背光亮度闪动
检查24V供电电压是否正常
否
电源板故障
是
检查背光亮度控制电压是否正常
否
是
检查中心驱动板供电是否正常
否
数字板故障
是
背光板故障

图 1-13　黑屏、背光灯不亮的检修流程　　　图 1-14　背光灯闪亮的检修流程图

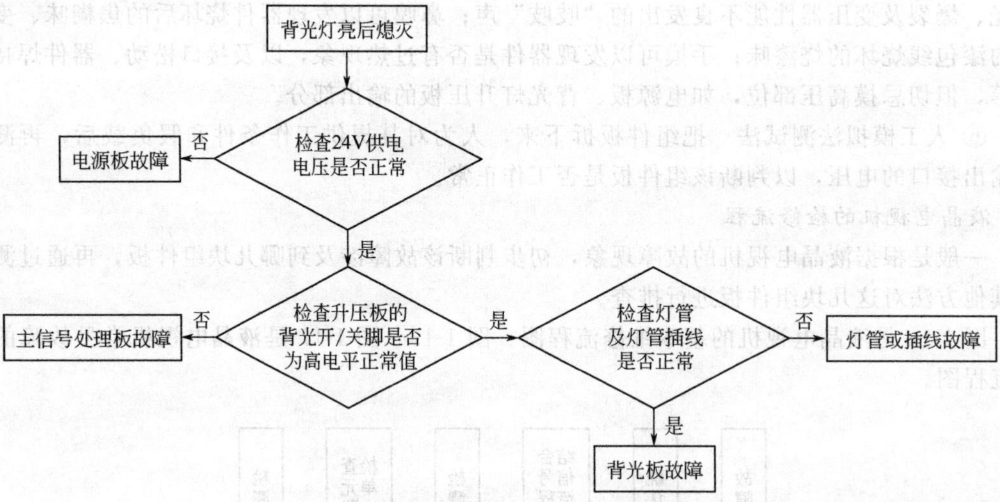
背光灯亮后熄灭
检查24V供电电压是否正常
否
电源板故障
是
检查升压板的背光开/关脚是否为高电平正常值
否
主信号处理板故障
是
检查灯管及灯管插线是否正常
否
灯管或插线故障
是
背光板故障

图 1-15　背光灯亮后熄灭检修流程

(5) 液晶电视机维修的注意事项

① 防止弄脏液晶屏的屏面　应戴好手套，避免手的汗液在屏上留下难以消除的指印。

② 防止损坏屏面　液晶屏比较娇气，过度的压力会导致液晶屏损坏，所以要避免尖锐物与液晶屏接触，不能用笔尖、针头刺液晶屏，搬动时避免按压液晶屏部分。

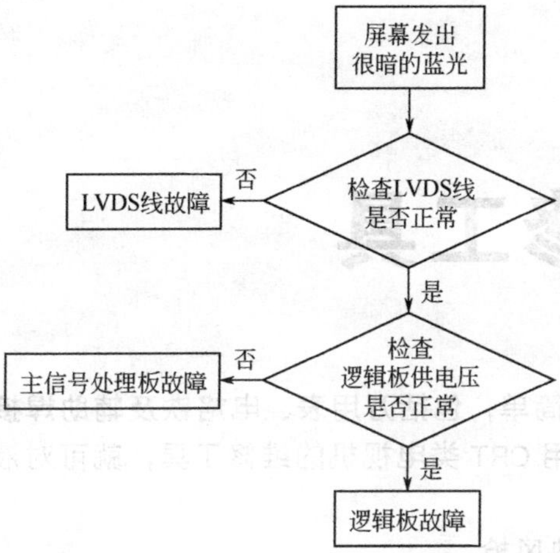
屏幕发出
很暗的蓝光
检查LVDS线
是否正常
否
LVDS线故障
是
检查
逻辑板供电压
是否正常
否
主信号处理板故障
是
逻辑板故障

图 1-16　屏幕发出很暗光栅的检修流程

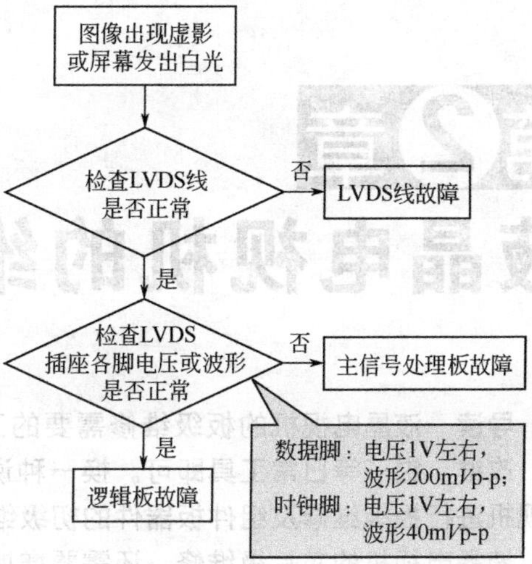
图像出现虚影
或屏幕发出白光
检查LVDS线
是否正常
否
LVDS线故障
是
检查LVDS
插座各脚电压或波形
是否正常
否
主信号处理板故障
是
逻辑板故障
数据脚：电压1V左右，
波形200mV/p-p；
时钟脚：电压1V左右，
波形40mV/p-p

图 1-17　图像出现虚影或屏幕发出白光的检修流程

经验　实修时，液晶屏需要平放到工作台时，需要在工作台面垫上软布，在屏两侧外壳处垫上泡沫、书本或其他松软物体，使液晶屏约高于工作台面10cm，一方面防止屏面受到外力挤压损伤，另一方面便于检修时观察屏幕的图像正常否。

③ 清洁液晶屏前应关掉电源　使用微湿的软布或液晶屏专用清洁剂，切勿使用挥发性物质清洁液晶屏，避免将清洁剂洒至液晶屏表面形成短路，待液晶屏自然干燥后再通电开机。

④ 做好防止静电工作　主信号处理板、逻辑板上的大规格集成电路比较娇气，人体所带的静电可能导致其击穿损坏。因此，维修前要进行防静电处理，如洗手或戴好防静电护腕。

⑤ 带电情况下不要触摸高压区　电源板、背光灯升压板的输出部分带有高压，液晶电视机通电情况下，人体的任意部位不能触及，以防触电。

⑥ 更换组件板及器件时要注意匹配　液晶屏要与背光灯升压板、逻辑板匹配。同一型号的液晶电视机在不同时期出厂，所有的部分组件板型号可能不同，有的不能相互代换。

第2章 液晶电视机的维修工具

导读　液晶电视机的板级维修需要的工具很简单，包括万用表、电烙铁及辅助焊接材料、改锥、钳子等日常工具即可。换一种说法，用 CRT 类电视机的维修工具，就可对液晶电视机进行板级维修及组件板器件的初级维修。

液晶电视机的芯片级维修，还需要增加一台热风枪。

2.1 万用表

万用表是检修液晶电视机的主要工具，也是必不可少的工具之一。万用表主要用于检测液晶电视机组件板接口及器件的电压、电阻。

图 2-1 是万用表实物。维修液晶电视机，一般采用价位 50～80 元的中档数字表、指针表。

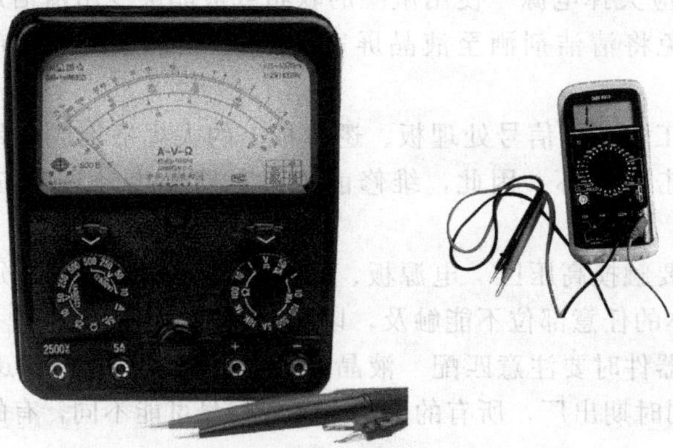

(a) 指针式机械万用表　　(b) 数字万用表

图 2-1　万用表

万用表在检修液晶电视机时，主要相对“地”测试组件板接口的引脚电阻、电压。“地”一般选择电源插头的“地”，通常标注有“GND”或“VSS”。如果维修进行器件级，还可测试器件引脚之间的电阻、电压、容量。

2.2 焊接工具

液晶电视机的板级维修，只需准备一把普通的电烙铁即可。如果进行芯片级维修，尤其是大规格集成电路的更换，还需准备一台热风枪，最好再准备一台防静电调温式电烙铁。

经验 符合要求的焊点，焊点大小适中、光滑圆滑（焊锡均匀将器件引脚团团包围，焊锡与器件引脚熔为一体）。如果焊锡仅包围住器件引脚的一部分，可能是焊锡少，或器件引脚局部被氧化、电烙铁头吃锡不均匀。

警告 无论采用哪个焊接工具，焊接时的温度一定掌握好，过低会造成焊接部位疙疙瘩瘩，容易出现虚焊、毛刺等；温度过高会造成芯片等器件因过热损坏，有的还会将主板上的金属箔与主板脱离甚至断开，人为增加维修难度。

2.2.1 普通电烙铁及焊接材料

如图 2-2 所示是普通电烙铁及焊接材料。一般选择内热式 35W 电烙铁，焊锡丝和松香若干，电烙铁架一个（用金属自制即可）。

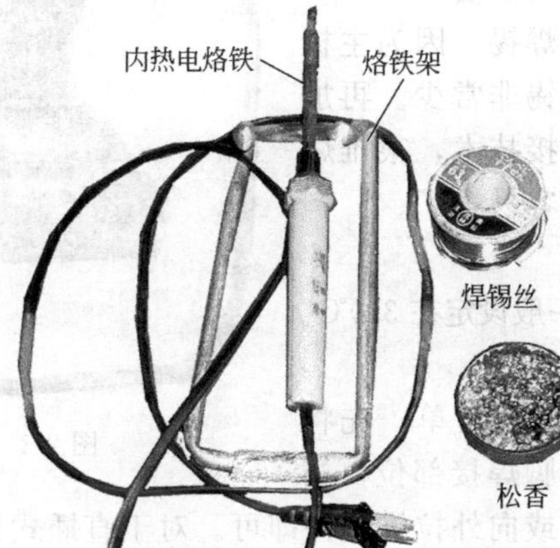
内热电烙铁
烙铁架
焊锡丝
松香

图 2-2 普通电烙铁及焊接材料

内热式电烙铁主要用于焊接引脚少的器件。焊接时，左手持焊锡置于引脚左侧，烙铁头置于引脚右侧加热，待焊锡熔化，自动将引脚均匀包围且焊点有光泽时，立即停止加热。

为了保证焊接质量，要求烙铁头的头部应呈现 45～60 度平面，且均匀吃锡。同时要求器件的引脚呈现金属本色，如有发黑或有其他氧化物，要去除，否则器件引脚不好上锡，导致引脚不粘锡，出现虚焊等不良现象。

警告 如果烙铁头的头部不平或局部氧化发黑，会造成局部不能吃锡，在焊接时，对器件引脚的加热不均匀，焊接效果差，甚至局部焊锡过多与其他部位形成短路。

经验 修复烙铁头时，需要拔掉电烙铁电源，待自然冷却后，用平锉将烙铁头锉成 45 度左右平面并全呈现铜本色，然后插上电烙铁电源加热后，将焊锡直接置于新锉出的平面使之全部吃锡，也可在松香盒内置足量的焊锡后，再用电烙铁头加热会自动吃满锡。

资料 如果将内热电烙铁稍加改进，可以很方便地对芯片底部的焊盘进行清理。改进方法如下：取下电烙铁的铜焊头，用锤子加工成扁头，前端宽度为10mm左右，厚度为1mm左右，加工要求平整光滑，用无水酒精擦洗干净后重新安装在电烙铁上，做成扁头电烙铁。

2.2.2 防静电调温电烙铁

因为液晶电视机的组件板上的芯片非常娇气，尤其是主板的大规模集成电路芯片，静电可能导致其击穿，为此，要求焊接设备要具有防静电功能。

图2-3是防静电调温电烙铁。目前市面防静电调温型电烙铁的型号很多，价位相差较大，维修主板一般选择价位在200元左右即可。

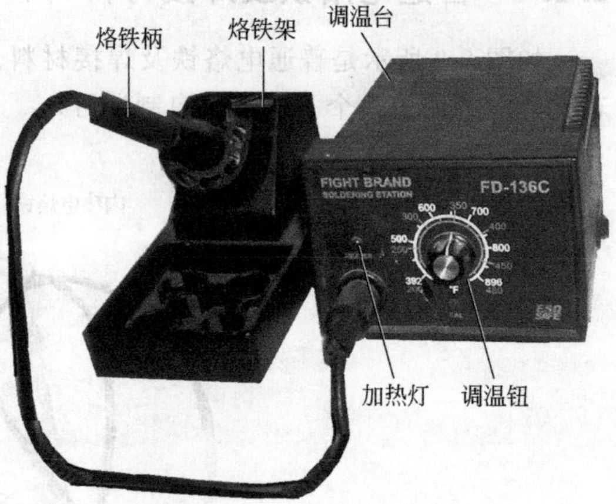
烙铁柄
烙铁架
调温台
FIGHT BRAND
SOLDERING STATION
FD-136C
加热灯
调温钮

图2-3 防静电调温电烙铁

其内设置有隔离变压器，因而具备防静电功能。调温钮用于设置电烙铁的温度。

焊接前，电烙铁头要加些焊锡。因为主板都是采用大规模焊接技术，焊锡非常少。再加上主板的有的芯片采用双面焊接技术，很难熔化，如电烙铁头加有焊锡后就容易多了。

(1) 温度设定及准备工作

防静电调温电烙铁的温度一般设定在350℃。

(2) 器件拆装

① 器件拆卸　器件拆卸比较简单，先将预热好的电烙铁接触到器件引脚焊接部位，当焊锡部位熔化时，再适度摇动或向外拉拔器件即可。对于直插式器件，借助同直径空芯针头把主板的引脚孔穿透，使引脚与线路板逐一脱离后，再取下器件。

② 器件安装　器件安装时，先将主板器件安装部位打平整。小型集成电路的焊接，将集成电路放好对齐引脚，再将对角的两引脚先焊下，左手持焊锡置于芯片引脚上面，右手将预热的电烙铁，先对芯片一侧的引脚移动加热。电烙铁与焊锡移动的速度以焊锡熔化为宜。焊好一侧，再焊另一侧。

经验 焊接完毕，检查各引脚有无短路、漏焊现象。如果有短路，用电烙铁和细尖医用针头分离即可；如有漏焊，对漏焊的引脚补焊。

2.2.3 热风枪

由于液晶电视机上的集成电路芯片，尤其是大规格集成电路的引脚多、引脚间距离小，有的甚至采用BGA球状矩阵排列，必须用热风枪才能实现拆装。

热风枪主要是利用发热电阻丝的枪芯吹出的热风，对器件进行拆装与虚焊处理。焊接主芯片等大规模芯片时最好有温度控制台辅助。

热风枪有两种：气泵式热风枪、大口径热风枪。在条件允许的情况下，最好选择气泵式热风枪。

(1) 气泵式热风枪

如图2-4所示是850气泵式热风枪，俗称850焊台，由气泵、加热器、外壳、手柄、温度调节钮、风速调节钮、风枪及各种喷头等部件组成，有的还附有一只钢丝叉。

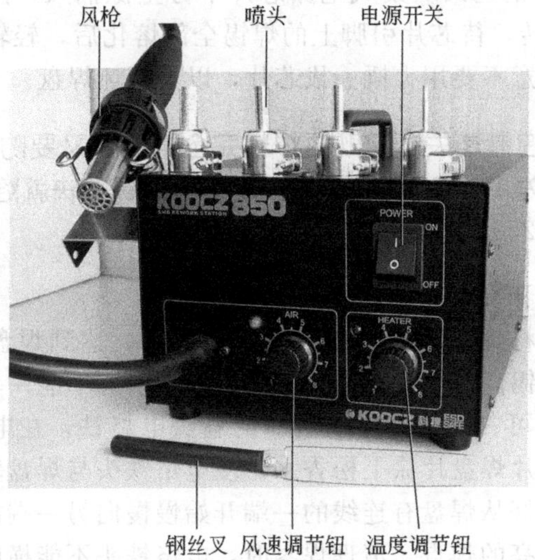
风枪
喷头
电源开关
KOOCZ 850
POWER
ON
OFF
AIR
HEATER
KOOCZ 科騰
钢丝叉
风速调节钮
温度调节钮

图 2-4　850气泵式热风枪

如附件中无钢丝叉，可自制一只，自制时，用一根 ϕ0.2～0.4mm 的钢丝变成相应形状，再用一根螺钉穿过圆孔固定在木柄上。

用热风枪焊接器件时，要根据器件类型，设置相适应的温度和风速。安装器件前要保证主板上焊接部位的平整。焊接时一般使用主板原有的焊锡即可，原因是焊锡熔化后其流动性很好，会自动流向器件引脚。

警示 热风枪拆装芯片时，操作者应戴好防静电腕套，以免人体静电损坏芯片。热风枪如温度设置过低，热量达不到，焊锡不能均匀熔化，无法实现焊接目的；如温度过高，会烧器件。

① 焊接贴式电容和电阻　将热风枪的 HEATER 温度钮设置到 5～6 级，一般为 5.5 级；AIR 风速设置到 1～2 级。用镊子或钢丝叉夹好需要拆卸的器件后，用风枪垂直对此器件加热约 1～3s，用镊子夹着器件稍微移动，即可取下器件。

安装器件时，将待安装的器件两个脚蘸少许锡膏或蘸有酒精的松香，用镊子夹着器件放在要焊接的位置，稍微用风枪加热，待焊锡熔化即可。

② 焊接双列贴片式芯片

a. 准备工作。拆下芯片之前，要看清集成电路上引脚定位点，即圆点或半圆缺口的方向，观察集成电路旁边及正背面有无怕热器件，如有塑料元件，要用屏蔽罩之类的物品（如绝热胶带纸）把他们盖好。为了降低温度，用餐巾纸蘸水挤干后放到待拆的集成电路中间，覆盖在周围的器件下，在要拆的芯片引脚上加适量的松香，可以使元件拆下后主板的焊点光滑，否则会起毛刺，重新焊接时不容易对位。

b. 设置风量和加热级别。选用 ϕ2～3mm 喷头，热风温度在 260℃左右，也可将热风枪的温度钮设置到 5～6 级（一般为 5.5 级），风速设置到 4～5 级（一般设置为 4 级）。

c. 进行预热。调整好的热风枪在距元件周围 20 平方厘米左右的面积进行均匀预热，风嘴距主板基板 1cm 左右，在预热位置较快速度移动，主板上温度不超过 130～160℃。预热目的有三个：避免由于主板基板单面急剧受热而产生的温差过大所导致焊点间的应力翘起变形；减小焊接区内零件的热冲击；避免旁边芯片由于受热不均而脱焊翘起。

d. 双列芯片拆卸。将钢丝叉从集成电路芯片下方空隙插入，热风嘴距离芯片引脚 2～3cm，沿芯片四周快速旋转，待芯片引脚上的焊锡全部熔化后，轻轻活动钢丝叉，在钢丝弹力作用下芯片被弹起，注意不要用力撬、拔芯片，以免损坏焊盘。

经验 加热温度控制是关键，既要焊料完全熔化，又要防止主板加热过度，加热时间一般为 10～20s，因为金属导热快焊锡很快就熔化了。拆芯片的整个过程不超过 250s。

e. 芯片安装。可按如下步骤进行。

第一步，清理焊盘。将焊盘上剩余的焊锡吸取干净，达到焊盘干净、平整、无短路现象，否则会因各焊脚的焊锡高低不平，使要安装的芯片引脚不能一一对齐。方法是用电烙铁头在焊盘上来回烫一遍即可；也可使用改进后的扁头电烙铁，在电烙铁头涂薄薄一层焊锡(注意一定涂均匀)，在芯片焊盘片涂上松香水，使电烙铁头与焊盘垂直，端面均匀地压住宽度范围内的所有焊盘，最好从焊盘有连线的一端开始慢慢向另一端滑动加热焊盘，这时焊盘上的焊锡被熔化，露出光亮的焊点。清理焊盘时，电烙铁头不能横向滑动，滑动加热时间应控制在 1 ～2s，否则容易造成焊盘脱落。

第二步，观察要装芯片的引脚，如引脚有焊锡短路，用吸锡线处理；如果 IC 引脚不平、不正，可用手术刀将其歪的部位修正。

第三步，把主板原焊点部位放适量的蘸有酒精的松香，可利用松香遇热的黏着现象粘住芯片，并对周围的怕热元件进行覆盖保护。松香过多加热时会把芯片漂走，过少起不到应有作用。

第四步，将芯片按圆点或缺口方向放好，并与主板引脚位置对齐。

第五步，用尖头的电烙铁，将芯片两个对角的引脚焊接好，以固定芯片。然后，用镊子背按压住芯片，一起固定作用，二是对芯片进行散热，三是第一时间感知加热温度。

第六步，加热焊接芯片。用热风枪轮流均匀加热芯片各引脚，待焊锡熔化后，立即停止加热，芯片即焊接好了。

警示 焊锡熔化要在第一时间发现，其特点是芯片有轻微下沉，松香有轻烟，焊锡发亮等现象，此时，要立即停止加热。因为热风枪所设置的温度比较高， IC 及 PCB 板上的温度是持续增长的，如果不能及早发现，温升过高会损坏芯片或主板的基板。

第七步，焊接芯片冷却后，用天那水或洗板水清洗并吹干，再仔细检查各引脚，看有无短路、漏焊现象。对于直观检查不好确定的引脚，要用万用表的电阻挡或蜂鸣器挡测试检查。对于短路、漏焊的部位，用尖头的电烙铁修复即可。

③ 焊接四面贴片式的芯片　将热风枪的温度钮设置到 5～6 级，一般为 5.5 级；风速设置到 3～4 级，一般设置为 4 级。

a. 四面贴片式拆卸。将热风枪的喷头卸下，温度设置在低温、低风挡，出风口离主板面 3～5 毫米，大面积旋转加热，稍后，将温度切换至高温挡、风量调大，继续大面积旋转预热并逐渐将风枪的出风口移至待焊器件处，小范围旋转加热。

温度升至 4 级，风量调节 2 级，对芯片四周引脚循环加热约 30s，待所有引脚的焊锡熔化后，将印刷板组件在工作台上轻轻一抖，或用镊子轻轻一撬，芯片便脱落下来，即可取出器件。

b. 四面贴片式的安装。方法基本同于双列芯片，只是用热风枪加热前，要对芯片四个顶部的引脚用尖头的电烙铁焊上。

(2) 大口径热风枪

如图 2-5 所示，大口径热风枪，俗称大号热风枪。其结构与电吹风类似，即前端出风口内部设置加热丝（缠绕在磁管上），后部为调速风扇电压，尾部可转的塑料圆盘为调风旋钮，手柄内侧设置有电源开关/温度挡位。

大口径热风枪的工作原理：通电，风扇旋转，将气流吹送至风枪前端，经电热丝将其加热后从出风口吹出，利用高温气流加热方式来熔化焊锡，实现焊接目的。

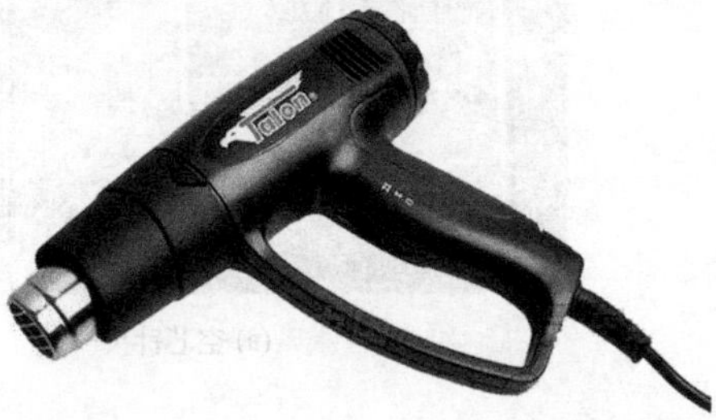
Talon
图 2-5 大口径热风枪

大口径热风枪，使用方法基本同于气泵式热风枪。在拆卸集成电路芯片时，要使用高温风筒，并且在高温风筒上加装聚风口，对准芯片引脚加热，应避免对整个芯片加热，因为高温可能损坏芯片。

2.3 温度控制台及其他工具

(1) 温度控制台

如图 2-6 所示，又称预热台，辅助热风枪安装大规格芯片。

(2) 防静电护腕套

如图 2-7 所示是防静电护腕套。顾名思义，防静电护腕套用于防止静电，其套圈配入手腕（一般是左手腕），金属夹应与“大地”连接。这样，手摸电路板时，可把静电释放至大地，防止静电损坏组件板上的集成电路。

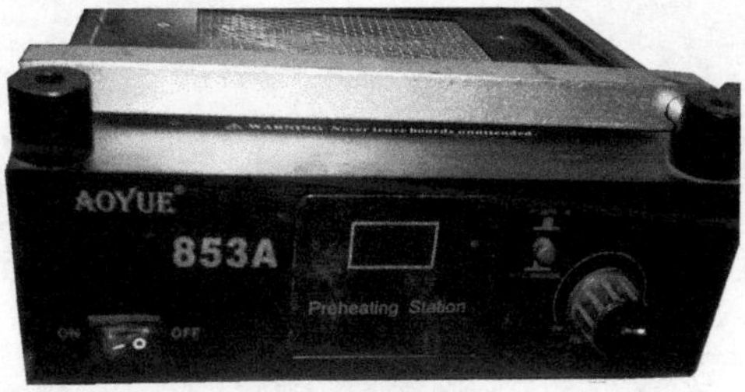
AOYUE
853A
Preheating Station
ON
OFF
图 2-6 温度控制台

(3) 其他的工具

如图 2-8 所示，包括日常工具、镊子、空芯针头等。日常工具，包括大小平头改锥和十字改锥、尖嘴钳、偏口钳、镊子、毛刷，使用方法同于日常，就不用介绍了。

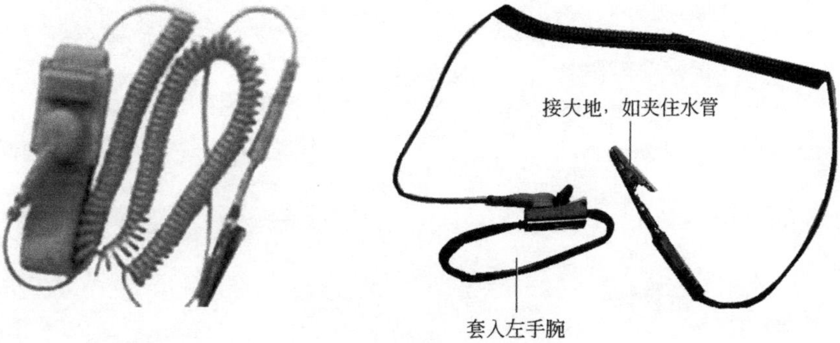
接大地，如夹住水管
套入左手腕
图 2-7 防静电护腕套

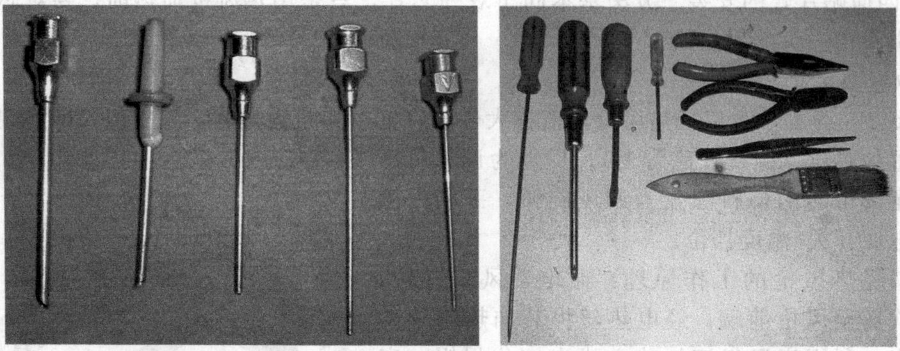

(a) 空芯针头　　(b) 日常工具

图 2-8　其他工具

空芯针头，可采用医用针头，针头直径为 9mm、12mm、16mm 等，电子商店也出售成套的空芯针头，价位也很低，几元即可购到。空芯针头，主要用于辅助电烙铁拆卸分立器件或小规格集成电路。使用时，根据器件引脚粗细，选择相应直径的空芯针头插入到器件引脚上方，在电烙铁加热熔化器件引脚上的焊锡时，左右旋转，使器件引脚与线路板分离开，便于拆下这个器件。

第3章 组件板的功能、检测及代换

导读　本章介绍液晶电视机组件板的识别、好坏检测、代换方法。掌握了本章内容，就可实现对液晶电视机的板级维修了。

技巧

组件板的识别主要是看其上的器件数量、器件大小、器件的外形特点；组件板的好坏检测则根据故障现象＋直观检查＋万用表测试输入/输出接口电压；组件板的代换既要看原组件板的型号、参数，有的还要看屏的参数。

经验

虽然液晶电视机品牌型号不同，使用的组件板数量及名称不尽相同，但故障发生概率却很规律，故障高发生区主要集中于工作在高电压、大电流状态的组件板，如电源板、背光灯升压板。工作在低电压、小电流状态的组件板故障率很低，如主信号处理板、逻辑板。

3.1 电源板的功能、检测及代换

电源板负责整机的电压供给，其工作在高电压、大电流状态，故障率很高，居整机故障率之首。

3.1.1 电源板的功能及识别

图 3-1 是液晶电视机的电源板。其特点是以分立件为主，且多数器件的体积大、引脚粗、部分还固定在大型散热板上。

电源板，全称开关电源板，受主信号处理板上的 CPU 控制，把 220V 交流电压变换为稳定的＋5VS、＋5V、＋12V、＋24V、＋14V、＋16V 等直流电压，通过插口提供给主信号处理板、背光灯升压等组件板。具体如下。

① ＋5VS　＋5VStandby 的简写，有的还简写为 STB，译为＋5V 备用电源，即通常所讲的＋5V 待机电源，它提供给主信号处理板上的 CPU 作为工作电压，是唯一不受 CPU 控制的电源输出，即只有接通 220V 电源，无论开机状态还是待机状态，这个＋5VS 均应有输出。

② ＋12V　提供给主信号处理板，少数小屏幕液晶电视机还提供给背光灯升压板。

③ ＋14V　提供给主信号处理板或伴音板，作为伴音功放电路工作电压。

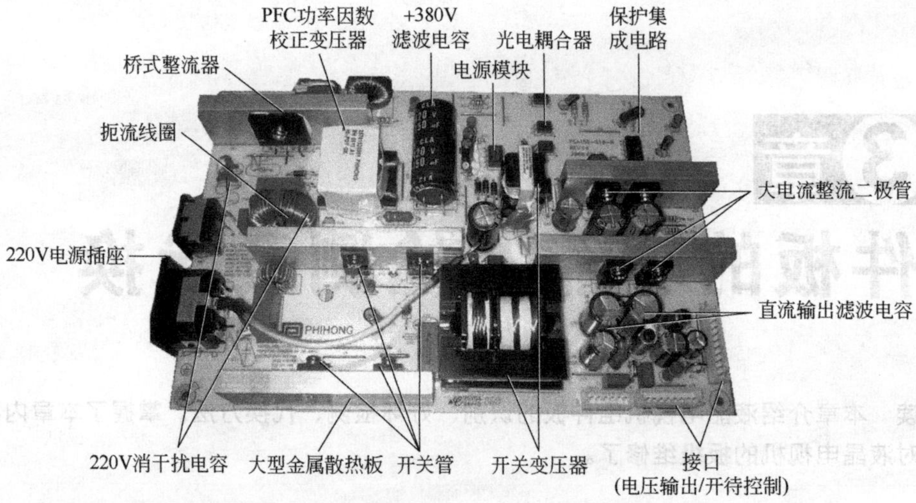

PFC功率因数校正变压器
+380V滤波电容
光电耦合器
保护集成电路
桥式整流器
电源模块
扼流线圈
大电流整流二极管
220V电源插座
直流输出滤波电容
PHIHONG
220V消干扰电容
大型金属散热板
开关管
开关变压器
接口(电压输出/开待控制)

(a) 独立开关电源

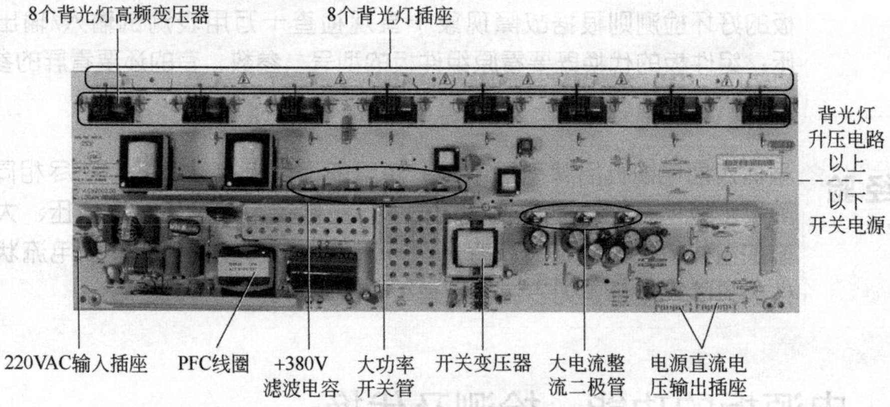

8个背光灯高频变压器
8个背光灯插座
背光灯升压电路
以上
以下
开关电源
220VAC输入插座
PFC线圈
+380V滤波电容
大功率开关管
开关变压器
大电流整流二极管
电源直流电压输出插座

(b) 电源+背光升压的IP整合板

图 3-1　液晶电视机的电源板实物

④ ＋16V　同上，早期的液晶电视机有的还提供给背光灯升压。

⑤ ＋24V　提供背光灯升压板。

3.1.2　电源板的工作条件及单独测试

(1) 电源板的工作条件

图 3-2 是液晶电视机的电源板工作条件。虽然液晶电视机的型号众多，输出电压、输出电流、接口方式及引脚排列不同，但工作条件却相同，包括：输入 220VAC、输入开/待机控制信号、带有一定的负载。

① 220VAC 电源输入　电源板输入的 220VAC，在液晶电视机允许的电压范围即为正常。

② 开/待机控制信号　开/待机控制信号，一般标注 ON/OFF（开/关），或 Standby（待命的）及简写 STAND、STB、S，或 POWER（电源）。该信号为高、低电平形式，如高电平为开机，则低电平为待机，反之相反。

③ ＋24V 或＋12V 输出端带有一定的负载　＋24V 或＋12V 输出端之所以有要求带有

一定的负载，是因为液晶电视机为了提高电网电压利用率、增强EMC电磁兼容性、减小电磁抗干扰EMI，在电源板上增加PFC功率因数校正电路，这个电路具有负载检知功能，当检测到电源板空载时，会自动关闭主电源，停止输出+12V或+24V电压，所以电源板正常工作必须带有一定的负载。

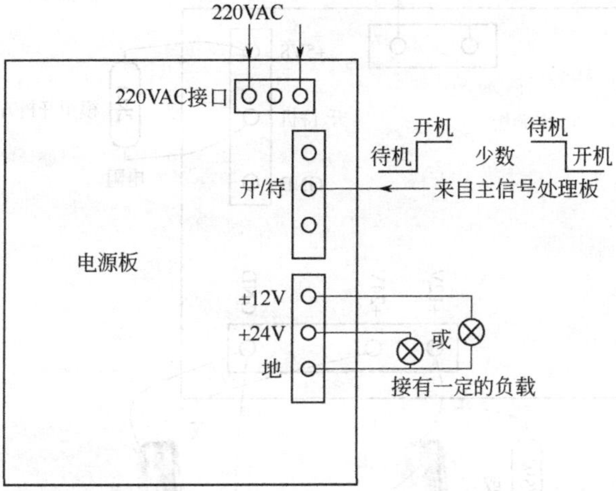
220VAC
220VAC接口
开机
待机
待机
少数
开机
开/待
来自主信号处理板
电源板
+12V
+24V
地
或
接有一定的负载

图3-2　电源板的工作条件

警告　也有个别电源板可以空载维修，如海信TLM3270液晶电视机所用的电源板。

(2) 电源板的单独检测

液晶电视机电源板的单独检测，就是把电源板从液晶电视机拆卸下来，人为模拟对电源板提供工作条件（包括220VAC输入、开/待机信号输入、安装假负载）后，再对电源板进行单独测试。

① 假负载的种类　图3-3是可作电源板的假负载器件，包括36V电动车灯泡、12V摩托车灯泡、39Ω/5W电阻。

12V/35/35W
5W
39Ω

(a) 36V电动车灯泡　(b) 12V/35W摩托车灯泡　(c) 39Ω/5W电阻

图3-3　假负载

② 单独测试电源板的方法　如图3-4所示，先人为对电源板提供以下三项工作条件，再测试电源板接口的各输出电压，因此，又称模拟测试。正常时，模拟开机状态下电源板接口的各电压输出端的电压应等于其标注值；模拟待机状态下仅+5VS输出端为+5V，其他电压输出端应为0V。

a. 模拟输入开/待机控制信号的方法。即人为对电源板接口中的开/待机脚提供高电压或低电压。该脚一般是高电平为开机、低电平为待机。如在接口的＋5VS脚与开/待机控制脚接入一只2kΩ电阻，就可形成模拟开机信号；如在接口的开/待机控制脚与地（GND）短路即，则形成待机控制信号。

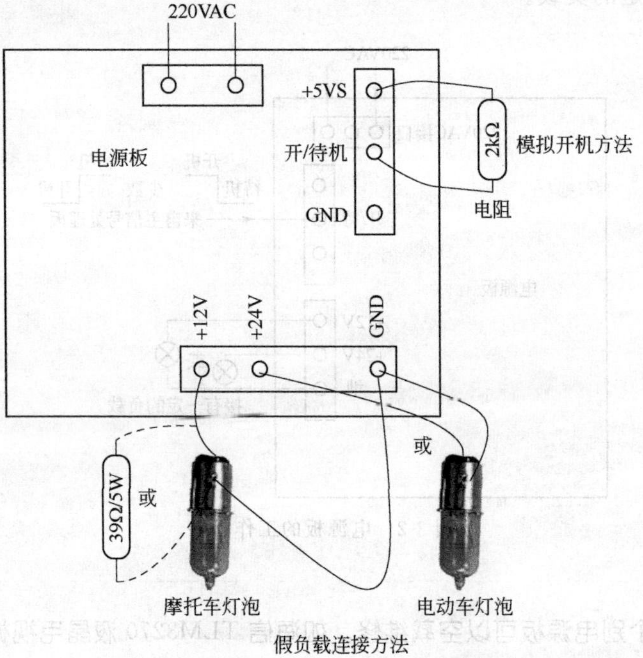
220VAC
电源板
+5VS
开/待机
GND
2kΩ
模拟开机方法
电阻
+12V
+24V
GND
或
39Ω/5W
或
摩托车灯泡
电动车灯泡
假负载连接方法

图 3-4 模拟对电源提供工作条件的方法

b. 在＋12V或＋24V输出端与地之间接入相应的假负载。＋24V输出端的假负载，一般选择36V电动车灯泡或39Ω/5W电阻；＋12V电源输出端假负载可选择12V摩托车灯泡。

c. 单独输入220VAC。在电源板的220VAC插头安装电源线，并接入220VAC。

3.1.3 电源板的好坏检测及代换

(1) 电源板损坏引起的故障现象

① 不通电 即整机表现无光栅、无伴音、电源指示灯不亮，机内无任何通电反映。

② 指示灯亮、不能开机 即电源指示灯亮、无光栅、无伴音。

③ 指示灯亮，开机瞬间有光栅，但光栅很快消失。

④ 保护性关机 即指示灯亮、开机瞬间无光栅、无伴音，电视机在很短时间内自动返回待机状态。

⑤ 屏幕上有水平或垂直干扰带（线）。

⑥黑屏。

(2) 电源板的好坏判断

① 直观判断电源板的好坏 不通电故障，95%以上是电源板损坏，如用户自述出现故障时，出现了掉闸现象，就可百分之百肯定电源板损坏了。如看到电源板上某个器件有烧焦、炸飞，保险管熔断，压敏电阻或集成芯片有裂纹或鼓包，大电解滤波电容任意部位鼓包、附近有透明状的电解液，也要判断电源板是否损坏。

② 万用表判断电源板的好坏 利用万用表测电源板接口的引脚电阻，来判断电源

板是否存在开路、短路、漏电现象。这种情况一般需要手中有相应的正常数据作比较，或有一定的经验。维修时更多使用的是电压法，下面以长虹 LS10 机芯的电源板为例说明。

图 3-5 是长虹 LS10 机芯的电源板，其中的虚线表示的是电源板的单独测试方法。该电源有五路输出电压，包括＋5V_stb、＋5V_3A、＋24V_2.5A、＋24V_AUDIO、＋24V_INV。这五路电压在待机状态时只有＋5V_stb 端输出＋5V、其他端为 0V，开机均应等于标注值。

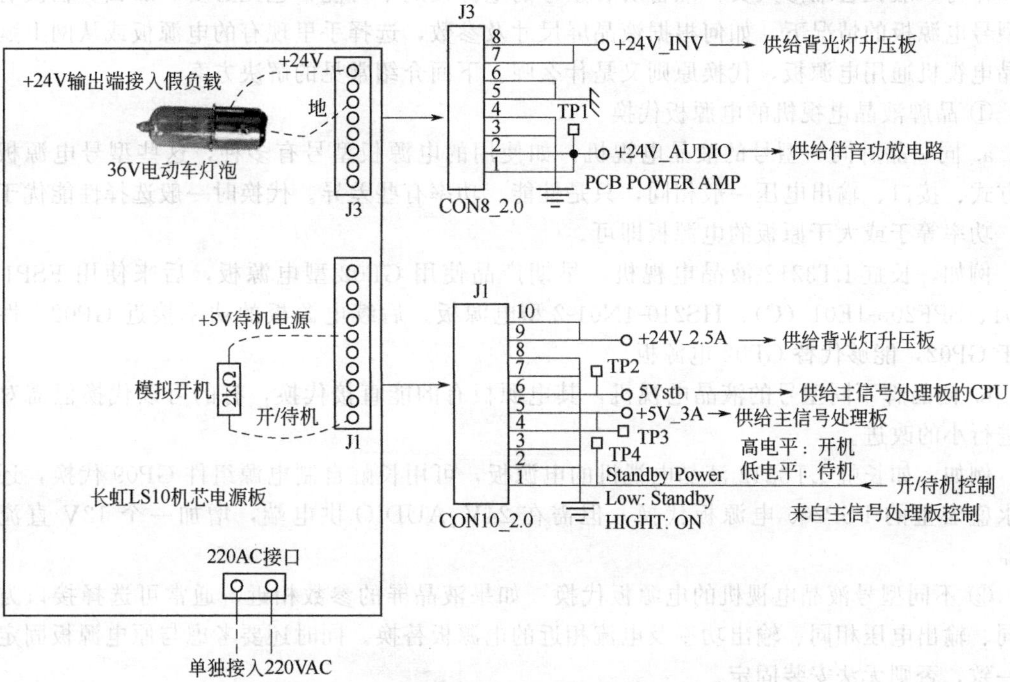
+24V输出端接入假负载
+24V
地
36V电动车灯泡
J3
J3
CON8_2.0
+24V_INV
供给背光灯升压板
TP1
+24V_AUDIO
供给伴音功放电路
PCB POWER AMP
+5V待机电源
模拟开机
2kΩ
开/待机
J1
J1
CON10_2.0
+24V_2.5A
供给背光灯升压板
TP2
5Vstb
供给主信号处理板的CPU
+5V_3A
供给主信号处理板
TP3
TP4
高电平：开机
低电平：待机
Standby Power
Low: Standby
HIGHT: ON
开/待机控制
来自主信号处理板控制
长虹LS10机芯电源板
220AC接口
单独接入220VAC

图 3-5 长虹 LS10 机芯的电源板单独测试方法

实修时，电源板在整机上的好坏检测顺序一般为：先测＋5V_stb 待机电源输出，再测其他路电压输出，并根据测试结果，确定是否进一步测试开/待机控制脚电压，来确认电源板的工作条件是否具备。

① 通电源，测 J1 接口的 6 脚＋5V_stb 输出端电压，测试值低于 4.8V 或不稳定均为异常，此时，可拔掉电源板的所有输出插头，再测＋5V_stb 如仍异常，可判断电源板有故障；如恢复＋5V 正常值，说明电源板正常，原因是电源板供电的其他组件存在短路或漏电现象，导致电源板负载过重而无法正常工作。

② 遥控开机后，继续测 J1 接口的 5 脚＋5V、10 脚＋24V_2.5A，J3 接口的 1 脚＋24V_AUDIO、8 脚＋24V_INV 的输出电压。测量可能出现的情况如下。

a. 如仅某一路输出电压异常，其他路输出电压正常，可肯定电源板有问题。

b. 均为 0V，需继续测 J1 接口的 1 脚开/待机控制脚电压，如不能随操作遥控开/关机操作高、低电平变换，说明电源板没有得到正常的开机信号，据此可大致判断电源板没有问题；如能随遥控开/关机操作高、低电平切换，说明开关电源有问题的可能性占 95％以上，需在排除电源板接口的各电压输出脚无短路、过流现象后，或接收假负载后仍无电压输出时，才可肯定电源板有问题。

c. 均低于标注值，可拔掉 J3 接口，以断开＋24V_AUDIO、＋24V_INV 的负载，把

36V电动车灯泡接至J3插座的8、6脚。之后通电开机，如各输出电压仍异常，说明电源板有问题。

(3) 电源板的代换

目前液晶电视机与电源板的配套使用情况分为两类：同系列、不同型号的机型采用同一型号电源板；同一型号的液晶电视机，也会因使用液晶屏的参数不同，使用的电源板型号有多种。

作为一般社会维修人员，准备所有型号的电源板既不可能，也无必要。那么，在没有相同型号电源板的情况下，如何根据液晶屏尺寸及参数，选择手里现有的电源板或从网上购买液晶电视机通用电源板，代换原则又是什么呢。下面介绍常见的解决方案。

① 品牌液晶电视机的电源板代换

a. 同一品牌同一型号的液晶电视机，如使用的电源板型号有多种，这些型号电源板固定方式、接口、输出电压一般相同，只是性能、功率有些差异。代换时一般选择性能优于原板、功率等于或大于原板的电源板即可。

例如，长虹LT3212液晶电视机，早期产品使用GP02型电源板，后来使用FSP179-4F01、SPF205-1E01（C）、HS210-4N01-2型电源板。后续电源板的功率接近GP02，性能高于GP02，能够代替GP02电源板。

b. 同品牌不同型号的液晶电视机，其电源板有的能直接代换，有的可以代换但需对电路进行小的改进。

例如，如长虹LT3212液晶电视机的电源板，可用长虹自制电源组件GP09代换，还可用永盛宏生的FSP205电源板代换，但需在24V_AUDIO供电端，增加一个12V直流稳压器。

② 不同型号液晶电视机的电源板代换　如果液晶屏的参数相近，通常可选择接口方式相同、输出电压相同、输出功率及电流相近的电源板替换。同时还要考虑与原电源板固定位置一致，否则无法安装固定。

③ 根据液晶屏尺寸及参数选择电源板　液晶电视机的功率主要由屏尺寸、参数决定。因为液晶电视机消耗的功率主要是在背光灯上，背光灯消耗的功率占总消耗功率的80%以上，屏的尺寸愈大，背光灯的数目愈多，长度愈长，消耗功率也愈大。一般说来，大液晶屏要大功率电源板。各种尺寸的背光灯消耗的功率大约如下：17寸是25W，20寸是38W，26寸是67W，32寸是110W，37寸是145W，42寸是160W。

④ 根据液晶屏的型号或参数，计算出电源板的功率，或电源板提供给背光灯升压板的供电电压及电流值。为了便于理解，下面以仍以长虹LT3212液晶电视机为例说明。

长虹TL3212液晶电视机使用两种型号的液晶屏：LTA320WT-16L、LC320W01-SL01。

a. LTA320WT-16L屏。该屏使用了16只背光灯管，每只灯管耗电7mA（标准发光时）、工作电压1200V。由公式功率W＝电压V×电流I计算，这16只灯管耗电近135W。为了实现灯管正常工作，提供给背光灯升压板的供电电压为＋24V、电流不得小于4.7A。

b. LC320W01-SL01屏。该屏对应的背光灯升压板耗电量为92W，要求电源提供给背光灯升压板的电压为＋24V、电流3.5A。

3.2 背光灯升压板的功能、检测及代换

背光灯升压板，顾名思义是对背光灯供电升压的器件，简称升压板、又称高压板，屏逆

变压器（简称逆变器，英文“Inverter”，简写“INV”）。

经验 背光灯升压板上的元器件布局紧凑，工作电流大（6～10A），输出的交流电压高，所以故障率很高，仅次于电源板。

技巧 背光灯升压板正常工作的表现：液晶屏组件内的灯管亮；万用表置交流电压挡后其表笔接触到背光灯升压板的输出接口外壳，应有 20～30VAC 感应电压；开机后高压棒触碰灯管接口的引脚应有微弱蓝色火花出现。

3.2.1 背光灯升压板的功能及识别

背光灯升压板是一种 DC-DC 转换器，受主处理信号板上的 CPU 控制，把电源板提供的＋24V（少数为＋120V 电压、少数小屏幕为＋12V），转换成高频高压交流电压（40～100kHz、800～1600V，启动时则高达 1500～1800V），供给液晶屏组件内的背光灯管，点亮背光灯管，作为液晶屏面板的背光源。

具有节能功能的液晶电视机背光灯升压板，还要根据主信号处理板上 CPU 输出的背光亮度控制命令，自动调整输出的高频高压脉冲的宽度，以调整液晶屏组件内的背光灯管发光强度，实现背光亮度模式调控。背光亮度模式分为：标准发光、节能 1 发光、节能 2 发光。

图 3-6 是背光灯升压板实物。电路板呈现条状，其上有两个至几十个相同的、体积大的高压变压器，还有与高压变压器数量相同的、有两个粗引脚的灯管连接口。

按背光灯升压板与屏内灯管连接方式分类有：多根灯管独立连接、所有的灯管并联。目

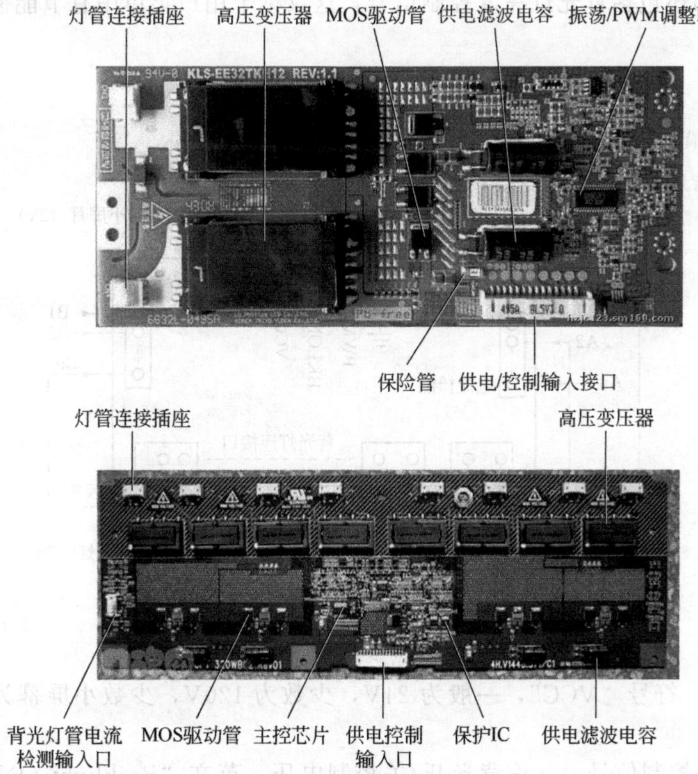
灯管连接插座
高压变压器
MOS驱动管
供电滤波电容
振荡/PWM调整IC
KLS-EE32TKH12 REV:1.1
保险管
供电/控制输入接口
灯管连接插座
高压变压器
背光灯管电流检测输入口
MOS驱动管
主控芯片
供电控制输入口
保护IC
供电滤波电容

(a) 背光灯升压板

图 3-6

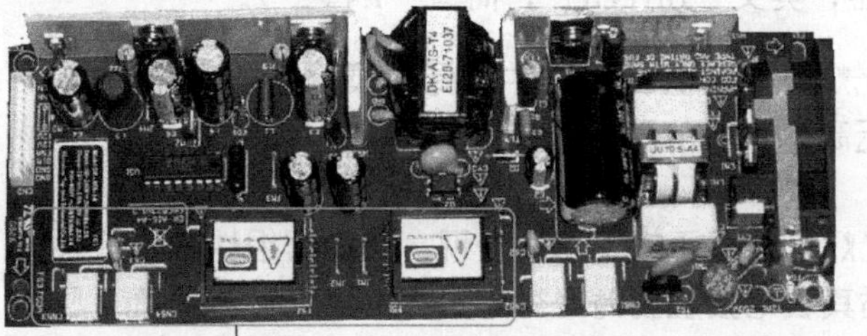
背光灯升压部分

(b) 背光灯升压板与电源板整合成的IP板

图 3-6 背光灯升压板

前的液晶电视机一般采用前者，其上的各变压器次级独立，一个变压器驱动液晶屏组件内的1～2个背光灯管。由此推理，背光灯升压板设置有多个高压变压器，液晶屏内设置有同等或两倍数量的背光灯管。

3.2.2 升压板的工作条件及单独测试

背光灯升压板在工作条件（包括模拟条件）正常时，就会启动工作，由灯管连接口输出相应值的高频高压脉冲，启动液晶屏组件内的灯管发光。

(1) 背光灯升压板的工作条件

图 3-7 是背光灯升压板的工作条件，包括供电电源、背光灯开/关控制信号、带有负载(背光灯管)；有的还包括背光灯亮度控制信号，这仅见于用户菜单中有节能模式或光源调整项的机型。

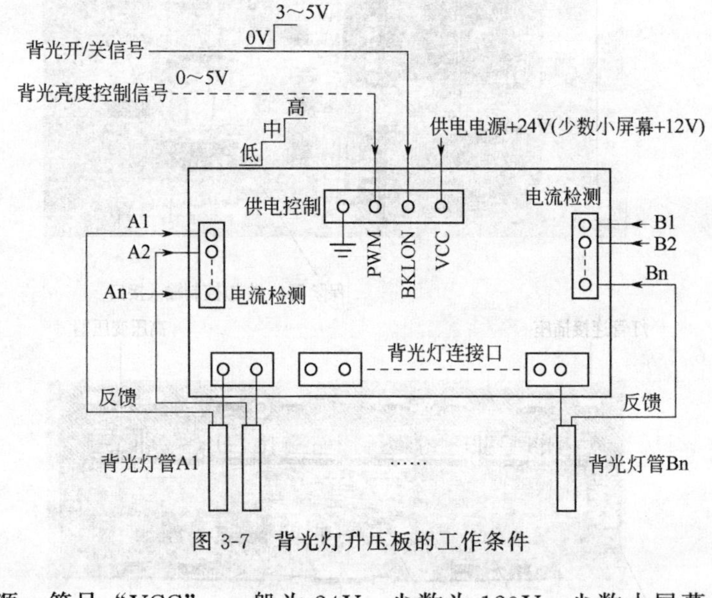
3～5V
0V
背光开/关信号
0～5V
背光亮度控制信号
高
中
低
供电电源+24V(少数小屏幕+12V)
供电控制
电流检测
A1
A2
An
电流检测
PWM
BKLON
VCC
B1
B2
Bn
背光灯连接口
反馈
反馈
背光灯管A1
……
背光灯管Bn

图 3-7 背光灯升压板的工作条件

① 供电电源 符号“VCC”，一般为 24V，少数为 120V，少数小屏幕为 12V，一般来自电源板。

② 背光开/关控制信号 又称背光开/关控制电压，英文“Backlight ON /OFF Control Voltage，简写为“BK LIGHT ON/OFF”或“ON/OFF”、“BL-ON”。有的称为开机使能

信号，用符号“BKLT-EN”或“ENA”、“EN”表示，也有的用符号“ASK”表示。这个信号来自主信号处理板的CPU，为高/低电平形式，一般高电平（+3V或+5V）为启动背光，低电平（0V）关闭背光灯。

③ 背光亮度控制信号　用符号“BRI”，或“PWM（PWM Dimming Control Voltage）”、“BKLT ADI”、“DIM”表示。这个信号用于控制背光灯的亮暗程度。信号形式有两种：高/中/低电平式、PWM脉宽调制式。

a. 高/中/低电平调光。这种形式的背光亮度控制信号所输入电平状态，对背光灯管亮度调整的方向，会因背光灯升压板的电路结构不同，有的为同向关系，例如海信TLM3277液晶电视机，背光调整电压在标准为高电平（3V）、节能1状态为中电平（2.4V）、节能2状态为低电平（2V）；有的为反向关系，即调光信号亮度高时，背光灯亮度下降。

b. PWM调光。由主信号处理板上的CPU直接产生一个100～250Hz的PWM脉冲波形送到背光灯升压板，通过控制该PWM脉冲波形的占空比去控制背光灯升压板输出开关频率来调整电流，以调整背光灯管的亮度。这个电压值有如下几种：0～3V、0～3.3V、0～5V。

(2) 背光灯升压板的单独测试

如图3-8所示是背光灯升压板的单独测试，又称模拟测试，就是把背光灯升压板从整机拆下，人工模拟对背光升压板提供工作条件后，再对背光灯升压板进行测试。

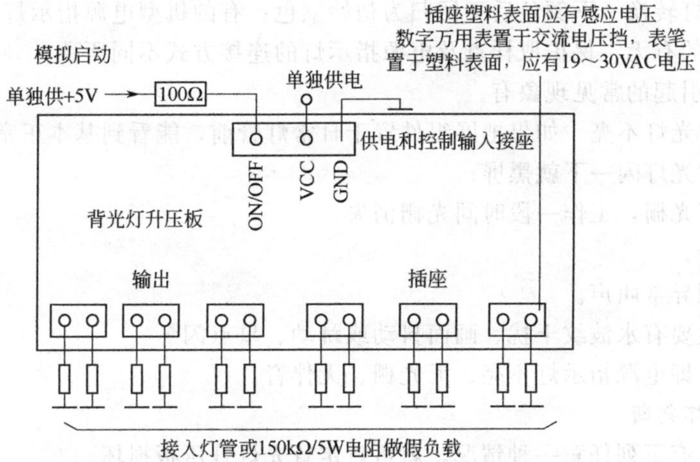
插座塑料表面应有感应电压
数字万用表置于交流电压挡，表笔
置于塑料表面，应有19~30VAC电压
模拟启动
单独供+5V
100Ω
单独供电
供电和控制输入接座
ON/OFF
VCC
GND
背光灯升压板
输出
插座
接入灯管或150kΩ/5W电阻做假负载

图3-8　背光灯升压板的单独测试方法

① 供电电源　此值要等于标注值，+24V（或+12V、+120V）。

② 背光开/关信号　一般高电平（3～5V）开启，低电平（0V）关闭。所以，模拟背光开启方法，通过是在+5V电源（借用电源板或主信号处理板的+5V）与背光灯升压板的背光开/关控制脚之间接入一只100Ω电阻，以使背光开/关脚为高电平；模拟背光关闭方法则是把背光开/关脚与地之间短路。

③ 接入负载　在各输出口连接灯管，也可连接假负载，方法是所有灯管输出接口各接入一只150kΩ/5W水泥电阻作假负载。如不连接任意一个灯管检修均会导致保护电路启动而影响判断。

警示　高压正常时假负载发热量比较大，要注意不要烫坏其他元器件，更不能手摸灯管及假负载。

3.2.3 背光灯升压板的好坏检测及代换

经验 背光灯升压正常的表现有五个：屏亮；黑屏但屏有漏光，从屏后部有些漏光的地方可看到；屏幕上能看到很暗的一点光；背光灯升压板的输出接口表面有19～30VAC感应电压；高压棒接触背光灯升压板的输出接口的引脚时有打火现象。

(1) 升压板损坏形式及引起的故障现象

背光灯升压板常见的损坏形式有两种：一是不工作，二是保护。两者引起的故障现象是有区别的，前者引起黑屏或暗屏，后者为开机屏亮一下变为黑屏。

背光灯升压板不工作，就不能对液晶屏组件内的背光灯管供电，背光灯就不亮，液晶屏呈现黑屏或暗屏。暗屏是指斜视能够看到淡淡的图像，因为液晶屏组件不同，有些液晶屏会出现光折射现象。

背光灯升压板保护，背光灯升压板先正常启动工作，但因又执行了过压或过流保护而关闭，所以，这种故障会引起开机瞬间液晶屏亮一下就黑屏。此时，有的机型伴音、遥控、面板按键操作仍正常；有的机型电源灯颜色变换，如比较老的机型中由红色转变为绿色，新的机型中电源指示灯转换一下颜色后又回归为初始颜色；有的机型电源指示灯常亮。这些差别主要是保护电路的有无、保护取样点及电源指示灯的连接方式不同所致。

背光板不良引起的常见现象有。

① 黑屏、背光灯不亮　如果把屏组件置于日常灯管前，能看到基本正常的图像。

② 开机时背光灯闪一下就黑屏。

③ 开机后有光栅，工作一段时间光栅消失。

④ 亮度偏暗。

⑤ 机内出现异常叫声。

⑥ 干扰　主要有水波纹干扰、画面抖动或跳动、星点闪烁。

⑦ 不通电　即电源指示灯不亮、无光栅、无伴音。

(2) 升压板的好坏判断

① 直观法　有下列任意一种情况，就可肯定背光灯升压板损坏。

a. 图声及操作正常只是机内有异常叫声，且叫声出自背光灯升压板上的高压变压器。

b. 背光灯升压板上的灯管接口打火，且开机后光栅消失。

c. 背光灯升压板上器件有外在损坏状，如高压变压器烧焦。

② 测灯管输出口表面的感应电压　万用表置于交流电压挡，表笔接触到背光灯升压板的输出接口表面绝缘体，如有19～30VAC感应电压，说明升压板工作正常；否则说明背光灯升压板没有正常工作，如继续测升压板的供电电压为+24V或+12V正常值，背光灯开/关控制脚能为3～5V高电平开启值，就可判断背光升压板有问题。

经验 测背光灯开/关控制脚电压，应在背光灯升压板还没有保护前就开始测试，如果刚刚测试到正常电压时背光灯便熄灭，也属于正常，原因是背光灯或电路异常导致了保护。所以，建议在开机时测试。

③ 高压棒触碰法　开机后，马上用高压测试棒（也可用万用表）接触高压输出插头焊脚，看是否有微弱蓝色火花出现，如果有火花出现，说明背光灯升压有高压脉冲输出，可认

为背光灯升压板基本正常（但不能排除电压、电流保护异常），反之相反。

经验 这里强调开机后马上进行测试，主要是为了避免保护电路启动后造成误判。根据实际经验，冷机时即使灯管损坏，保护电路启动也需要几秒的时间，而热机或者刚断开电源不久又重新通电，保护电路启动仅需1～2s，因此要掌握好检测时机。

(3) 背光灯升压板的代换

由于液晶屏的尺寸及其内灯管的数量、点亮电压、启动特性不同，这就要求背光灯升压板输出的脉冲参数必须与所驱动的液晶屏组件相匹配。所以，目前液晶屏与背光灯升压板基本都是配套提供。

同一尺寸的液晶屏型号不同，其背光灯升压板组件不同，原则上不能相互代换。如果代换，要注意供电电压一致，接口大小、数量、引脚功能一致。

警告 用窄口高压板代换宽口高压板时，由于窄口高压板一组两只灯管回路不同（只有少部分高压板是相同的），故不能简单地将两个低压接口并联，需要视液晶屏灯管接线情况，将低压线分开，然后对应连接好，否则可能会引发故障。

警告 网上邮购的万能背光灯升压板，虽然能把灯管点亮，但会严重影响灯管的使用期。

3.3 主信号处理板的功能、检测及代换

经验 主信号处理板的功能最多，电路结构最为复杂，除其上的晶体易损坏、发热量较大的主芯片和帧存储器易出现虚焊、线路过孔易开路外，其他部位的故障率较低，原因是其工作在低电压、小电流状态。

主信号处理板，又称主控板、数字板，简称主板，俗称信号板、驱动板。用于接收处理各种视频信号并进行格式转换、液晶显示控制后，形成LVDS格式的数字图像信号，同时产生各控制信号，有的还要完成伴音信号的处理。

如图3-9所示是主信号处理板的实物，是液晶电视机内体积最大、器件最多、接口最多的一块线路板。其上除几块大规格集成电路芯片、高频调谐器外，其他器件的体积较小。

(1) 主信号处理板的功能

不同型号的主信号处理板的功能不尽相同，但肯定是液晶电视机的控制中心和信号处理中心，肯定具有以下几基本的功能。

① 图声信号处理及格式变换功能　接收TV视频、AV外部视频、S-VIDEO接口的Y亮度/C色度信号、DVI口的数字式视频信号、YPbPr或YCbCr口的亮度/红色差信号/蓝色差信号、VGA口的RGB模拟三基色/HV行场同步信号、HDMI口输入的高清全数字视频信号，并进行解调、格式变换、液晶显示控制等处理后，转变成音频信号和格式统一的LDVS数字图像差分信号，再通过逻辑板驱动液晶屏显示图像。

② 系统控制功能　接收处理用户指令，并按逻辑处理后，形成开/关机控制、背光开/

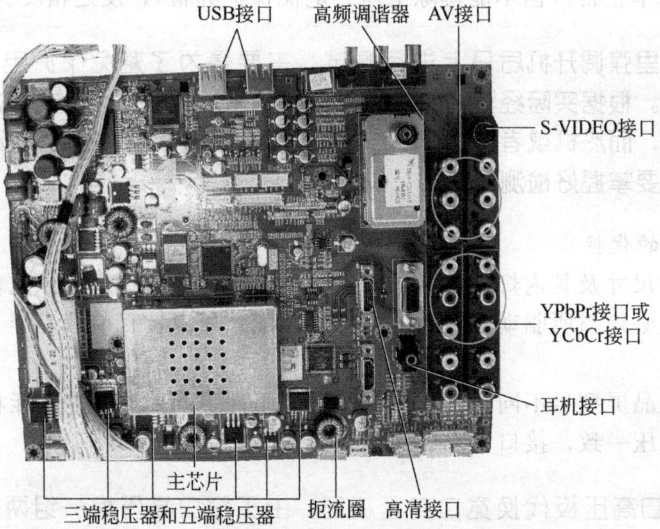
USB接口
高频调谐器
AV接口
S-VIDEO接口
YPbPr接口或
YCbCr接口
耳机接口
主芯片
三端稳压器和五端稳压器
扼流圈
高清接口

(a) 全功能的主信号处理板

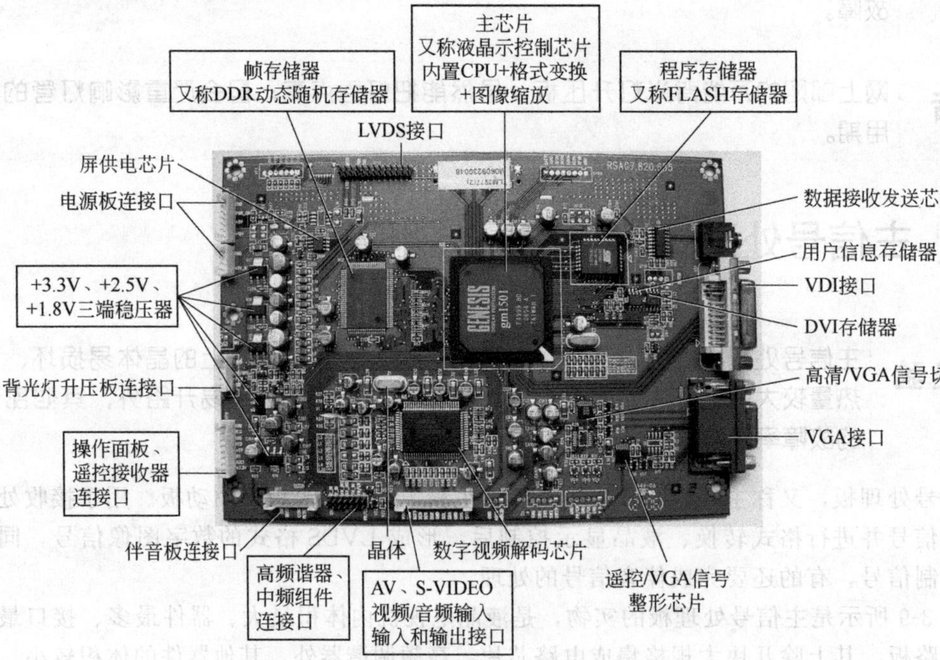
主芯片
又称液晶示控制芯片
内置CPU+格式变换
+图像缩放
帧存储器
又称DDR动态随机存储器
程序存储器
又称FLASH存储器
LVDS接口
屏供电芯片
电源板连接口
数据接收发送芯片
用户信息存储器
+3.3V、+2.5V、
+1.8V三端稳压器
VDI接口
DVI存储器
高清/VGA信号切换芯片
背光灯升压板连接口
操作面板、
遥控接收器
连接口
VGA接口
伴音板连接口
晶体
数字视频解码芯片
高频谐器、
中频组件
连接口
AV、S-VIDEO
视频/音频输入
输入和输出接口
遥控/VGA信号
整形芯片

(b) 无高频调谐器的主信号处理板

图 3-9 主信号处理板

关控制、背光亮度调整、图像亮度/彩色饱和度/色调/清晰度对比度/、音量/音效/静音、调谐、制式、接收模式 TV/AV/S-VIDEO/DVI/VGA/HDMI 切换等控制信号，控制主信号处理板上的功能电路及整机的工作状态。

其中的开/待机控制信号要提供给电源板；背光开/关控制信号、背光亮度控制信号要提供给背光灯升压板；静音控制信号提供给伴音板；其他信号一般以 SDA、SCL 总线形式提供给主信号板及其他组件板的各功能电路。

③ 产生字符信号并穿插到图像信号上　所有的液晶电视机工作或用户进行节目切换等操作时，屏幕上均以相应的字符显示当前的工作状态或调节模式，这些字符均由主信号处理板的 CPU 产生，并按要求穿插到图像信号上。

(2) 主信号处理板的工作条件

主信号处理板是整机的控制中心，只对其他组件板输出控制信号，无需外来控制信号，因此其工作条件只一个，即供电电源，其值一般为＋5VS、5V、＋12V，有的还包括＋14V、＋16V、＋24V。

(3) 主信号处理板损坏引起的故障现象

① 不通电。

② 指示灯亮，二次不能开机。

③ 二次开机自动返回待机状态。

④ 无字符、有光栅、有伴音。

⑤ 有字符、无图像或图像异常。

⑥ TV 或 AV、YCbCr（YPbPr）、HDMI、DVI、VGA、USB 某个模式不能正常工作。

⑦ 电视机功能与所设计功能不一致。

对于主信号处理板上设置有高频调谐器、中频组件、伴音电路、AV 信号输入的电路，还会引起收台少、跑台、无伴音、伴音失效、AV 状态无图声、AV 状态自动关机等现象。

(4) 主信号处理板的好坏判断

一般根据故障现象，测试信号处理板接口的相应关键点电压来进行。

① 根据故障判断主信号处理板的好坏　由于主信号处理板的功能很多，其损坏引起的故障现象也最多，其中下列故障现象是该板特有故障现象，遇有其中任意一种情况，就可判断主信号处理板损坏。

a. YCbCr（YPbPr）分量或 HDMI 高清晰、VGA 电脑显卡信号、USB 设备信号某个模式不能正常工作。

b. 有字符、无图像或图像异常。

c. 电视机功能与所设计功能不一致。

② 万用表检测主信号处理板的好坏　一般通过测试 LVDS 接口电压来判断所输出的图像信号是否正常；通过测试电源接口的开/关控制脚电压、背光灯升压板的背光开/关控制脚电压等，来判断主信号处理板输出的控制信号是否正常。下面以长虹 LS10 机芯的主信号处理板为例说明。

图 3-10 是长虹 LS10 机芯的主信号处理板接口及其关键测试点，从图 3-10 中可以看出，虽然主信号处理板有众多的接口插座，但实测时需要测试的接口及引脚仅有几个，包括：JP5 LVDS 接口各引脚，JP200、JP203、JP204 电源板连接接口的供电及开/关机控制脚，JP202 背光灯升压板连接接口的背光灯开/关、背光亮度控制脚。

a. JP200、JP203、JP204 电源板连接接口。各引脚功能及正常值见表 3-1，其中 5VMCP 正常是其他脚电压正常的前提。

- 当电视机出现指示灯亮，二次开机后无光栅、无伴音故障时，如测试 5VMCU 脚电压正常，但 STANDBY 脚电压不能为 4V 以上高电平，则肯定主信号处理板有问题；如测试 5VMCU 脚电压过低或不稳定，在确认开关电源没有问题时，说明主信号处理板存在漏电或过流故障。

- 当电视机出现二次不能开机，但开机后立即返回待机状态，在确认电源板正常时，很有可能是主信号处理板有故障。

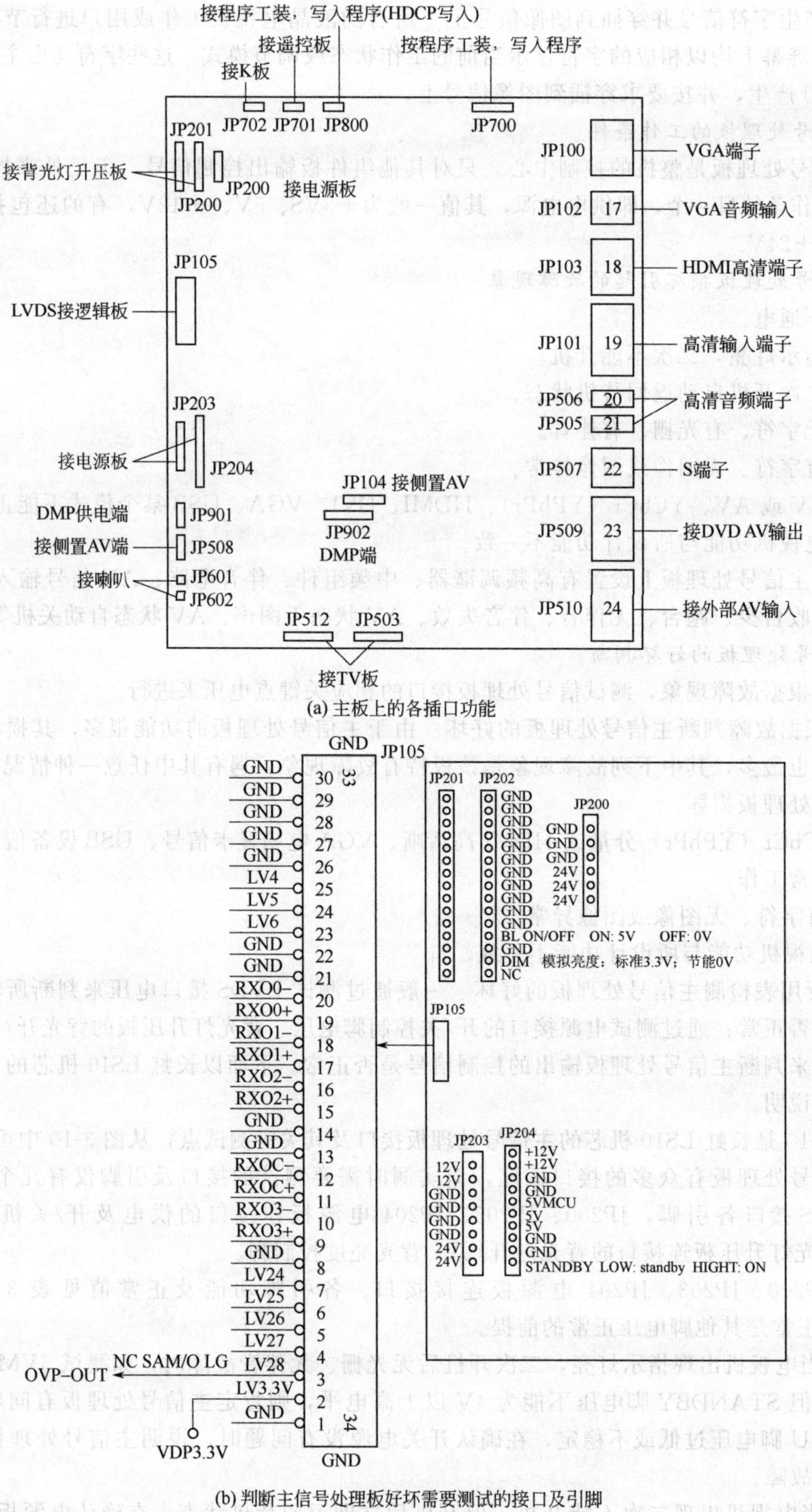
接程序工装，写入程序(HDCP写入)
接遥控板
按程序工装，写入程序
接K板
JP702 JP701 JP800
JP700
JP201
JP100
VGA端子
接背光灯升压板
JP200
JP200 接电源板
JP102 17
VGA音频输入
JP105
JP103 18
HDMI高清端子
LVDS接逻辑板
JP101 19
高清输入端子
JP203
JP506 20
JP505 21
高清音频端子
接电源板
JP204
JP507 22
S端子
JP104 接侧置AV
DMP供电端
JP901
JP902
DMP端
JP509 23
接DVD AV输出
接侧置AV端
JP508
接喇叭
JP601
JP602
JP510 24
接外部AV输入
JP512 JP503
接TV板
(a) 主板上的各插口功能
GND
JP105
GND 30 33
GND 29
GND 28
GND 27
GND 26
LV4 25
LV5 24
LV6 23
GND 22
GND 21
RXO0− 20
RXO0+ 19
RXO1− 18
RXO1+ 17
RXO2− 16
RXO2+ 15
GND 14
GND 13
RXOC− 12
RXOC+ 11
RXO3− 10
RXO3+ 9
GND 8
LV24 7
LV25 6
LV26 5
LV27 4
LV28 3
LV3.3V 2
GND 1 34
GND
NC SAM/O LG
OVP−OUT
VDP3.3V
JP201
JP202
GND
GND
GND
GND
GND
GND
GND
GND
GND
GND
GND
BL ON/OFF ON: 5V OFF: 0V
GND
DIM 模拟亮度：标准3.3V；节能0V
NC
JP200
GND
GND
GND
24V
24V
24V
JP105
JP203
12V
12V
GND
GND
GND
GND
24V
24V
JP204
+12V
+12V
GND
GND
5VMCU
5V
5V
GND
GND
STANDBY LOW: standby HIGHT: ON
(b) 判断主信号处理板好坏需要测试的接口及引脚

图 3-10　长虹 LS10 机芯主信号处理板检测方法

表 3-1 电源连接口的引脚电压

引脚符号	功能	电压
GND	地	0V
5VMCU	5V待机电源输入（来自电源板）	5V
STANDBY	开/关机控制输出（送往电源板）	待机0V，开机4V
+5V	+5V电源输入（来自电源板）	待机0V，开机5V
+12V	+12V电源输入（来自电源板）	待机0V，开机12V
+24V	+24V电源输入（来自电源板）	待机0V，开机24V

b. JP201、JP202背光灯升压板连接接口。标注有“INVERTER”，各引脚电压正常值见表3-2。如开机状态下，BL-ON/OFF脚不能为高电平，则是主信号处理板有问题。

表 3-2 主板与背光升压板连接接口引脚电压

引脚符号	功能	正常电压
GND	地	0V
BL-ON/OFF	背光灯开/关控制脚输出，送往背光灯升压板	待机状态为0V，关闭背光灯0V；开机后为5V，开启背光灯5V
DIM	背光调光控制输出，送往背光灯升压板，用于控制背光灯升压输出的脉冲的幅度	标准工作模式时为3.3V；节能工作模式时为0V
NC	空脚	—

c. J105 LVDS接口测试。其引脚功能及测试值参见表3-3。

表 3-3 J105 LVDS接口引脚功能和测试值

引脚	符号	功能	电压值/V		
			有信号	无信号	空载
1	GND	地	0	0	0
2	LV3.3V	低压电源3.3V输入	3.3	3.3	3.3
3	LV28	过电压保护输出			
4	LV27	本机通过0Ω电阻接地	0		0
5	LV26	本机通过0Ω电阻接地	0		0
6	LV25	本机通过0Ω电阻接地	0		0
7	LV24	本机通过0Ω电阻接地	0		0
8	GND	地	0	0	0
9	RXO3+	第3道差分信号正相输入	1.14	1.17	1.05
10	RXO3−	第3道差分信号反相输入	1.38	1.3	1.53
11	RXOC+	时钟信号正相输入	—	—	—
12	RXOC−	时钟信号反相输入	1.21	1.21	1.12
13	GNG	地	0	0	0

续表

引　脚	符　号	功　能	电压值/V		
			有信号	无信号	空载
14	GNG	地	0	0	0
15	RXO2＋	第 2 道差分信号正相输入	1.15	1.06	0.49
16	RXO2－	第 3 道差分信号反相输入	1.3	1.39	1.98
17	RXO1＋	第 1 道差分信号正相输入	1.18	1.01	0.72
18	RXO1－	第 1 道差分信号反相输入	1.28	1.45	2.15
19	RXO0＋	第 0 道差分信号正相输入	1.17	1.01	0.39
20	RXO0－	第 0 道差分信号反相输入	1.29	1.46	2.15
21	GNG	地	0	0	0
22	GND	地	0	0	0
23	LV6	本机通过 0Ω电阻接地	0	0	0
24	LV5	本机通过 0Ω电阻接地	0	0	0
25	LV4	本机通过 0Ω电阻接地	0	0	0
26～30	GND	地	0	0	0

- 当电视机出现有伴音、有光栅、无字符，且为灰暗的白色光栅故障时，若测量 LVDS 接口上的上屏电源没有，则肯定主信号处理板损坏；如测得上屏电源电压正常，但差分信号脚动、静电压相同，说明主信号处理板有故障。
- 当电视机出现图像局部拖尾或呈现块状图像、负像时，若测得主信号处理板上的 LVDS 接口电压正常，说明故障不在主信号处理板。

③ 用代换法法判断主信号处理板的好坏　准备一块输出信号格式为 LVDS 的主信号处理板作为代换板，并且在上屏电压满足屏的要求（如上屏电压与屏不一致时，可通过查询资料通过更换满足其要求）。代换后如果出现图像（图像中心可能会发生偏移），则可判断原主信号处理板有问题。

(5) 主信号处理板的代换

替换主信号处理板需要注意几下几项。

① 同机芯、同机型的产品在不同时期生产，可能因主板结构发生变化而不能互换，如长虹生产的 LS10 机芯电路板前后用了 10 种，同一个产品如 LT3212 可能在不同时期生产也使用了不同的电路板，替换时需注意所换电路板的印刷板号。

② 同机芯的产品因功能不同，电路板上设置的接口端子也不同，所以，通常不能互换。如果要互换，需要做硬件上的改变，同时还要对主信号处理板上的 FLASH 闪存块进行软件刷新。

③ 代换主信号处理板时，要注意信号处理板上 LVDS 线输出供电电压要与逻辑板的供电相符，LVDS 信号连接线的根数要与屏匹配，LVDS 信号格式、LVDS 程序要相同，同时还要观察有无 ODSEL 帧频选择脚、RPF 显示旋转设置脚，详细见本章“3.4.3　逻辑板的代换”。

3.4 逻辑板的功能、检测及代换

逻辑板，一般固定在屏背部，又称屏驱动板，屏中心控制板（简称中心控制或控制板）、显示驱动板、时序控制器（Timer-Control，简写为T-CON）。

经验 逻辑板上的LVDS接口、屏接口，因日久变形和空气灰尘等原因易出现接触不良，引起黑屏、白板、花屏、负像、竖线干扰等故障。

3.4.1 逻辑板的功能及工作条件

（1）逻辑板的功能

如图3-11所示是逻辑板的作用，从图3-11中可以看出逻辑板的功能有如下两类。

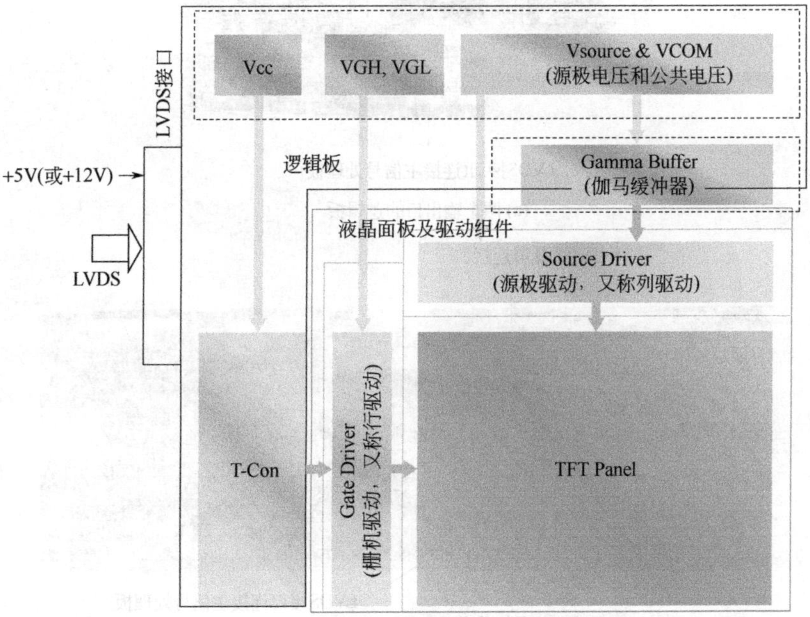

LVDS接口
Vcc
VGH, VGL
Vsource & VCOM
(源极电压和公共电压)
逻辑板
Gamma Buffer
(伽马缓冲器)
+5V(或+12V)
液晶面板及驱动组件
LVDS
Source Driver
(源极驱动，又称列驱动)
T-Con
Gate Driver
(栅机驱动，又称行驱动)
TFT Panel

图3-11　逻辑板的作用

① LVDS格式图像信号变换成RSDS格式　把直流偏置电平为1.2V、摆幅为±350mV的LVDS（Low voltage differential signal）低压差分信号，转换为RSDS降低摆幅差分信号，以通过液晶屏组件内的栅极、源极驱动电路，驱动液晶屏上的液晶分子旋转方向，实现背光通过液晶分子光量多少的控制（即光通电的控制），从而显示彩色图像。

② +5V（或+12V）变换为VGL、VGH、VCOM电压　把逻辑板输入的+5V或+12V电压，变换成VGH、VLG、VCOM直流电压，作为液晶屏组件的工作电压。

VGH，是Vgatehigh的缩写，译为栅极的高电位，也就是打开液晶屏组件内的晶体管栅极的电压，一般为+15～+22V。

VGL，是Vgatelow的缩写，译为栅极的低电位，也是关闭液晶屏组件内的晶体管栅极的电压，一般为−7V左右。

VCOM，是 Vcommon 缩写，译为屏公共极电压。液晶像素一边电极电压为源极驱动电压，另一边为公共电极 VCOM。这两个电压差决定了加在液晶分子上的电压，因此 VCOM 电压对最终的显示效果影响最大，是检修液晶屏幕图像故障必须测量的一级关键电压。

(2) 逻辑板板的识别

图 3-12 是逻辑板实物，其特点是体积小、器件少、输出接口为扁平插座且引脚数量多。逻辑板通过 LVDS 接口与主信号处理板连接。

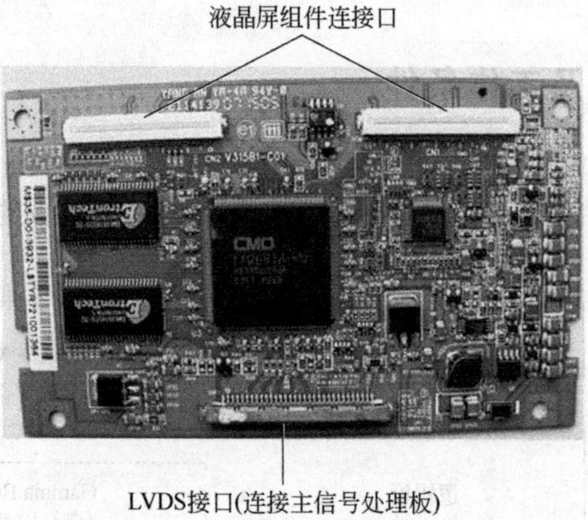
液晶屏组件连接口
LVDS接口(连接主信号处理板)

(a) 两个输出口的逻辑板

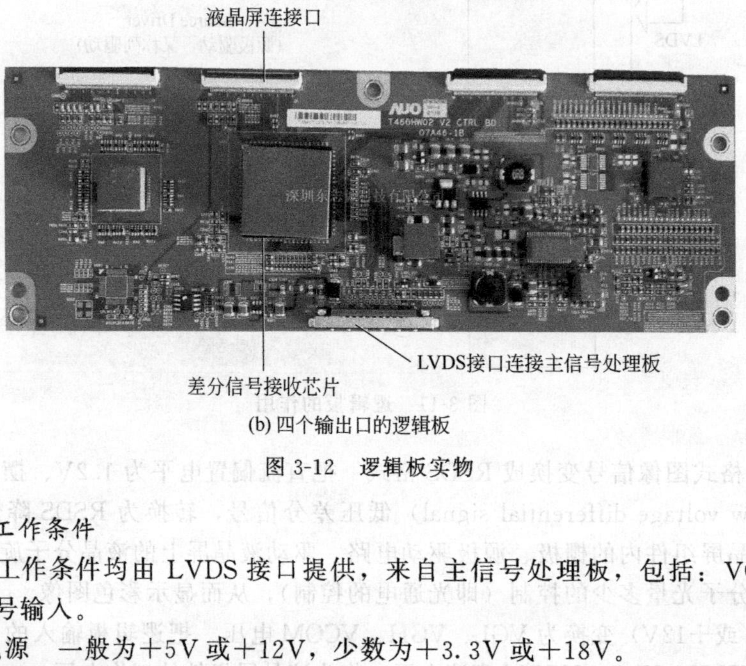
液晶屏连接口
LVDS接口连接主信号处理板
差分信号接收芯片

(b) 四个输出口的逻辑板

图 3-12 逻辑板实物

(3) 逻辑板的工作条件

逻辑板的工作条件均由 LVDS 接口提供，来自主信号处理板，包括：VCC 供电电源、LVDS 差分信号输入。

① 供电电源　一般为＋5V 或＋12V，少数为＋3.3V 或＋18V。

② LVDS 差信号输入　由于液晶屏的不同，LVDS 的差分信号位数会有所不同。其中一对传输的是时钟差分信号（CK），两脚动静态电压均为 1.2V 左右；其他几对传输的是图像/字符差分信号，这些信号脚的动静态电压不同。表 3-4 是某机型 LVDS 接口信号脚的动静态测试值。

表 3-4 LVDS 接口的信号脚动静态电压

引 脚	功 能	无信号电压/V	有信号电压/V
RXO0－	图像/字符差分信号道 0 反相输入	1.46	1.29
RXO0＋	图像/字符差分信号道 0 正相输入	1.01	1.17
RXO1－	图像/字符差分信号道 1 反相输入	1.45	1.28
RXO1＋	图像/字符差分信号道 1 正相输入	1.01	1.18
RXO2－	图像/字符差分信号道 2 反相输入	1.39	1.30
RXO2＋	图像/字符差分信号道 2 正相输入	1.06	1.15
RXO3－	图像/字符差分信号道 3 反相输入	1.3	1.38
RXO3＋	图像/字符差分信号道 3 正相输入	1.17	1.14
RXAC0－	时钟信号反相输入	1.21	1.21
RXAC0＋	时钟信号正相输入	—	—
VCC	上屏电压	＋5V 或＋12V，少数为＋3.3V	

注：RXO0－，有的用 RXE0－或 TXA0－、LA0M 表示；RXO0＋，有的用 REX0＋或 TXA0＋、LA0P 表示，其他类推。

3.4.2 逻辑板的好坏检测及代换

经验 逻辑板是图像信号和字符信号的公用通道，所以，电视机的字符或图像任意一个正常，就可说明逻辑板正常。

逻辑板不工作，无法对液晶屏组件提供供电及辅助信号，一般会引起液晶屏不发光及发光质量相关的故障现象，包括暗蓝色光栅、黑屏（一般发生在 32 英寸屏以上）、白屏（一般灰 26 英寸以下），个别是因为屏的制造程序设置关系，会使背光灯升压板保护而停止工作。

(1) 逻辑板引起的常见故障现象

① 黑屏、背光灯亮。

② 花屏、图像出现色斑。

③ 白屏、灰屏、暗屏（屏幕能看到很暗的一点光）。

④ 屏幕为暗蓝色，无图像、无字符，但按键和遥控起作用。

⑤ 干扰 包括水平线、水平带干扰，竖线干扰、竖带干扰，图像上出现点状干扰。

⑥ 图像的灰度等级失真 如图像太亮或太暗、图像灰暗。

⑦ 负像、倒像、图像缺损。

经验 逻辑板与液晶屏组件都可引起图像花屏，但是逻辑板的花屏与屏产生的花屏是有区别的，逻辑板的花屏表现为上下有规则的花屏。

(2) 逻辑板的好坏判断

① 无字符、有伴音、有灰暗白光栅 这种故障一般出现在逻辑板或主信号处理板。实修时，如测试 LVDS 接口的供电电源正常、信号脚上的动静态电压不同，可判断故障在逻辑板。

② 图像异常，如出现局部拖尾，或块状如同照片底片的假图像　一般出现在逻辑板或主信号处理板、LVDS连接线。实修时，如测试逻辑板上的LVDS接口的供电电源、信号脚上的动静态电压不同，可判断故障在逻辑板。

③ 花屏图像中间夹杂很多细小的彩点　一般是逻辑板与屏连接线接触不良，可以插拔线来确认。

④ 屏幕为不定时花屏或无图像　常见为LVDS线接触不良，维修一般先把LVDS拔下清理，再重新固定即可。

⑤ 无图像，屏幕垂直方向有断续的彩色线条，也无字符（这一点很重要）　可以测试上屏电压，5V或12V看屏型号而定。再测试LVDS输出接口上的电压看静态和动态两种情况是否变化，若不变化基本可判断故障出现在逻辑板上。

(3) 逻辑板拆装及代换

逻辑板的拆装要点在软排上。拆下逻辑板上的固定螺钉，可见逻辑板通过软排线与屏、主信号处理板相连接。插拔这两种线时要按要求操作。

① LVDS线的拆装　如图3-13所示，在插拔LVDS线时，需特别小心LVDS线逻辑板插口的对接，以防经常插拔LVDS线出现损坏和接触不良等现象。同时还分清LVDS线插的上下面关系。

② 屏连接软排线的拆装　如图3-14所示，偏平插座侧端的上部是压扣条。连接屏的软排线上，有规则的色带部分，前面是排线头。拔掉软排线时，需轻翻压扣条，再向外平移软线即可。

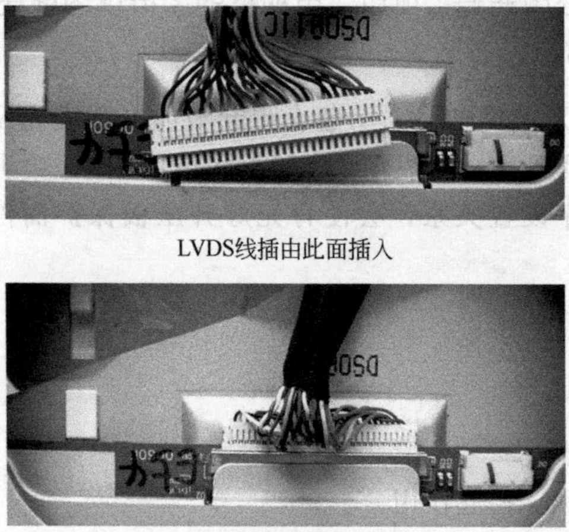
LVDS线插由此面插入
LVDS线插入后

图3-13　LVDS线的安装

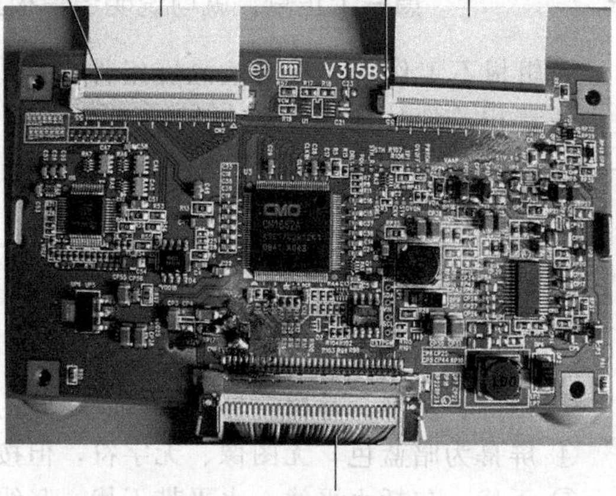
色带标志与插座平行
屏连接软排线
压扣条
屏连接软排线
LVDS连接线

图3-14　软排线的拆装方法

安装时，将软排线头端平行插入插座一小槽内，注意线头不翘起、排线不能有弯曲、折叠等现象，否则内部连接可能弄断，使色线部分与插座平衡再压上压条即可。

警告　拆装软线排时，要注意保护插座上的压扣条，如果用力不慎将其扣坏，就只能更换逻辑板了。

(4) 逻辑板的代换

液晶电视机的逻辑板是由屏厂家和屏配套提供的，所以，逻辑板代换要做到与屏匹配、工作电压与供电电压一致、接口与原板一致等。具体如下。

① 工作电压与供电电压要一致 逻辑板电路型号不同，要求提供的工作电源电压不同。所以，代换逻辑板时，要注意逻辑板的供电是否与主信号处理板上 LVDS 线输出供电电压相符，以免电压异常损坏逻辑板或液晶屏。

逻辑板供电电压是由主板提供的，在主板上靠近 LVDS 插座处附近会有一个切换 LVDS 供电的 MOS 管开关，靠近 MOS 管处有选择 LVDS 电压的磁珠或跳线、电感。根据具体使用的液晶屏的型号确定供电电压是多少伏来选择对应的磁珠或跳线、电感的接入即可。

② LVDS 信号连接线的根数要与屏匹配 高清（1366×768）液晶屏均为单 8 位 LVDS 传输，包括 8 位数据、2 位时钟，共 10 条数据线；全高清（1920×1080）液晶屏均为双路 LVDS 传输，包括 8 位奇数据、8 位偶数据、2 位奇时钟和 2 位偶时钟，共 20 条数据线。

③ LVDS 信号格式要相同 有的 LVDS 接口上设置有 LVDS 信号格式选择，用符号“SEL LVDS”表示。LVDS 信号有两种：VESA 格式和 JEIDA 格式。在靠近 LVDS 插座处会有 2 个选择，进行 0V、3.3V、5V 和 12V 几种设置。不同的屏应该选择不同的电压。

④ ODSEL 帧频选择端口电压 有些屏具有 OD SEL 帧频选择端口，如奇美屏。在该端口接上选择电平，可以使屏的显示频率在 50Hz 和 60Hz 帧频中进行选择，以适应输入信号的帧频。如果该端口的选择电平错误，屏的显示频率和输入信号的帧频不相同，会出现无显示的故障。

⑤ RPF 显示旋转 有些机型的 LVDS 接口引脚设置 RPF 显示旋转脚，可根据要求设置接地或开路。如奇美某屏高电平图像 180 度，低电平不旋转。

⑥ 对应的程序 不同的液晶屏一般需要选择不同的 LVDS 程序，当程序不匹配时多会出现彩色不对或图像不正常等现象。

3.5 液晶屏组件的功能、检测及代换

目前，液晶电视机的显示屏普遍采用薄膜晶体管液晶显示屏，英文 Thin Film Transistor-LCD，简写为 TFT-LCD 或 LCD。

(1) 液晶屏组件的功能

如图 3-15 所示液晶屏组件，前面为液晶屏面板，内置背光灯管、行/列驱动电路。液晶屏组件用于显示彩色图像。

液晶屏面板是利用液状晶体在电压的作用下发光成像的原理。组成屏幕的液状晶体有三种：红、绿、蓝，叫做三基色。它们按照一定的顺序排列，通过电压来刺激这些液状晶体，就可以呈现出不同的颜色，不同比例的搭配可以呈现出千变万化的色彩。因此，精确到“点”的液晶电视比“逐行扫描”的 CRT 电视高出了一个层次。

行/列驱动电路在逻辑板控制下，把逻辑板输出的 RSDS 格式的数字图像信号，逐行着屏，并利用上眼的滞留性，形成一幅彩色图画。

背光灯，为液晶面板提供背光源，以便于观察明亮鲜艳的彩色图像。

(2) 液晶屏组件好坏检测

① 典型故障 包括：亮点、暗点、屏竖线、花屏、漏液等。

② 其他故障　包括：白屏、黑屏、屏暗、发黄、白斑；亮线、暗线、亮带、暗带干扰（规则且不随图像变化）；开机瞬间有光栅，但光栅很快消失（在黑暗环境下，开机瞬间光栅，但很快消失，这种故障主要是背光灯管损坏引起的）。

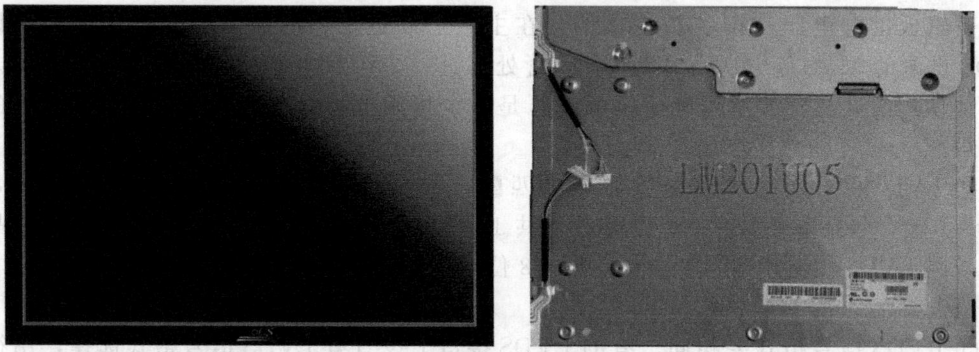
LM201U05

(a) 前视图　　(b) 后视图

图 3-15　液晶屏组件

经验　液晶屏出现的黑屏故障，包括两个概念：一是背光灯管不亮，其表现是屏幕与关机状态一样，根据屏组件的不同，有的背光灯不亮隐约可看到图像；二是液晶屏面板不亮，此时能够看到屏幕有暗蓝色的光，在实际维修中要加以区分。

(3) 液晶屏的代换及注意事项

同型液晶电视机如使用的屏型号不同，屏的供电电压、LVDS 接口类型可能不一样，屏的驱动软件也可能不一样。所以，不能直接代换。

屏代换要保证与逻辑板、背光灯升压板参数上的匹配，同时还要注意与主信号处理板连接接口的一致。屏代换需从硬件和软件两个方面考虑。

① 硬件方面

a. 屏逻辑板电源。屏逻辑板电源有 5V 和 12V 之分，对 5V 的屏一定要注意，若接入了 12V，就必然将屏的逻辑板烧坏，后果十分严重。改动的地方是在电视主信号处理板上，更换方法见本章上节“逻辑板的代换”，也可参见工厂提供的方案。

b. 屏内的背光灯管参数与背光灯升压板匹配。

c. 液晶屏接口原型一致。

d. 特殊屏必须代换同型号屏。如 LG 屏中的 LC370WXN（SB）（D）型屏，要求主板、电源供电、屏电路供电、逻辑板型号、前光长压板型号都要用与屏相配合的，其他屏幕不能使用。

② 软件方面　主要是输入信号的定时关系三个参数。

a. LVDS 信号的时钟频率，英文 LVDS Receiver Clock Frequency。

b. 帧频，英文 Frame Rate。

c. 水平方向显示的列数，英文 Horizontal Active Display。

需要说明的是，帧频在硬件中有的已用高低电平选取，软件中可不考虑；屏的电源时序一般可不考虑，因为所有屏电源上电时序都是先接入主板电源，然后逻辑电源工作，接收 LVDS 信号，再点亮背光灯，关机时反之。各种屏的差别是在电源接通、逻辑电源工作和接收LVDS信号、点亮背光灯三者之间的延迟时间略有区别。

③ 注意事项　灯管供电插座不可插反，否则会损坏灯管。不要拆卸液晶显示屏面板，其内部有很多线缆或精密光电器件，必须保持高度过清洁。如拆卸，轻则令杂质进入液晶屏内，重则会损坏液晶屏，导致液晶不能正常工作。

第4章 组件板上的易损件维修

导读 本章主要介绍液晶电视机组件板的电路框架结构、主要器件的功能、易损件检测方法及代换。这种维修属于组件板的初级器件维修，是根据故障现象和实修经验，直接切入到易损件的检测，不需电路图纸，也不要求查阅其他资料，但修复率高达60%以上，作为维修人员何乐而不为呢。

经验 液晶电视机出现故障，20%是软件数据错误引起，80%是硬件损坏引起；软件故障只需根据机型工厂提供的资料重新写入数据即可；每个组件板的硬件故障，多数发生在为数不多且固定的几个易损件上，容易掌握。

4.1 组件板上的易损件共性

虽然液晶电视机内的组件板功能不同，其中的易损件名称及作用不同，但如对这些器件的外形特点及损坏形式进行归类，不外乎五种：大体积的器件易击穿或烧坏；接口易接触不良；晶体易开路或频率偏移；供电电路中的保险管和电源芯片易烧坏；液晶屏组件板的背光灯管易开路。

(1) 大体积器件易损坏的原因

大体积器件易损坏的原因，主要是其工作环境恶劣，通常是工作在高压、高温、大电流状态下易被击穿烧坏。

正因为如此，工厂为降低故障率，设计时要求其耐压高、耐温高、额定电流大，器件体积随之要大，有的还要固定在散热板上，这类器件主要集中各组件板的电源输入和电源输出、背光灯升压板的输出部分，具体如下。

① 大体积的晶体管，尤其是电源板上的固定在散热板的大体积MOS管、大电流二极管。

② 大体积的电阻，主要集中在各组件板上的供电电路。

③ 大体积的电解电容，尤其是电源板上的大体积电解电容。

④ 大体积的变压器，尤其是背光灯升压板的高压变压器。

经验 大功率晶体管易击穿；大体积电阻易开路、阻值变大；高压变压器易烧焦、引脚锈蚀开路；电解电容易鼓包、漏液、引脚锈蚀、容量变小、漏电。

(2) 接口易损坏的原因

接口的插座针脚为金属体，易氧化出现接触不良；接口的插头引脚内采用弹性金属片，日久弹性下降，不能与插座的对应针脚接触，引起接触不良。

(3) 晶体易损坏的原因

晶体内的石英材料，受振动会出现位移或碎裂现象，造成晶体频率偏移或开路。

(4) 保险管和电源芯片易损坏的原因

保险管用F或FB表示，一般串联在供电电路，当后级电路因故障短路或过流时，就会把保险管熔断。尤其是电源板上的保险管、背光灯升压板上的保险管、逻辑板上的保险管。

电源芯片要对本板甚至其他板提供工作电压，通常工作在高电压或大电流状态，所以易损坏。

(5) 背光灯管易损坏的原因

液晶屏组件内的背光灯管，是液晶电视机中工作电压最大、工作电流最大的器件。其工作电压在千伏左右，启动时的电压则高达1500V以上。

掌握了上述特点，再加上下面介绍的内容，在对组件板进行器件维修时，就会做到胸中有数，在短时间内，从器件多达几百甚至几千个以上的组件板上，很顺利地找到“已损坏”的器件。

4.2 电源板上的易损件维修

液晶电视机的电源板属于模拟电路，其上器件数量少，器件多为直插式且器件体积大、引脚少，便于测试和拆装，是最容易进行器件维修的组件板。

经验 液晶电视机电源板的器件维修，与CRT电视机开关电源板相比，有很多相同之处，如均加入相应的假负载就可单独测试，易损件也主要是大功率开关管、大功率整流输出管、大电解电容、大体积供电限流电阻、压敏电阻、保险管。

4.2.1 PFC技术与电源板的结构原理

PFC是Power Factor Correction的缩写，译为功率因数校正，主要用来表征电子产品对电能的利用效率。功率因数越高，说明电能的利用效率越高。该部分的作用为能够使输入电流跟随输入电压的变换。从电路上讲，整流桥后大的滤波电解的电压将不再随着输入电压的变化而变化，而是一个恒定的值。

(1) PFC功率因数校正电路

液晶电视机电源板与CRT电视机电源板的最大区别，就是增加了功率因数校正电路，用于升压斩波（Boost），提高了电网电压的利用率，减小了电磁干扰EMI，增加了电磁兼容性EMC。

如图4-1所示是PFC电路，又称升压斩波器式PFC电路、PFC并联开关电源。PFC电路是在整流元件和滤波电容之间增加一个并联型开关电源，起到对滤波电容隔离的效果，以使滤波电容的充电作用不影响供电线路电流的变化，大大降低线路损耗，提高电能利用率，减小电网的谐波污染，提高电网质量。

当开关K闭合时，桥式整流器BD1整流输出的电压经过储能电感L1、K接地，电能以磁能的方式存储在电感L1中，感应电动势为左正右负。

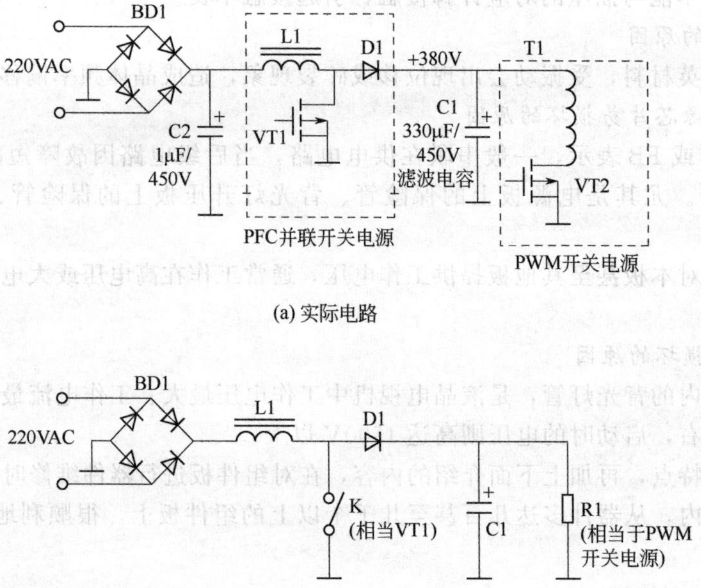
BD1
220VAC
L1
D1
+380V
T1
C2
1μF/
450V
VT1
C1
330μF/
450V
滤波电容
VT2
PFC并联开关电源
PWM开关电源
BD1
220VAC
L1
D1
K
(相当VT1)
C1
R1
(相当于PWM
开关电源)

(a) 实际电路

(b) 等效电路

图 4-1　PFC 功率因数校正电路

当开关 K 断开时，电感 L1 上的感应电动势翻转，由磁能转换为电能，左负右正，此电压与桥式整流输出的电压相叠加，形成＋380V 左右电压向储能电容 C1 及负载 R1 供电。

当开关 K 再次闭合则重复上述过程，但此时由于电容 C1 存储的电压高于二极管 D1 正端电压使 D1 截止，所以，二极管的工作是断续的。由于桥式整流器 BD1 电压与大电感 L1 上的电压同时向负载供电，输出电压高达＋375～＋400V。当电网电压为 220V 时，此电压值为＋380V，所以，俗称 PFC 输出电压为＋380V。

(2) *液晶电视机的电源板结构*

图 4-2 是液晶电视机开关电源板的基本电路结构，包括 EMC 电磁兼容、桥式整流、PFC 升压斩波、小信号电路供电电源、背光灯升压板电源、副电源、开/待机控制等部分。

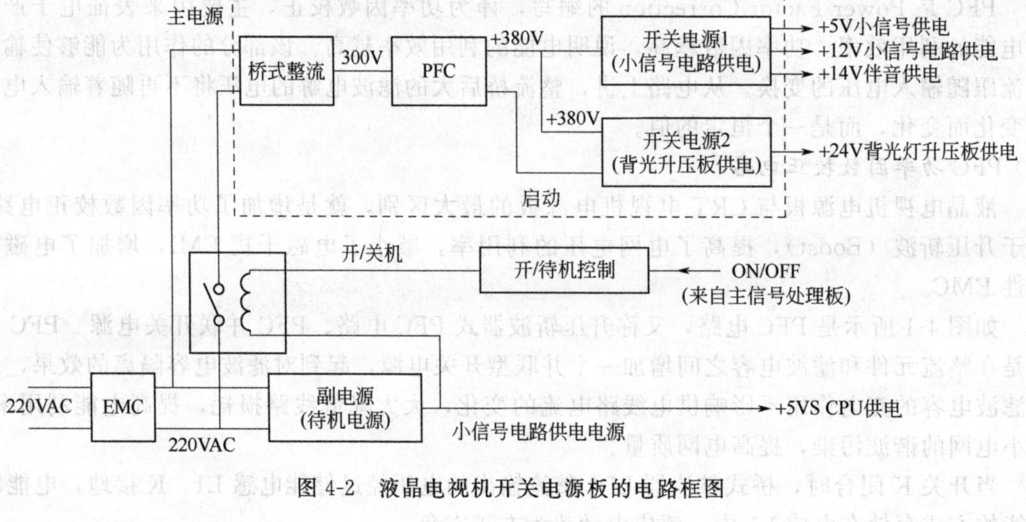
主电源
桥式整流
300V
PFC
+380V
开关电源1
(小信号电路供电)
+5V小信号供电
+12V小信号电路供电
+14V伴音供电
+380V
开关电源2
(背光升压板供电)
+24V背光灯升压板供电
启动
开/关机
开/待机控制
ON/OFF
(来自主信号处理板)
220VAC
EMC
副电源
(待机电源)
+5VS CPU供电
220VAC
小信号电路供电电源

图 4-2　液晶电视机开关电源板的电路框图

从图4-2中可以看出，这种电源与CRT彩电的开关电源结构很类似，不同之处在于：①增加了PFC功率因数校正电路，以把桥堆整流器输出的+300V电压升高到+380V左右；②增加了背光灯升压板开关电源；③电源板输出的电压低，一般输出+5V、+12V、+24V，有的还输出+14V、+18V。

（3）电源板的工作原理简介

图4-3是海信TLM3277液晶电视机的电源板的电路简图。从图4-3中可以看出，其中的EMC电磁兼容、桥式整流、副电源、开/待机控制功能电路的结构基本同于CRT彩电，这里不作介绍，仅对特殊的PFC、PWM开关电源、背光灯升压板电源进行介绍。

① PFC电路的工作　PFC电路由储能电感TE001、整流二极管DE004、滤波电容CE019、场效应管QE001、三极管VE001、电源模块NE001 SMA-E1017为核心组成。

220VAC电压经保险管、EMC电磁兼容电路，经整流器BE001整流、EC003滤波电容形成+300V不稳定直流电压，由DE017二极管，送电源模块NE001 SMA-E1017的12脚，启动内部的振荡电路开始工作，由15脚输出PFC信号，由2脚输出PWM脉宽调制信号。

NE001 SMA-E1017的15脚输出的PFC控制信号，使VE001三极管、QE001场效应管按要求轮流导通、截止，以使+300V不稳定电压，通过TE001储能变压器（又称储能电感）、DE004升压二极管、CE019滤波电容，进行升压滤波处理后形成+380V左右，分别通过TE002、T003开关变压器，提供QE003开关关管、NE003 STR-W5667背光灯电源模块的1脚，作为PWM电源、背光灯升压板电源的供电电压。

② 小信号供电电源电路的工作　小信号供电开关电源电路以开关变压器TE002、开关管QE003、电源模块NE001 SMA-E1017、光电耦合器N002等组成。

电源模块NE001 SMA-E1017由2脚输出的PWM脉冲，送QE003开关管放大，TE002开关变压器降压后由次级输出，再经DE501、EC501等整流滤波，形成+12V、+14V电源。

+12V电源一方面经LM2576稳压为+5V-M，提供给主信号处理板的CPU；另一方面经N002光耦合器取样后，反馈给电源模块NE001的3脚作为稳压信号，以自动调控制2脚输出的PWM脉宽，以保证开关电源输出的电压稳定。

小信号电路供电电路工作后，其输出的+5V-M、+12V、+14V，启动主信号处理板工作，使小信号供电电源的工作电流增大，此电流流经PFC电路的储能变压器TE001的初级时，会在其次级形成感应脉冲输出，经二极管DE001整流、CE008滤波、RE037降压后，再经DE001提供给NE003 STR-W5667电源模块的6脚VCC，作为背光升压板供电开关电源的启动信号。

③ 背光升压板电源电路的工作　背光升压板电源电路由专用电源模块NE003 STR-W5667、开关变压器TE003、NE004为核心组成。

当PFC电路和小信号供电电源工作后，PFC电路对NE003 STR-W5667的6脚提供的电压达到启动阈值16V时，NE003 STR-W5667电源模块开始工作，在1脚（内部开关管D极）形成高频脉冲，经TE003变压器降压后由其次级输出，再经DE551整流、CE512滤波，形成+24V电源，提供给背光灯升压板。

光电耦合器NE004，对+24V电源取样后，反馈回NE003电源模块的7脚，作为稳压信号，以自动调整1脚输出的脉冲宽度，达到定电源输出电压的稳定。

当整机工作后，液晶屏上的灯管点亮，电源模块NE003 STR-W5667的工作电流增大，这时，PFC变压器次级提供的启动电压不再能满足NE003正常工作需求，所以，TE003的6脚输出的脉冲会经DE009整流、CE024滤波后形成+22V电压，提供NE003的6脚，以满足NE003正常工作所需的电压。

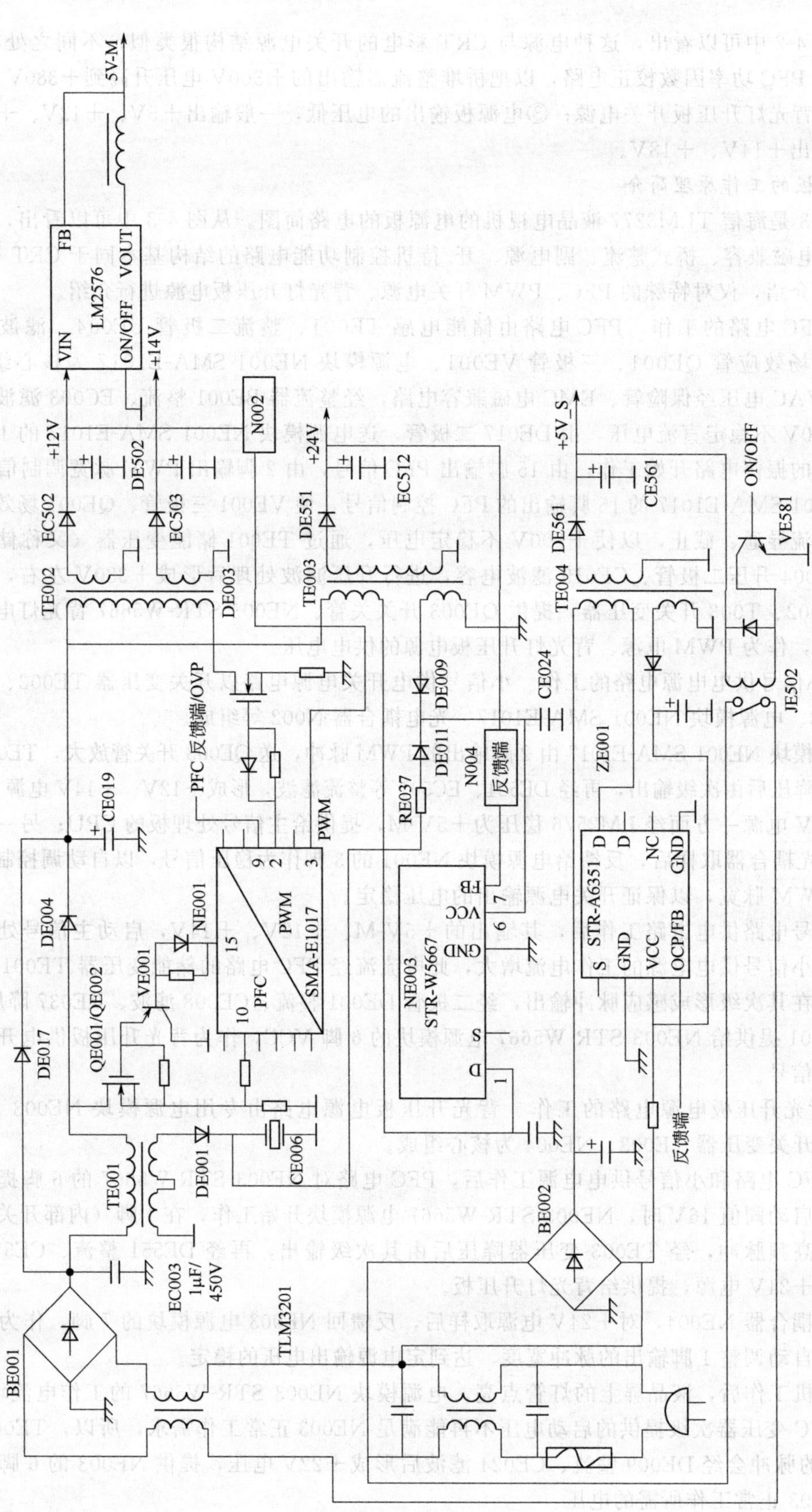

5V-M
FB
LM2576
VIN
ON/OFF
VOUT
+14V
+12V
EC502
DE502
EC503
N002
+24V
DE551
EC512
+5V_S
DE561
CE561
ON/OFF
VE581
TE002
DE003
TE003
TE004
PFC 反馈端/OVP
DE009
DE011
CE024
N004
反馈端
ZE001
JE502
CE019
PWM
RE037
FB
VCC
GND
NE003
STR-W5667
D
STR-A6351
S
GND
VCC
OCP/FB
NC
DE004
NE001
QE001/QE002
VE001
PFC
SMA-E1017
DE017
TE001
DE001
CE006
反馈端
BE002
EC003
1μF/
450V
TLM3201
BE001

图 4-3 海信 TLM3277 电视机的开关电源简图

4.2.2 电源板上的易损件

电源板上的易损件识别方法，一般是先根据器件外形识别出电源板的主要器件类型，其次根据特点性器件的位置大致划分出功能电路区域，在此基础上初步识别出电源板上的易损件。

(1) 电源板上的主要器件识别方法

① 电源板上的器件类型识别　如图 4-4 所示是开关电源板上的主要器件特征。这些器件从体积、外形、标主参数等就可以识别，无需查阅电路图。

其中的电源模块根据功能分类为：PFC 模块、副电源模块、小信号供电电路模块、背光升压板电源模块、PFC＋小信号供电电源模块、小信号供电＋背光灯升压电源模块、PWM 脉宽调制器、保护芯片。各类常见型号如下。

a. PFC 模块：FAN7259、FAN7530，L4981、L6561、L6563，NCP1606、NCP1650、NPC1653、NPC33262、UCC28051、UC3584、TDA4836，SG6961。

b. 小信号电路供电电源模块：L5591、L6599、LD7552、LD7575、NCP1217、NCP1377、NCP1396、NCP5181、TDA16888；F9222、STR-T2268、STR-W6251、STR-W6556、STR-X6769、STR-X6759、STR-T2268、F57M0880、FSCW0765，这几种模块内有开关管。

c. 副电源模块：LD7550、LD7552、UC3843、NCP12037、NCP1207、NCP1271、NCP1377，NCP1013、NCP1014、FSDH321、ICE2A165、Q0265R、VIPER22、STR-A6159、STR-A6351、STR、V152、TNY227、TNY266、TNY267。

d. 背光灯升压板供电电源模块：STR-5667。

e. PFC＋小信号电路供电电源模块：ML4800、L6598、LD7575、STR-E1555、STR-E1565、SMA-E1017。

f. 小信号电路供电电源与背光升压板供电电源二合一模块：TEA1532。

g. PWM 脉宽调制器：UC3845、UC3844、UC3843、UC3842。

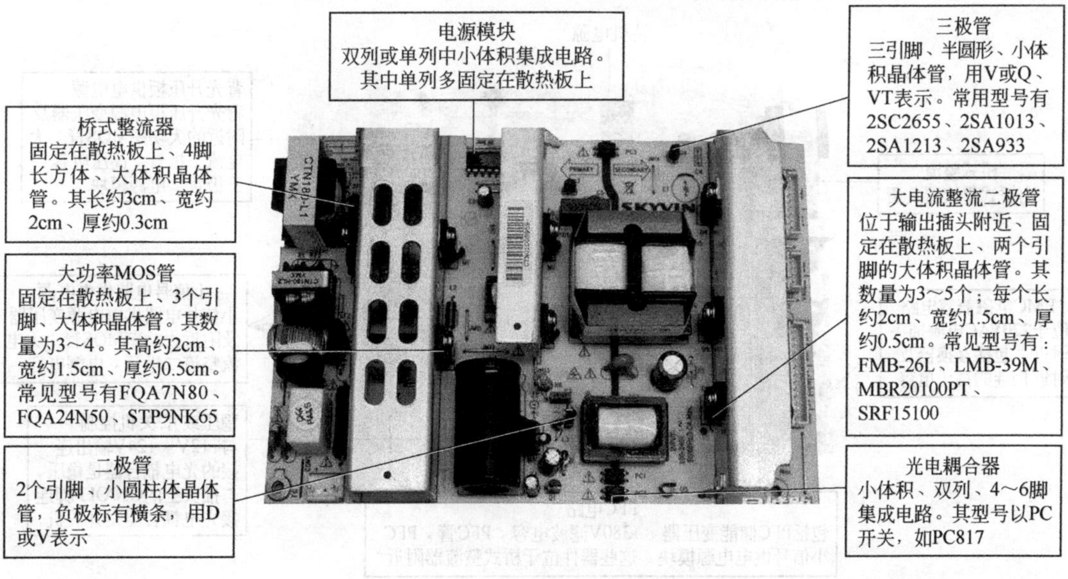
电源模块
双列或单列中小体积集成电路。
其中单列多固定在散热板上
桥式整流器
固定在散热板上、4脚长方体、大体积晶体管。其长约3cm、宽约2cm、厚约0.3cm
大功率MOS管
固定在散热板上、3个引脚、大体积晶体管。其数量为3～4。其高约2cm、宽约1.5cm、厚约0.5cm。常见型号有FQA7N80、FQA24N50、STP9NK65
二极管
2个引脚、小圆柱体晶体管，负极标有横条，用D或V表示
三极管
三引脚、半圆形、小体积晶体管，用V或Q、VT表示。常用型号有2SC2655、2SA1013、2SA1213、2SA933
大电流整流二极管
位于输出插头附近、固定在散热板上、两个引脚的大体积晶体管。其数量为3～5个；每个长约2cm、宽约1.5cm、厚约0.5cm。常见型号有：FMB-26L、LMB-39M、MBR20100PT、SRF15100
光电耦合器
小体积、双列、4～6脚集成电路。其型号以PC开关，如PC817

(a) 晶体管类型的识别

图 4-4

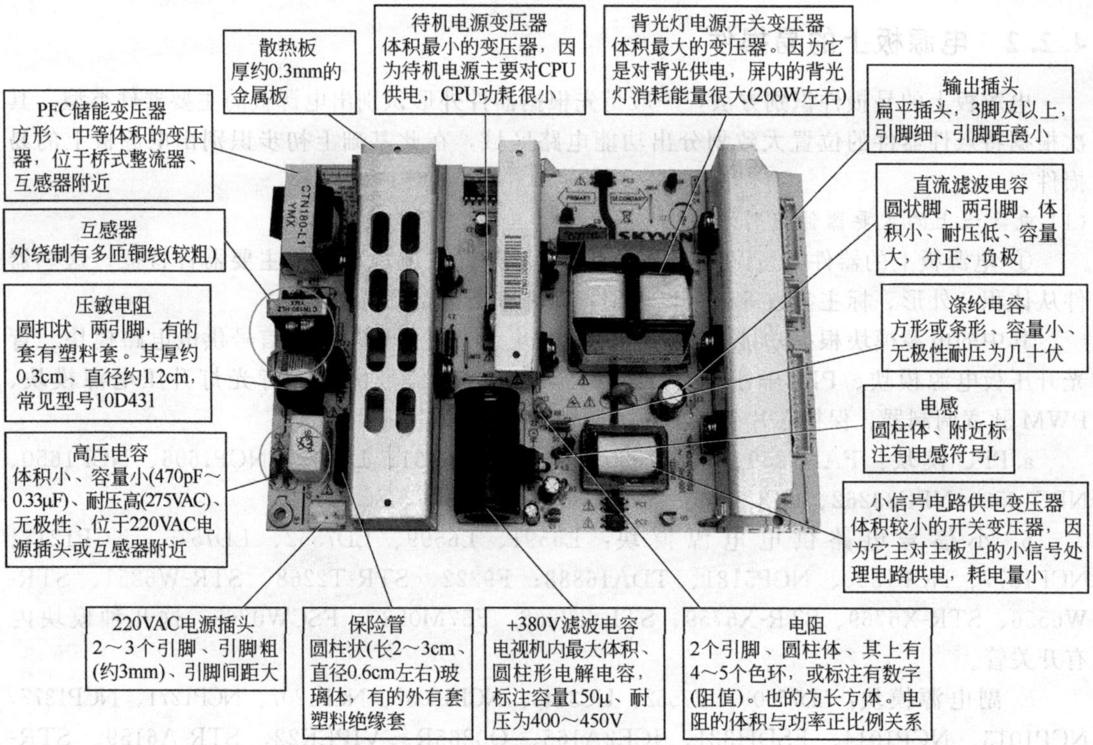
散热板
厚约0.3mm的金属板
待机电源变压器
体积最小的变压器，因为待机电源主要对CPU供电，CPU功耗很小
背光灯电源开关变压器
体积最大的变压器。因为它是对背光供电，屏内的背光灯消耗能量很大(200W左右)
输出插头
扁平插头，3脚及以上，引脚细、引脚距离小
PFC储能变压器
方形、中等体积的变压器，位于桥式整流器、互感器附近
直流滤波电容
圆状脚、两引脚、体积小、耐压低、容量大，分正、负极
互感器
外绕制有多匝铜线(较粗)
涤纶电容
方形或条形、容量小、无极性耐压为几十伏
压敏电阻
圆扣状、两引脚，有的套有塑料套。其厚约0.3cm、直径约1.2cm，常见型号10D431
电感
圆柱体、附近标注有电感符号L
高压电容
体积小、容量小(470pF～0.33μF)、耐压高(275VAC)、无极性、位于220VAC电源插头或互感器附近
小信号电路供电变压器
体积较小的开关变压器，因为它主对主板上的小信号处理电路供电，耗电量小
220VAC电源插头
2～3个引脚、引脚粗(约3mm)、引脚间距大
保险管
圆柱状(长2～3cm、直径0.6cm左右)玻璃体，有的外有套塑料绝缘套
+380V滤波电容
电视机内最大体积、圆柱形电解电容，标注容量150μ、耐压为400～450V
电阻
2个引脚、圆柱体、其上有4～5个色环，或标注有数字(阻值)。也的为长方体。电阻的体积与功率正比例关系

(b) 其他器件的识别

图 4-4 电源板上的主要器件识别

h. 保护芯片：LM339、LM393、LM358、LM324。

② 电源板上的功能电路划分 如图 4-5 所示，一般根据特点性器件和距离输入/输出插头的远近，对电源板上的器件初步划分为几个功能电路。对于不是很明确的器件，再根据器件引脚的连接大致走向进行确认。

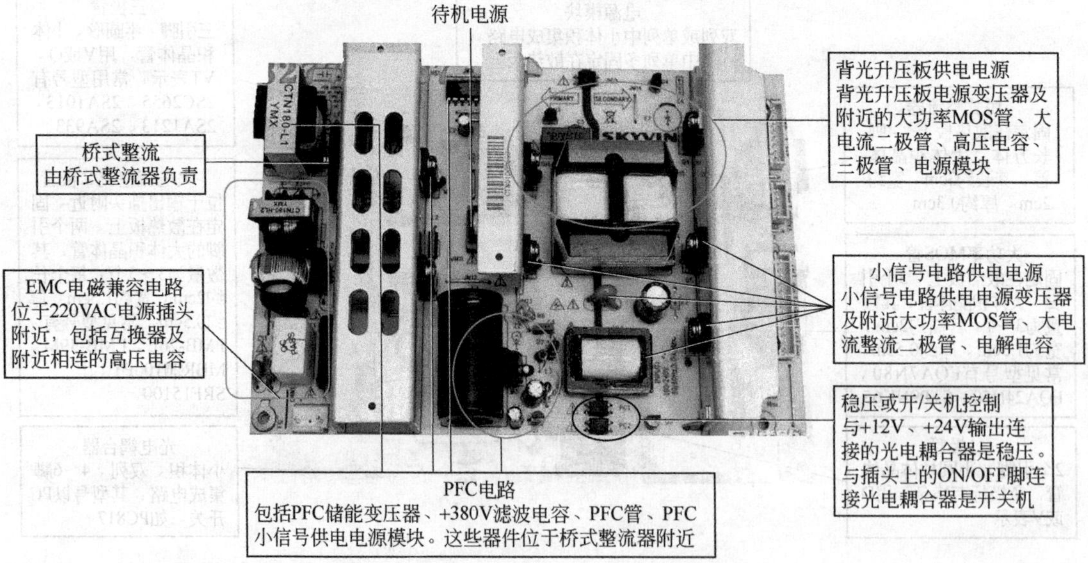
待机电源
背光升压板供电电源
背光升压板电源变压器及附近的大功率MOS管、大电流二极管、高压电容、三极管、电源模块
桥式整流
由桥式整流器负责
小信号电路供电电源
小信号电路供电电源变压器及附近大功率MOS管、大电流整流二极管、电解电容
EMC电磁兼容电路
位于220VAC电源插头附近，包括互换器及附近相连的高压电容
稳压或开/关机控制
与+12V、+24V输出连接的光电耦合器是稳压。与插头上的ON/OFF脚连接光电耦合器是开关机
PFC电路
包括PFC储能变压器、+380V滤波电容、PFC管、PFC小信号供电电源模块。这些器件位于桥式整流器附近

图 4-5 电源板上的主要器件功能的识别

位于220VAC电源插头、保险管附近的大体积器件，一般是EMC电磁兼容即消干扰电路、PFC功率因数校正电路；位于输出插头较近的是副电源、小信号电路供电电源、背光灯升压板电源。

220VAC电源插头、高压电容、压敏电阻、互感器区域的器件组成EMC电路；PFC储能变压器、+380V滤波电容区域器件组成PFC电路；背光板升压板变压器及附近大功率MOS管、大电流整流二极管组成背光板升压供电电源；小信号开关变压器及附近开关管、电源模块区域的器件组件小信号电路供电电源；副变压器及附近的器件组成副电源。

(2) 电源板上的易损件识别

电源板损坏引起的故障，占液晶电视机整机故障率50%以上。而电源板出现故障基本由那么几个易损件引起的，且任何型号的电源板，这几个易损件的名称、损坏形式及引起的现象也很规律。

① 电源板上的易损件识别方法　如图4-6所示是电源板上易损件。按故障率由高到低的顺序排列为：保险管、大电流整流二极管、桥式整流器、MOS大功率管、+380V滤波电容、电源模块、压敏电阻、光电耦合器。

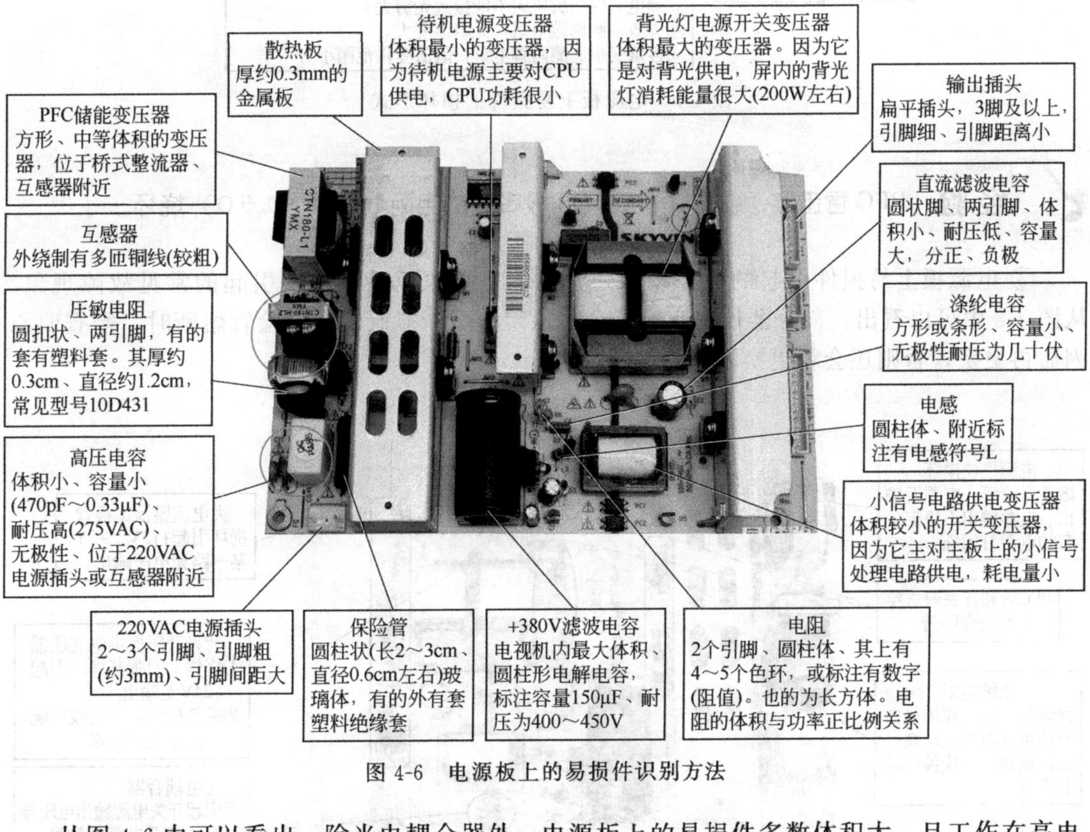
散热板
厚约0.3mm的金属板
待机电源变压器
体积最小的变压器，因为待机电源主要对CPU供电，CPU功耗很小
背光灯电源开关变压器
体积最大的变压器。因为它是对背光供电，屏内的背光灯消耗能量很大(200W左右)
输出插头
扁平插头，3脚及以上，引脚细、引脚距离小
PFC储能变压器
方形、中等体积的变压器，位于桥式整流器、互感器附近
直流滤波电容
圆状脚、两引脚、体积小、耐压低、容量大，分正、负极
互感器
外绕制有多匝铜线(较粗)
涤纶电容
方形或条形、容量小、无极性耐压为几十伏
压敏电阻
圆扣状、两引脚，有的套有塑料套。其厚约0.3cm、直径约1.2cm，常见型号10D431
电感
圆柱体、附近标注有电感符号L
高压电容
体积小、容量小(470pF～0.33μF)、耐压高(275VAC)、无极性、位于220VAC电源插头或互感器附近
小信号电路供电变压器
体积较小的开关变压器，因为它主对主板上的小信号处理电路供电，耗电量小
220VAC电源插头
2～3个引脚、引脚粗(约3mm)、引脚间距大
保险管
圆柱状(长2～3cm、直径0.6cm左右)玻璃体，有的外有套塑料绝缘套
+380V滤波电容
电视机内最大体积、圆柱形电解电容，标注容量150μF、耐压为400～450V
电阻
2个引脚、圆柱体、其上有4～5个色环，或标注有数字(阻值)。也的为长方体。电阻的体积与功率正比例关系

图4-6　电源板上的易损件识别方法

从图4-6中可以看出，除光电耦合器外，电源板上的易损件多数体积大，且工作在高电压、大电流状态。光电耦合器损坏，也多是其所连接的大电流二极管、电源模块击穿时，所形成的大电流或高电压将其烧坏。

② 电源板上易损件的损坏形式　图4-7是电源板上的易损件常见损坏形式。从图4-7中可以看出，以击穿损坏居多，尤其是大体积（也就是大功率）晶体管类、压敏电阻、+380V滤波电容，且部分伴有外在损坏状态。

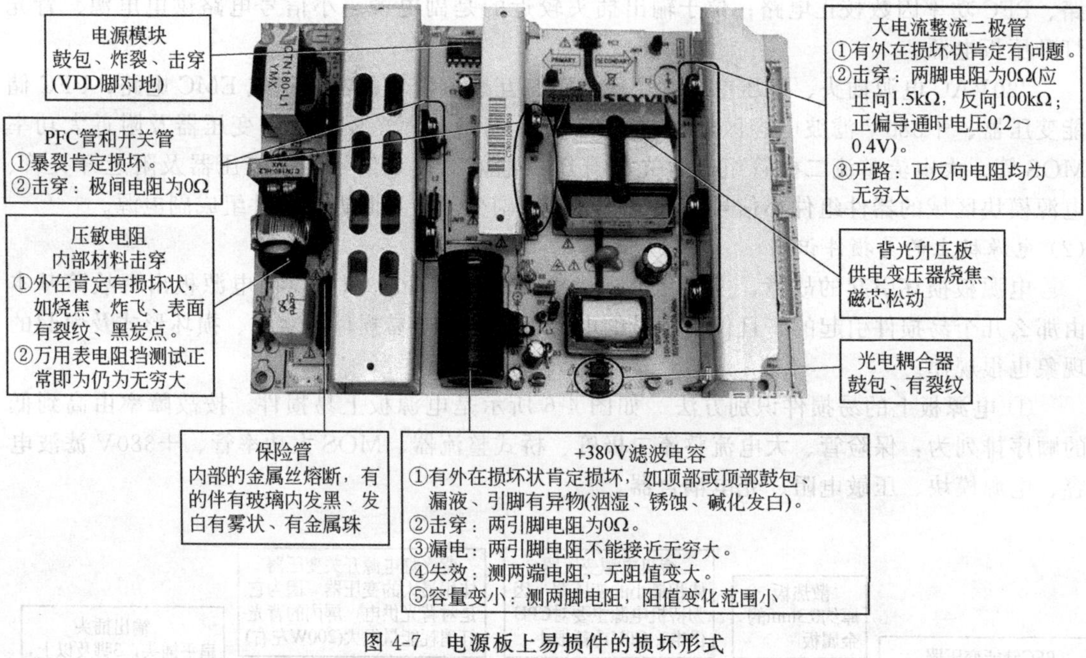
电源模块
鼓包、炸裂、击穿
(VDD脚对地)
PFC管和开关管
①暴裂肯定损坏。
②击穿：极间电阻为0Ω
压敏电阻
内部材料击穿
①外在肯定有损坏状，如烧焦、炸飞、表面有裂纹、黑炭点。
②万用表电阻挡测试正常即为仍为无穷大
保险管
内部的金属丝熔断，有的伴有玻璃内发黑、发白有雾状、有金属珠
+380V滤波电容
①有外在损坏状肯定损坏，如顶部或顶部鼓包漏液、引脚有异物(泅湿、锈蚀、碱化发白)。
②击穿：两引脚电阻为0Ω。
③漏电：两引脚电阻不能接近无穷大。
④失效：测两端电阻，无阻值变大。
⑤容量变小：测两脚电阻，阻值变化范围小
大电流整流二极管
①有外在损坏状肯定有问题。
②击穿：两脚电阻为0Ω(应正向1.5kΩ，反向100kΩ；正偏导通时电压0.2～0.4V)。
③开路：正反向电阻均为无穷大
背光升压板
供电变压器烧焦、磁芯松动
光电耦合器
鼓包、有裂纹

图 4-7　电源板上易损件的损坏形式

经验　PFC管击穿，往往还会将其S极串联的电阻（0.22～0.5Ω）烧坏。

③ 电源板上易损件引起的故障现象　图 4-8 是电源板上易损件引起的常见故障现象。从图 4-8 中可以看出，部分器件击穿时还会将保险管熔断。所以，保险管熔断时，需查明原因后再更换，否则还会将更换的保险熔断。

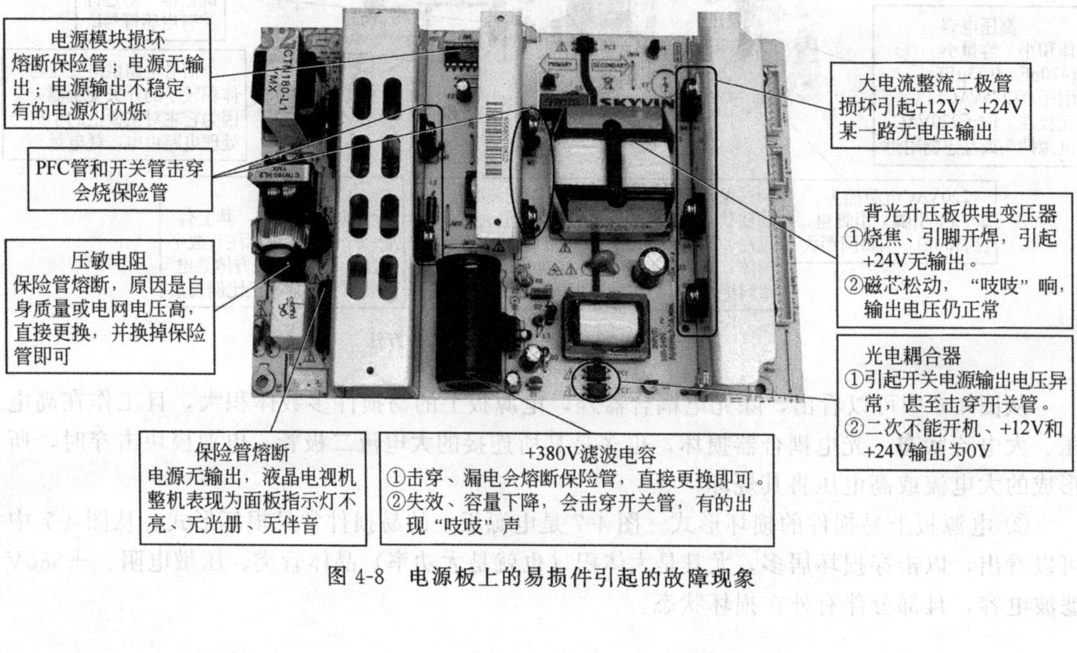
电源模块损坏
熔断保险管；电源无输出；电源输出不稳定，有的电源灯闪烁
PFC管和开关管击穿
会烧保险管
压敏电阻
保险管熔断，原因是自身质量或电网电压高，直接更换，并换掉保险管即可
保险管熔断
电源无输出，液晶电视机整机表现为面板指示灯不亮、无光册、无伴音
+380V滤波电容
①击穿、漏电会熔断保险管，直接更换即可。
②失效、容量下降，会击穿开关管，有的出现"吱吱"声
大电流整流二极管
损坏引起+12V、+24V某一路无电压输出
背光升压板供电变压器
①烧焦、引脚开焊，引起+24V无输出。
②磁芯松动，"吱吱"响，输出电压仍正常
光电耦合器
①引起开关电源输出电压异常，甚至击穿开关管。
②二次不能开机、+12V和+24V输出为0V

图 4-8　电源板上的易损件引起的故障现象

4.2.3　电源板的检修原则及案例

(1) 电源板的检修原则

液晶电视机的电源板检修有如下九个原则。

① 弄清单元电路的工作顺序　为了节能，液晶电视机电源板上的单元电路投入工作的顺序有先后之分，且前面单元电路正常工作是后面单元电路启动的前提。其工作的先后顺序为：EMC 电路→副电源→PFC 电路→小信号电路供电电源→背光升压板供电电源。

电源板接通电源后，EMC 电路副电源（待机电源）就开始工作，输出＋5VS 电压给主信号处理板上的 CPU，CPU 开始接收处理用户指令。

当按开机键后，主板上的 CPU 输出开机指令，PFC 电路开始工作，将＋300V 脉动直流电压转换成正常的＋380V 直流电压后，启动小信号电路供电电源工作，形成＋12V 等直流电压，启动主信号处理板上的电路全面工作，对小信号电路供电电源形成一定的负载，小信号电路供电电源的工作电流增大，此电流流过 PFC 电路的 PFC 储能变压器初级，会在 PFC 储能变压器次级形成相应的感应电压，经整流滤波形成相应的直流电压，作为启动背光升压板供电电源的启动电压，启动背光升压板供电电源开始工作，输出＋24V 电压，至此电源板上的电路全面工作。

② 独立电源板维修时需模拟工作条件　维修时，电源板接口的开/关控制脚，与＋5VS 电源输出端之间接入一只 2kΩ 左右的电阻，或接地短路，就可模拟对电源板提供开机、关机指令。

在电源板＋24V 输出端与 GND 脚接一只电动自行车的 36W 灯泡作假负载，或在＋12V 输出端与 GND 地端接一只摩托车灯泡作假负载。

③ 根据保险管状态初步划分故障范围　如保险管完好，通常 PFC 校正电路中的开关管等没有失效。再测量 100～330μF/450V 大电解电容对地是否存在短路，有几十千欧以上充电电阻，表示电容没有击穿。

如果保险管损坏，需重点考虑保险管后级的下列器件击穿、漏电：压敏电阻、桥式整流器、PFC 管、电源开关管或模块、100～330μF/450V 大滤波电解电容。

④ 关注靠近发热元件的电解电容　由于主信号处理需要的供电电压都比较低（＋12V、＋5V），但对电源的滤波效果要求比较高。对于使用时间长的一些机子如出现刚开机一亮即灭，或者是平时开机工作时画面轻微的忽明忽暗现象，有时能开机有时不能开机，就极有可能是电源供电不足造成，应重点查滤波电路，主要是靠近发热元件及固定散热板的电解电容，也可用外接电容并上去试机。

另外，如果接入假负载后，电源输出电压反而上升，多属于电源滤波不好引起的。

⑤ 开机前看主要器件有无外在损坏状　要查看器件有无炸件、烧焦，对于模块、电解电容还要看有无鼓包现象，如有任意一种情况，应先更换并把相关的器件全部都测量一遍。建议更换所有损坏器件后试机时，最好在电源板的 220V 输入电源串入一只 220V/100W 灯泡，这样可以有效防止再次炸件，也不影响电源板的工作。

⑥ 手不能触及高压高温区域　电源板上，贴有黄色三角形标记的散热片以及散热片下面的电路，均为热地。严禁直接用手接触，注意任何检测设备，都不能直接跨接在热地和冷地之间。

⑦ 修背光灯升压板供电电源时需先测＋380V　测试点一般选择在最大电解电容 100～330μF/450V 两端。如果为＋375～＋400V 正常值，则表明 PFC 电路工作正常；如果测得电容两端电压为＋300V，说明 PFC 电路未工作，应重点查 PFC 模块及启动电

压供给电路。

遇背光灯升压板供电电源能力差时，也要先测一下 PFC 电路输出的 380V 电压是否正常，如果正常，问题就在背光灯升压板供电电源的电源厚膜上，通常是电源厚膜带载能力差引起。

⑧ 代换器件　电源板输出的＋24V 或＋12V 电压其电流较大，对整流二极管要求较高，一般采用大功率肖特基二极管，不能用普通的整流二极管替换。

⑨ 注意事项　断电后，电源板上的 100～330μF/450V 大电解电容，仍可能存有＋300V 以上高电压，强烈要求对这个电容放电后，才对电源模块上器件触摸、电阻法测试、拆卸，否则会造成触电、损坏万用表、损坏器件、扩大故障范围等不良后果。

(2) 品牌机型的电源板易损器件维修

同一品牌同一型号液晶电视机的电源板型号可能有几种，实修时注意区别对待。

① 海信 TLM3277 液晶电视机的电源板　如图 4-9 所示是海信 TLM3277 液晶电视机的电源板电路框图。这个电板源采用三块电源模块：PFC＋小信号供电二合一模块 SMA-E1017；背光升压板，即 24V 电源模块 STR-W5667；副电源模块 STR-A6351。后两者内置有 MOS 开关管，易击穿。

图 4-10 是海信 TLM3277 彩电电源板上的易损件及接口功能，其上电源模块的引脚功能和测试数据见本书第 5 章的表 5-1、表 5-2、表 5-3。

② TCL 牌 A71-P 系列液晶电视机的电源板　图 4-11 是 TCL 牌 A71-P 系列液晶电视机的电源板电路框图，属于 NCP1650＋NPC1217＋NPC1377 模式。IC1 NCP1650 是 PFC 专用模块；IC2 NPC1217 是 24V 电源模块，其 8 脚需得到 380V 才能工作；IC6 NCP1377 是小信号电路供电电源板块。只要接通电源，小信号电路供电电源就开始工作输出＋12V。背光升压板供电电源只有在开机状态才工作输出＋24V。

这个电源最大的特点，是增加了 LM393 电压比较器、Q21 三极管组成的 PFC 高低电压工作段控制电路，根据当地电网电压范围，使 PFC 电路输出电压分为两段工作。当电网电压在 90～132VAC 为低压输入段，PFC 电路输出＋260V；电网电压在 180～240VAC 为高压输入段，此时，PFC 控制电路中 LM393 的 3 脚电压高于 2 脚基准电压，其 1 脚输出高电平使 Q21 导通，令 PFC 模块 NCP1650 的 6 脚反馈电压变低，PFC 电路工作输出电压为＋380V。

图 4-12 是 TLC 牌 A71-P 系列机型电源板的主要器件及易损件。

固定在上、下散热板上的大功率管均易击穿。其中的左侧、中部的 DB1、Q2、Q17、D1、Q1、Q5 大功率管击穿，还会把 F1 保险管熔断；右侧的 D8、Q13、Q15、Q6、Q14 大功率管用于电源整流输出，如果击穿只会造成电源输出电压异常，不会烧坏保险管。

位于中部的 C16、C17＋380V 滤波电容也易损坏，造成通电就烧保险管。这两个电容损坏的常见形式有鼓包、漏液（附近有黏糊的液体或引脚锈蚀、有白色碱状物）、击穿、漏电，多数会造成保险管熔断。

③ 长虹 LT3288 液晶电视机电源板　长虹 LT3288 液晶电视机电源板有两种型号：GP03 电源板、永盛宏电源板。这里以永盛宏电源板为例说明。

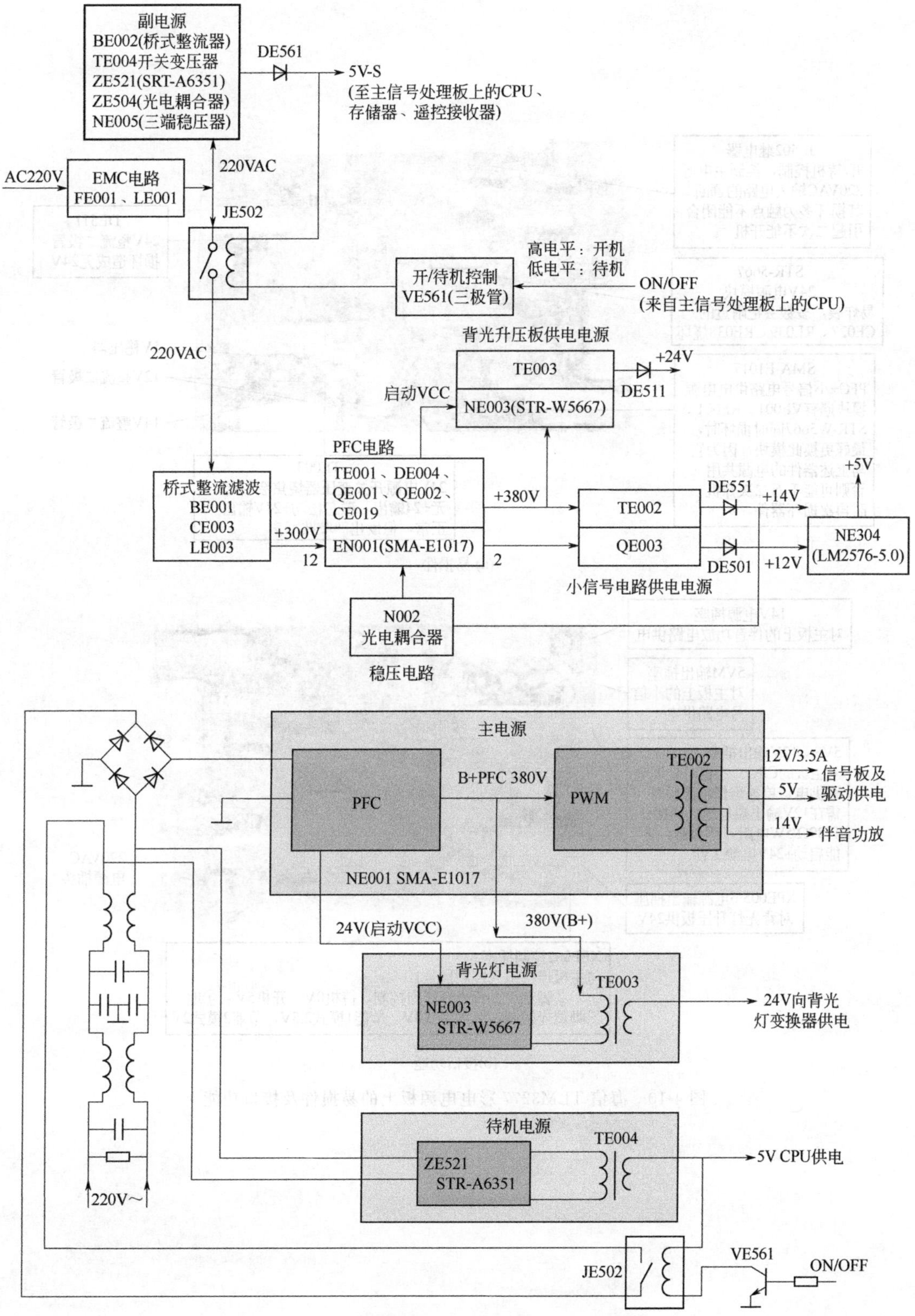
副电源
BE002(桥式整流器)
TE004开关变压器
ZE521(SRT-A6351)
ZE504(光电耦合器)
NE005(三端稳压器)
DE561
5V-S
(至主信号处理板上的CPU、
存储器、遥控接收器)
AC220V
EMC电路
FE001、LE001
220VAC
JE502
高电平：开机
低电平：待机
开/待机控制
VE561(三极管)
ON/OFF
(来自主信号处理板上的CPU)
背光升压板供电电源
220VAC
TE003
NE003(STR-W5667)
+24V
DE511
启动VCC
PFC电路
TE001、DE004、
QE001、QE002、
CE019
EN001(SMA-E1017)
桥式整流滤波
BE001
CE003
LE003
+300V
12
2
+380V
TE002
QE003
DE551
DE501
+14V
+12V
+5V
NE304
(LM2576-5.0)
小信号电路供电电源
N002
光电耦合器
稳压电路
主电源
PFC
B+PFC 380V
PWM
TE002
12V/3.5A
信号板及
驱动供电
5V
14V
伴音功放
NE001 SMA-E1017
24V(启动VCC)
380V(B+)
背光灯电源
NE003
STR-W5667
TE003
24V向背光
灯变换器供电
待机电源
ZE521
STR-A6351
TE004
5V CPU供电
220V～
JE502
VE561
ON/OFF

图 4-9 海信 TLM3277 彩电的电源板框图

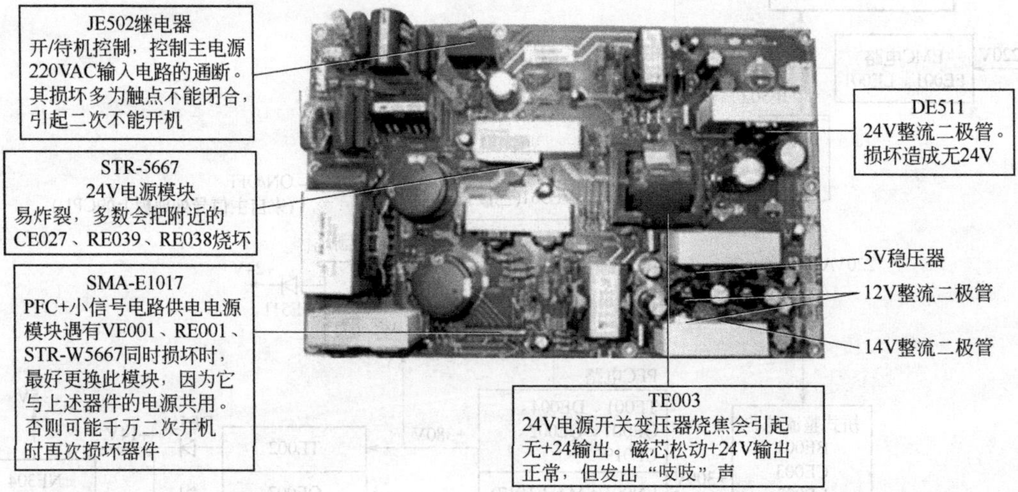
JE502继电器
开/待机控制，控制主电源220VAC输入电路的通断。其损坏多为触点不能闭合，引起二次不能开机
STR-5667
24V电源模块
易炸裂，多数会把附近的CE027、RE039、RE038烧坏
SMA-E1017
PFC+小信号电路供电电源模块遇有VE001、RE001、STR-W5667同时损坏时，最好更换此模块，因为它与上述器件的电源共用。否则可能千万二次开机时再次损坏器件
DE511
24V整流二极管。损坏造成无24V
5V稳压器
12V整流二极管
14V整流二极管
TE003
24V电源开关变压器烧焦会引起无+24输出。磁芯松动+24V输出正常，但发出“吱吱”声

(a) 易损件

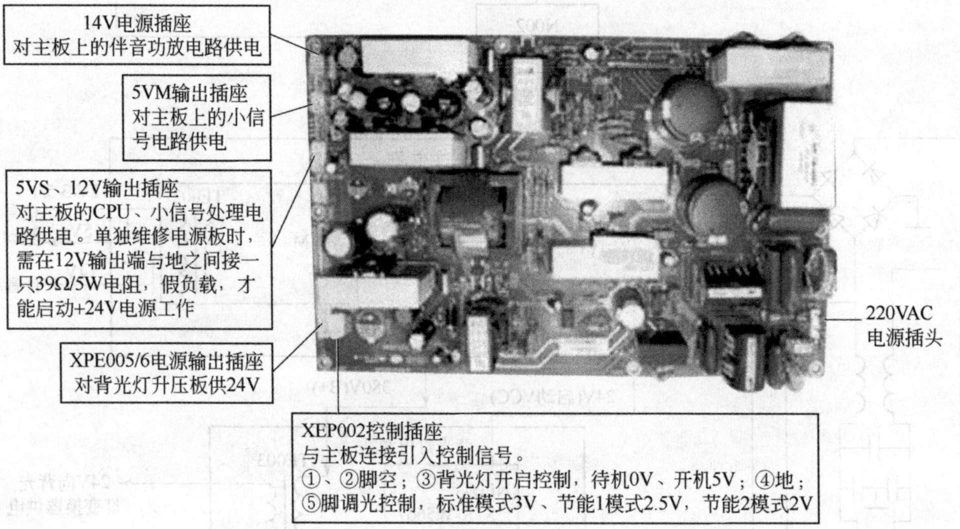
14V电源插座
对主板上的伴音功放电路供电
5VM输出插座
对主板上的小信号电路供电
5VS、12V输出插座
对主板的CPU、小信号处理电路供电。单独维修电源板时，需在12V输出端与地之间接一只39Ω/5W电阻，假负载，才能启动+24V电源工作
XPE005/6电源输出插座
对背光灯升压板供24V
220VAC
电源插头
XEP002控制插座
与主板连接引入控制信号。
①、②脚空；③背光灯开启控制，待机0V、开机5V；④地；⑤脚调光控制，标准模式3V、节能1模式2.5V，节能2模式2V

(b)接口功能

图 4-10 海信 TLM3277 彩电电源板上的易损件及接口功能

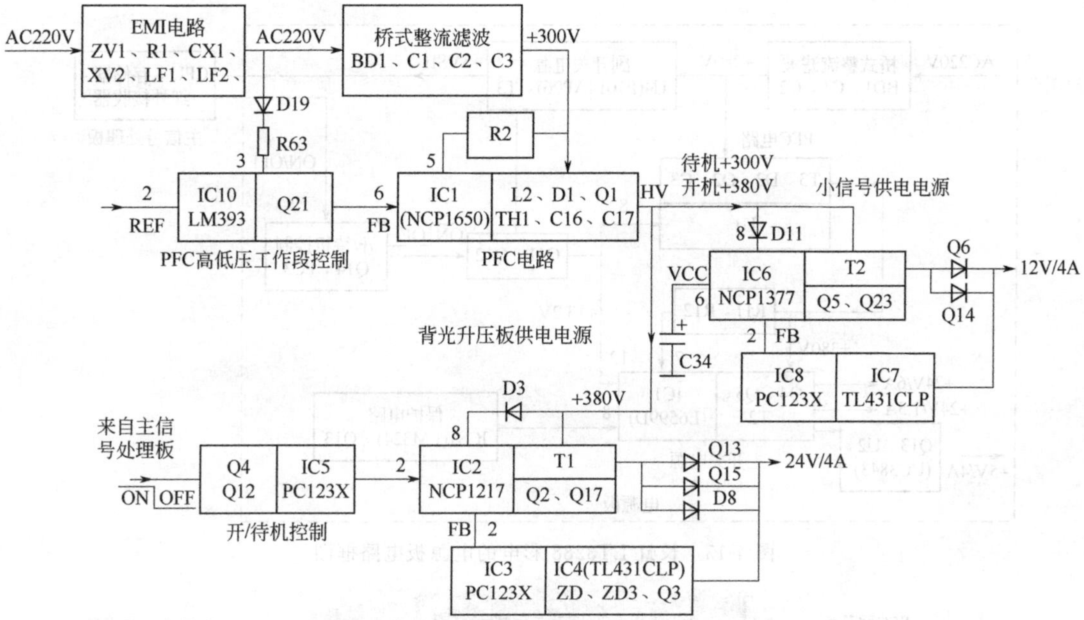
AC220V
EMI电路
ZV1、R1、CX1、
XV2、LF1、LF2、
AC220V
桥式整流滤波
BD1、C1、C2、C3
+300V
D19
R63
3
R2
5
2
REF
IC10
LM393
Q21
6
FB
IC1
(NCP1650)
L2、D1、Q1
TH1、C16、C17
HV
待机+300V
开机+380V
小信号供电电源
PFC高低压工作段控制
PFC电路
8
D11
VCC
6
IC6
NCP1377
T2
Q5、Q23
Q6
12V/4A
Q14
2 FB
背光升压板供电电源
C34
IC8
PC123X
IC7
TL431CLP
D3
+380V
来自主信
号处理板
8
Q4
Q12
IC5
PC123X
2
IC2
NCP1217
T1
Q2、Q17
Q13
Q15
D8
24V/4A
ON OFF
开/待机控制
FB 2
IC3
PC123X
IC4(TL431CLP)
ZD、ZD3、Q3

图 4-11 TCL 牌 A71-P 系列机型电源板的框图

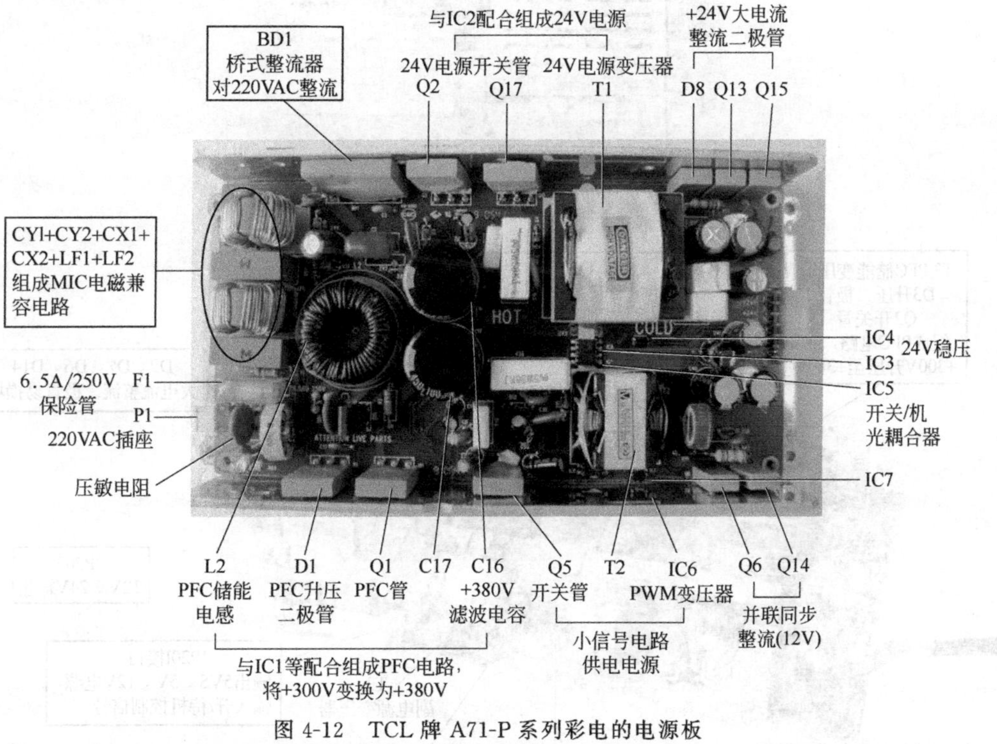
与IC2配合组成24V电源
+24V大电流
整流二极管
BD1
桥式整流器
对220VAC整流
24V电源开关管
Q2
Q17
24V电源变压器
T1
D8 Q13 Q15
CYl+CY2+CX1+
CX2+LF1+LF2
组成MIC电磁兼
容电路
IC4
IC3
24V稳压
IC5
开关/机
光耦合器
6.5A/250V F1
保险管
P1
220VAC插座
压敏电阻
IC7
L2
PFC储能
电感
D1
PFC升压
二极管
Q1
PFC管
C17
C16
+380V
滤波电容
Q5
开关管
T2
IC6
PWM变压器
Q6 Q14
并联同步
整流(12V)
小信号电路
供电电源
与IC1等配合组成PFC电路,
将+300V变换为+380V

图 4-12 TCL 牌 A71-P 系列彩电的电源板

图 4-13 是 LT3288 液晶电视机电源板的电路框图。该电源把 220VAC 电源变换为+5VS、+5V、+12V、+24V，分别提供给主信号处理板上的 CPU、小信号电路处理电路、背光灯升压板。

图 4-14 是长虹 LT3288 彩电电源板的维修要点。拆卸下电源板上的两块屏蔽罩，就可以对开关电源进行检测了。

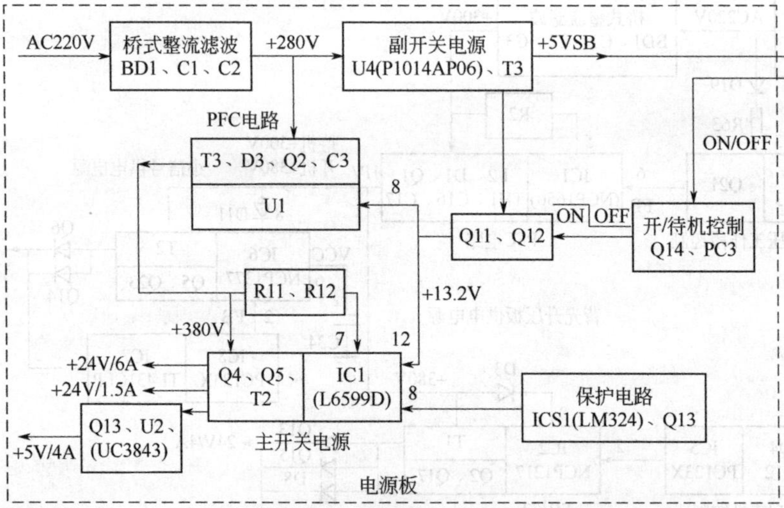
AC220V
桥式整流滤波
BD1、C1、C2
+280V
副开关电源
U4(P1014AP06)、T3
+5VSB
CPU、存储器、
红外接收器
主信号处理板
PFC电路
T3、D3、Q2、C3
U1
8
ON/OFF
ON
OFF
Q11、Q12
开/待机控制
Q14、PC3
R11、R12
+13.2V
+380V
7
12
+24V/6A
+24V/1.5A
Q4、Q5、
T2
IC1
(L6599D)
8
保护电路
ICS1(LM324)、Q13
Q13、U2、
(UC3843)
+5V/4A
主开关电源
电源板

图 4-13　长虹 LT3288 彩电的电源板电路框图

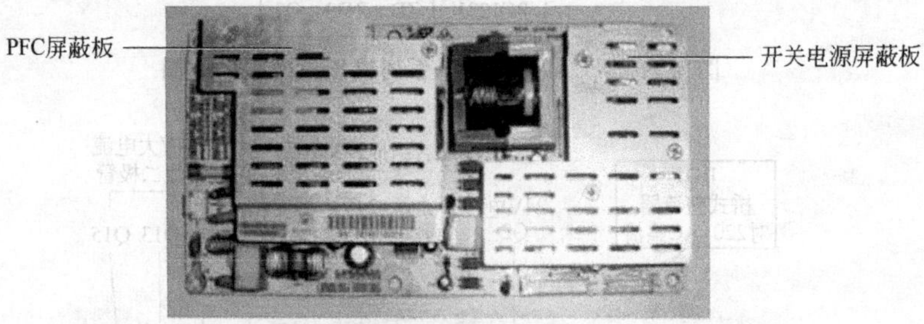
PFC屏蔽板
开关电源屏蔽板

(a) 电源板的金属屏蔽罩

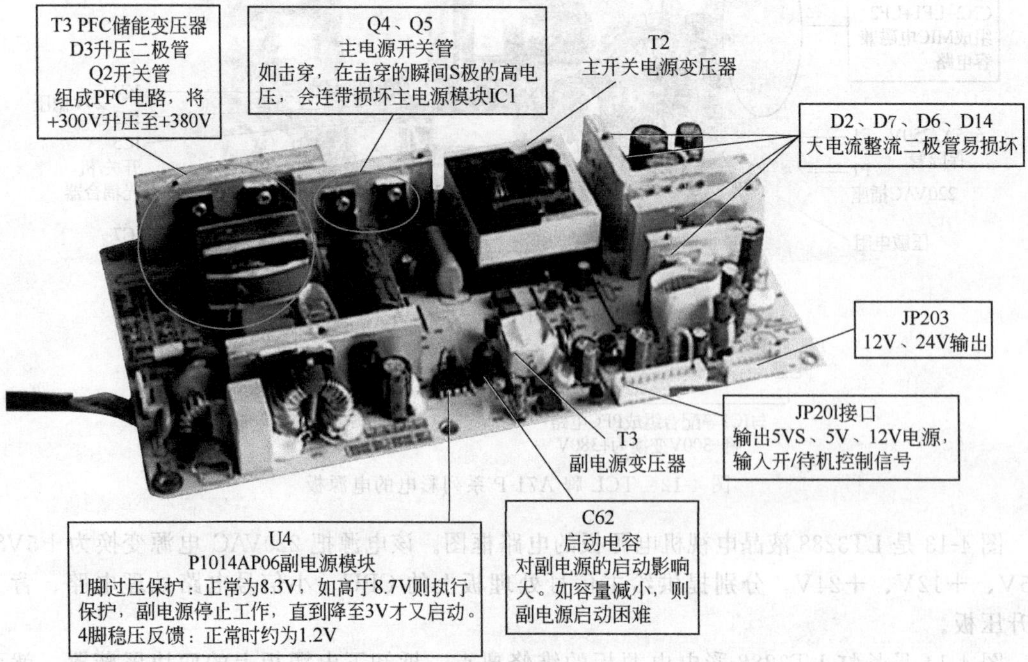
T3 PFC储能变压器
D3升压二极管
Q2开关管
组成PFC电路，将
+300V升压至+380V
Q4、Q5
主电源开关管
如击穿，在击穿的瞬间S极的高电
压，会连带损坏主电源模块IC1
T2
主开关电源变压器
D2、D7、D6、D14
大电流整流二极管易损坏
JP203
12V、24V输出
JP201接口
输出5VS、5V、12V电源，
输入开/待机控制信号
T3
副电源变压器
U4
P1014AP06副电源模块
1脚过压保护：正常为8.3V，如高于8.7V则执行
保护，副电源停止工作，直到降至3V才又启动。
4脚稳压反馈：正常时约为1.2V
C62
启动电容
对副电源的启动影响
大。如容量减小，则
副电源启动困难

(b) 电源板的器件面

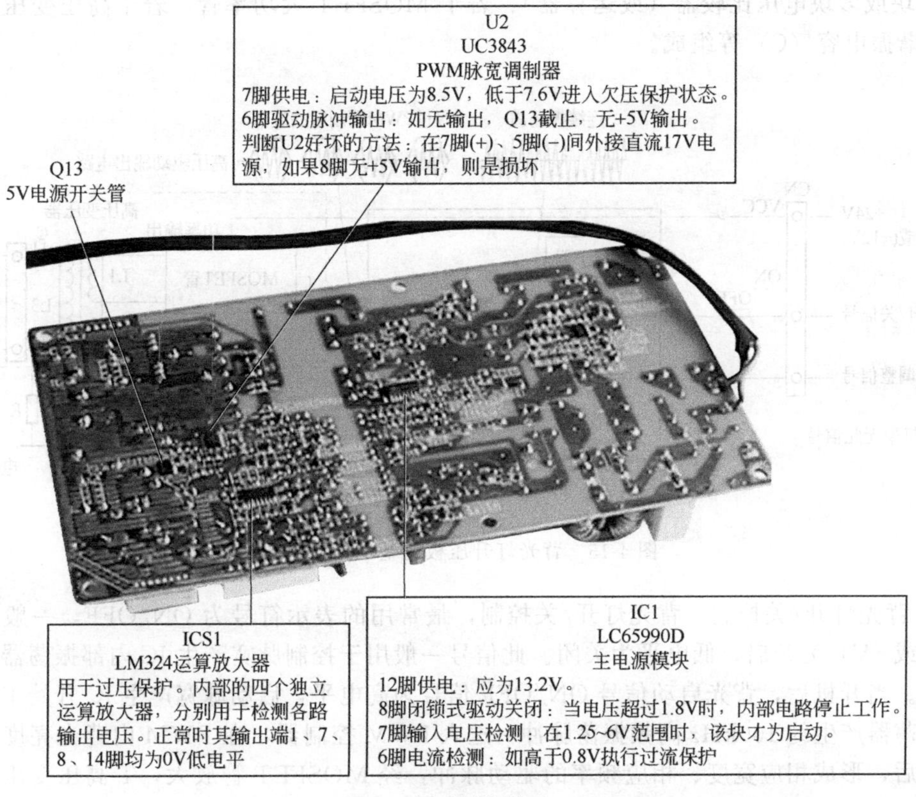
U2
UC3843
PWM脉宽调制器
7脚供电：启动电压为8.5V，低于7.6V进入欠压保护状态。
6脚驱动脉冲输出：如无输出，Q13截止，无+5V输出。
判断U2好坏的方法：在7脚(+)、5脚(–)间外接直流17V电源，如果8脚无+5V输出，则是损坏
Q13
5V电源开关管
ICS1
LM324运算放大器
用于过压保护。内部的四个独立运算放大器，分别用于检测各路输出电压。正常时其输出端1、7、8、14脚均为0V低电平
IC1
LC65990D
主电源模块
12脚供电：应为13.2V。
8脚闭锁式驱动关闭：当电压超过1.8V时，内部电路停止工作。
7脚输入电压检测：在1.25~6V范围时，该块才为启动。
6脚电流检测：如高于0.8V执行过流保护

(c) 电源板的焊接面

图 4-14 长虹 LT3288 彩电的电源检修

单独检修该电源板时，可在 JP201 接口的 6 脚＋5VMCU 输出与 1 脚开/待机控制之间接入一只 2kΩ 电阻，以强行提供开机信号；取一只 36W 电动车灯泡接入 JP203 接口的 8 脚＋24V 输出与 6 脚地之间，作为假负载；再单独对电源板供电 220VAC 即可。

4.3 背光灯升压板的易损件维修

背光灯升压板的电路结构和工作环境，类似于 CRT 电视机的行扫描电路，是把直流电压变换为高频率、高电压脉冲，其故障率不低于 CRT 电视机的行扫描电路，且故障多发生在高压驱动输出部分。

4.3.1 背光灯升压板的基本结构及原理

背光灯升压板是一种 DC TO AC（直流到交流）的变压器。它其实是开关电源的逆变过程。开关电源是将 220VAC 交流电压转变为稳定的 12V 等直流输出，而背光灯升压板则是将把直流 12V 或 24 电压转变为高频、高压交流电。

(1) 升压板的基本电路结构原理

目前液晶电视机一般使用 CCFE 冷阴极荧光灯型升压板，其电路结构类似于 CRT 彩电的行扫描电路，包括振荡、驱动、升压等部分。

图 4-15 是背光灯升压板的电路框图。由一块脉宽产生 IC（又称 PWM 控制器，简称控制）、1 块或多块电压比较器（或运算器）、若干 MOSFET 大功率管、若干高压变压器、若干高压谐振电容（C）等组成。

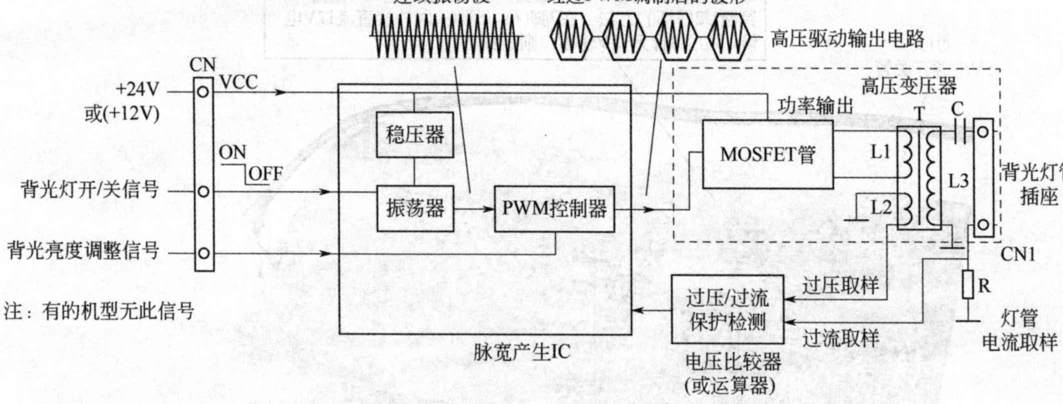
连续振荡波
经过PWM调制后的波形
高压驱动输出电路
CN
+24V
或(+12V)
VCC
ON
OFF
背光灯开/关信号
背光亮度调整信号
稳压器
振荡器
PWM控制器
脉宽产生IC
功率输出
MOSFET管
高压变压器
T
C
L1
L2
L3
背光灯管
插座
CN1
R
过压取样
过流取样
过压/过流
保护检测
电压比较器
(或运算器)
灯管
电流取样
注：有的机型无此信号

图 4-15　背光灯升压板的基本结构框图

① 背光灯开/关控制　背光灯开/关控制，最常用的表示符号为 ON/OFF，一般高电平（3.3V 或 5V）为开启，低电平为关闭。此信号一般用于控制脉宽产生 IC 内部振荡器的振荡或停振。当开机后，背光启动信号 ON/OFF 信号为高电平，启动脉宽产生 IC 开始工作，其内的振荡器产生约 100kHz 高频振荡脉冲，送入 PWM 控制器，在 PWM 内背光亮度控制信号比较后，形成相应宽度、相应频率的驱动脉冲，经 MOSFET 管放大，T 高压变压器升压后，再由 T 的 L3 次级高压绕组与高压电容 C、背光灯管进行低 Q 值串联谐振，形成频率为 50～80kHz、幅度为 500V～1kV 的脉冲，驱动背光灯管发光。

需要说明的是，少数机器背光灯开/关控制信号，则是通过控制背光板供电的通断，实现背光灯的开/关控制的。

② 背光亮度控制　当调节背光亮度模式时，来自主信号处理板的背光亮度控制信号电压随之改变，经 PWM 控制器处理后，自动调整输出的脉冲宽度，以调整 MOSFET 管在每个周期的导通/截止时间比例，进而控制高压变压器对背光灯升压管提供的脉冲宽度，实现对背光灯管的亮度调整。

③ 过流保护　由于背光灯升压板提供电流的大小将影响冷阴极荧光灯管的使用寿命，因此输出的电流应小于 9mA，需要有过流保护功能。为此，在电路中设置的灯管电流取样电阻 R 和电压比较器（或运算放大器），对所有高压变压器的输出电流和电压进行检测，若检测其中任意一种有故障，就发出保护指令，通过 PWM 控制器停止工作，整机表现为背光灯闪一下就停止。

④ 过压保护　T 的 L2 次级绕组为过压保护取样，在高压变压器输出电压过高时，通过电压比较器或运算器，停止背光灯升压板的工作，以免过高的电压损坏背光灯管。

(2) 升压板的高压驱动输出电路类型

目前的液晶电视机，其背光升压板的驱动输出电路，按升压板与液晶屏组件内的背光灯管的连接方式分为：多根灯管独立连接方式、多根灯管并联后连接方式。

如图 4-16 所示是两类背光灯升压板的电路简图。

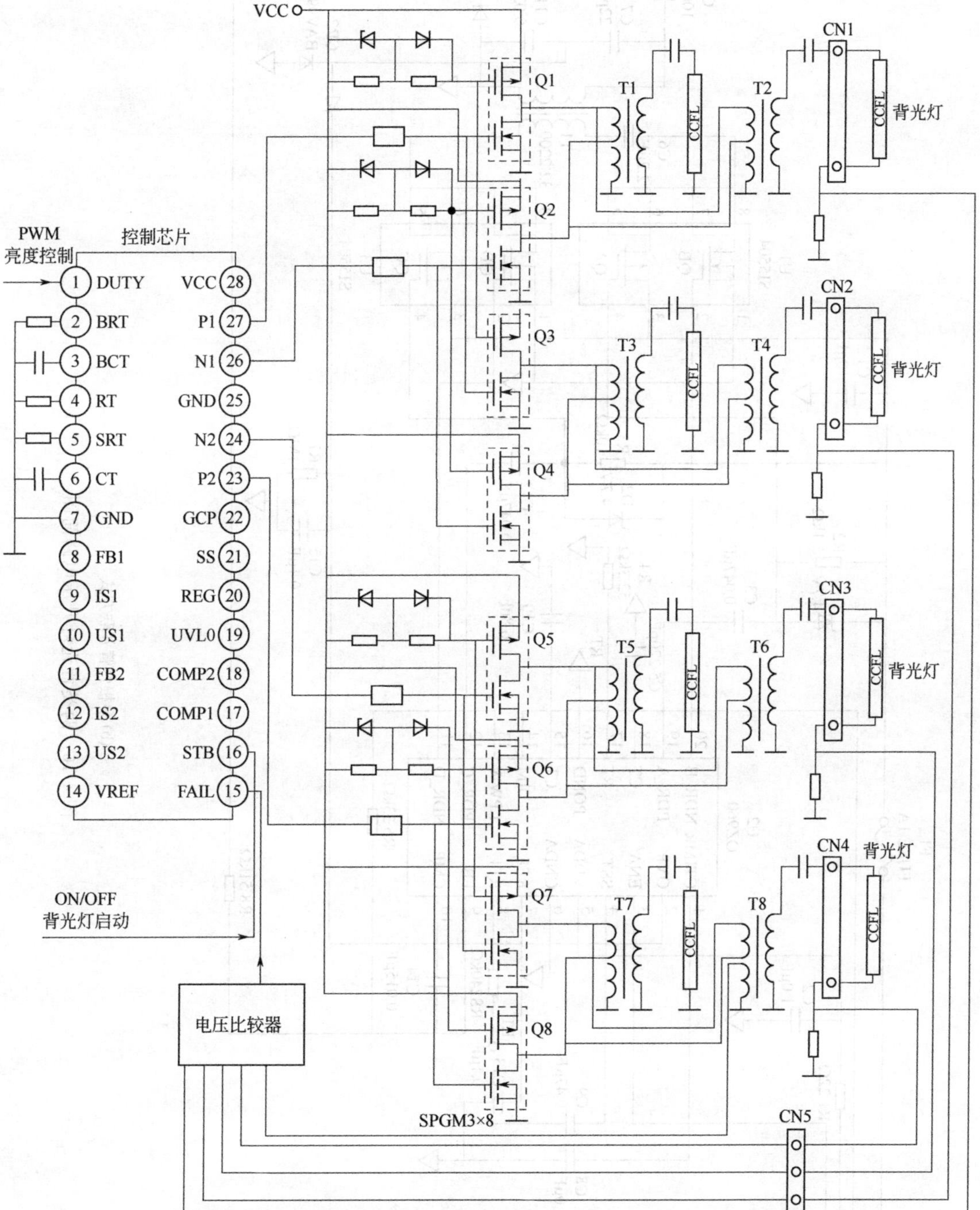
VCC
Q1
Q2
Q3
Q4
Q5
Q6
Q7
Q8
T1
T2
T3
T4
T5
T6
T7
T8
CN1
CN2
CN3
CN4
CN5
CCFL
背光灯
PWM
亮度控制
控制芯片
1 DUTY
2 BRT
3 BCT
4 RT
5 SRT
6 CT
7 GND
8 FB1
9 IS1
10 US1
11 FB2
12 IS2
13 US2
14 VREF
VCC 28
P1 27
N1 26
GND 25
N2 24
P2 23
GCP 22
SS 21
REG 20
UVL0 19
COMP2 18
COMP1 17
STB 16
FAIL 15
ON/OFF
背光灯启动
电压比较器
SPGM3×8

(a) 多个灯管独立连接方式

图 4-16

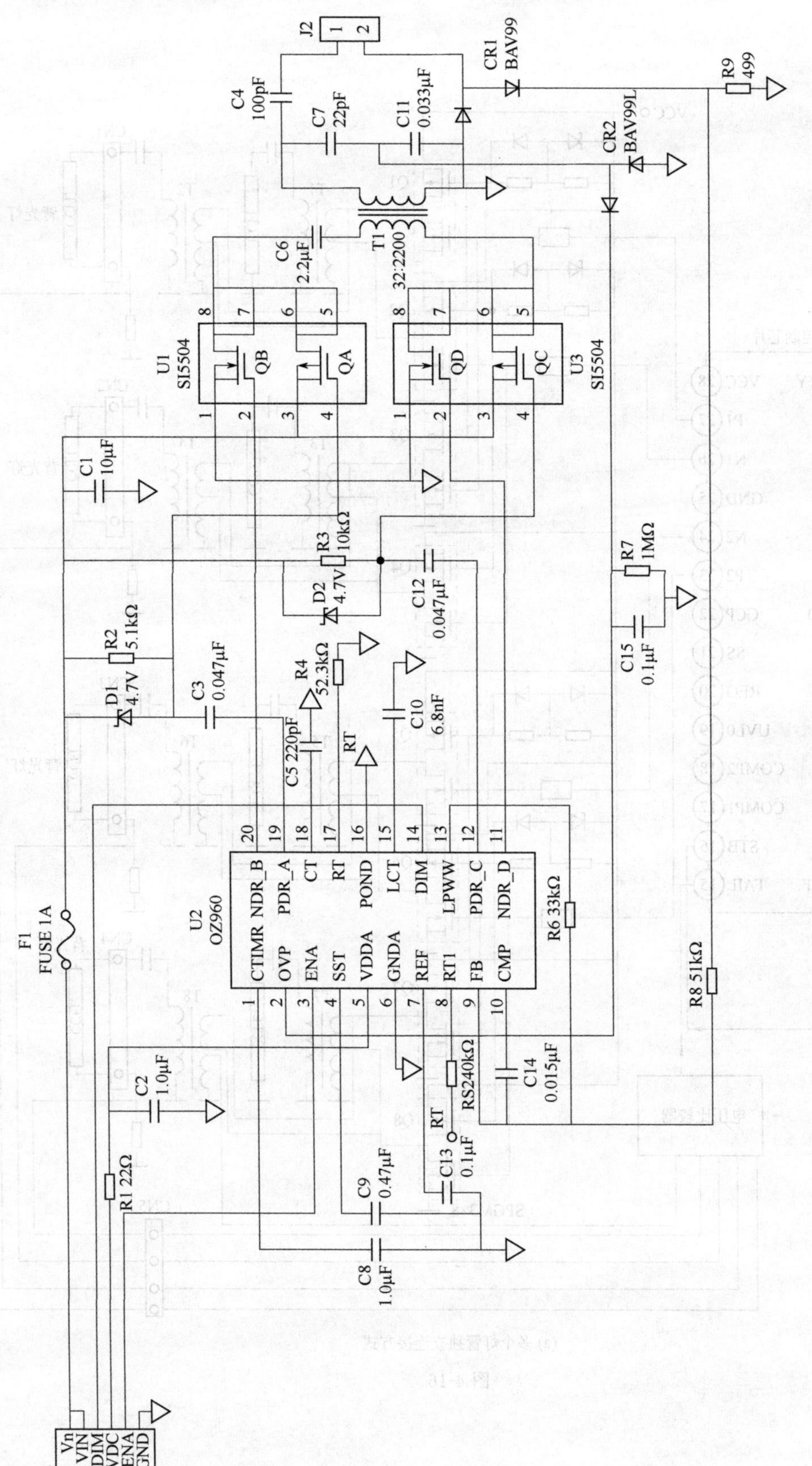
J1
Vn
VIN
DIM
5VDC
ENA
GND
F1
FUSE 1A
R1 22Ω
C2 1.0μF
C1 10μF
D1 4.7V
R2 5.1kΩ
C3 0.047μF
U2
OZ960
CTIMR
OVP
ENA
SST
VDDA
GNDA
REF
RT1
FB
CMP
NDR_B
PDR_A
CT
RT
POND
LCT
DIM
LPWW
PDR_C
NDR_D
C5 220pF
R4 52.3kΩ
RT
D2 4.7V
R3 10kΩ
C10 6.8nF
C12 0.047μF
R6 33kΩ
RS240kΩ
C14 0.015μF
C13 0.1μF
C9 0.47μF
C8 1.0μF
U1
SI5504
QB
QA
U3
SI5504
QD
QC
C6 2.2μF
T1 32:2200
C4 100pF
C7 22pF
C11 0.033μF
J2
CR1 BAV99
CR2 BAV99L
R9 499
R7 1MΩ
C15 0.1μF
R8 51kΩ

(b) 多根灯管并联方式

图 4-16 两类背光灯升压电路简图

图 4-16（a）是多根灯管独立连接式的升压板电路简图。其特点是设置多路并联的驱动输出电路，每路驱动输出电路设置有一高压变压器，一个高压变压器单独连接一个灯管。

图 4-16（b）是多根灯管并联后连接方式的升压板。其特点是一个高压变压器驱动多根灯管。

4.3.2 升压板上的易损件识别

背光灯升压板的易损件识别，需先学会识别其上主要器件。

（1）升压板上的主要器件特征

① 升压板上的主要器件特征　图 4-17 是背光灯升压板上的主要器件特征。其中高压变压器、背光灯插座、MOSFET 驱动管的数量相同或成 1/2 倍数。集成电路和 MOSFET 驱动管按由大到小排列依次为 PWM 控制芯片、电压比较器、MOSFET 管。

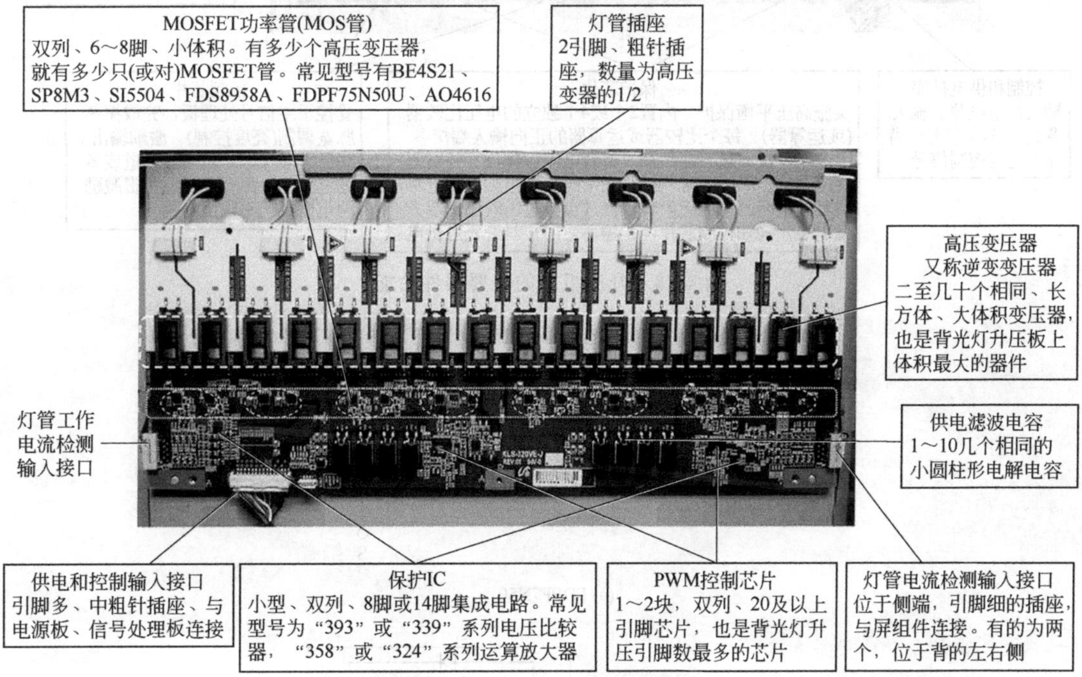
MOSFET功率管(MOS管)
双列、6～8脚、小体积。有多少个高压变压器，就有多少只(或对)MOSFET管。常见型号有BE4S21、SP8M3、SI5504、FDS8958A、FDPF75N50U、AO4616
灯管插座
2引脚、粗针插座，数量为高压变器的1/2
高压变压器
又称逆变变压器
二至几十个相同、长方体、大体积变压器，也是背光灯升压板上体积最大的器件
灯管工作电流检测输入接口
供电滤波电容
1～10几个相同的小圆柱形电解电容
供电和控制输入接口
引脚多、中粗针插座、与电源板、信号处理板连接
保护IC
小型、双列、8脚或14脚集成电路。常见型号为“393”或“339”系列电压比较器，“358”或“324”系列运算放大器
PWM控制芯片
1～2块，双列、20及以上引脚芯片，也是背光灯升压引脚数最多的芯片
灯管电流检测输入接口
位于侧端，引脚细的插座，与屏组件连接。有的为两个，位于背的左右侧

图 4-17　升压板上的主要器件特征

a. PWM 控制芯片常见型号：BA9741、BD9846FV、BD9897FS、BIT3101、BIT3102、BIT3105、BT3106A、DMB8110D、MSC1691AI、LX1688CPW、OZ960、OZ964、OZ9925、TL1451。

b. 高压变压器常见型号有：4301H910103（GP）、ST114WH、HVT-043。

② 升压板上的主要器件功能　图 4-18 是背光升压板上的主要器件功能。其中底部的供电和控制输入接口，输入背光灯板的工作条件；主控芯片、MOSFET 管、高压变压器负责将+24V（或 12V、120V）直流电压，变换成高频、高压脉冲，再分别由顶部的多个灯管插座分别提供给屏内背光灯管。电流保护 IC 于检测背光灯升压板的输出电压及电流，并在异常时实施保护。

图 4-19 是背光灯升压板上的 MOSFET 管类型。多数采用双 MOSFET 管，内置一个 N 沟道 MOSFET、一个 P 沟道 MOSFET 管，一般 1、3 脚为源极，2、4 脚为栅极，5、6、7、8 脚为漏极，小于 IP 整合板采用单独的 MOS 管。

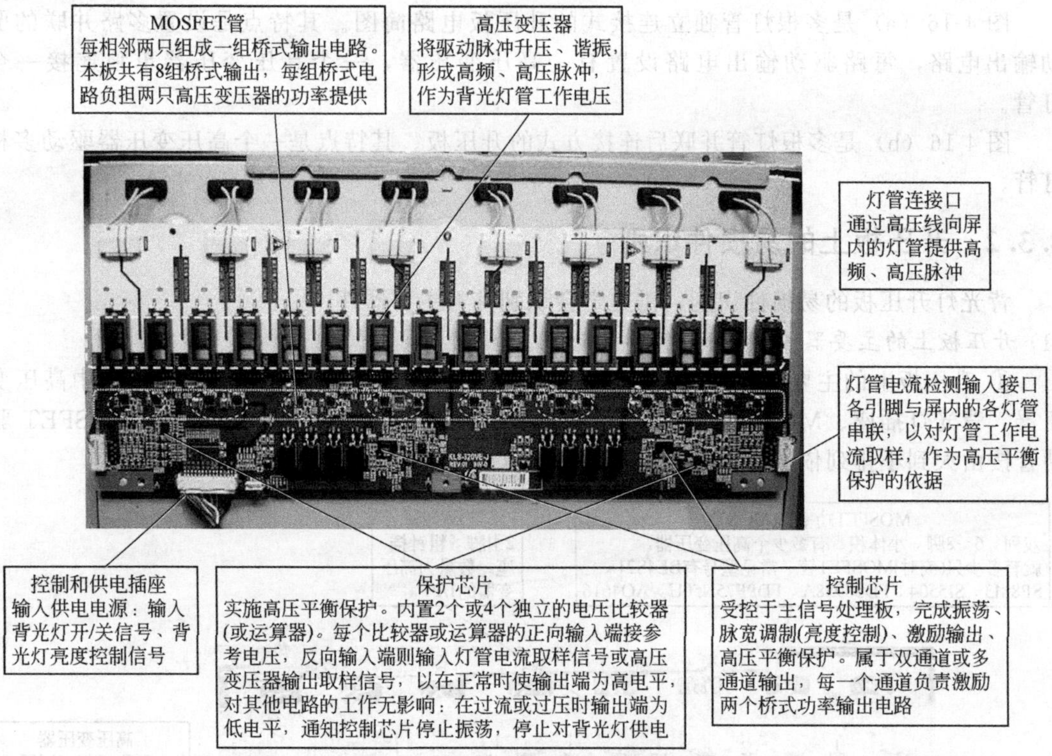
MOSFET管
每相邻两只组成一组桥式输出电路。本板共有8组桥式输出，每组桥式电路负担两只高压变压器的功率提供
高压变压器
将驱动脉冲升压、谐振，形成高频、高压脉冲，作为背光灯管工作电压
灯管连接口
通过高压线向屏内的灯管提供高频、高压脉冲
灯管电流检测输入接口
各引脚与屏内的各灯管串联，以对灯管工作电流取样，作为高压平衡保护的依据
控制和供电插座
输入供电电源：输入背光灯开/关信号、背光灯亮度控制信号
保护芯片
实施高压平衡保护。内置2个或4个独立的电压比较器(或运算器)。每个比较器或运算器的正向输入端接参考电压，反向输入端则输入灯管电流取样信号或高压变压器输出取样信号，以在正常时使输出端为高电平，对其他电路的工作无影响：在过流或过压时输出端为低电平，通知控制芯片停止振荡，停止对背光灯供电
控制芯片
受控于主信号处理板，完成振荡、脉宽调制(亮度控制)、激励输出、高压平衡保护。属于双通道或多通道输出，每一个通道负责激励两个桥式功率输出电路

图 4-18 升压板上的主要器件功能

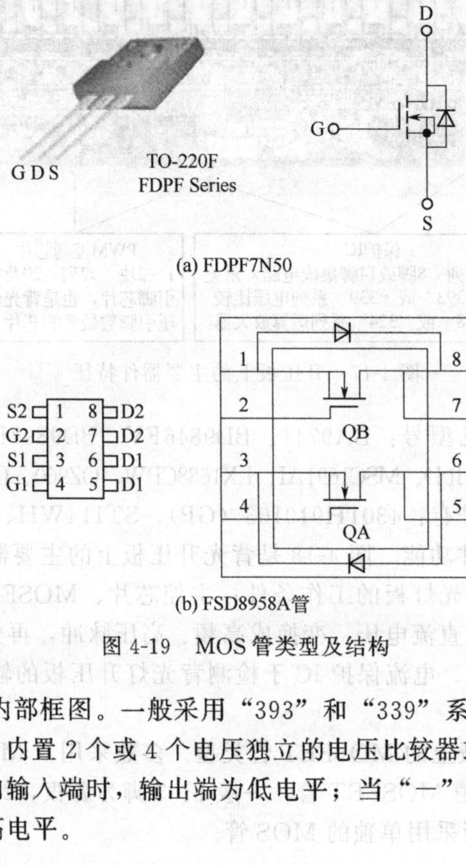
G D S
TO-220F
FDPF Series
D
G
S
(a) FDPF7N50
S2 1 8 D2
G2 2 7 D2
S1 3 6 D1
G1 4 5 D1
1
2
3
4
8
7
6
5
QB
QA
(b) FSD8958A管

图 4-19 MOS 管类型及结构

图 4-20 是保护芯片内部框图。一般采用“393”和“339”系列电压比较器，或“358”、“324”系列运算放大器，内置 2 个或 4 个电压独立的电压比较器或运算器。当“－”反向输入端电压高于“＋”正向输入端时，输出端为低电平；当“－”反向输入端电压低于“＋”正向输入端时输出端为高电平。

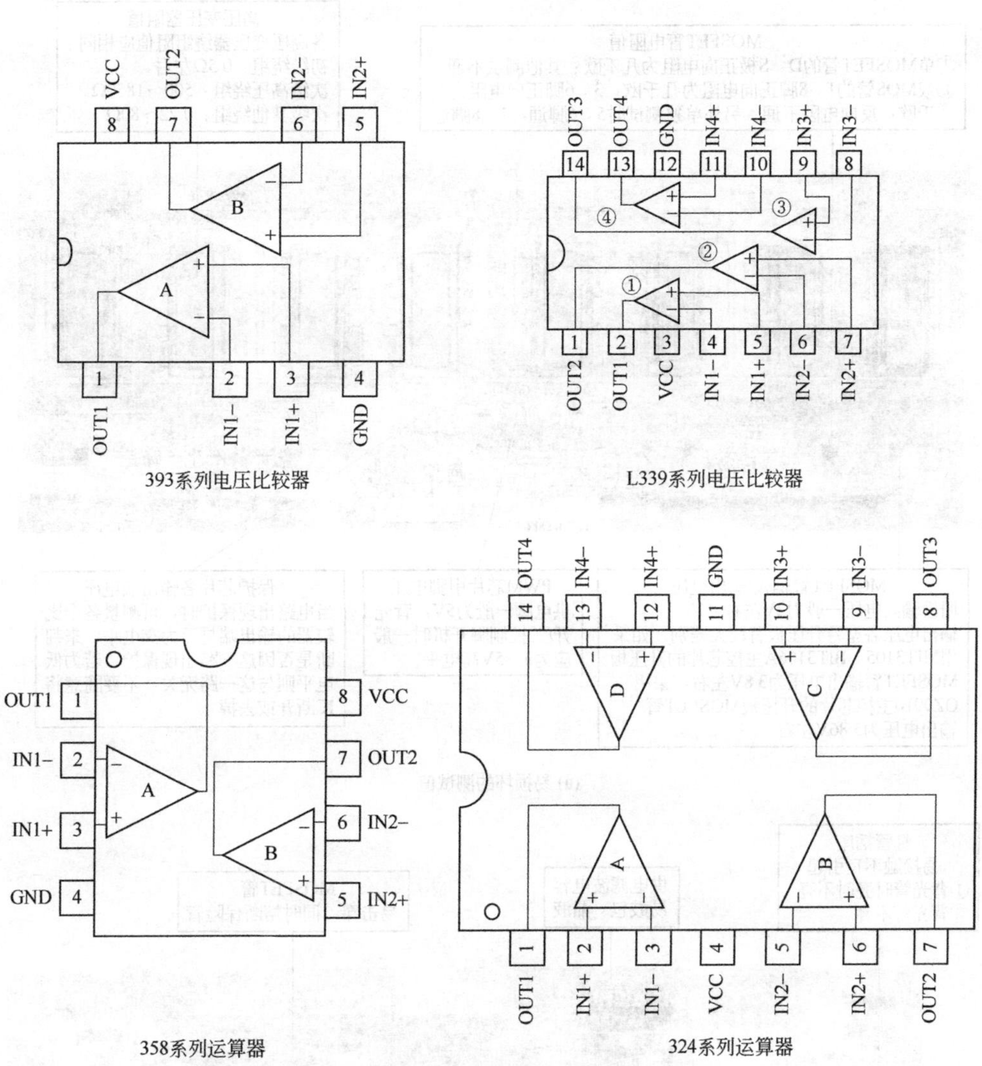
VCC
OUT2
IN2−
IN2+
8
7
6
5
B
A
1
2
3
4
OUT1
IN1−
IN1+
GND
393系列电压比较器
OUT3
OUT4
GND
IN4+
IN4−
IN3+
IN3−
14
13
12
11
10
9
8
④
③
②
①
1
2
3
4
5
6
7
OUT2
OUT1
VCC
IN1−
IN1+
IN2−
IN2+
L339系列电压比较器
OUT1 1
IN1− 2
IN1+ 3
GND 4
8 VCC
7 OUT2
6 IN2−
5 IN2+
A
B
358系列运算器
OUT4
IN4−
IN4+
GND
IN3+
IN3−
OUT3
14
13
12
11
10
9
8
D
C
A
B
1
2
3
4
5
6
7
OUT1
IN1+
IN1−
VCC
IN2−
IN2+
OUT2
324系列运算器

IN−—反相输入；IN+—正向输入；OUT—输出

图 4-20　常用保护芯片的结构示意图

(2) 升压板上的易损件及测试数据

图 4-21 是升压板上的易损件及测试数据。故障率按由高到低排序为：MOSFET 管、保险管（一般以 F 开头），约占 80%；高压变压器；灯管连接插座；高压耦合电容；其他器件。

① MOSFET 管的输出端作为一个分界面，此管通常把背光灯升压板一分为二。如 MOSFET 管的输出端电压正常，则可以认定其前面的控制部分正常，故障部位在后面的高压变压器部分，反之相反。

警示　MOSFET 管输出电压在还没有保护前测试，如果刚测试到正常时背光灯灭，电压立即下降，也属于正常。

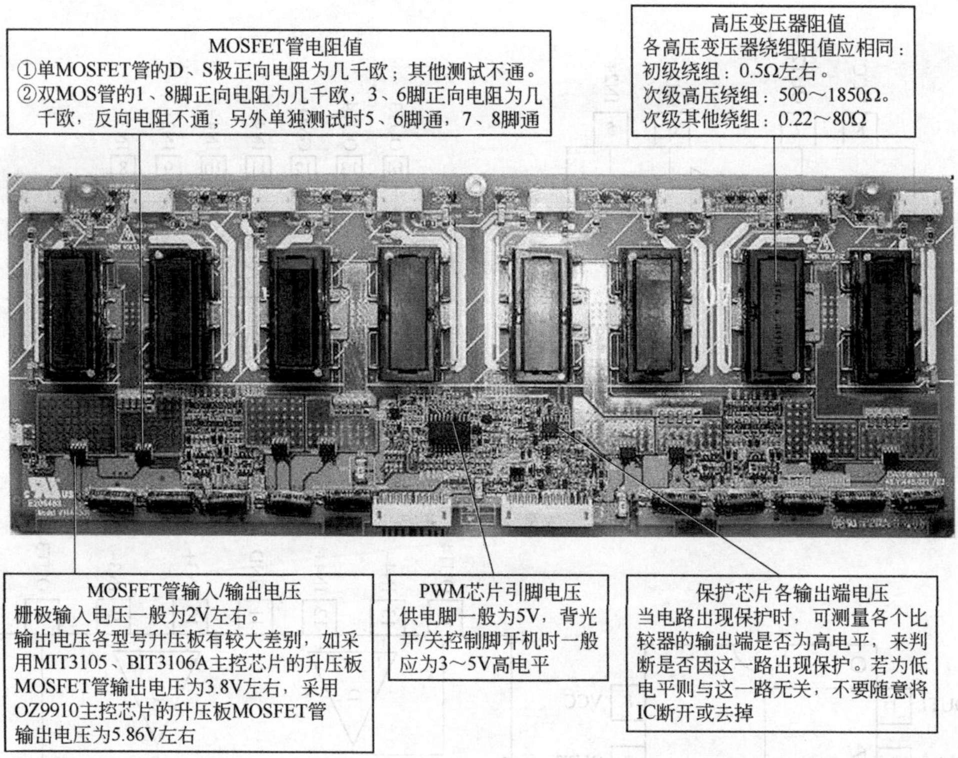
MOSFET管电阻值
①单MOSFET管的D、S极正向电阻为几千欧；其他测试不通。
②双MOS管的1、8脚正向电阻为几千欧，3、6脚正向电阻为几千欧，反向电阻不通；另外单独测试时5、6脚通，7、8脚通
高压变压器阻值
各高压变压器绕组阻值应相同：
初级绕组：0.5Ω左右。
次级高压绕组：500～1850Ω。
次级其他绕组：0.22～80Ω
MOSFET管输入/输出电压
栅极输入电压一般为2V左右。
输出电压各型号升压板有较大差别，如采用MIT3105、BIT3106A主控芯片的升压板MOSFET管输出电压为3.8V左右，采用OZ9910主控芯片的升压板MOSFET管输出电压为5.86V左右
PWM芯片引脚电压
供电脚一般为5V，背光开/关控制脚开机时一般应为3～5V高电平
保护芯片各输出端电压
当电路出现保护时，可测量各个比较器的输出端是否为高电平，来判断是否因这一路出现保护。若为低电平则与这一路无关，不要随意将IC断开或去掉

(a) 易损坏的测试值

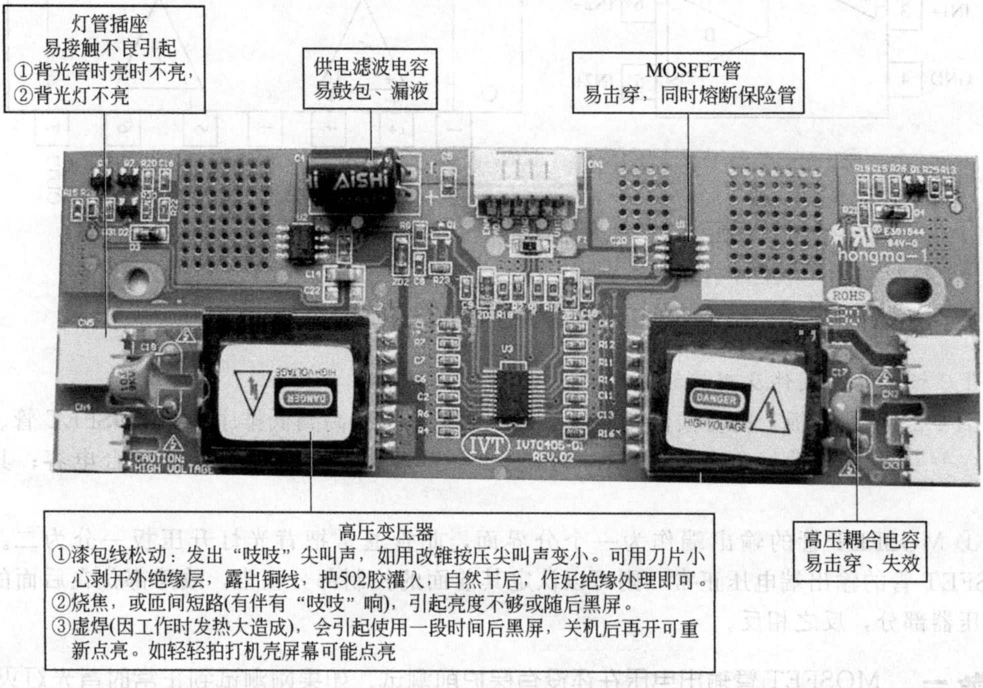
灯管插座
易接触不良引起
①背光管时亮时不亮，
②背光灯不亮
供电滤波电容
易鼓包、漏液
MOSFET管
易击穿，同时熔断保险管
高压变压器
①漆包线松动：发出“吱吱”尖叫声，如用改锥按压尖叫声变小。可用刀片小心剥开外绝缘层，露出铜线，把502胶灌入，自然干后，作好绝缘处理即可。
②烧焦，或匝间短路(有伴有“吱吱”响)，引起亮度不够或随后黑屏。
③虚焊(因工作时发热大造成)，会引起使用一段时间后黑屏，关机后再开可重新点亮。如轻轻拍打机壳屏幕可能点亮
高压耦合电容
易击穿、失效

(b) 易损件损坏形及引起的现象

图 4-21 升压板上的易损件及测试值

② 高压变压器绕组阻值。高压变压器的初级绕组的线径粗，很少损坏，但次级高压绕组的线径小，易开路，原因主要有受潮、发霉，还有过流烧断，此情况须查明原因后方可换新变压器，否则换上后，可能又烧坏。常见高压变压器绕组的阻值见表 4-1。

表 4-1　常见高压变压器绕组的阻值

型　　号	高压绕组/Ω	初级绕组/Ω
ST1114WH 高压变压器	598	零点几
HVT-043 高压变压器	976	零点几
43011H910103 高压变压器	1850	80
43011H910103 改进高压变压器	1050	71
LG LM201U05 屏的升压板上的高压变压器	980	0.22
三星 LTA320WT-L16 屏的升压板的高压变压器	1290	0.6

③ 高压部分易出现虚焊现象。原因是其工作时高压变压器、灯管插座发热大，日久会造成其焊点及附近的焊点虚焊。实修进行补焊可事半功倍，尤其是遇有开机瞬间液晶屏背光灯一亮即灭，以及工作一段时间后背光灯不能亮的故障，检修时先补焊背光灯插座及相连接的反馈电容、高压变压器。

经验　①遇有高压变压器、灯管插头烧焦、MOSFET 管鼓包或崩裂时，在测试供电源正常时，直接更换损坏器件即可；②用烙铁加热一下变压器连接的反馈电容、二极管，如果一加热就破裂则为损坏；③为了保证液晶屏内的多个 CCFL 灯管供电的平衡及可靠性能，背光灯升压板一般采用几至二十几组完全相同的电路分别为各个灯管供电，检修时可相互对照，因几组电路同时损坏的可能性几乎不存在。

4.3.3　升压板上的易损件维修

背光灯升压板的保护有两种，一种是过压保护，一种是过流保护。其实这两种保护启动时，其所表现的现象是有区别的，如果是过压保护，则灯管点亮后大约 2s 才熄灭，而如果是过流保护，则灯管点亮后瞬间熄灭。

(1) 按故障现象检修升压板的原则

① 黑屏、背光灯不亮　图 4-22 是背光灯不亮检修流程。也可先检查升压板上的保险丝（一般以 F 开头），当测得有保险丝开路时，先测后级有没有短路，如果后级没有短路，可以直接更换保险丝。有些屏的控制电路供电会有一个稳压或分压电路。

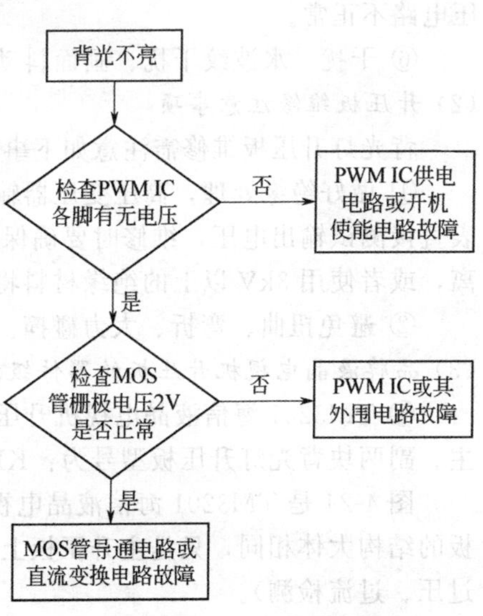

背光不亮
检查PWM IC各脚有无电压
否
PWM IC供电电路或开机使能电路故障
是
检查MOS管栅极电压2V是否正常
否
PWM IC或其外围电路故障
是
MOS管导通电路或直流变换电路故障

图 4-22　背光灯不亮检修流程

② 背光灯亮一下黑屏　这种故障主要为升压板保护电路起作用导致。

一般采用对比测试法。因液晶电视机灯管均采用 4 个以上，多数厂家在设计时灯管均采用双路输出，两个电路就可以采用对比测试法。实修时，可先比较升压板上的各高压变压器的绕组阻值，如测得某变压器绕组阻值异常，更换该变压器即可；其次通过不同的变压器的保护电路的关键点阻值来逐步判断故障元件。

电压法检测背光灯亮一下黑屏的流程如图 4-23 所示。

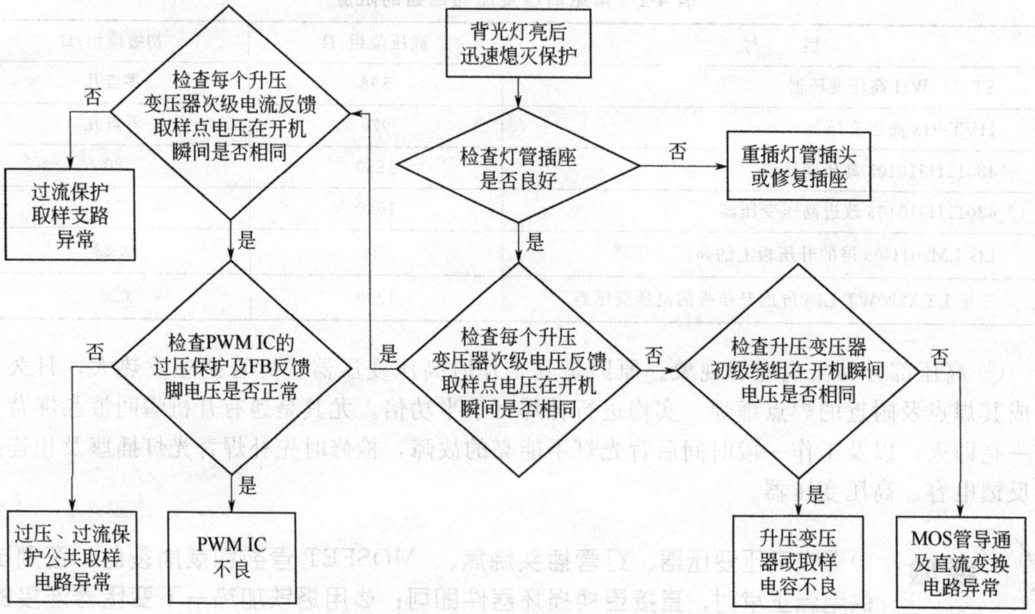

背光灯亮后迅速熄灭保护
检查灯管插座是否良好
否
重插灯管插头或修复插座
是
检查每个升压变压器次级电压反馈取样点电压在开机瞬间是否相同
否
检查升压变压器初级绕组在开机瞬间电压是否相同
是
升压变压器或取样电容不良
否
MOS管导通及直流变换电路异常
是
检查每个升压变压器次级电流反馈取样点电压在开机瞬间是否相同
否
过流保护取样支路异常
是
检查PWM IC的过压保护及FB反馈脚电压是否正常
否
过压、过流保护公共取样电路异常
是
PWM IC不良

图 4-23 背光亮一下黑屏的电压检测流程

③ 电源灯亮但无光栅　在确认故障在升压板时，此故障主要为升压板线路不能产生高压，常见原因是＋12V 或＋24V 供电电源异常、背光灯开/关信号不是高电平、PWM 控制 IC 损坏。

④ 不通电或电源指示灯闪　在确认故障因升压板导致时，多数均为升压板短路导致，一般很容易测到，如供电端对地短路、MOSFET 管击穿、PWM 控制 IC 击穿。

⑤ 亮度偏暗　多是升压板上的亮度控制线路不正常、供电电源偏低、IC 输出偏低、高压电路不正常。

⑥ 干扰　水波纹干扰、画面抖动/跳动、星点闪烁等，主要是高压线路的问题。

(2) 升压板维修注意事项

背光灯升压板维修需注意如下事项。

① 做好绝缘处理，高压变压器输出电压高达 1000 多伏，通电时严禁触摸或用普通万用表直接测试输出电压，维修时要确保此部分与整机金属材料或整机其他部件保持 4mm 的距离，或者使用 3kV 以上的绝缘材料将其隔离。

② 避免扭曲、弯折、大力碰撞。

(3) 品牌液晶电视机升压板的器件级维修

① TM3201 海信液晶电视机升压板　该机采用 LG-PHILIPS LCD 液晶屏，配套使用的主、副两块背光灯升压板型号为：KLS-EE32P-S REV1.2、KLS-EE32P-M REV1.2。

图 4-24 是 TM3201 海信液晶电视机的升压板电路框图。从图 4-24 可以看出，两块升压板的结构大体相同，只是主升压板上设置有 LX1688CPW 控制器、10393 电压比较器（进行过压、过流检测）。

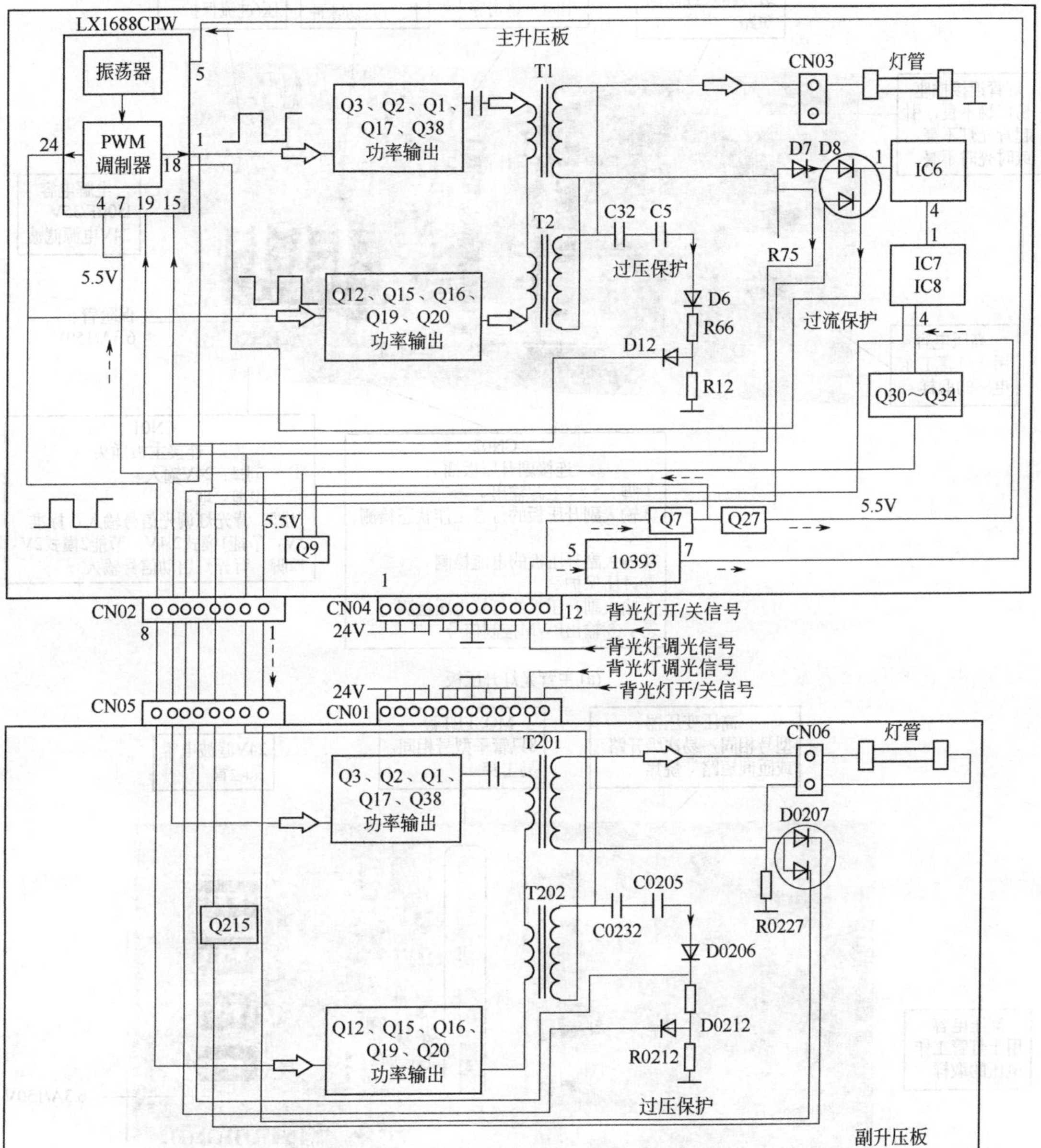
LX1688CPW
主升压板
振荡器
5
PWM
调制器
24
1
18
4 7 19 15
5.5V
Q3、Q2、Q1、
Q17、Q38
功率输出
T1
T2
Q12、Q15、Q16、
Q19、Q20
功率输出
CN03
灯管
D7 D8
1
IC6
4
1
IC7
IC8
4
C32 C5
过压保护
R75
D6
R66
D12
R12
过流保护
Q30～Q34
5.5V
Q9
Q7
Q27
5.5V
5
10393
7
CN02
8
1
CN04
1
12
24V
背光灯开/关信号
背光灯调光信号
背光灯调光信号
背光灯开/关信号
24V
CN05
CN01
T201
CN06
灯管
Q3、Q2、Q1、
Q17、Q38
功率输出
D0207
T202
C0205
R0227
C0232
Q215
D0206
Q12、Q15、Q16、
Q19、Q20
功率输出
D0212
R0212
过压保护
副升压板

图 4-24　海信 TM3201 彩电升压板的电路框图

图 4-25 是海信 TLM3277 彩电升压板上的易损件。

② 三星 32 英寸屏背光灯升压板　如图 4-26 所示三星 32 英寸屏背光灯升压板，型号为 KLS-320VE-J。其上的 16 个高压变压器，分别对屏内的 16 只灯管供电，属于多灯管独立连接方式，任意一只背光灯管损坏或性能不良，甚至只是某只灯管的启动性能迟缓（冬季环境温度低开机启动慢），均会导致该只灯管的保护电路动作，也会使整个屏不亮。

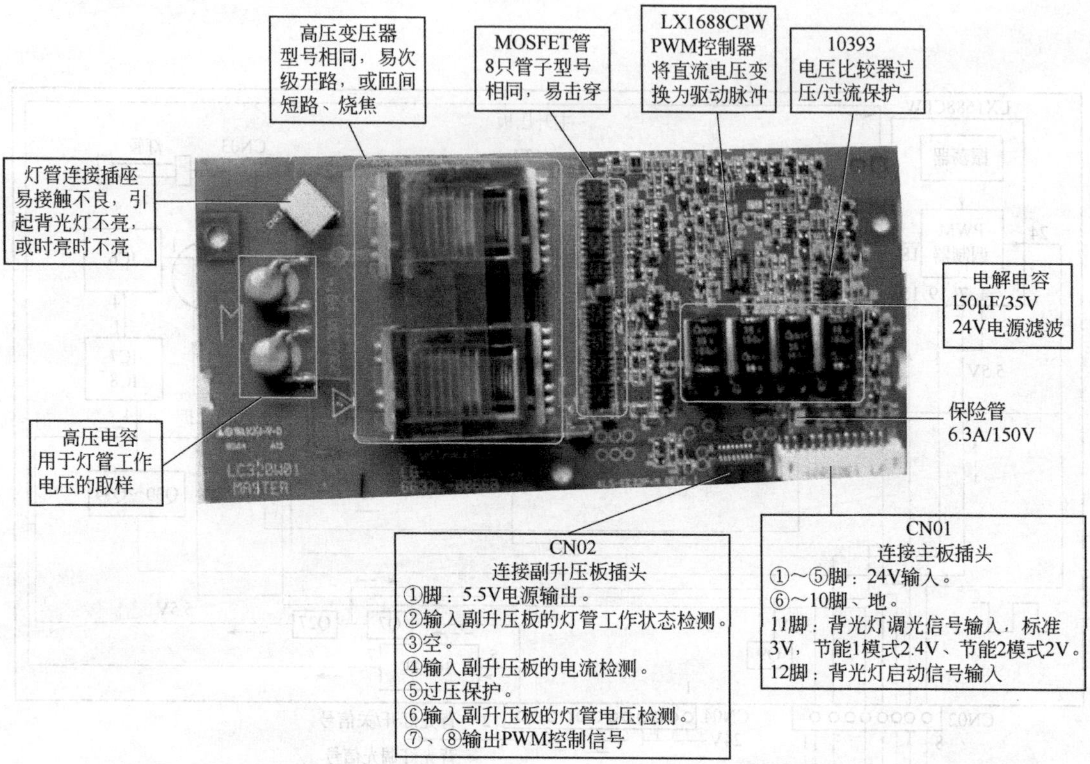
高压变压器
型号相同，易次级开路，或匝间短路、烧焦
MOSFET管
8只管子型号相同，易击穿
LX1688CPW
PWM控制器
将直流电压变换为驱动脉冲
10393
电压比较器过压/过流保护
灯管连接插座
易接触不良，引起背光灯不亮，或时亮时不亮
电解电容
150μF/35V
24V电源滤波
保险管
6.3A/150V
高压电容
用于灯管工作电压的取样
CN02
连接副升压板插头
①脚：5.5V电源输出。
②输入副升压板的灯管工作状态检测。
③空。
④输入副升压板的电流检测。
⑤过压保护。
⑥输入副升压板的灯管电压检测。
⑦、⑧输出PWM控制信号
CN01
连接主板插头
①～⑤脚：24V输入。
⑥～10脚、地。
11脚：背光灯调光信号输入，标准3V，节能1模式2.4V、节能2模式2V。
12脚：背光灯启动信号输入

(a) 主背光灯升压板

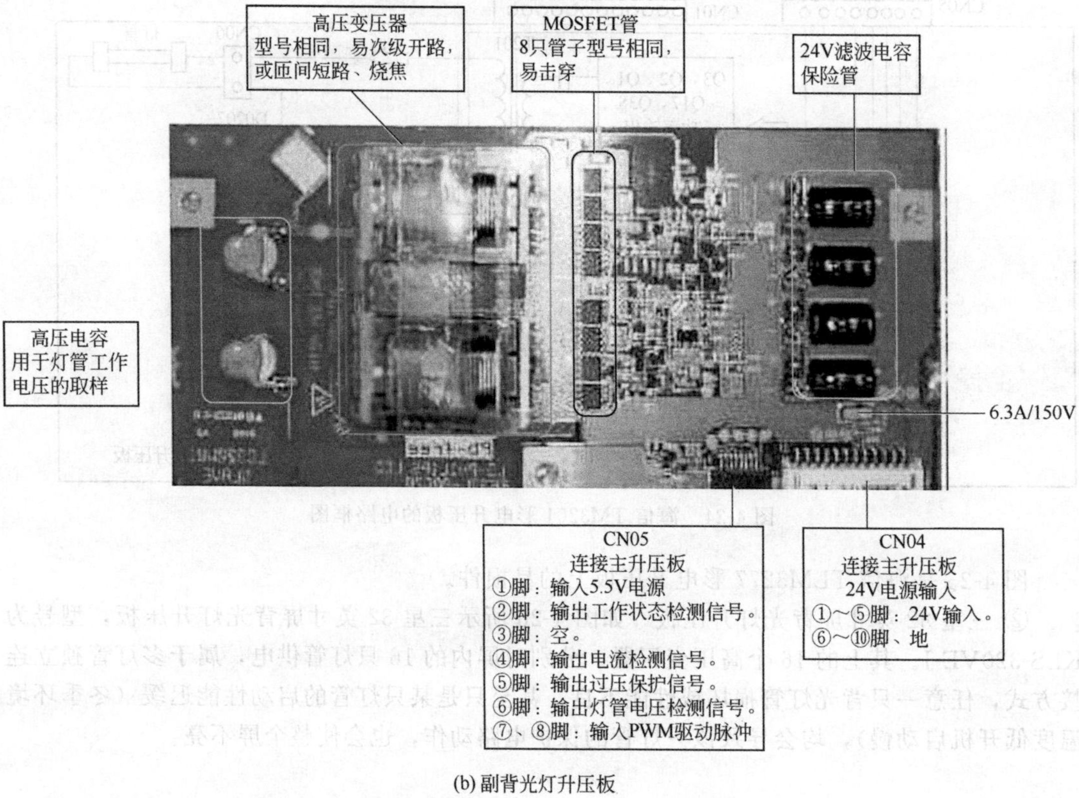
高压变压器
型号相同，易次级开路，或匝间短路、烧焦
MOSFET管
8只管子型号相同，易击穿
24V滤波电容
保险管
高压电容
用于灯管工作电压的取样
6.3A/150V
CN05
连接主升压板
①脚：输入5.5V电源
②脚：输出工作状态检测信号。
③脚：空。
④脚：输出电流检测信号。
⑤脚：输出过压保护信号。
⑥脚：输出灯管电压检测信号。
⑦、⑧脚：输入PWM驱动脉冲
CN04
连接主升压板
24V电源输入
①～⑤脚：24V输入。
⑥～⑩脚、地

(b) 副背光灯升压板

图 4-25 海信 TLM3277 彩电升压板上的易损件

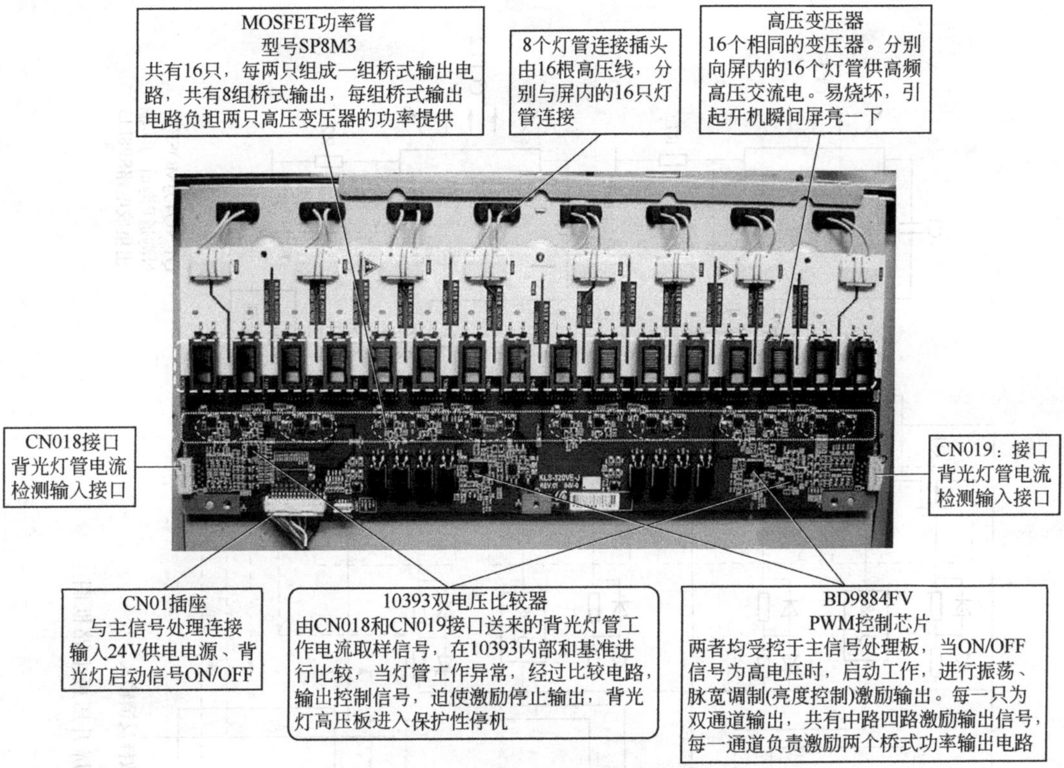
MOSFET功率管
型号SP8M3
共有16只，每两只组成一组桥式输出电路，共有8组桥式输出，每组桥式输出电路负担两只高压变压器的功率提供
8个灯管连接插头
由16根高压线，分别与屏内的16只灯管连接
高压变压器
16个相同的变压器。分别向屏内的16个灯管供高频高压交流电。易烧坏，引起开机瞬间屏亮一下
CN018接口
背光灯管电流检测输入接口
CN019：接口
背光灯管电流检测输入接口
CN01插座
与主信号处理连接
输入24V供电电源、背光灯启动信号ON/OFF
10393双电压比较器
由CN018和CN019接口送来的背光灯管工作电流取样信号，在10393内部和基准进行比较，当灯管工作异常，经过比较电路，输出控制信号，迫使激励停止输出，背光灯高压板进入保护性停机
BD9884FV
PWM控制芯片
两者均受控于主信号处理板，当ON/OFF信号为高电压时，启动工作，进行振荡、脉宽调制(亮度控制)激励输出。每一只为双通道输出，共有中路四路激励输出信号，每一通道负责激励两个桥式功率输出电路

图 4-26 三星 32 英寸屏背光灯升压板

经验

T301 等高压变压器易烧坏，引起开机灯亮一下又灭，如测 10393 振荡芯片 2 脚是高电平，会发现保护脚为 3.4V，高于正常值 1.5V 很多。如把其 2 脚与 D130、 D230、 D330、 D430 公共端对地短接，使 BD9884 强制工作后发现 T301 很快发热。

图 4-27 是三星 32 英寸屏背光灯升压板的电路简图。＋24V 电源除提供给 Q1～Q4 MOSFET 管外，还经三极管和稳压二极管稳压为 6V，提供给 BD9884FV 的 28 脚作为 VCC 电压。

开机后，on/off 背光灯开关控制信号对 BD9884FV 的 16 脚输入高电平，启动内部振荡器开始工作，产生 100kHz 方波信号送入 PWM 调制器，并与 1 脚输入的 PWM 亮度控制信号进行调制及放大，送入调制器内部和输入 PWM 亮度控制信号进行调制，调制后输出断续的 100kHz PWM 脉冲作为激励信号，由 26 脚、27 脚输出第一通道激励信号，由 23 脚、24 脚输出第二通道激励信号，分别经 Q1～Q4 放大，送 T1～T4 升压，形成高频高压脉冲，驱动 CCFL1 灯管发光。

串联在背光灯管上的取样电阻 R1、R2 上的压降，作为背光灯管的工作状态取样电压，送 10393 双电压比较器，以在灯管过流时把 BD9884FV 的 17、18 脚电压拉低，强迫其停止工作。

高压变压器 L2 的输出，作为输出电压取样信号，反馈至 BD9884FV 的 10、13 脚，作为输出过压保护信号。

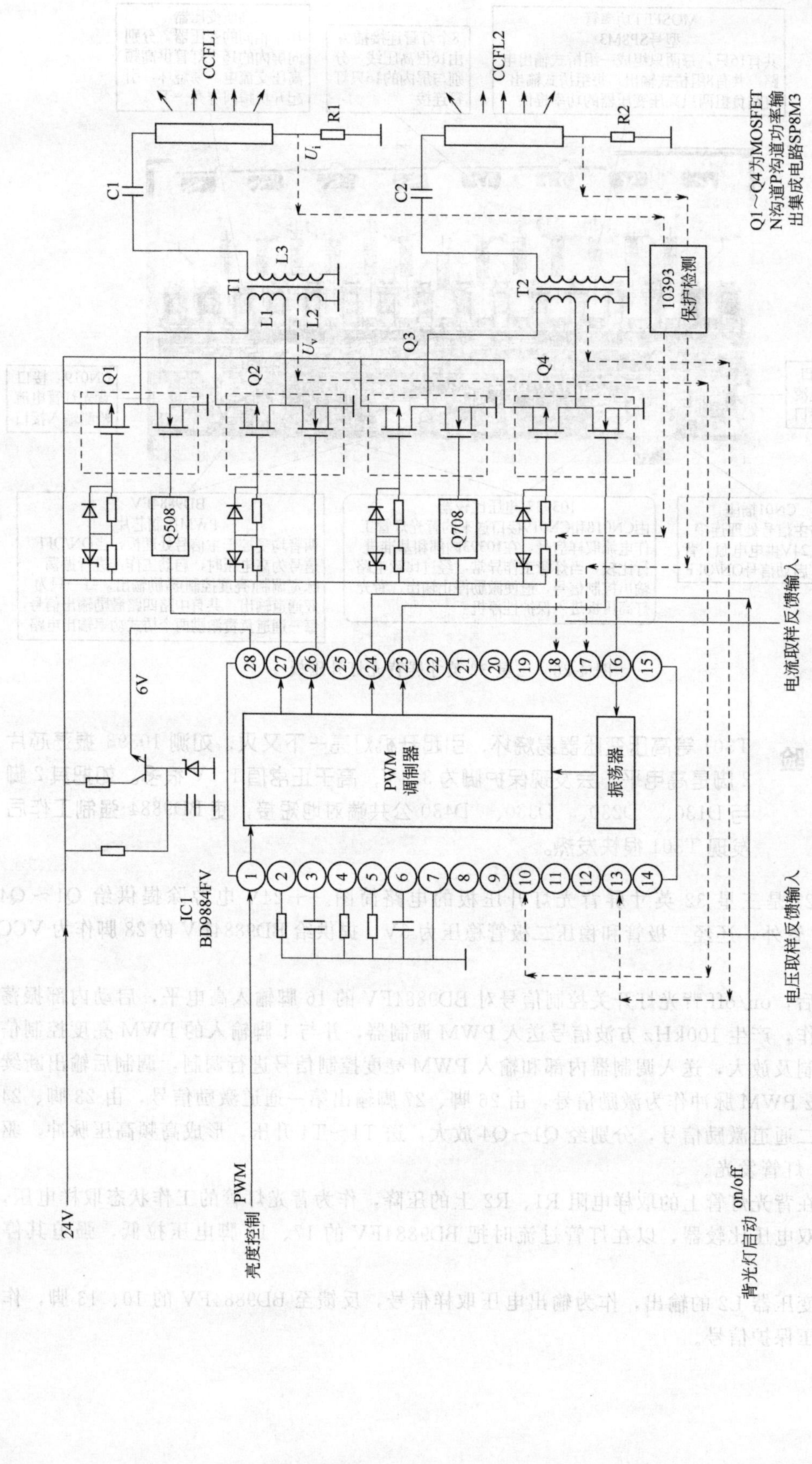
CCFL1
CCFL2
C1
C2
R1
R2
U_i
U_v
T1
T2
L1
L2
L3
Q1
Q2
Q3
Q4
Q508
Q708
10393
保护检测
Q1～Q4为MOSFET
N沟道P沟道功率输
出集成电路SP8M3
IC1
BD9884FV
PWM
调制器
振荡器
6V
24V
PWM
亮度控制
on/off
背光灯启动
电压取样反馈输入
电流取样反馈输入
1
2
3
4
5
6
7
8
9
10
11
12
13
14
15
16
17
18
19
20
21
22
23
24
25
26
27
28

图 4-27 三星 32 英寸屏升压板电路框图

BD9884FV 是 PWM 控制芯片，每块 BD9884FV 可支持 1～8 只灯管驱动，其特点包括：①2 通道输出，半桥结构（电路上改变即可用于全桥结构）；②内置灯管电流、电压反馈检测控制电路；③软启动功能；④具有时间锁存短路保护；⑤具有欠压和过压保护；⑥具有脉冲（PWM）输入和直流输入两种亮度控制方式；⑦具有待机控制功能（由 STB 脚实现）；⑧内置同步移相通讯接口，支持多 IC 并联使用，实现大屏幕、多灯管驱动（16 只灯管）。

BD9884FV 引脚功能和电压见表 4-2。Q1～Q4 MOSFET 管引脚功能和电压见表 4-3。

表 4-2 BD9884FV 引脚功能和电压

引　脚	符　号	功　能	电压/V
1	DURY	PWM 式亮度控制输入	2.69
2	BRT	外接电阻，振荡三角波设定	1.5
3	BCT	外接电容，振荡三角波设定	1.4
4	RT	振荡频率设定，外接定时电阻	—
5	SRT	向 CT 外设电阻，设定频率偏移保护	1.55
6	CT	振荡频率设定，外接定时电容	—
7	GND	地	0
8	FB1	功率输出反馈 1（一通道）	0.78
9	IS1	灯管电流检测输入 1（一通道）	1.28
10	VS1	灯管供电电压检测 1（一通道）	0.73
11	FB2	功率输出反馈 1（二通道）	0.78
12	IS2	灯管电流检测输入 1（二通道）	1.28
13	VS2	灯管供电电压检测 1（二通道）	0.74
14	VREF	基准电压、电压读出	1.25
15	FAIL	保护状态输出	2.92
16	STB	背光开关控制信号输入	3.2
17	COMP1	保护控制输入（一通道）	1.28
18	COMP2	保护控制输入（二通道）	1.28
19	UVLO	欠压检测输入	
20	REG	基准电压输出	3.1
21	SS	软启动设定，启动时间由外接电容决定	2.65
22	SCP	保护时间锁定设定（由外接电容设定）	0.03
23	P2	P 沟道驱动脉冲输出（二通道）	5.26
24	N2	N 沟道驱动脉冲输出（二通道）	1.04
25	PGND	地（功率输出部分地）	0
26	N1	N 沟道驱动脉冲输出（一通道）	1.04
27	P1	N 沟道驱动脉冲输出（一通道）	5.26
28	VCC	电源	6.2

表 4-3　Q1～Q3 MOSFET 管引脚功能和电压

引　脚	符　号	功　能	电压/V
1	S1	源极 1	0
2	G1	栅极 1	0.88
3	S2	源极 2	24
4	G2	栅极 2	20.73
5	D2	漏极 2	20.45
6	D2	漏极 2	20.45
7	D1	漏极 1	20.45
8	D1	漏极 1	20.45

③ 奇美 30 英寸屏背光灯升压板　图 4-28 是奇美 30 英寸液晶屏背光板及关键测试点电压。该板有 8 个输出插接口，分别驱动屏内的 16 只 CCFL 灯管，对应有 8 个高压变压器，每个变压器驱动两只灯管。

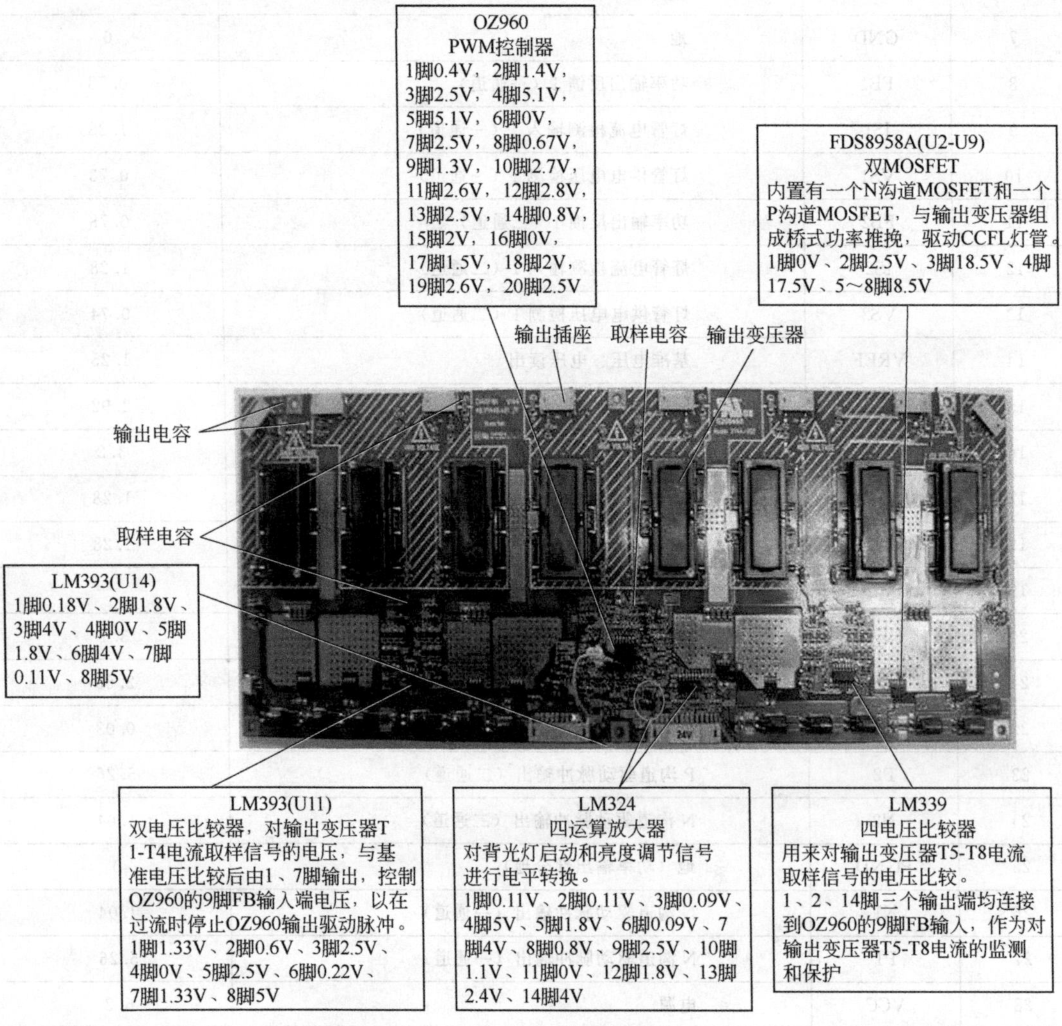
OZ960
PWM控制器
1脚0.4V，2脚1.4V，3脚2.5V，4脚5.1V，5脚5.1V，6脚0V，7脚2.5V，8脚0.67V，9脚1.3V，10脚2.7V，11脚2.6V，12脚2.8V，13脚2.5V，14脚0.8V，15脚2V，16脚0V，17脚1.5V，18脚2V，19脚2.6V，20脚2.5V
FDS8958A(U2-U9)
双MOSFET
内置有一个N沟道MOSFET和一个P沟道MOSFET，与输出变压器组成桥式功率推挽，驱动CCFL灯管。1脚0V、2脚2.5V、3脚18.5V、4脚17.5V、5～8脚8.5V
输出插座
取样电容
输出变压器
输出电容
取样电容
LM393(U14)
1脚0.18V、2脚1.8V、3脚4V、4脚0V、5脚1.8V、6脚4V、7脚0.11V、8脚5V
24V
LM393(U11)
双电压比较器，对输出变压器T1-T4电流取样信号的电压，与基准电压比较后由1、7脚输出，控制OZ960的9脚FB输入端电压，以在过流时停止OZ960输出驱动脉冲。1脚1.33V、2脚0.6V、3脚2.5V、4脚0V、5脚2.5V、6脚0.22V、7脚1.33V、8脚5V
LM324
四运算放大器
对背光灯启动和亮度调节信号进行电平转换。1脚0.11V、2脚0.11V、3脚0.09V、4脚5V、5脚1.8V、6脚0.09V、7脚4V、8脚0.8V、9脚2.5V、10脚1.1V、11脚0V、12脚1.8V、13脚2.4V、14脚4V
LM339
四电压比较器
用来对输出变压器T5-T8电流取样信号的电压比较。1、2、14脚三个输出端均连接到OZ960的9脚FB输入，作为对输出变压器T5-T8电流的监测和保护

图 4-28　奇美 30 英寸液晶屏背光板

图4-29是奇美30英寸屏的升压板电路简图。24V电源经Q2场效应管、U13三端稳器等稳压为+5V后，提供OZ960G PWM控制芯片5脚等。当背光灯开/关控制信号经LM324运算器、Q3对OZ960的3脚提供3V以上高电平时，OZ960就具备工作条件开始工作，其内PWM脉宽调制器会根据14脚输入的背光亮度控制电平值，形成相应脉宽的激励脉冲，分两组由11、12、19、20脚输出。其中11、12脚输这组激励脉冲极性相反，轮流驱动U3、U5、U7、U9内的N沟道和P沟道MOSFET管导通或截止；19、20脚输出的这激励脉冲极性相反，轮流驱动U2、U4、U6、U8内的内的P沟道和N沟道MOSFET管导通或截止。

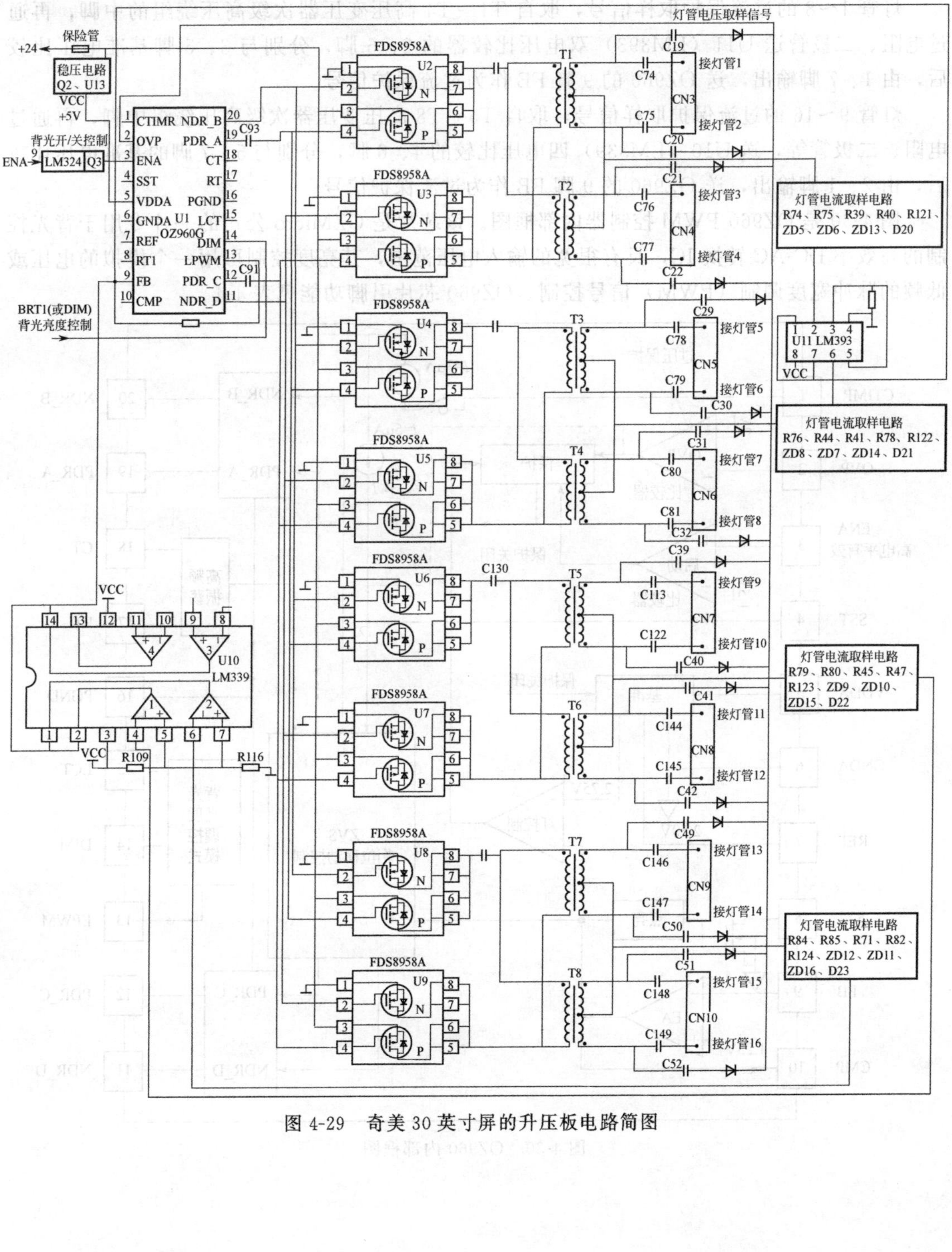

灯管电压取样信号
保险管
+24
稳压电路
Q2、U13
VCC
+5V
背光开/关控制
ENA
LM324
Q3
CTIMR
NDR_B
OVP
PDR_A
ENA
CT
SST
RT
VDDA
PGND
GNDA
U1
LCT
REF
OZ960G
DIM
RT1
LPWM
FB
PDR_C
CMP
NDR_D
C93
C91
BRT1(或DIM)
背光亮度控制
FDS8958A
U2
U3
U4
U5
U6
U7
U8
U9
T1
T2
T3
T4
T5
T6
T7
T8
接灯管1
接灯管2
接灯管3
接灯管4
接灯管5
接灯管6
接灯管7
接灯管8
接灯管9
接灯管10
接灯管11
接灯管12
接灯管13
接灯管14
接灯管15
接灯管16
CN3
CN4
CN5
CN6
CN7
CN8
CN9
CN10
灯管电流取样电路
R74、R75、R39、R40、R121、ZD5、ZD6、ZD13、D20
U11 LM393
灯管电流取样电路
R76、R44、R41、R78、R122、ZD8、ZD7、ZD14、D21
灯管电流取样电路
R79、R80、R45、R47、R123、ZD9、ZD10、ZD15、D22
灯管电流取样电路
R84、R85、R71、R82、R124、ZD12、ZD11、ZD16、D23
U10
LM339
VCC
R109
R116
C130

图4-29 奇美30英寸屏的升压板电路简图

U2～U9 MOSFET 管在不断地导通与截止下获得高频方波，再通过变压器耦合在其次级感应到电压值更高的高频方波电压，该电压通过变压器漏电感及回路电容组成的 LC 谐振电路。当方波从低电平跳到高电平时，由于漏电感有抑制作用，使输出波形幅值慢慢升到最大；当方波从高电平跳到低电平时，由于漏电感有抑制作用，使输出波形幅值慢慢降到最小。如此将方波变成正弦波，加到灯管上。这是一个有效值为 800V 左右的交流电压，在开机瞬间该电压能达到 1500V 左右。

灯管的过压保护，取该灯管插座的输出脚电压，经所接电容耦合、二极管整流形成相应的电压，反馈给 OZ960 的 2 脚，作为过压保护信号。

灯管 1～8 的过流保护取样信号，取自 T1～T4 高压变压器次级高压绕组的中脚，再通过电阻、二极管送 U11（LM393）双电压比较器的 2、6 脚，分别与 3、5 脚基准电压比较后，由 1、7 脚输出，送 OZ960 的 9 脚 FB 作为过流保护信号。

灯管 9～16 的过流保护取样信号，取自 T5～T8 高压变压器次级高压绕组中脚，再通过电阻、二极管等，送 U10（LM339）四电压比较的 4、6 脚，分别与 5、7 脚的基准电压比较后，由 2、1 脚输出，送 OZ960 的 9 脚 FB 作为过流保护信号。

图 4-30 是 OZ960 PWM 控制器内部框图。该芯片是 OZMicro 公司的一片专用于背光控制的高效率 DC-AC 转换 IC，具有很宽的输入电压范围，其亮度控制可用一个模拟的电压或低频的脉冲宽度调制（PWM）信号控制。OZ960 芯片引脚功能见表 4-4。

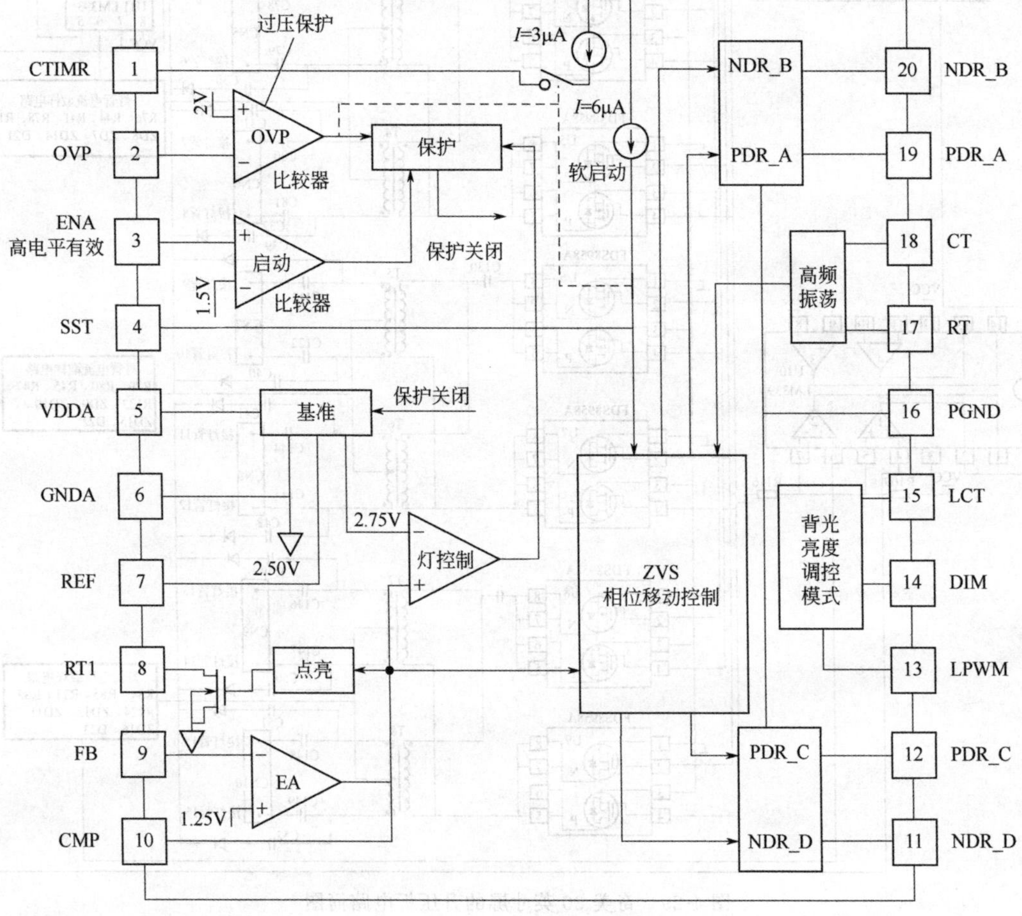

过压保护
CTIMR
1
OVP
2
ENA
高电平有效
3
SST
4
VDDA
5
GNDA
6
REF
7
RT1
8
FB
9
CMP
10
2V
OVP
比较器
保护
1.5V
启动
比较器
保护关闭
基准
保护关闭
2.75V
2.50V
灯控制
点亮
EA
1.25V
I=3μA
I=6μA
软启动
NDR_B
PDR_A
高频
振荡
ZVS
相位移动控制
背光
亮度
调控
模式
PDR_C
NDR_D
20
NDR_B
19
PDR_A
18
CT
17
RT
16
PGND
15
LCT
14
DIM
13
LPWM
12
PDR_C
11
NDR_D

图 4-30 OZ960 内部框图

表4-4　OZ960 PWM控制芯片引脚功能

引脚	符号	功　能	电压	备　注
1	CTIMR	保护时间设定	4mV	由外接电容的容量决定（反比例关系）。一般设计保护时间在1～2s
2	OVP	输出电压过压保护输入	1.4V	≥2V时保护，停止4个激励脉冲输出，同时停止7脚基准电压输出
3	ENA	背光灯启动控制电平输入	2.5V	临界电平设置于1.5V
4	SST	外软启动电容	5V	芯片加电后对该脚外接电容进行充电，充电到一定电压后IC才会启动工作以减少电源启动时对灯管及其他元器件的电流冲击
5	VDDA	电源	5V	
6	GNDA	模拟地	0	
7	REF	基准电压输出	2.5V	保护后无输出
8	RT1	点灯频率编程电阻	0.67V	在电源启动时RT1在IC内部被连接到地，相当于给RT脚并联一个电阻，使得RT电阻减小，从而使启动时的驱动频率更高，以便获得更高的启动电压
9	FB	CCFL灯管电流反馈信号输入	1.3V	作为灯管过流保护信号
10	CMP	电流误差放大补偿输出	2.7V	该脚为IC内部电流反馈比较器输出端，当灯管出现开路或损坏时，灯管没有电流，FB电位急剧下降，CMP输出高电平，将IC关闭，电源进入保护
11	NDR _ D	N-MOSFET激励输出	2.6V	
12	PDR _ C	P-MOSFET激励输出	2.8V	
13	LPWM	低频PWM亮度控制	2.5V	该脚内部接LCT与DIM比较产生的方波，外部通过电阻与反馈脚FB连接。当FB反馈电压因过流或过压升高时，LPWM脚方波电位上移，MOSFET管导通后产生的方波峰值降低，使交流输出电压降低，输出电流减小，如此形成了一个电流负反馈，保证了输出电流的稳定性
14	DIM	模拟信号亮度控制输入	0.8V	LCT脚产生的三角波与DIM脚电位进行比较，产生需要的方波。改变DIM电压，可以改变方波的占空比，从而改变MOS管的导通状况，最终改变灯管的亮度
15	LCT	亮度控制三角波频率输入	2.0V	与外接电容配合产生一个最低1V、最高3V的三角波，并通过DIM信号控制变成方波
16	PGND	电源基准地	0	
17	RT	外接工作频率计定电阻	1.5V	改变电阻大小，可改变输出驱动脉冲的频率（反比例关系）
18	CT	工作频率计时电容	2.0V	f (kHz) ＝68.5×10^4/［CT（pF）·RT（kΩ）］
19	PDR _ A	P-MOSFET激励输出	2.6V	
20	NDR _ B	N-MOSFET激励输出	2.4V	

例1　保险熔断。一般是U2～U9中的某个MOSFET击穿。

例2　不亮灯，保险好。首先应检查OZ960的5脚+5V供电，如果供电正常，应检查其7脚基准电压REF脚有无2.5V电压输出，再测OZ960的四个输出脚（11、12、19、20脚）电压是否正常，以此判断有无激励信号输出。

例3 开机能点亮灯管，但瞬间熄灭。这显然属于背光保护故障，需先判断是过压保护还是过流保护，可以把OZ960的2脚OVP与地短路，如果灯管点亮后不熄灭，则说明是过压保护，如果还是熄灭，则说明是过流保护。

a. 对于过压保护，多数是由于输出电路开路引起，例如变压器、输出插座、输出电容虚焊等，也有是由取样电容击穿或开路引起。对前者，可以将变压器、输出插座、输出电容引脚重新焊接一遍；对于后者，因为有8组这样的电路，可以采用对比法，用数字万用表在路测量取样电容的正反向容量，找到在路正反向容量差别较大的一组，更换相应的电容，故障即可排除。

b. 对于过流保护，多数是由于变压器匝间短路引起负载电流过大而产生。维修时可以分别将U10 LM339 1脚和U11 LM393 7脚外接的0欧电阻R118和R117断开，以切断过流保护电平反馈至OZ960的9脚。断开R118后，灯管不再熄灭，说明T5～T8有某个变压器短路；断开R117后，灯管不再熄灭，说明是T1～T4有某个变压器短路。T1和T2是一组，T3和T4是一组，T5和T6是一组，T7和T8是一组，每组变压器的①、④脚连接在一起，分别将变压器的电流信息反馈到U10和U11。同样采用对比法，测量各变压器的①、④脚电压，正常情况下，电压都在100mV左右，如果测得某偏差较大，比如大于300mV，则就是该组变压器短路，可代换之。

4.4 逻辑板的易损件维修

目前电视台发射的图像信号是按时间顺序排列的串行像素信号，像素是按照时间先后一个一个发射的，为了便于理解，这里不妨称为CRT电视机类型电视信号；而目前的液晶电视机均采用TFT液晶屏，其显示图像是一行一行并行排列的像素信号，像素是（一行一行并行信号）一排一排地“着屏”。为此，液晶电视机中设置了逻辑板电路，其作用是就把逐个“着屏”的视频图像信号，转换为像素以行为单位的一行一行的并行信号，并且按一定的时间顺序逐行“着屏”。

由此可知，逻辑板的任务是要把像素信号原来排列的时间顺序打乱，重新进行排列，完全改变了像素信号的时间顺序关系，所以逻辑板电路又称为时序控制电路。

4.4.1 逻辑板结构及原理

目前，液晶电视机逻辑板，一般由屏厂家和屏配套提供，是一个具有软件和固有程序的组件，其程序存储在FLASH闪存模块上，即使厂家也无法改变。

图4-31是逻辑板的基本结构框图，包括时序控制器电路、帧存储器、灰阶电压发生电路（又称伽马校正电压）、多路DC/DC变换电路、软件存储器EEPROM（又称参数存储器）。

时序控制器，英文T-CON，又称格式变换器、主控器、逻辑信号处理IC，它与帧存储器配合负责图像信号和格式变换，即逻辑板输入的LVDS格式数字图像信号，变换为RSDS格式数字图像信号及显示屏辅助控制信号STV、CKV、STH、CKH、POL，再通过插头提供给液晶屏组件。

灰阶电压产生电路，又称伽马校正电路，英文Gamma，用于产生一系列幅度变化不成比例的预失真电压 GM1、GM2、GM3、GM4、GM5、GM6、GM7、GM8、GM9、GM10、GM11、GM12、GM13、GM14，提供液晶屏组件，对像素信号所携带的不同的亮度信息进行赋值，以纠正液晶屏本身导致的图像灰度失真现象。

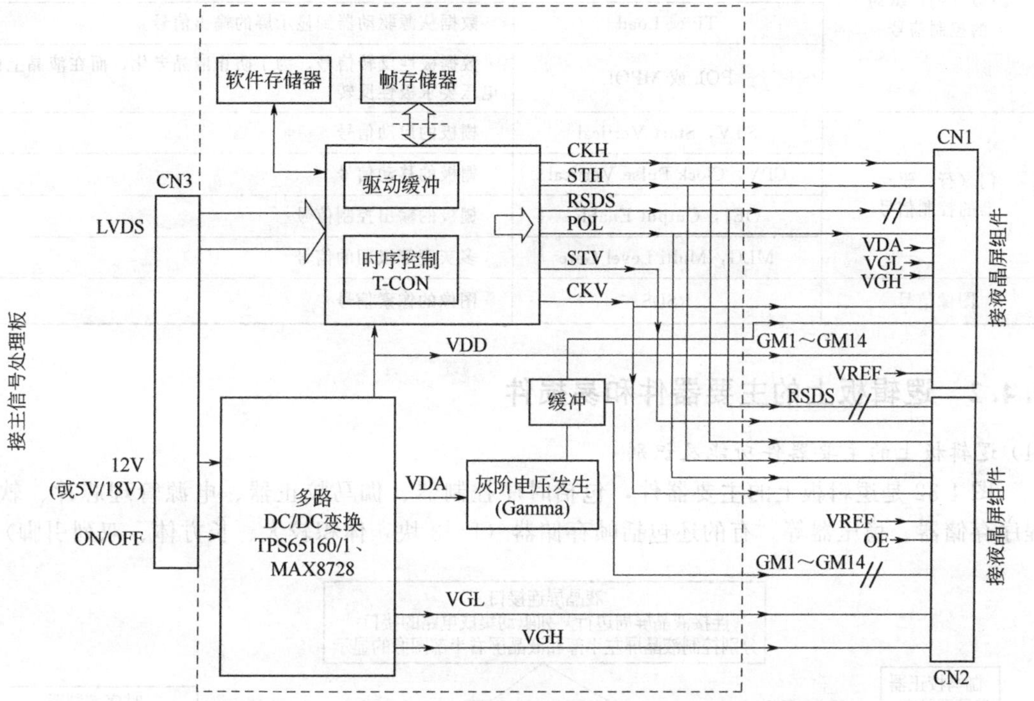
软件存储器
帧存储器
驱动缓冲
时序控制
T-CON
CN3
LVDS
接主信号处理板
12V
(或5V/18V)
ON/OFF
多路
DC/DC变换
TPS65160/1、
MAX8728
VDD
VDA
灰阶电压发生
(Gamma)
缓冲
VGL
VGH
CKH
STH
RSDS
POL
STV
CKV
CN1
VDA
VGL
VGH
GM1～GM14
VREF
RSDS
接液晶屏组件
VREF
OE
GM1～GM14
接液晶屏组件
CN2

图 4-31 逻辑板电路结构框图

多路 DC/DC 变换电路，又称多路直流电压到直流电压变换器，负责把逻辑板输入的＋12V（或＋5V、＋18V）电源，转换为 VDA、VDD、VHG、VGL、VREF 等多路电压，提供给逻辑板上各芯片及对液晶屏组件供电。逻辑板配套使用的液晶屏型号不同，DC/DC 转换输出的电压路数及电压也不同。如有的为 VGH＝20V，VGL＝－7V，VDA＝15V，VDD＝3.3V，有的为 VGH＝22V，VDA＝15.9V，VDD25＝2.5V，VDD18＝2.8V，VREF＝12.8V。

表 4-5 是逻辑板输出电压的名称及作用。表 4-6 是逻辑板输出的信号名称及作用。

表 4-5 逻辑板输出电压的名称及作用

符　　号	作　　用	电　压　值
VDD（或 DVDD）	数字电路电源	＋3.3V 或＋2.5V、＋1.8V
VDA（或 AVDD、Analog）	模拟电路电源，又称主电源，对时序控制芯片、伽马校正芯片供电	＋16V 或＋15V
VGH	栅极开启电源，使屏内晶体管栅极打开的电源	＋20V 或＋22V
VGL	栅极关断电源，使屏内晶体管栅极关闭的电源	－5.6V
VCOM	显示屏的基准电压，又称屏公共电极电压	＋6～7V
VREF	基准电压，又称参考电压	12.8V

表 4-6 逻辑板输出的信号名称及作用

控制信号类型	符号	作用
源极（列）驱动的控制信号	STH	行数据的开始信号
	CKH 或 CPH	源驱动器的时钟信号（数据的同步信号）
	TP 或 Load	数据从源驱动器到显示屏的输出信号
	POL 或 MPOL	数据极性反转信号，为了防止液晶老化，而在液晶上的电压要求极性反转
门（行）驱动器的控制信号	STV，Start Vertical	栅极的启动信号
	CPV，Clock Pulse Vertical	栅极的移动信号
	OE1，Output Enable	栅极的输出控制信号
	MLG，Multi Level Gate	多灰度等级用的信号
图像信号	RSDS	图像的像素信号

4.4.2 逻辑板上的主要器件和易损件

(1) 逻辑板上的主要器件功能及识别

图 4-32 是逻辑板上的主要器件，包括时序控制器、伽马校正器、电源管理芯片、软件程序存储器、稳压器等。有的还包括帧存储器（1～3 块，体积较大、长方体、双列引脚）。

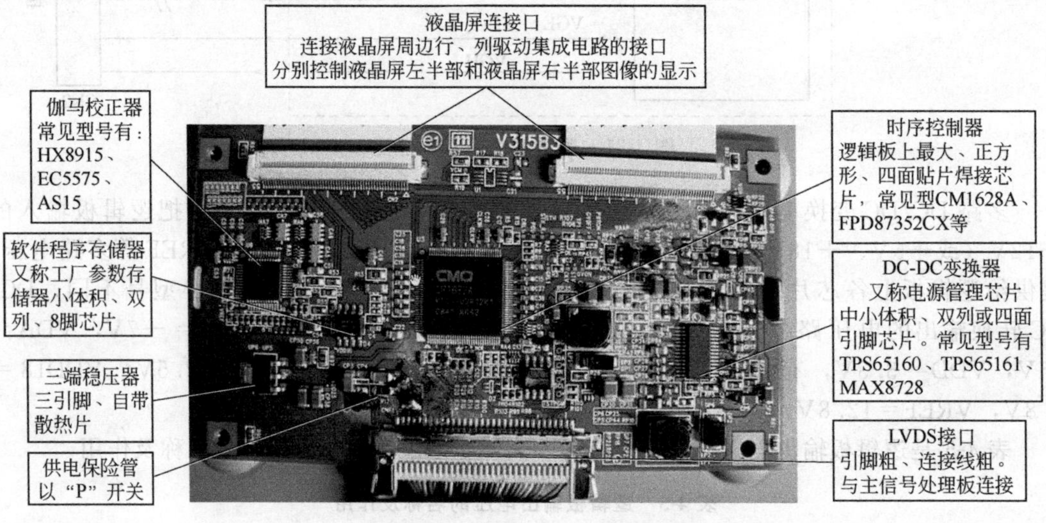
液晶屏连接口
连接液晶屏周边行、列驱动集成电路的接口
分别控制液晶屏左半部和液晶屏右半部图像的显示
伽马校正器
常见型号有：
HX8915、
EC5575、
AS15
软件程序存储器
又称工厂参数存储器小体积、双列、8脚芯片
三端稳压器
三引脚、自带散热片
供电保险管
以“P”开关
时序控制器
逻辑板上最大、正方形、四面贴片焊接芯片，常见型CM1628A、FPD87352CX等
DC-DC变换器
又称电源管理芯片
中小体积、双列或四面引脚芯片。常见型号有TPS65160、TPS65161、MAX8728
LVDS接口
引脚粗、连接线粗。
与主信号处理板连接
V315B3
CMO
图 4-32 逻辑板上的主要器件

(2) 逻辑板上的易损件

逻辑板上的易损件主要有保险管、电容、供电电感、LVDS 接口。其中保险管熔断多是电容漏电引起，LVDS 接口接触不良多为变形或进入尘土。

4.4.3 逻辑板的易损件维修

逻辑板由于电压较低，元件不良故障不多见，无论是黑屏还是画面有癣状干扰等，最主要的原因就是电路的连接排线不良，所以排线的检查尤为重要。排线由于引脚多容易有虚焊或者连接不实。多数故障经检查排线或者重新插一次就有可能正常。有的排线插座经几次插拔会恢复正常。

(1) 海信 TLM32V88 液晶电视机逻辑板的维修

图 4-33 是海信 TLM32V88 液晶电视机的逻辑板上的易损件及引起的故障现象。图 4-34 是其关键测试点及正常电压值。

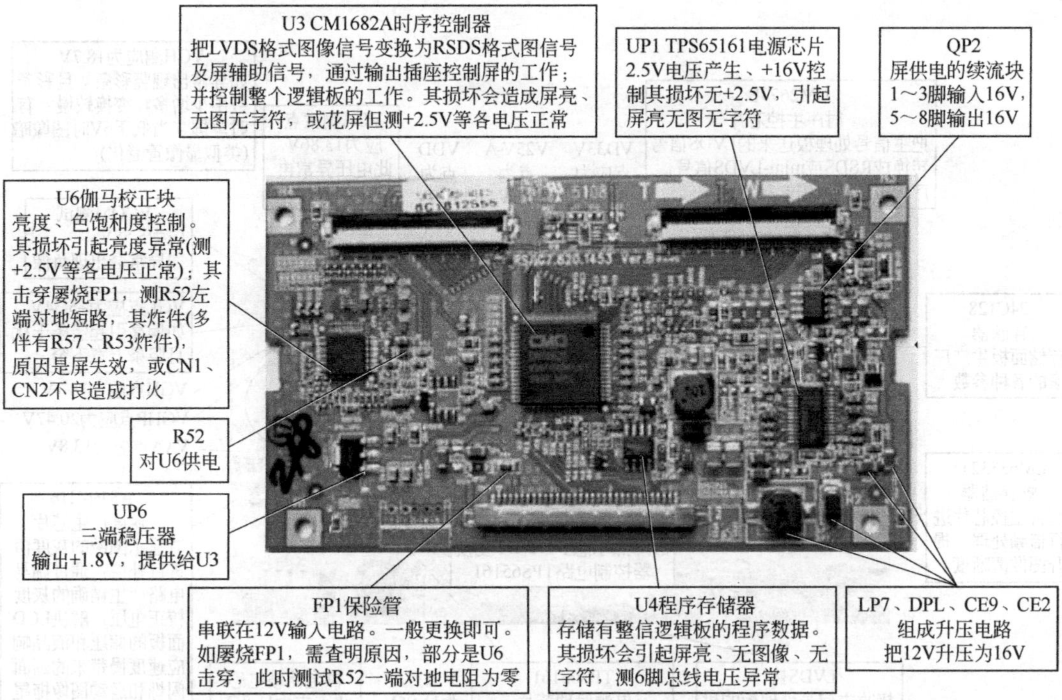
U3 CM1682A时序控制器
把LVDS格式图像信号变换为RSDS格式图信号及屏辅助信号，通过输出插座控制屏的工作；并控制整个逻辑板的工作。其损坏会造成屏亮、无图无字符，或花屏但测+2.5V等各电压正常
UP1 TPS65161电源芯片
2.5V电压产生、+16V控制其损坏无+2.5V，引起屏亮无图无字符
QP2
屏供电的续流块
1～3脚输入16V，5～8脚输出16V
U6伽马校正块
亮度、色饱和度控制。其损坏引起亮度异常(测+2.5V等各电压正常)；其击穿屡烧FP1，测R52左端对地短路，其炸件(多伴有R57、R53炸件)，原因是屏失效，或CN1、CN2不良造成打火
R52
对U6供电
UP6
三端稳压器
输出+1.8V，提供给U3
FP1保险管
串联在12V输入电路。一般更换即可。如屡烧FP1，需查明原因，部分是U6击穿，此时测试R52一端对地电阻为零
U4程序存储器
存储有整信逻辑板的程序数据。其损坏会引起屏亮、无图像、无字符，测6脚总线电压异常
LP7、DPL、CE9、CE2
组成升压电路
把12V升压为16V

图 4-33　海信 TLM32V88 彩电逻辑板上的易损件

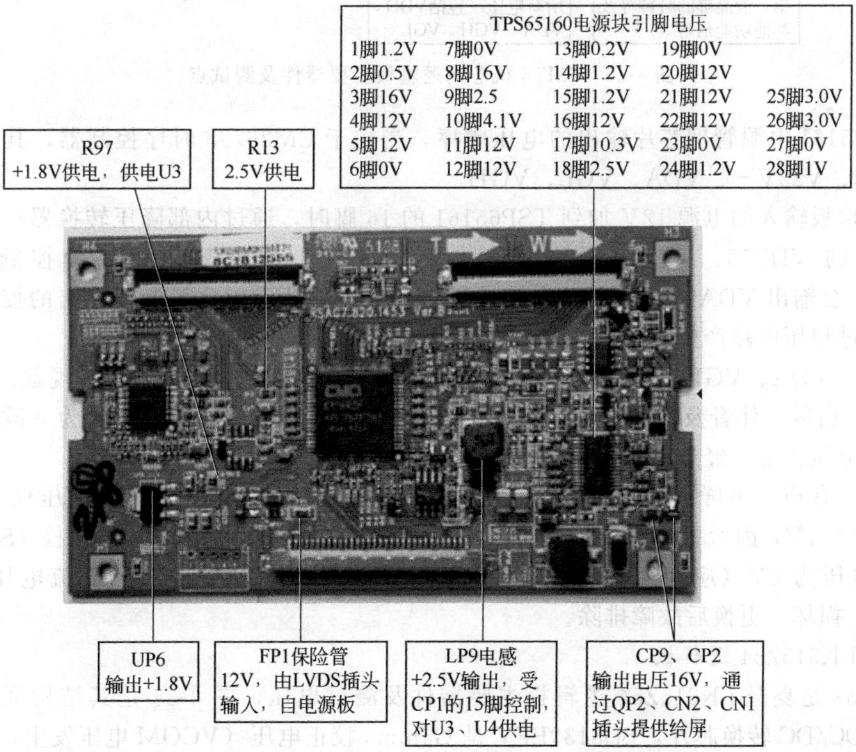
TPS65160电源块引脚电压
1脚1.2V　7脚0V　13脚0.2V　19脚0V
2脚0.5V　8脚16V　14脚1.2V　20脚12V
3脚16V　9脚2.5　15脚1.2V　21脚12V　25脚3.0V
4脚12V　10脚4.1V　16脚12V　22脚12V　26脚3.0V
5脚12V　11脚12V　17脚10.3V　23脚0V　27脚0V
6脚0V　12脚12V　18脚2.5V　24脚1.2V　28脚1V
R97
+1.8V供电，供电U3
R13
2.5V供电
UP6
输出+1.8V
FP1保险管
12V，由LVDS插头输入，自电源板
LP9电感
+2.5V输出，受CP1的15脚控制，对U3、U4供电
CP9、CP2
输出电压16V，通过QP2、CN2、CN1插头提供给屏

图 4-34　海信 TLM32V88 彩电逻辑板上的关键点电压

(2) SMT6 机芯的逻辑板

图 4-35 是 SMT6 机芯的逻辑板，图 4-36 是该逻辑板的结构框图，属于 CM26798＋TSP65161 组合。

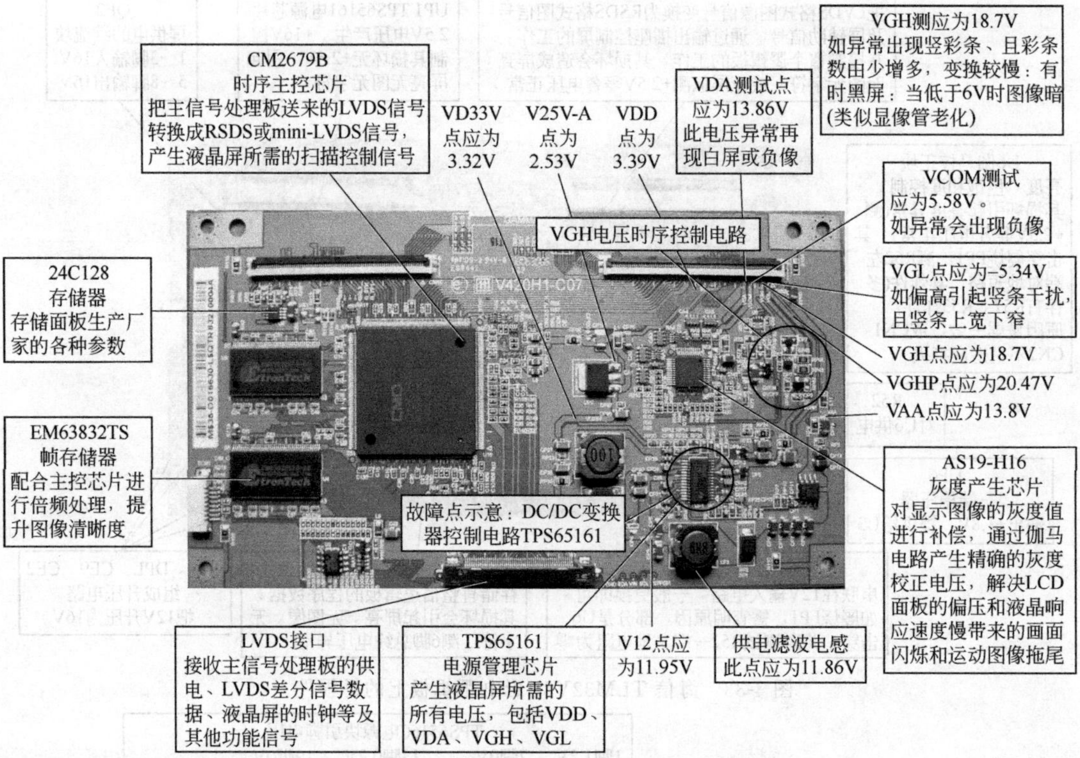
CM2679B
时序主控芯片
把主信号处理板送来的LVDS信号转换成RSDS或mini-LVDS信号，产生液晶屏所需的扫描控制信号
VD33V 点应为 3.32V
V25V-A 点为 2.53V
VDD 点为 3.39V
VDA测试点 应为13.86V 此电压异常再现白屏或负像
VGH测应为18.7V
如异常出现竖彩条、且彩条数由少增多，变换较慢：有时黑屏：当低于6V时图像暗(类似显像管老化)
VCOM测试 应为5.58V。如异常会出现负像
VGH电压时序控制电路
24C128 存储器 存储面板生产厂家的各种参数
VGL点应为-5.34V 如偏高引起竖条干扰，且竖条上宽下窄
VGH点应为18.7V
VGHP点应为20.47V
VAA点应为13.8V
EM63832TS 帧存储器 配合主控芯片进行倍频处理，提升图像清晰度
AS19-H16 灰度产生芯片 对显示图像的灰度值进行补偿，通过伽马电路产生精确的灰度校正电压，解决LCD面板的偏压和液晶响应速度慢带来的画面闪烁和运动图像拖尾
故障点示意：DC/DC变换器控制电路TPS65161
LVDS接口 接收主信号处理板的供电、LVDS差分信号数据、液晶屏的时钟等及其他功能信号
TPS65161 电源管理芯片 产生液晶屏所需的所有电压，包括VDD、VDA、VGH、VGL
V12点应为11.95V
供电滤波电感 此点应为11.86V

图 4-35 SMT6 机芯的逻辑板主要器件及测试点

TSP65161 电源管理芯片输出的电压顺序，受控于 CM26798 时序控制器，其产生顺序为 VDD33、V25V－、VDA、VGL、VGH。

当逻辑板输入的电源 12V 加到 TSP65161 的 16 脚时，通过内部降压转换器产生时序控制器所需的 VDD33、V25-A 两种电压；当 TSP65161 的 9 脚输入启动控制信号时，TSP65161 会输出 VDA、VGL、VGHP 电压；VGHP 电压在时序控制器输出的控制信号作用下，通过稳压电路产生 VGH 电压。

VDD、VDA、VGH、VGL 这几个电压不正常时会出现花屏现象、图暗现象。

例 1 白屏、伴音及操作正常。检查发现 VGHP 点无电压、对地电阻为 0 欧，其他几个检测点电压正常。经查是 VGHP 输出电路中的 DP5 开路。

例 2 有声、黑屏、背光灯亮。检测屏供电 12V 正常，但测 VGHP 电压仅为 10.5V，VGH 电压为 0V，因后者由前者提供。所以，重点检查 VGHP 异常原因。继续检 TSP65161 的第 10 脚电压为 0V（应为 2.25V 直流电压，交流检测时有 5V 左右的交流电压），怀疑 TSP65161 损坏，更换后故障排除。

(3) 夏普 LK315Z54 逻辑板

图 4-37 是夏普 LK315Z54 逻辑板主要器件及测试电压，图 4-38 是其结构框图。采用 THV305DC/DC 转换芯片，BD8139EFV 是 Gamma 校正电压（VCOM 电压发生）。

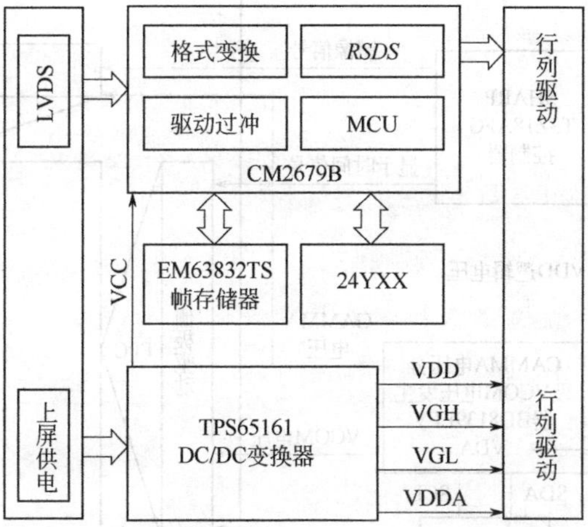
LVDS
上屏供电
格式变换
RSDS
驱动过冲
MCU
CM2679B
EM63832TS
帧存储器
24YXX
VCC
TPS65161
DC/DC变换器
VDD
VGH
VGL
VDDA
行列驱动
行列驱动

图 4-36 SMT6 机芯的逻辑板框图

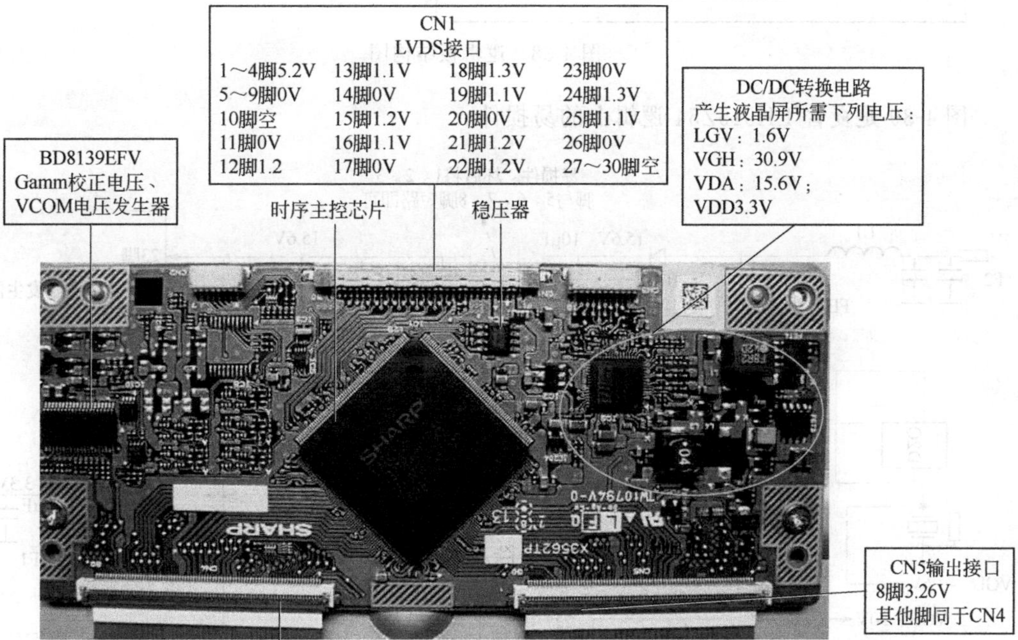
CN1
LVDS接口
1～4脚5.2V 13脚1.1V 18脚1.3V 23脚0V
5～9脚0V 14脚0V 19脚1.1V 24脚1.3V
10脚空 15脚1.2V 20脚0V 25脚1.1V
11脚0V 16脚1.1V 21脚1.2V 26脚0V
12脚1.2 17脚0V 22脚1.2V 27～30脚空
BD8139EFV
Gamm校正电压、
VCOM电压发生器
时序主控芯片
稳压器
DC/DC转换电路
产生液晶屏所需下列电压：
LGV：1.6V
VGH：30.9V
VDA：15.6V；
VDD3.3V
CN5输出接口
8脚3.26V
其他脚同于CN4

CN4输出接口

1脚0V	25脚4.9V	33脚1.36V	41脚1.32V	49脚5.3V	59、60脚空	67脚1.3V	76脚10.8V
2脚−1.6V(VGL)	26脚4.7V	34脚1.2V	42脚1.23V	50脚5.3V	61脚1.34V	66脚0V	77脚10.7V
3脚31V(VGH)	27脚4.3V	35脚1.35V	43脚1.32V	51脚3.26V	62脚1.24V	69、70脚1.55V	78脚10.4V
4～8脚0V	28脚3.8V	36脚1.2V	44脚1.24V	52脚1.64V	63脚1.3V	71脚1.51V	79脚8.5V
9～21脚6.6V	29脚1.5V	37脚1.32V	45脚1.32V	53、54脚0V	63脚1.3V	72脚13.9V	80脚0V
22脚7.5V	30脚0V	38脚1.24V	46脚1.24V	55脚0.3V	64脚1.25V	73脚11.8V	
23脚5.5V	31脚0V	39脚1.31V	47脚1.31V	56脚空	65脚1.3V	74脚11.3V	
24脚5.1V	32脚1.2V	40脚1.24V	48脚空	57、58脚1.28V	66脚1.25V	75脚11.1V	

图 4-37 夏普 LK315Z54 逻辑板的主要器件及测试电压

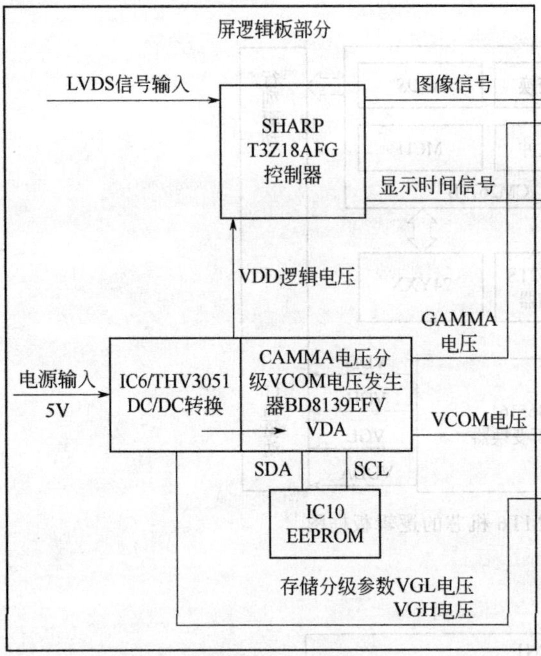
屏逻辑板部分
LVDS信号输入
图像信号
源极驱动
SHARP
T3Z18AFG
控制器
FPC
显示时间信号
VDD逻辑电压
GAMMA
电压
栅极驱动
FPC
LCD屏体
CAMMA电压分级VCOM电压发生器BD8139EFV
电源输入
5V
IC6/THV3051
DC/DC转换
VDA
VCOM电压
SDA
SCL
IC10
EEPROM
存储分级参数VGL电压
VGH电压

图 4-38　逻辑板结构图

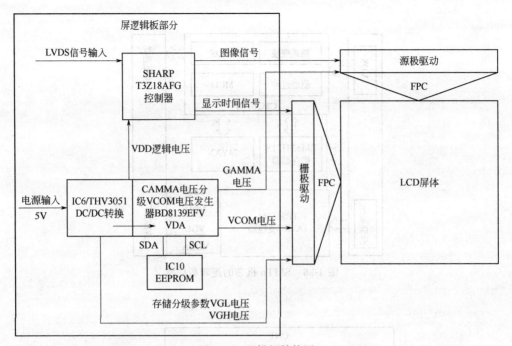

图 4-39 是夏普 LK315Z54 逻辑上的易损件。

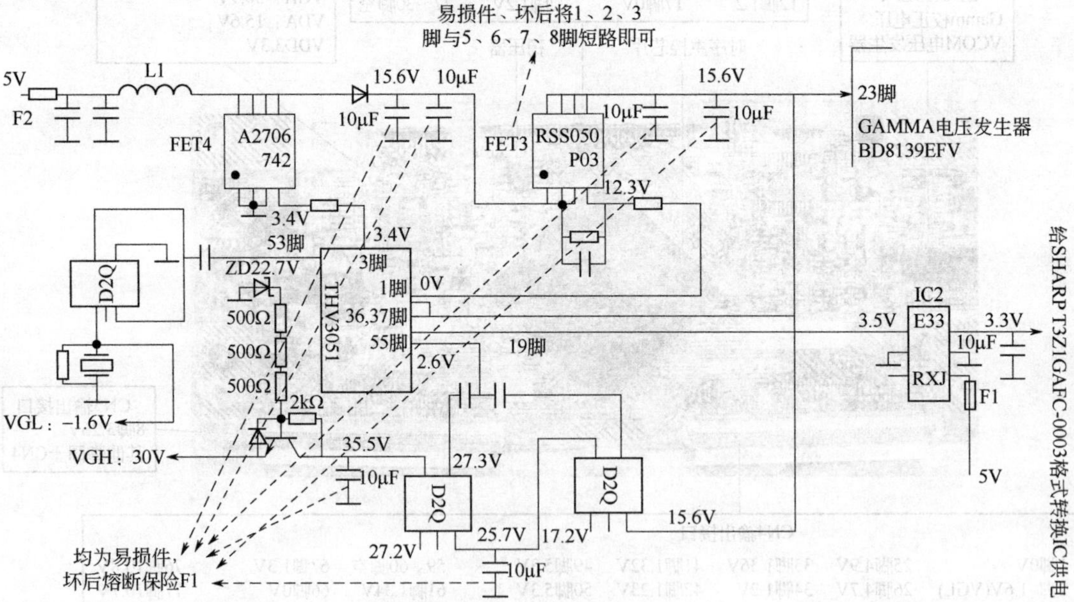
易损件、坏后将1、2、3
脚与5、6、7、8脚短路即可
5V
F2
L1
15.6V
10μF
10μF
FET4
A2706
742
15.6V
10μF
10μF
FET3
RSS050
P03
23脚
GAMMA电压发生器
BD8139EFV
12.3V
3.4V
3.4V
53脚
D2Q
ZD22.7V
3脚
1脚
0V
36,37脚
55脚
THV3051
500Ω
500Ω
500Ω
2.6V
19脚
2kΩ
VGL：-1.6V
VGH：30V
35.5V
10μF
27.3V
D2Q
D2Q
15.6V
25.7V
17.2V
27.2V
10μF
均为易损件，
坏后熔断保险F1
IC2
3.5V
E33
3.3V
10μF
RXJ
F1
5V
给SHARP T3Z1GAFC-0003格式转换IC供电

图 4-39　夏普 LK315Z54 逻辑板上的易损件

(4) LG LC260WXESBA1 屏逻辑板

图 4-40 是 LG LC260WXESBA1 屏的配套逻辑板，该逻辑板型号为 6870C-0250A。

(5) 多接口逻辑板

图 4-41 是多接口逻辑板上的易损件。

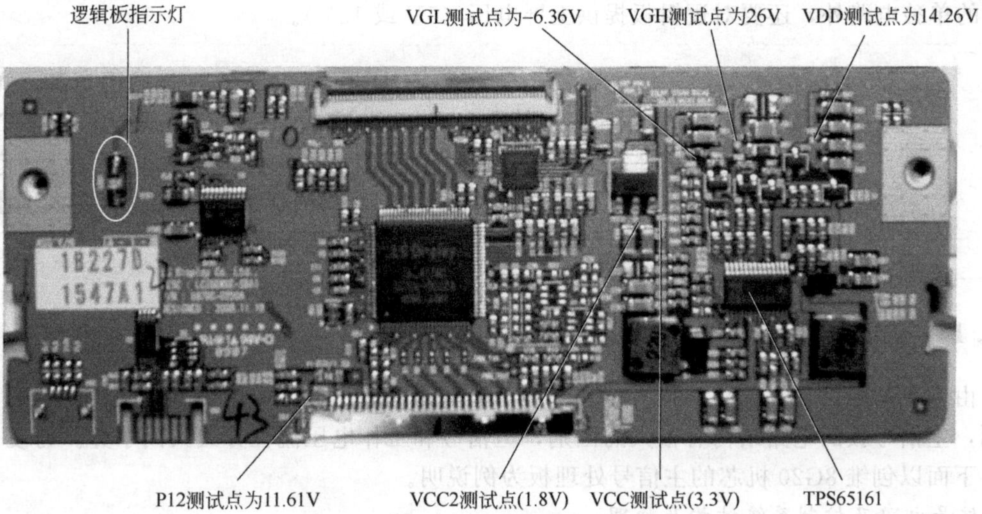
逻辑板指示灯
VGL测试点为-6.36V
VGH测试点为26V
VDD测试点为14.26V
P12测试点为11.61V
VCC2测试点(1.8V)
VCC测试点(3.3V)
TPS65161

图 4-40 LG LC260WXESBA1 屏逻辑板

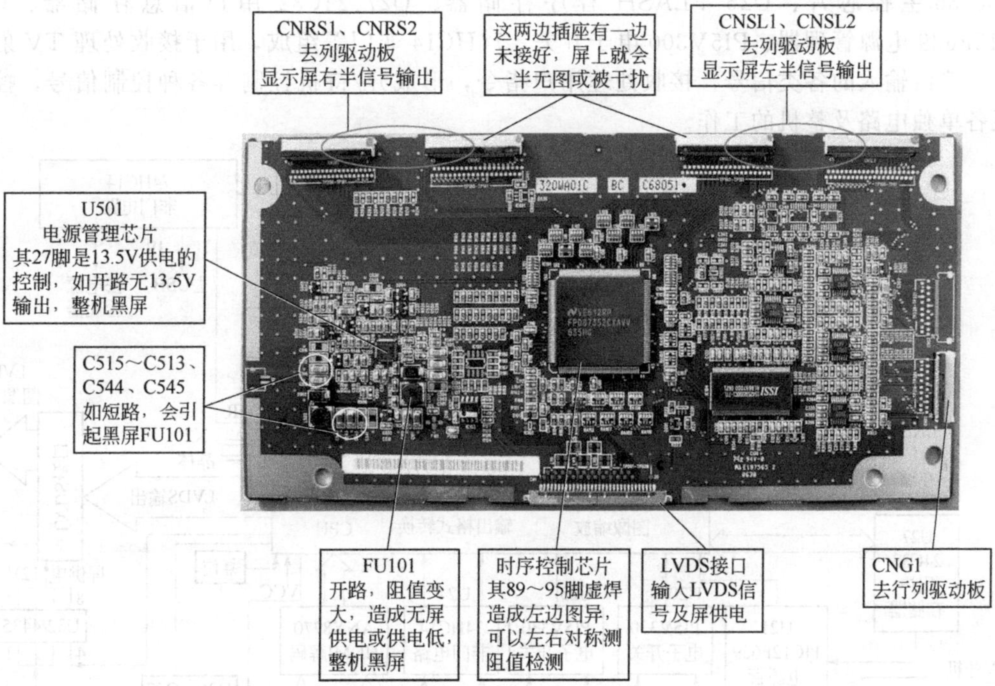
CNRS1、CNRS2
去列驱动板
显示屏右半信号输出
这两边插座有一边
未接好，屏上就会
一半无图或被干扰
CNSL1、CNSL2
去列驱动板
显示屏左半信号输出
U501
电源管理芯片
其27脚是13.5V供电的
控制，如开路无13.5V
输出，整机黑屏
C515～C513、
C544、C545
如短路，会引
起黑屏FU101
FU101
开路，阻值变
大，造成无屏
供电或供电低，
整机黑屏
时序控制芯片
其89～95脚虚焊
造成左边图异，
可以左右对称测
阻值检测
LVDS接口
输入LVDS信
号及屏供电
CNG1
去行列驱动板

图 4-41 多接口逻辑板上的易损件

4.5 主信号处理板的易损件维修

液晶电视机中主信号处理板，主要用于图声信号选择及解码，图像信号格式变换，整机系统控制，接收处理用户指令，形成开/关机控制、背光灯开/关控制、背光亮度控制、图像亮度和色饱和度调整等、音量及音效、TV/AV/VGA 等切换控制等信号；电压变换，把电源板提供的＋12V 等电源，稳压为＋5V、＋3.3V、＋2.5V、＋1.8V 等值后，除提供给本板上的单独电路外，还要对逻辑板提供上屏电压（5V 或 12V）。

> **经验** 由于主信号处理板上的功能电路众多，出现故障的概率自然相对高，尤其是 CPU 的工作条件部分，如＋5V 供电、晶体、复位电压形成，这与 CRT 电视机有相同之处；另外，存储器上的数据丢失，也较为常见，处理方法同于 CRT 彩电，即重新写入数据即可；还有帧存储器由于发热量大易出现虚焊现象，上、下层电路板之间的过孔易出现不通现象。

4.5.1 主信号处理板的结构及原理

由于主信号处理板上功能强大，其上的功能电路众多，加之设置功能及所用主芯片型号不同，主信号板的电路结构有很大的区别，但信号和工作电压流程方式大同小异。为便于理解，下面以创维 8G20 机芯的主信号处理板为例说明。

(1) 信号电路及控制系统结构及原理

图 4-42 是创维 8G20 机芯主板上的信号电路和控制系统结程图，由高频调谐器、FLI30436 主控芯片、U26 FLASH 程序存储器、U27 24C32 用户信息存储器、U21 PIC12F629 电源管理器、PI5V300 电子开关、74HC14 非门等组成，用于接收处理 TV 射频信号及接口输入的各类信号，接收处理用户指令，形成开/待机控制等各种控制信号，控制本板各单独电路及整机的工作。

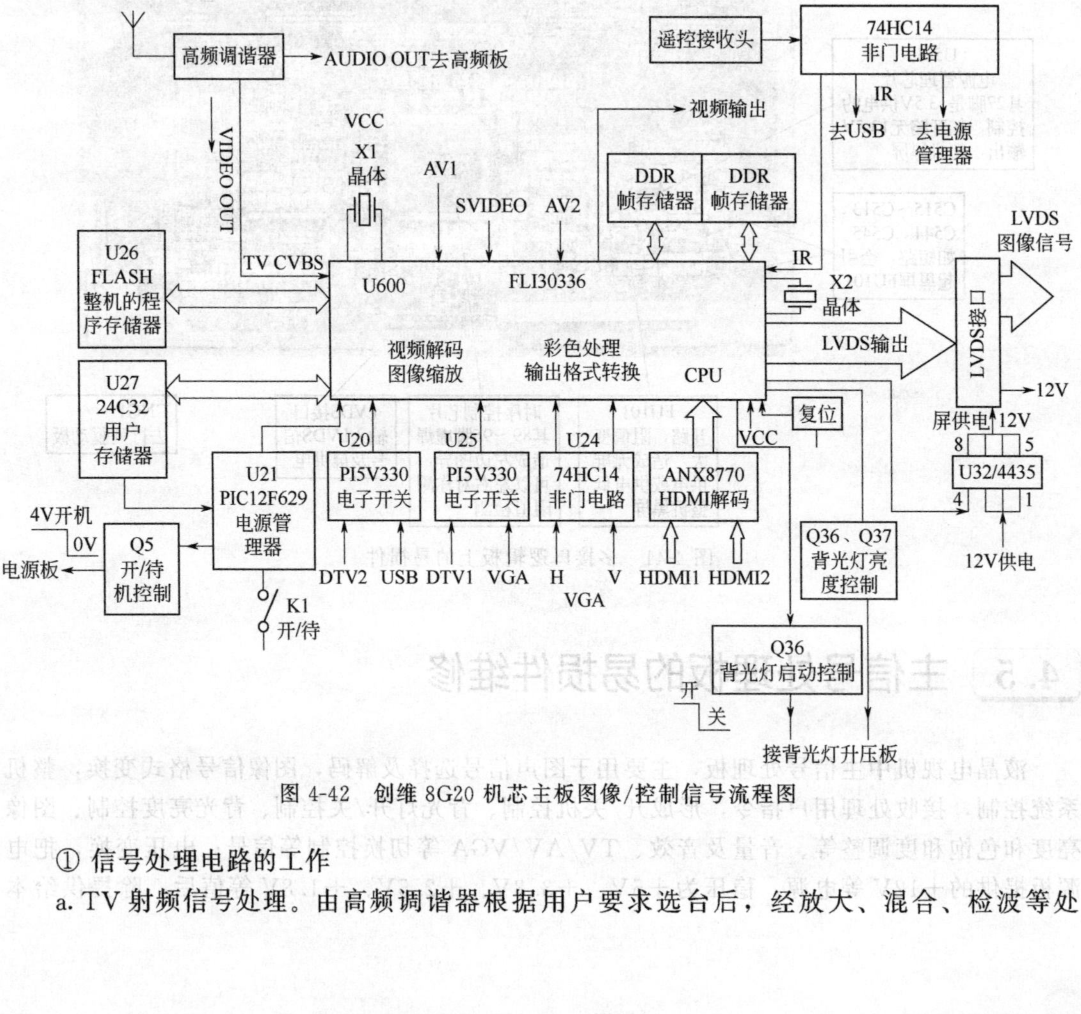
高频调谐器
AUDIO OUT去高频板
VIDEO OUT
遥控接收头
74HC14
非门电路
IR
去USB
去电源
管理器
视频输出
VCC
X1
晶体
AV1
SVIDEO
AV2
DDR
帧存储器
DDR
帧存储器
LVDS
图像信号
U26
FLASH
整机的程
序存储器
TV CVBS
U600
FLI30336
IR
X2
晶体
视频解码
图像缩放
彩色处理
输出格式转换
CPU
LVDS输出
LVDS接口
12V
U27
24C32
用户
存储器
复位
屏供电
12V
VCC
U20
U25
U24
U21
PIC12F629
电源管
理器
PI5V330
电子开关
PI5V330
电子开关
74HC14
非门电路
ANX8770
HDMI解码
U32/4435
8
5
4
1
4V开机
0V
电源板
Q5
开/待
机控制
DTV2
USB
DTV1
VGA
H
V
VGA
HDMI1
HDMI2
Q36、Q37
背光灯亮
度控制
12V供电
K1
开/待
Q36
背光灯启动控制
开
关
接背光灯升压板

图 4-42 创维 8G20 机芯主板图像/控制信号流程图

① 信号处理电路的工作

a. TV 射频信号处理。由高频调谐器根据用户要求选台后，经放大、混合、检波等处理，还原出视频信号 VIDEO、音频信号 AUDIO，分别送 FLI30436 主控芯片、伴音处理板。FLI30436 主控芯片，在外接晶体、DDR3 帧存储器的配合下，依次对视频信号依次进行解码、彩色处理、图像格式转换、图像缩放等处理最后输出 LVDS 格式的数字式图像信号，由 LVDS 接口输出，通逻辑板驱动液晶屏组件显示彩色图像。

b. 其他信号处理。AV1 和 AV2 接口输入的视频信号、SVIDEO 接口输入的 Y 亮度信号、C 色度信号，直接送 FLI30436 主控芯片；DTV1 接口输入的数字式视频信号、VGA 接口输入的电脑显卡红绿蓝三色信号，被 U25 PI5V330 电子开关根据用户要求选择通过，再送 FLI30436 主控芯片；VGA 接口输入的电脑显卡的行场同步信号，送 74HC14 非门电路处理后，也送 FLI30436 主控芯片；DTV2 接口输入的数字视频信号、USB 口输入的信号，送 U20 PI5V330 电子开关根据用户要求选择通过，也送 FLI30436 主控芯片；HDMI1 和 HDMI2 高清图像信号，经 ANX8770 处理后，送 FLI30436 主控芯片。主控芯片根据用户设置的接收模式，选择通过其中的一路进行相应的处理，变换成 LVDS 信号输出。

② 系统控制电路的工作

a. FLI30436 主控芯片的工作条件。即内置 CPU 的工作条件，包括 VCC 电源、复位电压、晶体、电源准备好信号（简称电源信号，由电源管理芯片提供）。

b. 与存储器的数据交换。开机后，FLI30436 主控芯片，一方面从 U26 程序存储器读取数据控制整机按设定程序工作；另一方面从 U27 用户信号存储器读出上次关机时音量、音效、色饱和度、亮度、制式等信息，使电视机再现关机前的状态，在关机时把本次开机的调整量再存入 U27。

c. 对整机工作控制。大部分由主控制芯片对用户指令处理后形成，包括 FLI30436 主控芯片输出背光开/关控制信号、背光亮度控制信号、串行总线控制信号（传输选台、音量、音效、亮度、色饱和度、色调、制式、TV/AV/S/VGA/DTV 等控制信号）。但开/关机控制信号，则由电源管理芯片和用户信息存储器形成。

(2) 电源电压变换及分配

图 4-43 是创维 8G20 机芯主板上的电源供电系统。来自电源板的 12V 电压，除由 U78、U3 稳压器变换为 1.2V，提供给主控制芯 U600 和屏驱动（逻辑板）外；还由 U28 调整为 5V，这个 5V 电压，再由 U55 等调整为 3.3V、1.8V 等，提供给 U26 程序存储器、U600 主控芯片等。

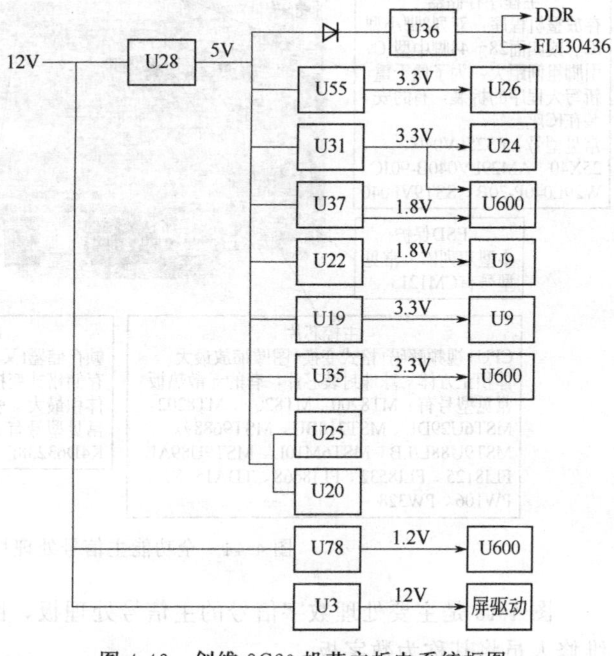
12V
U28
5V
U36
DDR
FLI30436
U55
3.3V
U26
U31
3.3V
U24
U37
1.8V
U600
U22
1.8V
U9
U19
3.3V
U9
U35
3.3V
U600
U25
U20
U78
1.2V
U600
U3
12V
屏驱动

图 4-43 创维 8G20 机芯主板电系统框图

警告 需要说明的是，在实修时会发现，同一主信号处理板上的同型号电压调整器，其输出电压输出正常电压值可能不同，原因是部分电压调整器的输出电压通过设置其 ADJ 脚电压，就可调整其输出电压值； ADJ 电压值，一般通过设置其上拉、下拉电阻的比例值确定。

4.5.2 主信号处理板上的主要器件识别

因主信号处理板的功能及采用的芯片型号的差异，主信号处理板的器件数量及名称也有些区别。下面选择了两种典型的主信号处理板进行说明。

图 4-44 是全功能主信号处理板，其上集结有模拟电路，又有数字电路。能够接收处理所有图声信号，无需其他组件板配合。能接收处理的信号包括：TV 射频信号、AV 外部视频和音频信号、VGA 电脑显卡信号等。这些信号被处理后直接输出模拟音频信号、LVDS 差分数字图像信号，前者直接推动喇叭发出声音，后者则通过逻辑板驱动液晶屏显示彩色图像。

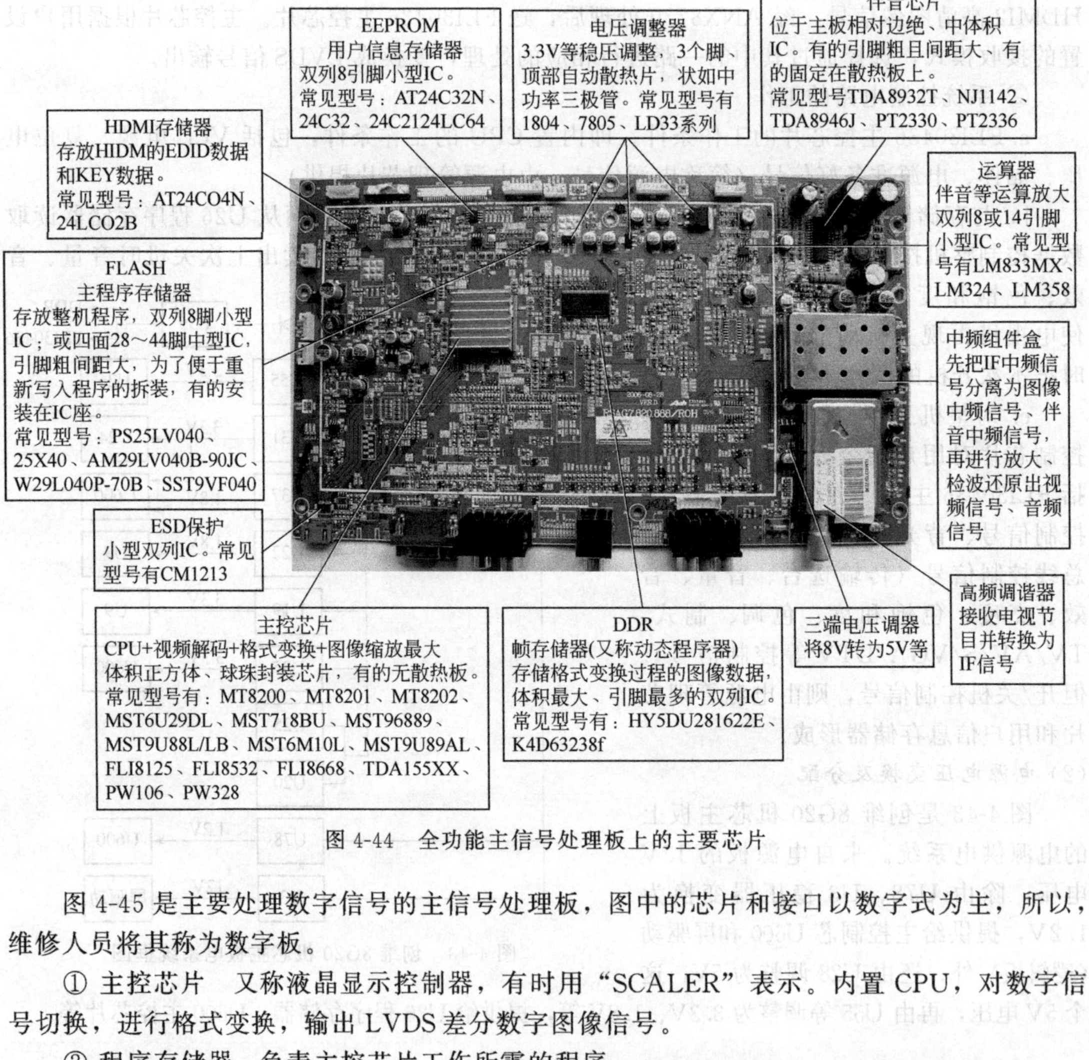

EEPROM
用户信息存储器
双列8引脚小型IC。
常见型号：AT24C32N、24C32、24C2124LC64
电压调整器
3.3V等稳压调整，3个脚、顶部自动散热片，状如中功率三极管。常见型号有1804、7805、LD33系列
伴音芯片
位于主板相对边绝、中体积IC。有的引脚粗且间距大，有的固定在散热板上。
常见型号TDA8932T、NJ1142、TDA8946J、PT2330、PT2336
HDMI存储器
存放HIDM的EDID数据和KEY数据。
常见型号：AT24CO4N、24LCO2B
运算器
伴音等运算放大双列8或14引脚小型IC。常见型号有LM833MX、LM324、LM358
FLASH
主程序存储器
存放整机程序，双列8脚小型IC；或四面28～44脚中型IC，引脚粗间距大，为了便于重新写入程序的拆装，有的安装在IC座。
常见型号：PS25LV040、25X40、AM29LV040B-90JC、W29L040P-70B、SST9VF040
中频组件盒
先把IF中频信号分离为图像中频信号、伴音中频信号，再进行放大、检波还原出视频信号、音频信号
ESD保护
小型双列IC。常见型号有CM1213
高频调谐器
接收电视节目并转换为IF信号
主控芯片
CPU+视频解码+格式变换+图像缩放最大体积正方体、球珠封装芯片，有的无散热板。
常见型号有：MT8200、MT8201、MT8202、MST6U29DL、MST718BU、MST96889、MST9U88L/LB、MST6M10L、MST9U89AL、FLI8125、FLI8532、FLI8668、TDA155XX、PW106、PW328
DDR
帧存储器(又称动态程序器)
存储格式变换过程的图像数据，体积最大、引脚最多的双列IC。
常见型号有：HY5DU281622E、K4D63238f
三端电压调器
将8V转为5V等

图 4-44 全功能主信号处理板上的主要芯片

图 4-45 是主要处理数字信号的主信号处理板，图中的芯片和接口以数字式为主，所以，维修人员将其称为数字板。

① 主控芯片　又称液晶显示控制器，有时用“SCALER”表示。内置 CPU，对数字信号切换，进行格式变换，输出 LVDS 差分数字图像信号。

② 程序存储器　负责主控芯片工作所需的程序。

③ 视频格式变换器　负责对视频信号进行逐行及优化处理。

④ DDR 存储器　又称帧存储器，负责图像格式变换过程对数字信号的存储。

⑤ 帧存储器　用于改变刷新频率，以消除大面积的画面闪烁。

⑥ 用户存储器　用于存放频道、白平衡及用户调节信息。

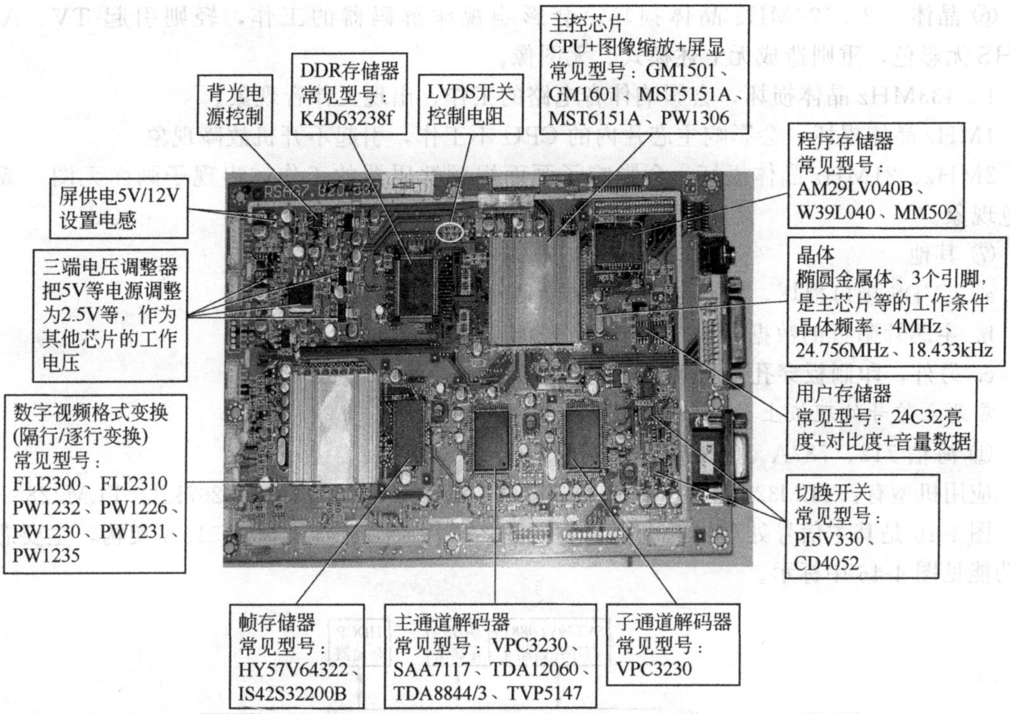
主控芯片
CPU+图像缩放+屏显
常见型号：GM1501、
GM1601、MST5151A、
MST6151A、PW1306
背光电源控制
DDR存储器
常见型号：
K4D63238f
LVDS开关控制电阻
程序存储器
常见型号：
AM29LV040B、
W39L040、MM502
屏供电5V/12V设置电感
晶体
椭圆金属体、3个引脚，
是主芯片等的工作条件
晶体频率：4MHz、
24.756MHz、18.433kHz
三端电压调整器
把5V等电源调整
为2.5V等，作为
其他芯片的工作
电压
用户存储器
常见型号：24C32亮
度+对比度+音量数据
数字视频格式变换
(隔行/逐行变换)
常见型号：
FLI2300、FLI2310
PW1232、PW1226、
PW1230、PW1231、
PW1235
切换开关
常见型号：
PI5V330、
CD4052
帧存储器
常见型号：
HY57V64322、
IS42S32200B
主通道解码器
常见型号：VPC3230、
SAA7117、TDA12060、
TDA8844/3、TVP5147
子通道解码器
常见型号：
VPC3230

图 4-45　主要处理数字信号的主板

4.5.3　主信号处理板的易损件维修

(1) 主信号处理板上的易损件

① 主控芯片　主控芯片损坏会引起黑屏、无图像、花屏、满屏都是竖条、点干扰、字符不良、菜单不良、字符拉丝。

经验　主控芯片易出现接触不良，引起不定时花屏或黑屏故障现象。实修时可以戴绝缘手套按住此芯片，看故障是否有变化，就可判断是否为此芯片接触不良。若此芯片接触不良，可以通过补焊解决。

② 帧存储器　帧存储器损坏则引起：满屏都是竖条、点干扰、字符不良、菜单不良、字符拉丝。

经验　该芯片引脚易出现虚焊，外接排阻易虚焊或损坏，引起花屏现象。

③ 程序存储器　内部的数据易丢失或发生错误，会引起除“不通电”外的电视机能出现的所有故障现象。常见的包括图像异常或屏不匹配、不开机、无字符、不搜台、无信号、无图像、无彩色、无伴音、伴音小、伴音失真、音量调节级 61 后无伴音、遥控器不起作用。

经验　可以通过升级端口，用电脑对内部数据进行刷写，维修人员俗称清空母块。

④ 用户信息存储器　内部数据错误，会引起上次关机时的状态不能保存、不开机故障。

⑤ DDR 内存芯片　该芯片损坏，一般会出现花屏、雨状干扰。

⑥ 晶体　24.576MHz 晶体损坏，会影响视频解码器的工作，轻则引起 TV、AV、SVHS 无彩色，重则造成无上述模式、无图像。

18.433MHz 晶体损坏，会影响伴音电路的工作，出现无伴音现象。

4MHz 晶体损坏，会影响主芯片内的 CPU 不工作，引起不开机故障现象。

2MHz、21MHz 晶体损坏，会影响子画面视频解码器的工作，出现子画面无图，或无彩色现象。

⑦ 其他

a. LVDS 接口损坏，会引起花屏，或无图像现象。

b. 主芯片附近的数据传输排阻易出现虚焊，引起花屏现象。

c. 另外，印制板穿孔或接触点不通也较为常见。

(2) 常见主信号处理板上的易损件

① 海信 712、787A 、879A 系列主板

应用机型有：TLM3201、TLM3233、TLM3266、TLM3267、TLM3267LF、TLM3288H。

图 4-46 是其主信号处理板的电路结构框图，采用 VCT49X＋MST515A 架构，主要芯片的功能见图 4-46 中标示。

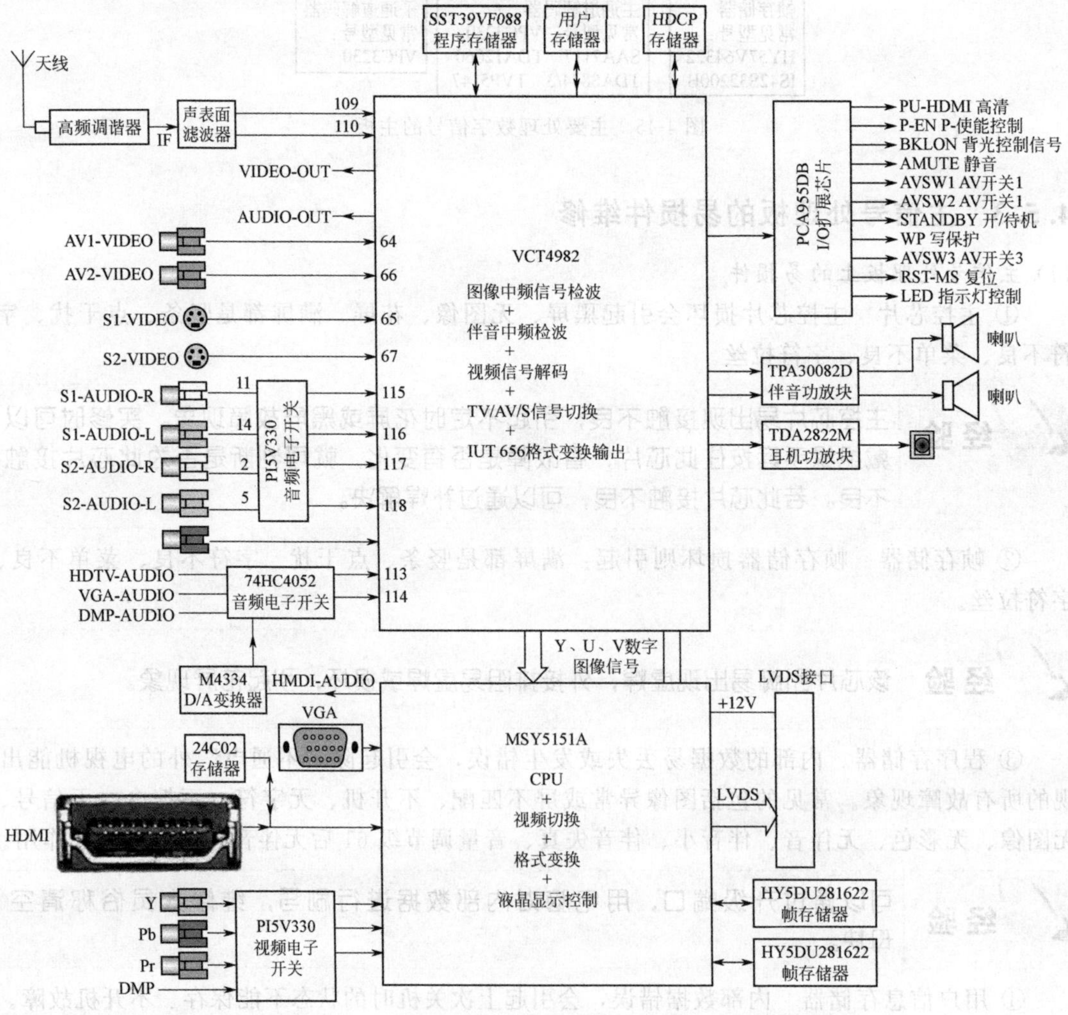
SST39VF088
程序存储器
用户
存储器
HDCP
存储器
天线
高频调谐器
IF
声表面
滤波器
109
110
VIDEO-OUT
AUDIO-OUT
AV1-VIDEO
AV2-VIDEO
S1-VIDEO
S2-VIDEO
S1-AUDIO-R
S1-AUDIO-L
S2-AUDIO-R
S2-AUDIO-L
11
14
2
5
PI5V330
音频电子开关
64
66
65
67
115
116
117
118
HDTV-AUDIO
VGA-AUDIO
DMP-AUDIO
74HC4052
音频电子开关
113
114
VCT4982
图像中频信号检波
+
伴音中频检波
+
视频信号解码
+
TV/AV/S信号切换
+
IUT 656格式变换输出
PCA955DB
I/O扩展芯片
PU-HDMI 高清
P-EN P-使能控制
BKLON 背光控制信号
AMUTE 静音
AVSW1 AV开关1
AVSW2 AV开关1
STANDBY 开/待机
WP 写保护
AVSW3 AV开关3
RST-MS 复位
LED 指示灯控制
TPA30082D
伴音功放块
喇叭
喇叭
TDA2822M
耳机功放块
Y、U、V数字
图像信号
M4334
D/A变换器
HMDI-AUDIO
VGA
24C02
存储器
HDMI
MSY5151A
CPU
+
视频切换
+
格式变换
+
液晶显示控制
LVDS接口
+12V
LVDS
HY5DU281622
帧存储器
HY5DU281622
帧存储器
Y
Pb
Pr
DMP
PI5V330
视频电子
开关

图 4-46　海信 712、787A、879A 系列主板框图

如图 4-47 所示是该系统主板上某款机型的主要器件及易损件。该主板常见故障检修见表 4-7。

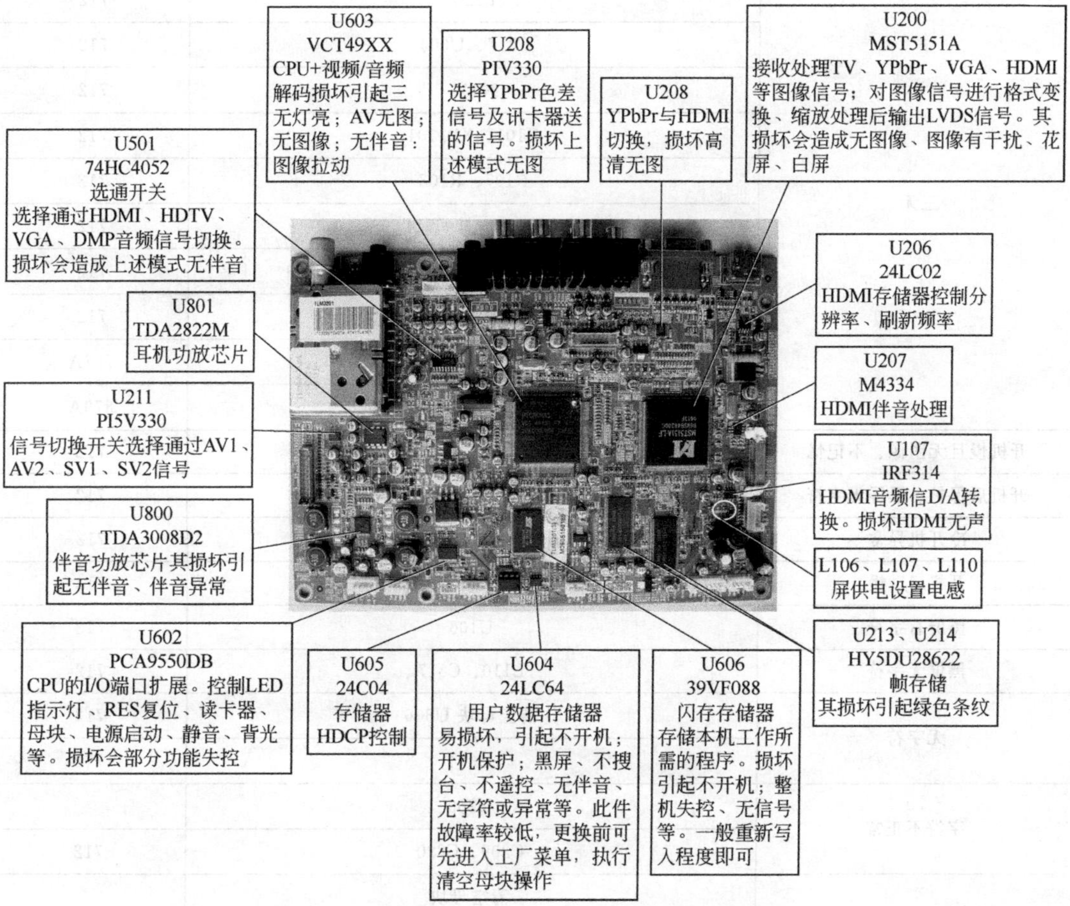
U603
VCT49XX
CPU+视频/音频解码损坏引起三无灯亮；AV无图；无图像；无伴音：图像拉动
U208
PIV330
选择YPbPr色差信号及讯卡器送的信号。损坏上述模式无图
U208
YPbPr与HDMI切换，损坏高清无图
U200
MST5151A
接收处理TV、YPbPr、VGA、HDMI等图像信号；对图像信号进行格式变换、缩放处理后输出LVDS信号。其损坏会造成无图像、图像有干扰、花屏、白屏
U501
74HC4052
选通开关
选择通过HDMI、HDTV、VGA、DMP音频信号切换。损坏会造成上述模式无伴音
U801
TDA2822M
耳机功放芯片
U211
PI5V330
信号切换开关选择通过AV1、AV2、SV1、SV2信号
U800
TDA3008D2
伴音功放芯片其损坏引起无伴音、伴音异常
U206
24LC02
HDMI存储器控制分辨率、刷新频率
U207
M4334
HDMI伴音处理
U107
IRF314
HDMI音频信D/A转换。损坏HDMI无声
L106、L107、L110
屏供电设置电感
U213、U214
HY5DU28622
帧存储
其损坏引起绿色条纹
U602
PCA9550DB
CPU的I/O端口扩展。控制LED指示灯、RES复位、读卡器、母块、电源启动、静音、背光等。损坏会部分功能失控
U605
24C04
存储器
HDCP控制
U604
24LC64
用户数据存储器
易损坏，引起不开机；开机保护；黑屏、不搜台、不遥控、无伴音、无字符或异常等。此件故障率较低，更换前可先进入工厂菜单，执行清空母块操作
U606
39VF088
闪存存储器
存储本机工作所需的程序。损坏引起不开机；整机失控、无信号等。一般重新写入程度即可

图 4-47 海信 712、787A 、879A 系列主板易损件

表 4-7 海信 712、787A、879A 系列主板常见故障检修

故障现象	故障器件	主板型号
三无	重写 U606 程序存储数据	712
	补焊 RP604、RP605、RP606	712
	补焊 U605 存储器、L106	712
	去 C820、C157、C154	712
	Z200	712
	U107、U108、U106 击穿	712
	U604、U606	712
	U603、U211	712
	U602、U603、R702	712
	C154、C220、C309、C330	712
	C154、C145、U606	712

续表

故障现象	故障器件	主板型号
三无	L223	712
	C817、U604	712
	N604	712
	Q101、XP1101	712
	R107、R108	712
	U109、补 C514	712
	U200、D206、D205、D207、D208、D209	712
	C817、R108	712
	Z600	787A
	U200、U213、U214、U606	879A
开机慢且无图像、不记忆	U605	712
开机后保护、黑屏无字符	U604	712
冷开机异常	补焊 RP211、RP213	712
开机启动慢	重写 U606 程序存储器数据	712
黑屏有字符	U106	712
黑屏无字符	L110、C817	712
无字符	清空母块 U606	712
	U604	712
字符不正常	U200	
	C209、C220	712
字符乱码	清空母块	
	U604	712
图像彩色与字符均异常	U200	712
花屏（马赛克）	C154、C145、U606	712
	L222 、C330	712
	RP605、RP606	712
	U200	712
	补焊 U213、U214	712
	补焊 U603	712
	焊排阻 RP209、RP214	
	Z200	712
不定时花屏	U604	712
蓝屏	补焊 U603	712
绿屏	U603	712
灰屏、无信号	U106	712

续表

故障现象	故障器件	主板型号
白屏	清空母块 U606	712
	补焊 U200	712
图暗	U604	712
亮度不记忆	重写 U606 数据	712
图像颜色拖尾	U604	712
彩色竖条纹	补焊排阻	712
绿色竖条纹	U214	712
竖线干扰	U606 重写数据	712
图像有雨状竖线干扰	U200	712
图像无彩色	清空母块 U606	879A
	补焊 U603	712
	U204	712
	Z600	712
	补焊 U200	712
无彩色，遥控失灵	L102、清空母块 U606	712
彩色失真	R233、R131、D600	712
	C817、L105	712
	补焊排阻 RP213、RP211	712
TV 状态图像不清	高频调谐器	712
TV 模式搜不到台	D102（无 33V）	712
	D102、U600	712
	重写 U606 程序存储器数据	787A
	L105	712
搜台黑屏	清空母块 U606	712
个别台不清楚	U600	879A
无台	U604	
无信号	清空母块 U606、U600	712
	高频调谐器	712
无图像、无伴音	U106	712
	U603	712
	清空母块 U606	712
信号弱	U600	712
	U801	712
无图像、有声音	C293	712
	U604	

续表

故障现象	故障器件	主板型号
无图像、有声音	U107	712
	R703、R706、L110	712
	补焊 U200	712
	U211、U603	712
	L102、XP206、U604、C127、L110	
	U600、去 U604	
	U603	
	清空母块 U606	712
不定时无图像	U600 内部连焊	
无图像	U106	712
	U200、U604	
	清空母块 U606	
	加 C820、L805	712
雪花大	U600	712
高清无图	U208	712
AV 无信号	U603	712
无 AV	U601、U211	712
AV 无彩	U603	712
AV 无图像	R701、R702、R703、R705、R706	712
AV 图像时有时无	补焊 U603	879A
AV 无图	补焊 U603	712
	补焊 R702	712
信号弱	连高频头	712
雪花大	连高频头内部	712
无伴音，图像正常	U800	712
	C280、C817、C836	712
	U800、U604	712
	清空母块、U200 连焊	
AV 模式有图像，无伴音	U211	879A
	U211、R560、R569、R570、R571	
	U603	879A
	清空母块 U606	
声音调至“61”后无伴音	清空母块 U606	712
伴音失真	清空母块	712
伴音小	清空母块 U606	712

续表

故障现象	故障器件	主板型号
遥控失灵	U604	
	清空母块 U606	712
	R675	712

图右下角的 L106、L107、L110，用于屏供电设置，分 5V 和 12V 两种板，以便于工厂根据屏配套逻辑板的供电进行选择设置。L106、L107 为 5V 供电电感，L110 是 12V 供电电感。

② 海信 582 系列主板

应用机型：TLM3737、TLM3777、TLM4077、TLM4777。

图 4-48 是海信 582 系列主板上的主要器件。图像处理部分由主芯片 GM1501、数字视频解码芯片 VPC3230、FLI2300 隔行变逐行、一体化高频头 JS-6B1/111A2HS 等组成。其中的 FLI2300 对主通道视频进行逐行处理和数字视频优化，以实现主通道良好的主观效果，同时与另一个视频解码芯片 VPC3230 配合，实现双视窗功能。

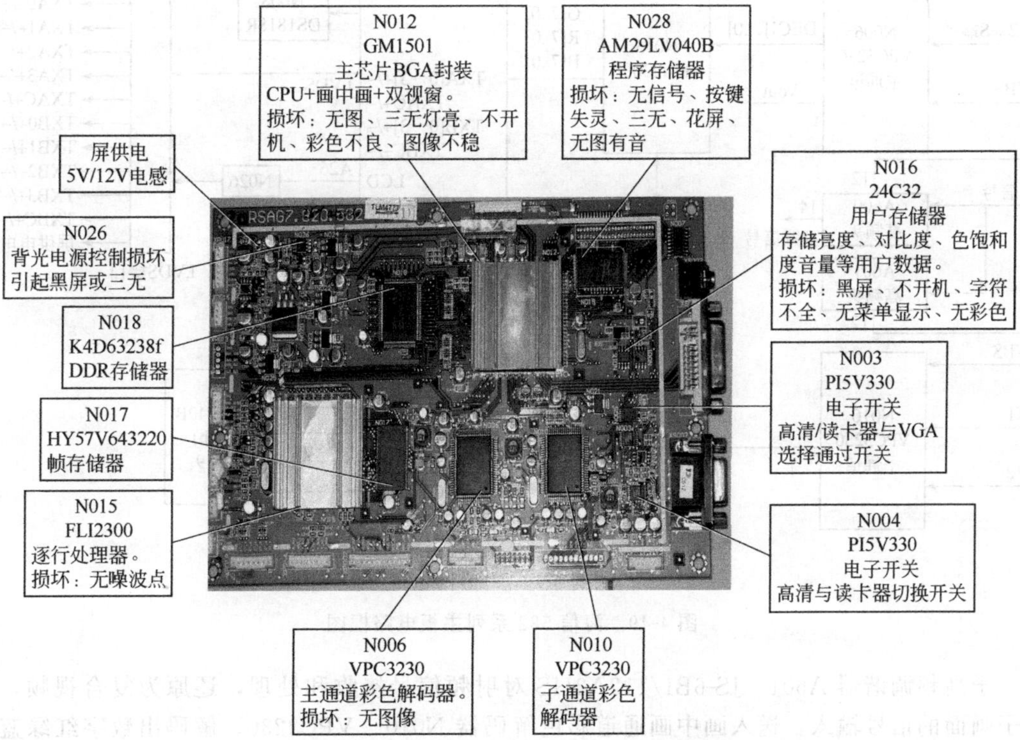
N012
GM1501
主芯片BGA封装
CPU+画中画+双视窗。
损坏：无图、三无灯亮、不开机、彩色不良、图像不稳
N028
AM29LV040B
程序存储器
损坏：无信号、按键失灵、三无、花屏、无图有音
屏供电
5V/12V电感
N026
背光电源控制损坏
引起黑屏或三无
N016
24C32
用户存储器
存储亮度、对比度、色饱和度音量等用户数据。
损坏：黑屏、不开机、字符不全、无菜单显示、无彩色
N018
K4D63238f
DDR存储器
N003
PI5V330
电子开关
高清/读卡器与VGA
选择通过开关
N017
HY57V643220
帧存储器
N015
FLI2300
逐行处理器。
损坏：无噪波点
N004
PI5V330
电子开关
高清与读卡器切换开关
N006
VPC3230
主通道彩色解码器。
损坏：无图像
N010
VPC3230
子通道彩色
解码器

图 4-48 海信 582 系列主板上的主要器件

图 4-49 是该板的电路框图。本主板支持射频、视频、S-VIDEO 端子、YCbCr/YPbPr 二分量视频信号、VGA 端子、DVI 等多种图像输入方式，具有逐行高清处理、数字梳状滤波、图像分辨率缩放、耳机输出等功能。本板采用双高频头的设计，实现了射频的画中画功能。

a. 射频信号处理。主高频调谐器 A600 JS-6B1/111A25-HS 对 FR 射频信号进行接收和处理还原出复合视频信号，作为主画面的信号输入，送入主通道彩色解码器 N006 VPC3230 检测红绿蓝三色信号和行场同步信号，并变换为数字式后，送到 N015 FLI2300

进行逐行处理后，再送入主芯片 N012 GM1501，在 N108 K4D263238DDR 存储器配合下，进行格式变换，形成 LVDS 格式数字图像信号，由 LVDS 接口输出。

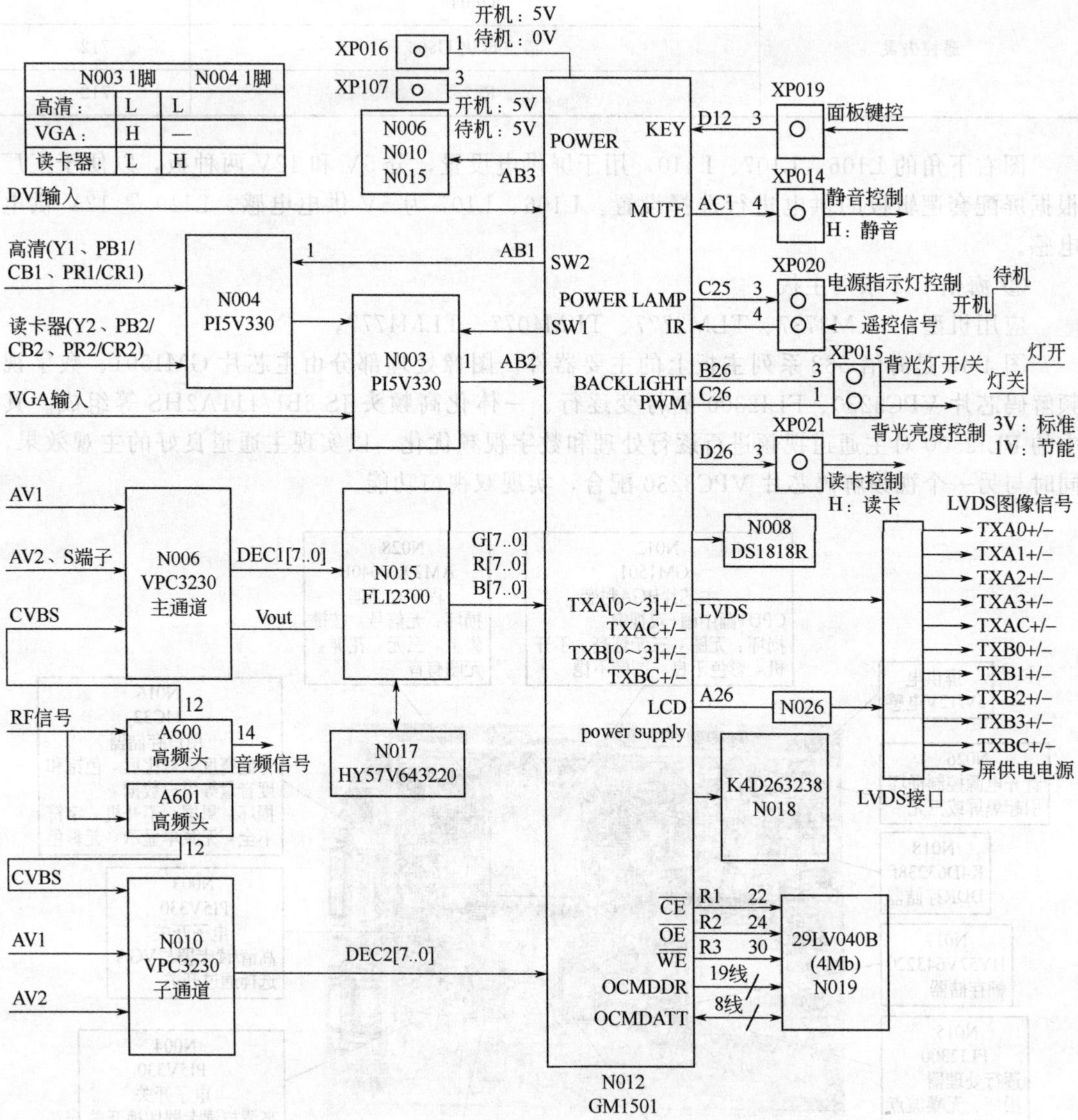

开机：5V
待机：0V
XP016
XP107
N003 1脚
N004 1脚
高清：L L
VGA：H —
读卡器：L H
N006
N010
N015
开机：5V
待机：5V
AB3
POWER
KEY
D12
XP019
面板键控
DVI输入
MUTE
AC1
XP014
静音控制
H：静音
高清(Y1、PB1/CB1、PR1/CR1)
N004
PI5V330
AB1
SW2
XP020
电源指示灯控制
待机
开机
POWER LAMP
C25
读卡器(Y2、PB2/CB2、PR2/CR2)
N003
PI5V330
SW1
IR
遥控信号
AB2
XP015
背光灯开/关
灯开
灯关
BACKLIGHT
B26
VGA输入
PWM
C26
背光亮度控制
3V：标准
1V：节能
XP021
D26
读卡控制
H：读卡
LVDS图像信号
AV1
AV2、S端子
N006
VPC3230
主通道
DEC1[7..0]
N015
FLI2300
G[7..0]
R[7..0]
B[7..0]
N008
DS1818R
TXA0+/–
TXA1+/–
TXA2+/–
TXA3+/–
TXAC+/–
TXB0+/–
TXB1+/–
TXB2+/–
TXB3+/–
TXBC+/–
屏供电电源
CVBS
Vout
TXA[0~3]+/–
TXAC+/–
TXB[0~3]+/–
TXBC+/–
LVDS
RF信号
A600
高频头
音频信号
N017
HY57V643220
LCD
power supply
A26
N026
A601
高频头
K4D263238
N018
LVDS接口
CVBS
AV1
AV2
N010
VPC3230
子通道
DEC2[7..0]
CE
OE
WE
OCMDDR
OCMDATT
R1
R2
R3
19线
8线
29LV040B
(4Mb)
N019
N012
GM1501

图 4-49 海信 582 系列主板电路框图

子高频调谐器 A601 JS-6B1/112A2HS 对射频信号接收和处理，还原为复合视频，作为子画面的信号输入，送入画中画通道彩色解码器 N010 VPC3230，解码出数字红绿蓝三色信号和行场同步信号，也送入 N012 GM1501 主芯片，由 N012 GM1501 主芯片来做画中画和双视窗处理。

b. 视频、S 端子信号处理。外部视频信号分别输入到模拟解码芯片 N006 VPC3230 和 N010 VPC3230。送入 N006 的视频信号与内部视频信号在 VPC3230 内进行选择，输出一路复合视频信号，其后的信号通路与射频信号相同，这里不再赘述；另外一路进入 N010，作为视频画中画，其后的信号通路也与射频信号相同。S 端子信号只送入到 N006 VPC3230，处理过程与进入 N006 的视频信号相同，所以不能在子通道显示。

c. 高清信号、读卡器信号和VGA信号处理。高清信号与读卡器输入信号经过N004 PI5V330电子开关切换后，直接进入电子开关N003 PI5V330，与VGA信号进行选择切换输出，送入N012 GM1501主芯片进行处理，形成LVDS信号。

d. DVI数字视频信号信号处理。外部输入的DVI信号直接输入N012 GM1501主芯片进行处理，其后的信号通路与VGA信号相同。

e. 系统控制。所有控制信号均由主芯片N012 GM1501内嵌CPU产生，其中的AB3输出电源板开/关机控制信号，C25脚输出电源指示灯控制，B26输出背光灯开/关信号，C26输出背光亮度控制信号，A26输出屏供电控制信号，AC1输出控制静音信号，D26输出读卡器控制信号，AB2、AB1输出切换开关信号以选择控制高清信号或读卡器、VGA信号，PM4脚为遥控信号输入端，D12脚输入面板按键信号。

主信号处理板上各电压调整输出电压值见表4-8。

表4-8 主信号处理板上的稳压器输出电压

型 号	N020	N021	N022	N023	N024	N025	N602	N612
输出脚	3	3	3	3	3	3	3	3
输出电压/V	3.3	1.8	2.5	3.3	1.8	1.8	8	＃5

f. 软件的升级。由计算机通过N012 GM1501主芯的通用异步收发器（UART），直接将程序写入闪存N019内，实现软件的升级。

g. 工厂调试。使用遥控器，首先用菜单键打开主菜单，并用音量增/减选中声音设置菜单，然后用节目增/减键选中平衡项，在此状态下按压数字键0、5、3、2就可以进入工厂菜单。各个调整的选项和其参考值见表4-9～表4-13。

表4-9 白平衡参数

序 号	名 称	缺 省 值
1	R	229
2	G	231
3	B	245
4	亮度	75
5	对比度	70

表4-10 声 音 设 置

序 号	名 称	缺 省 值
1	STD Bass	15
2	STD Treble	15
3	Music Bass	28
4	Music Treble	28
5	Speech Bass	8
6	Speech Treble	12

续表

序　号	名　称	缺 省 值
7	Max Volume	240
8	Middle Volume	210
9	Volume 20	180

表 4-11　图 像 设 置

序　号	名　称	缺 省 值
1	STD Brightness	65
2	STD Contrast	65
3	STD Color	70
4	DYN Brightness	70
5	DYN Contrast	75
6	DYN Color	70
7	Soft Brightness	65
8	Soft Contrast	60
9	Soft Color	70

表 4-12　OPTIONS

序　号	名　称	缺 省 值
1	TOFAC	0
2	PWM NORMAL	0
3	PWM MODE1	255
4	PWM MODE2	255
5	PWM Period	255
6	FM/AM Deviation	32
7	Scart Presale	15

表 4-13　色 彩 优 化

序　号	名　称	缺 省 值
1	色彩优化	是
		否
2	R offset1	34
3	G offset1	29
4	B offset1	33

h. 清空母块。各个不同 SOURCE 下进入工厂菜单显示的内容是不同，如果由于误操作

而改动了工厂菜单里的值，可以选择清空母块选项，恢复成参考值。方法：选中清空母块按钮，按音量增键进行相应操作，待清空母块按钮恢复为红色时，然后断电，重新开机即可恢复正常。

i. 主信号处理板故障检修。图4-50是海信582系列主板信号处理板的检修流程图。

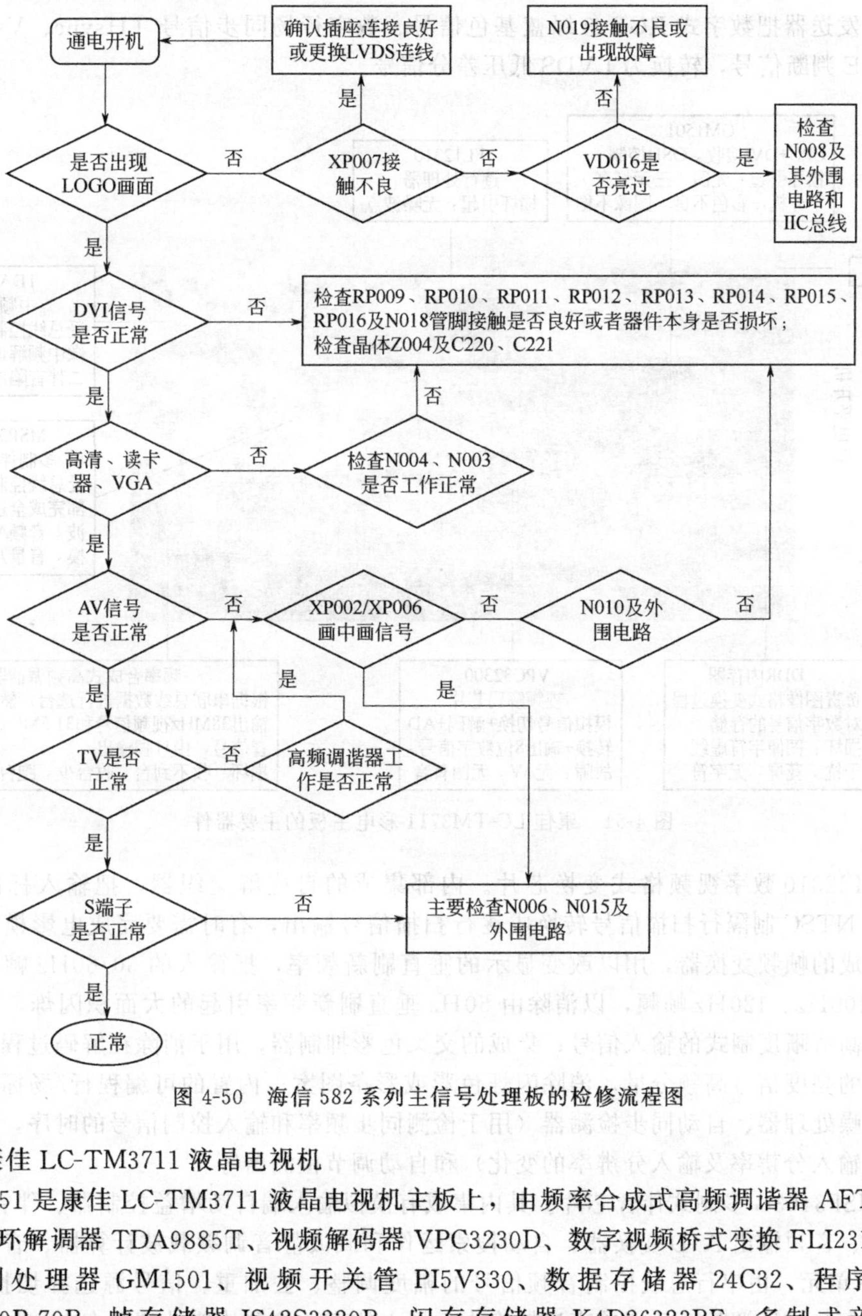
通电开机
确认插座连接良好或更换LVDS连线
N019接触不良或出现故障
是
是
是否出现LOGO画面
否
XP007接触不良
否
VD016是否亮过
是
检查N008及其外围电路和IIC总线
是
DVI信号是否正常
否
检查RP009、RP010、RP011、RP012、RP013、RP014、RP015、RP016及N018管脚接触是否良好或者器件本身是否损坏；检查晶体Z004及C220、C221
是
否
高清、读卡器、VGA
否
检查N004、N003是否工作正常
是
AV信号是否正常
否
XP002/XP006画中画信号
否
N010及外围电路
否
是
是
是
TV是否正常
否
高频调谐器工作是否正常
是
S端子是否正常
否
主要检查N006、N015及外围电路
是
正常

图4-50 海信582系列主信号处理板的检修流程图

③ 康佳LC-TM3711液晶电视机

图4-51是康佳LC-TM3711液晶电视机主板上，由频率合成式高频调谐器AFT1/3000、中频锁相环解调器TDA9885T、视频解码器VPC3230D、数字视频桥式变换FLI2310、液晶显示控制处理器GM1501、视频开关管PI5V330、数据存储器24C32、程序存储器W29L0400P-70B、帧存储器IS42S3220B、闪存存储器K4D26323BF、多制式音频处理MSP3463G、伴音功率TDA8946A等组成。

a. GM1501液晶显示控制器。内置的3路8bit的视频模数变换ADC和锁相环电路，能够快速高质量地把输入的模拟信号转换成数字信号；内置的标度引擎，实现完全的可编程放大率和高质量的缩小尺度，为视频幅型比变换提供非线性标度；内置的自动自适应解交织器，完成显示格式的交换等。芯片内还集成有CPU、数字视频DVI接收器、OSD屏显示控制器（可供闪烁、透视、混合三种显示形式）、运行自适应降噪器、可编程的伽马校正处理器、数字式亮度调整器、数字色饱和度调整器、数字对比调整器。GM1501有适应多种视频的输入端口（VGA、8bit的YPbPr，16bit的YCbCr、DVI），其信号的输出是由内部集成的LVDS发送器把数字式RGB红绿蓝基色信号、数字行场同步信号（Hsync、Vsync控制信号）、DE判断信号，转换为LVDS低压差分信号。

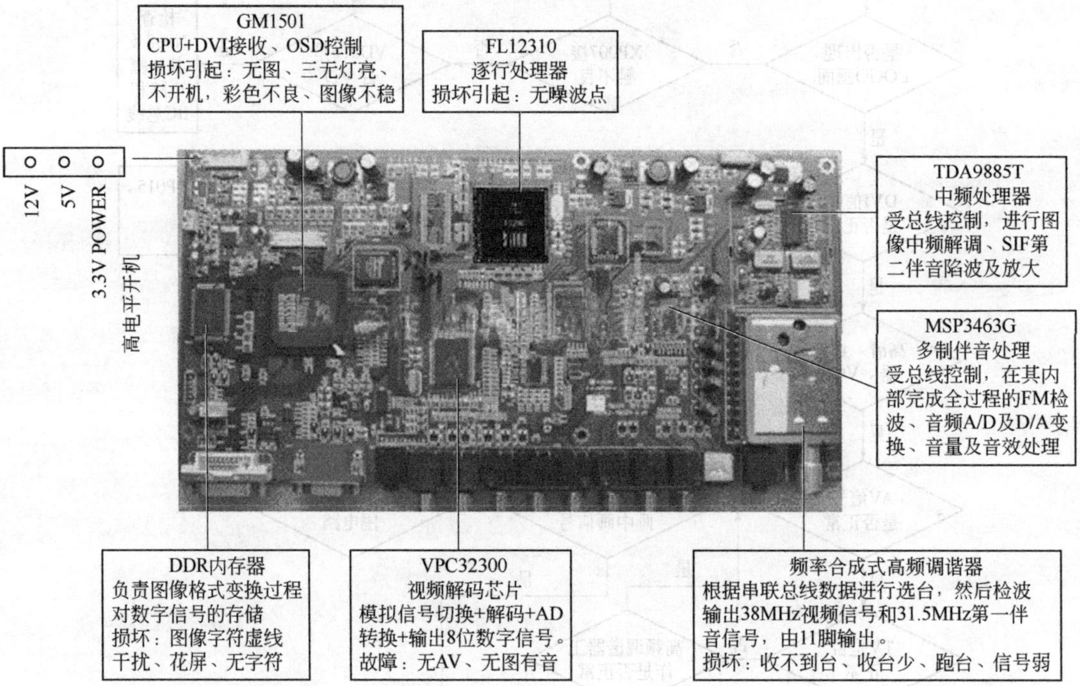
GM1501
CPU+DVI接收、OSD控制
损坏引起：无图、三无灯亮、不开机，彩色不良、图像不稳
FL12310
逐行处理器
损坏引起：无噪波点
12V
5V
3.3V POWER
高电平开机
TDA9885T
中频处理器
受总线控制，进行图像中频解调、SIF第二伴音陷波及放大
MSP3463G
多制伴音处理
受总线控制，在其内部完成全过程的FM检波、音频A/D及D/A变换、音量及音效处理
DDR内存器
负责图像格式变换过程对数字信号的存储
损坏：图像字符虚线干扰、花屏、无字符
VPC32300
视频解码芯片
模拟信号切换+解码+AD转换+输出8位数字信号。
故障：无AV、无图有音
频率合成式高频调谐器
根据串联总线数据进行选台，然后检波输出38MHz视频信号和31.5MHz第一伴音信号，由11脚输出。
损坏：收不到台、收台少、跑台、信号弱

图4-51 康佳LC-TM3711彩电主板的主要器件

b. PLI2310数字视频格式变换芯片。内部集成的自应解交织器，把输入标准定义的PAL制、NTSC制隔行扫描信号转换成逐行扫描信号输出，有时需要完成电影模式解交织变换；集成的帧频变换器，用以改变显示的垂直刷新频率，把输入的50/60Hz帧频变换成75Hz或100Hz、120Hz帧频，以消除由50Hz垂直刷新频率引起的大面积闪烁，支持标准清晰度和高清晰度制式的输入信号；集成的交叉色彩抑制器，用于消除在解码过程中泄漏到色度通道的亮度信号高频分量，消除闪烁色彩或彩条图案；内置的可编程行/场标度器、运动自适降噪处理器、自动同步检测器（用于检测同步频率和输入控制信号的时序，使操作系统能确定输入分辨率及输入分辨率的变化）和自动调节检测器等。

c. MSP3463G多制式伴音芯片。其内集成有模拟输入端自动增益控制器、伴音中频A/D变换器、音频输出A/D变换器、自动搜索运作和载波静音调频载波计算器、音频基带处理器DPS单元，由串行总线控制音频信号的幅度调整、去加重、信号源选择切换、低音、高音、平衡、响度调整，并把单声道转换为虚拟立体声。该芯片能处理所有电视制式的伴音信号，可把调频或调幅的伴音中频信号、TV伴音信号，进行放大及检波处理，还原出音频信号（R、L）。

图4-52是康佳LC-TM3211彩电的主板信号流程图。

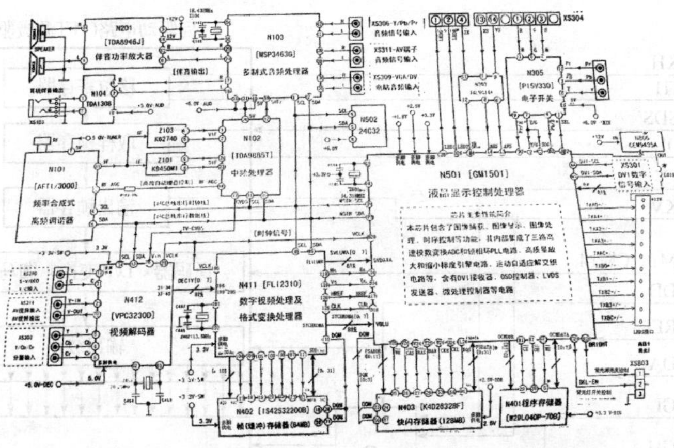
N201
[TDA8946J]
伴音功率放大器
N104
TDA1308
N103
[MSP3463G]
多制式音频处理器
N102
[TDA9885T]
中频处理器
N101
[AFT1/3000]
频率合成式
高频调谐器
N502
24C32
N501 [GM1501]
液晶显示控制处理器
N305
[PI5V330]
电子开关
XS301
DVI数字
信号输入
N411 [FLI2310]
数字视频处理及
格式变换处理器
N412
[VPC3230D]
视频解码器
N402 [IS42S32200B]
N403 [K4D26328F]
N401程序存储器
图 4-52 康佳 LC-TM3211 彩电的主板信号流程图

4.6 液晶屏组件维修

液晶电视机的能量消耗主要在液晶屏组件，所以，液晶屏组件的故障率也很高，尤其是其内的背光灯管。

由于行列驱动电路的制作和焊接工艺特殊，目前一般的维修点无法修理。所以，本节重点介绍液晶屏面板和背光源的维修。

4.6.1 液晶屏组件的结构原理

图 4-53 是液晶屏组件的结构示意图。市场上液晶屏主要有三星、中华、奇美等，而其构造均由液晶面板、行/列驱动电路、背光灯等组成。

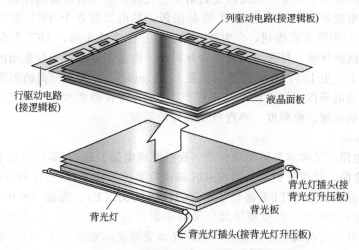

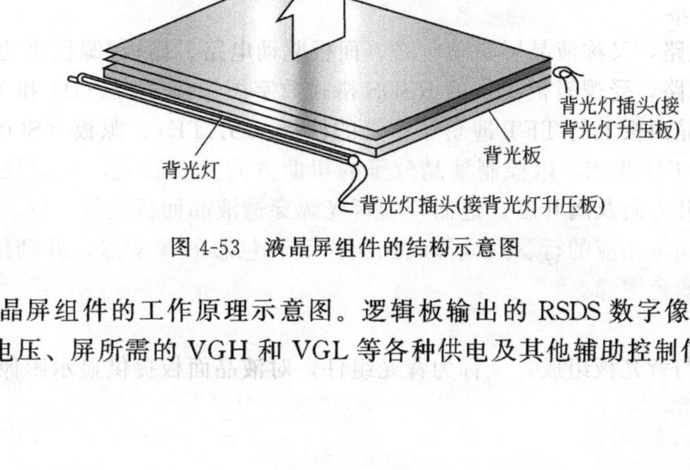
列驱动电路(接逻辑板)
行驱动电路
(接逻辑板)
液晶面板
背光灯插头(接
背光灯升压板)
背光板
背光灯
背光灯插头(接背光灯升压板)
图 4-53 液晶屏组件的结构示意图

图 4-54 是液晶屏组件的工作原理示意图。逻辑板输出的 RSDS 数字像素信号、GM1～GM14 伽马校正电压、屏所需的 VGH 和 VGL 等各种供电及其他辅助控制信号，送行/列驱

动电路处理后，驱动液晶屏显示图像。

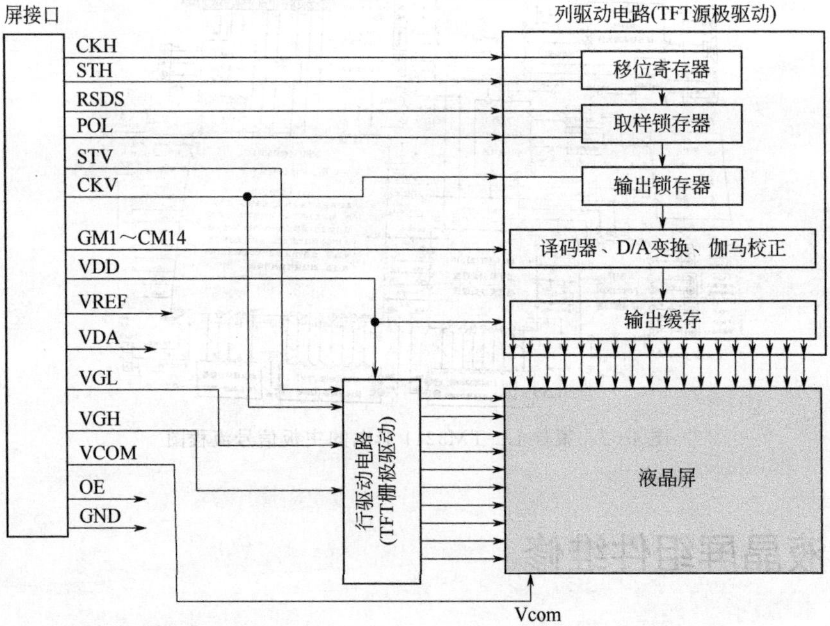
屏接口
CKH
STH
RSDS
POL
STV
CKV
GM1～CM14
VDD
VREF
VDA
VGL
VGH
VCOM
OE
GND
列驱动电路(TFT源极驱动)
移位寄存器
取样锁存器
输出锁存器
译码器、D/A变换、伽马校正
输出缓存
行驱动电路
(TFT栅极驱动)
液晶屏
Vcom

图 4-54　液晶屏组件的原理示意图

(1) 液晶面板

液晶面板，又称液晶层，俗称液晶屏，提供影像显示功能。

液晶是一种介于固态和液态之间的物质，是具有规则性分子排列的有机化合物。液晶屏的物理原理是：当通电时导体导通，排列变得有序，使光线容易通过；不通电时，排列混乱，阻止光线通过。

液晶显示图像的原理简单地说，就是将置于两个电极之间的液晶通电，液晶分子的排列顺序在电极通电时会发生改变，从而改变透射光的光路，实现对影像的控制。

目前的液晶电视机，一般采用 TFT 液晶面板，其内二百万个 TFT 薄膜晶体管（简称 TFT 管）按行、列矩阵方式排列，作为红、绿、蓝三色液晶光阀，TFT 管在极低的像素信号电压驱动下被激活导通，打开液晶光阀，此时位于液晶屏后的背光灯发出的光束通过，射至面板，在面板上产生 1024×768 点阵（点距 0.297mm）、分辨率极高的图像。

同时，先进的电子控制技术使液晶光阀产生 1677 万种颜色变化（红 256×绿 256×蓝 256），还原真实的亮度、色彩度，再现自然纯真的画面。

(2) 行/列驱动电路

行/列驱动电路，又称液晶屏驱动电路、面板驱动电路、栅极/源板驱动电路。

行/列驱动电路，受逻辑板提供的 RSDS 格式数字图像信号、VGH 和 VGL 屏供电等控制，分别驱动液晶面板上的 TFT 薄膜晶体管的栅极（GATE）、源板（SOURCE），来控制 TFT 薄膜晶体管工作状态，以控制液晶分子的扭曲方向及扭转度，从而控制红、绿、蓝三色液晶光阀的阀开方向及阀开度，进而控制背光源穿透液晶面板上红、绿、蓝彩色滤光板的通过量，在液晶面板相应的行、列线形成相应亮度和色彩的像素点，并利用人眼的滞留性，组成一幅幅动态彩色图像。

(3) 背光源

由背光灯管与背光板组成，又称为背光组件，对液晶面板提供显示影像所需的光源。

背光灯管受背光升压板提供的高压高频脉冲驱动发光，照射液晶屏，显示鲜艳的图像。

4.6.2 液晶面板的检修

经验 如果没有背光灯管的照射光，液晶面板上的分子翻转，只有背景画面亮一点的暗淡图像，有的甚至看不到画面。

液晶面板损坏出现的故障现象大致有：白屏、花屏、黑屏、亮线、亮带、暗线、暗带、暗屏无图、图像花屏、图像干扰、图像一半正常一半异常、外膜刮伤等。

① 白屏、花屏、黑屏的检修 这些故障基本均是由于电路故障产生的。首先应该排除屏线的断裂，而后看 VDD（3.3V 或者 5V）是否已经加到屏上，再依次检查屏连接排线上的 VGH 高压（一般为＋16～＋22V）及 VGL 电压（一般为－6V 左右）。

经验 有相当一部分花屏是由于行驱动没有工作，且多数是屏线的断裂，对断裂的屏线飞线即可。

② 屏幕亮线、亮带或者暗线故障检修 这些故障一般是液晶屏的故障。亮线故障一般是连接液晶屏本体的排线出了问题，其次是液晶屏损坏。暗线一般是液晶屏损坏，如本体有漏电。

③ 屏上一个或二个大的亮点的故障检修 可以尝试轻轻用指尖压亮点，可消失，说明多为此像素的 TFT 管和电极虚连。小的黑点和灰点有可能是内部导光板或偏光片有灰尘造成，可清洗处理。以上方法在试验时要先征取客户同意。

4.6.3 背光源的结构和检修

背光源不是只有单单的若干背光灯管在起作用，而是由一组由很多材料组成的一个背光组在共同起作用，以对液晶面板提供适度的辉度、色度、均匀度、视角的光源。

液晶电视机的背光源发光体的类型分类有两种：CCFL 冷阴极荧光灯、LED 发光二极管。

(1) CCFL 冷阴极荧光灯

CCFL 全称 Cold Cathode Fluorescent Lamp，是一种新型的照明光源，俗称冷阴极背光灯管。由于 CCFL 灯管具有灯管细小、结构简单、灯管表面温升小、灯管表面亮度高等优点，这种灯管是目前液晶显示屏最主要的背光源，其成本低廉，但是色彩表现不及 LED 背光。

冷阴极背光灯管的发光方式类似于日光灯管，所不同的是背光灯管的工作电压为高频高压式脉冲，通过调节脉冲的宽度可实现背光灯亮度的调节。

① CCFL 冷阴极背光灯管连接及工作 如图 4-55 所示是液晶屏组件内的冷阴极灯管的连接方式。液晶电视机的背光灯管如同日光灯管一样，其内部充满了氖气，要想让它发光，必须在其未点亮前产生 1500V 左右的高压来激发内部的气体，一旦气体导通后，则必须要有 600～800V 电压、9mA 左右的电流供其发光。

② CCFL 冷阴极背光灯管故障检修 冷阴极背光灯管损坏引起的现象有：屏暗、发黄、白斑、屏蔽闪烁、背光灯不亮、背光灯一亮就保护黑屏。

a. 屏暗和屏幕闪烁故障。这种故障一般是灯管老化了，直接更换就行。

b. 屏发黄和白斑均故障。这通常是背光源的问题。通过更换相应背光片或导光板即可。

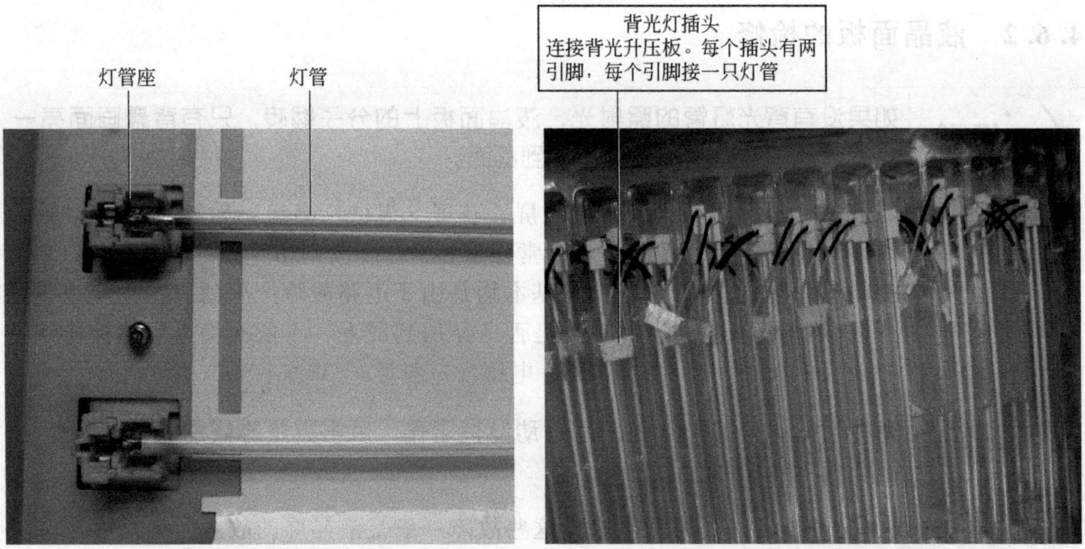

灯管座
灯管
背光灯插头
连接背光升压板。每个插头有两引脚，每个引脚接一只灯管

(a) 灯管与插座的连接　　(b) 灯管插头

图 4-55　冷阴极背光灯

③ CCFL 冷阴极背光灯管代换　更换背光灯管时，需先小心拆下屏四周的螺钉，防止损坏液晶屏；再小心拆下液晶屏与逻辑板上的排线，操作中要注意保护相连的排线，如果排线断裂，因其工艺特殊无法焊接，则液晶损坏；拆卸导光板的固定螺钉，取出导光板后，就可更换灯管了。

安装时应把液晶屏小心置于背光灯板上，确定好位置，插上相关排线即可。

换灯管要注意安装到位，避免漏光；处理背光，要注意防尘，否则屏点亮后就会看到灰尘的斑点了；更换偏光膜要避免撕膜的时候把屏压伤，灰尘更是大忌，一旦在覆膜时有灰尘进入，则会产生气泡，基本就要报废一张膜重新再来了。

(2) LED 发光二极管背光源

LED 作为背光光源，是未来最有希望替代传统冷阴极荧光管的技术。发光二极管由数层很薄的掺杂半导体材料制成，一层带有过量的电子，另一层则缺乏电子而形成带正电的空穴，工作时电流通过，电子和空穴相互结合，多余的能量则以光辐射的形式被释放出来。通过使用不同的半导体材料可以获得不同发光特性的发光二极管。

图 4-56 是液晶电视上使用的 LED 背光管。LED 背光光源可以是白色，也可以是红、绿、蓝三基色，在高端产品中也可以应用多色 LED 背光来进一步提高色彩表现力，如六原色 LED 背光光源。采用 LED 背光的优势在于厚度更薄，大约 5 厘米，色域也非常宽广，能够达到 NTSC 色域的 105%，黑色的光通量更是可以降低到 0.05 流明，进而使液晶电视对比度高达 10000∶1。

图 4-57 是液晶电视机的 LED 背光源板，由若干个 LED 管排列成若干行、若干列。

LED 背光光源具有 10 万小时的寿命，LED 背光价格比冷荧光灯管光源高出许多，LED 背光光源目前只在国外的高端液晶产品中出现过。

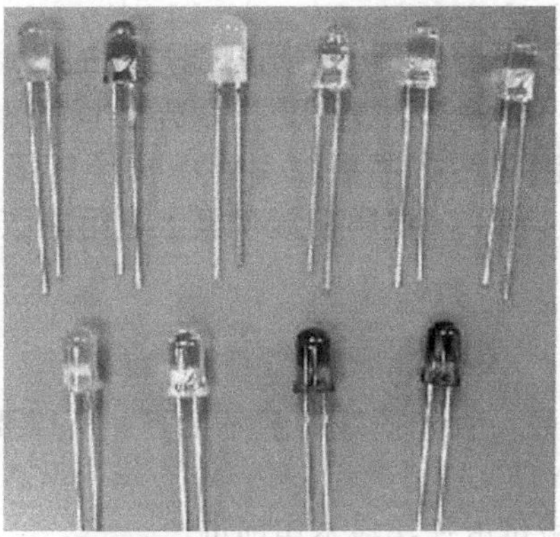

图 4-56 LED 背光管

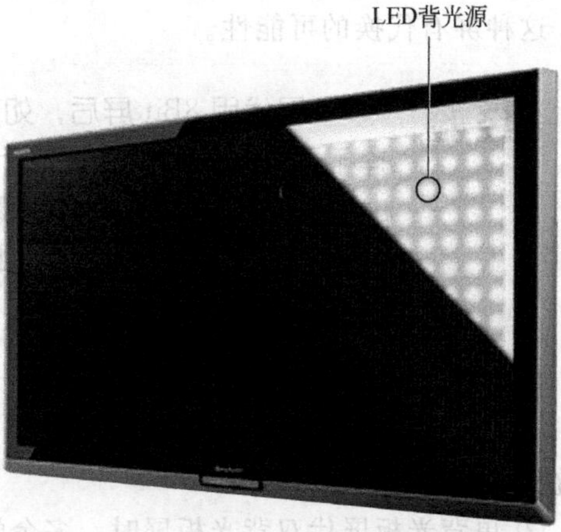
LED背光源

图 4-57 液晶电视机的 LED 背光源板

4.6.4 液晶屏组件的代换

不同型号的液晶屏，有些可以直接代用，有些不能代用，有些经过相关的配套更改后可以代用。液晶屏代换前，要弄清液晶屏的参数，具体如下。

① 显示屏的型号、分辨率（1280×720、1366×768 或 1920×1080 等）。

② 屏配套的逻辑板供电电压（5V 或 12V）。

③ LVDS 插座型号（X30、E30、E51 等）。

④ LVDS 信号排列方式（LG、SS、CM 等）。

⑤ LVDS 格式选择（VESA 或 JEIDA）、Bit 选择（8 Bit 或 10 Bit）。

⑥ 背光板插座型号（P14 或 P12）、单双背光板（X1、X2、P14/P12）。

⑦ 背光插座功能排列（供电、地、背光开关控制、背光亮度调整等）。

⑧ 显示屏宽度（窄屏、宽屏）等。

(1) 逻辑板供电电压不同屏的代用

逻辑板供电电压通常为 5V 或 12V 两种，逻辑板供电电压不同时可通过更改主信号板的屏供电设置电路进行解决。详细见本章逻辑板代换。

(2) LVDS 插座型号及 LVDS 信号排列方式不同屏的代用

LVDS 插座型号及 LVDS 信号排列方式不同时可通过更改 LVDS 线解决，需使用对应显示屏和对应机芯的 LVDS 线。

(3) LVDS 格式选择

显示屏代用后，如果图像出现花屏（虚影），可能是 LVDS 格式不对，需通过数字板更改显示屏的 LVDS 工作格式。

警告 LVDS 格式选择脚，指的是显示屏上 LVDS 插座上的脚，更改时需从线材颜色上判断对应主信号处理板上 LVDS 插座的第几脚（高清数字板为 LVDS 插座的第 22 脚），然后在主信号处理板上进行更改（改低电平、高电平或悬空）。

(4) Bit 选择

目前多数显示屏为 8Bit 屏，只有部分高清显示屏是 10Bit 屏。有的屏 Bit 数不能选择；

有屏的Bit数可以选择，通过更改Bit控制脚的电压，显示屏可选择工作在8Bit或10Bit状态，这种屏有代换的可能性。

经验 10Bit屏代用8Bit屏后，如果图像出现亮屏或干扰，则可能是屏的Bit数选择不对，需进行更改。统计表中的Bit选择脚，指的是显示屏上LVDS插座上的脚，更改时需从线材颜色上判断对应数字板上LVDS插座的第几脚（一般为数字板上LVDS插座的第24脚），然后在数字板上进行更改（改低电平、高电平或悬空）。

(5) 背光插座不同屏的代用

① P12代P14或P14代P12时，因背光插座脚数与背光插线脚数不配套，所以要修剪背光插头线。

② 单背光板屏代双背光板屏时，多余的副背光板供电连接线不用即可。

③ 双背光板屏代单背光板屏时，需自制副背光板供电连接线。

(6) 背光插座功能排列不同屏的代用

背光插座功能排列不同主要指的是背光开关控制脚和背光亮度调整脚，当出现排列不同时，查阅资料进行更改即可。

(7) 屏以下参数不同时不能代用

① 显示屏分辨率不同时不能代用。

② 显示屏宽度尺寸不同时（分窄屏和宽屏）不能代用。

高手精通篇

导读　本篇将全面介绍各组件板的工作原理、主要接口和芯片的引脚功能、测试数据，以实现对组件板的全面维修。

第5章 电源板维修

导读　电源板由220VAC消干扰、副电源电路及开/待机控制、PFC电路、小信号电路供电电源、背光灯升压板电源单元电路组成。其中的220VAC消干扰、副电源电路、开/待机控制电路的结构同于CRT开关电源；PFC功率因数校正电路是CRT彩电开关电源电路没有的；小信号电路供电电源（+12V/3A、+5VM、+14V）、背光灯升压板供电电源（+24V）的结构基本同于CRT彩电开关电源，只是输出电压值低。

经验　PFC电路出现问题会引起烧保险管，或背光灯升压板电源不工作；其他部位电路出现问题，引起的现象及检修方法基本同于CRT彩电开关电源。

5.1 海信TLM3277彩电开关电源维修

本电源的工作电压范围为85～264VAC，三个电源的工作时序为：副电源→小信号电路供电电源→背光灯升压板电源，对应的输出电压时序为：5VS→5VM、+12V/3.5A、+14V→24V。

图5-1是海信TLM3277液晶彩电的电源板电路图。启动时，由电源插头输入220VAC，首先启动ZE521 STR-A6351、TE004等组成的副电源工作形成5VS，提供给主信号处理板上主芯片内部CPU，CPU根据用户指令输出开机指令，通过ON/OFF反馈回电源板，通过V561使JE502继电器触点闭合，使220VAC通过，提供给BE001桥式整流器进行整流输出+300V，启动PFC电路（TE001+Q0E001、QE002、CE019、NE001 SMA-E1017）工作，把+300V变换为+380V，直接启动小信号电路供电电源（SMA-E1017+TE002）工

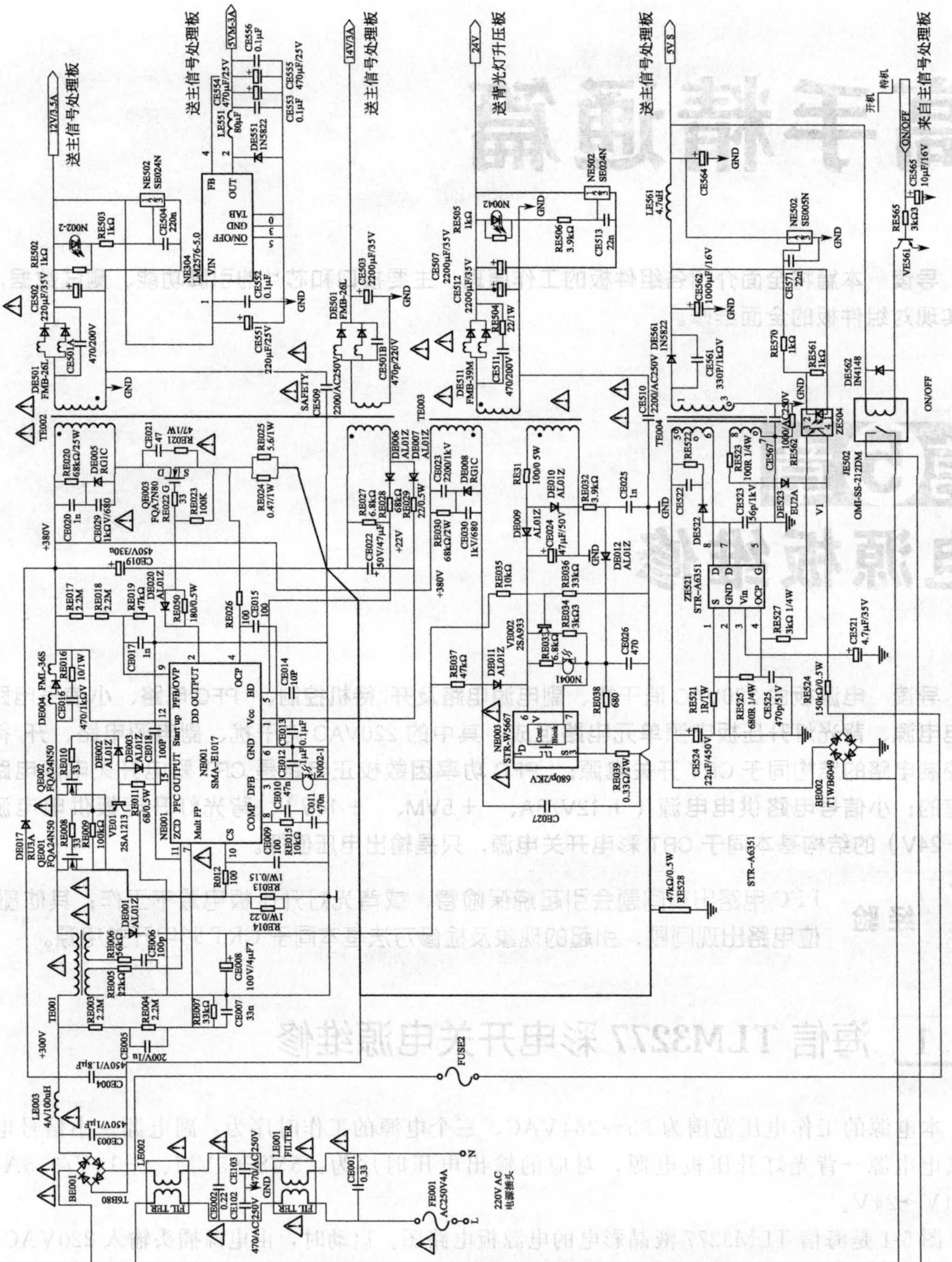
12V/3.5A
送主信号处理板
5VM-3A
送主信号处理板
14V/3A
送主信号处理板
24V
送背光灯升压板
5V S
送主信号处理板
ON/OFF
来自主信号处理板
NB304
LM2576-5.0
NE001
SMA-E1017
ZE521
STR-A6351
NE003
STR-W5667
FUSE2
220V AC
FE001
AC250V4A

图 5-1 TLM3277 电源板电路原理图

作，把＋380V振荡稳压变换为＋12V/2.5A、＋14V、＋5VM，启动主信号处理板全面工作，形成较大的电流，此电流通过小信号电路供电电源流经PFC电路的TE001变压器，在其次级形成感应电压，通过DE01整流滤波形成相应的直流电压，做为背光灯升压板电源(NE003 STR-W5667＋TE003)的启动电压，从而启动背光灯升压电源工作，把＋380V振荡稳压形成＋24V，提供给背光灯升压板。

5.1.1 海信TLM3277彩电电源板的工作

(1) 220VAC电磁兼容(EMC)

220VAC经保险管FE001，再通过高压电容CE001、CE002、CE102、CE103，共模线圈LE002、LE001组成的EMC电磁兼容电路，消除电磁干扰后，提供给副电源及其他电源电路。

经验 FE001保险管易熔断，且保险管内壁发黑或有白雾状、金属珠，或用户自述出现故障时室内空气开关掉闸，就可肯定后级保险管熔断系流经的电流过大引起，一般后级的桥式整流或负载中的电源模块、开关管、PFC管、CE019(330μF/450V)击穿，所以，这种情况需查明原因后才能更换保险管，否则会再次熔断。

(2) 副电源电路

这个电源输出功率约10W，是把220VAC变换为5VS/2A，对主信号处理板上的CPU、用户信息存储器、程序供电。

消除干扰后，220VAC送桥式整流器BE002，一方面经BE002内部的四个二极管进行桥式整流后，对电容CE524充放电形成＋300V左右，通过副开关变压器TE004初级，提供给电源模块ZE521 STR-A6351的8脚作为工作电压；另一方面经BE002下面的四个二极管进行全波整流后，通过RE524对CE521充电，当CE521上充电电压使STR-A6351的3脚启动电压达到一定值时，启动内振荡控制电路开始工作，在8脚MOS开关管D极形成高压高频开关脉冲，被TE004降压后由1、8次级输出高频脉冲，分别经DE561和CE562、DE523和CE521整流滤波形成5VS、＋14V电压。其中的＋14V除作为光电耦合器ZE524工作电压外，还取代启动电路对STR-A6351的3脚提供工作电压，当3脚电压≥18V时通知内部电路执行过压保护。

稳压电路由NE503 SE005N三端稳压器、取样电阻RE527和RE56、ZE504光电耦合器组成，负责对＋5VS输出电压取样后，反馈回STR-A6351的4脚，以自动调整8脚输出的高压高频脉冲的脉宽，保证输出的＋5VS稳定，不受电网电压高低及负载轻重的变化影响。

A6351的1脚是过流取样输入端，通过限流电阻RE521对内部MOS的工作电流取样。当1脚电压≥1.2V时，通知内部电路执行过流保护。

DE522、CE522、RE522消尖峰电路，防止TE004开关变压器形成的尖峰脉冲击穿STR-A6351电源模块。

资料 副电源工作条件包括STR-A6351电源模块的8脚输入＋380V，3脚电压为＋14V左右；副电源输出的电压值则主要由4脚电压决定。

经验 根据+5VS输出端有无电压输出及输出值，能大致判断副电源的工作状态。①+5VS端始终无电压输出，是副电源没有工作，需先查副电源工作条件；②+5VS仅在开机瞬间有微小电压，之后下降为0V，是副电源STR-A6351电源模块先振荡后因过载电流保护停止工作，如拔掉+5VS输出插头故障依然存在，应依次检查+5VS端有无击穿，RE521过流保护取样电阻阻值是否变大，试着代换STR-A6351；③+5VS输出电压过高或过低，应重点检查NE503、R570、R561、ZE502、RE527、CE521等稳压器件。

(3) 开/待机控制电路

ON/OFF脚输入开/待机控制信号，受控于主信号处理板。高电平为开机，低电平为待机。

开机后，ON/OFF脚输入高电平，VE562饱和导通，驱动继电器JE502吸合触点开关，接通BE001桥式整流器的220VAC输入电路，提供给PFC电路、小信号电路供电电源电路、背光升压板供电电源电路。其走向为：220VAC L端经→FE001→LE001、LE002→JE502→L→BE001的AC1端。

待机时，ON/OFF脚输入低电平，VE562截止，JE502继电器触点断开，停止对PFC电路、小信号电路供电电源电路、背光升压板供电电源电路供电。

经验 ①JE502继电器的触点流经的电流很大，易出现烧蚀不能接通现象。②开机时能听到继电器发出一声“喀哒”声，是电源能得到正常的开/待控制信号，且V561正常的表现；开机后如果继电器连续发出“喀哒”声，且面板上指示灯闪烁，则是电源板因负载过流频率保护的表现。③单独维修电源板时，可在+5VS输出端与VE561的B极之间接入一只2kΩ电阻，实现模拟输入开机信号的目的。

(4) PFC电路

由PFC电路由NE001 SMA-E1017电源模块7～12脚和15脚、TE001 PFC储能变压器组成。

① PFC电路激励形成及输出　开机后，220VAC经BE001桥式整流形成的脉动直流电压，一方面经TE001及次级所接RE005，对SMA-E1017的11脚输入电网电压过零检测脉冲；另一方面经EC003滤波，变换为+300V左右脉动直流电压，通过DE1007加到SMA-E1017的12脚启动脚，启动内部电路工作，并在电网电压的过零位置（220VAC正弦波的正、负交接点），由15脚开始输出PFC激励脉冲，通过灌流驱动管VE001加到PFC管QE001、QE002的G极，控制QE001、QE002轮流导通和截止。

在QE001、QE002导通期间，+300V通过TE001→QE001、QE002的D、S极→RE013、RE014→地，电源以磁能的方式存储在TE001中，感应电动势为左正右负；当QE001、QE002截止期间，TE001上感应电动势翻转，磁能转换为反向电动势为左负右正，这个左负右正的反向电动势与+300V电压相叠加，使DE004导通，向储能电容CE19充电，在CE19两端形成+380V左右电压，提供给TE002小信号开关变压器、TE003背光灯电源开关变压器，作为小信号电路供电电源、背光灯供电电源电路的工作电压。此时，SMA-E1017的12脚电压也上升至+380V。

SMA-E1017的7脚外接RE003、RE004、RE007完成正弦波取样输入，用于TE001对桥式整流输出的脉冲直流电压取样，内部的激励电路以此波形为依据来校正SMA-E1017的15脚输出的波形，控制QE001、QE002管使PFC脉冲的电流的包络和此电压波形形状相同。

SMA-E1017的8脚PFC电压电流相位调整，通过外接RE015、CE010、C011，用于对

7脚输入的正弦波进行电压和电流的相位调整，以保证15脚输出的PFC激励信号的准确性。

DE017能够有效防止开机瞬间脉冲直流电压在波峰时PFC储能变压器TE001的感应电动势过强，避免输出电压异常升高损坏后级电路。

CE015、CE012、CE013电容用于滤除100kHz开关频率对SMA-E1017的7脚干扰。

资料 PFC电路启动工作的条件，包括SMA-E1017的12脚得到+125V以上电压、11脚有过零脉冲输入；PFC电路输出电压值正常的条件是SMA-E1017的9、10电压正常。

经验 SMA-E1017、QE001 PFC管因工作在大电流、大电压状态，易击穿，并把保险管熔断。其中QE001击穿还会把所接限流电阻RE013和RE014、灌流电路VE001和DE003烧坏，这两个电阻的阻值很小，必须拆开，用万用表最低电阻挡认真测试，否则如果在高挡位电阻挡测试，容易误判其正常，引起过流保护或PFC电路输出低，人为增大检修难度。

经验 DE017击穿，会出现灯亮，无光无声、机内有类似频率高的尖啸声，瞬间开机测电压，测+12V电压异常。

② PFC电路的过流保护　由RE013、RE014、RE012、SMA-E1017等负责。当整机负载过重时，PFC电路流经的电流会过大，导致QE001导通时间增大，此电流流经RE013、RE014形成的压降升高，通过R012提供给SMA-E1017的10脚电压升高，SMA-E1017据此停止内部的PFC电路工作，小信号电路提供电源的+380V降到+300V，不能维持小信号供电电源工作，小信号电路供电电源停止输出+12V、+14V、+5VM。

③ PFC电路稳压及过压保护　SMA-E1017的9脚PFC输出电压稳定及过压保护，通过RE017+RE018、RE019对PFC输出的+380V取样值，并按反方向自动调整15脚的PFC激励输出，使PFC输出电压稳定。但当SMA-E1017判断9脚电压过高时，认为PFC输出电压过高，执行过压保护停止15脚输出PFC激励脉冲，保护PFC电路及小信号电路供电电源、背光灯升压板供电电源器件安全。

经验 RE017、RE018（2.2MΩ）两个高压电阻易出现阻值变大、开路故障，引起PFC电路输出电压过高，造成PFC电路过压保护甚至击穿QE001 PFC、炸裂CE019。更换时应选用功率大些质量较好的电阻，最好选用五色环精密金属膜电阻。

(5) 小信号电路供电电源

小信号电路供电电源输出功率约60W，把PFC电路提供的+380V，变换为12V/3A、5VM/3A、14V/3A。

① 小信号电路供电电源的启动输出　开机时，BE001桥式整流器输出的脉动直流电压，一方面经DE017经电容CE019滤波加到SMA-E1017的12脚启动端，另一方面经TE002及次级线圈的感生电动势经过DE007整流、RE029、CE022滤波对SMA-E1017的1脚提供V_{CC}，当V_{CC}达到17.5V时，启动内部的振荡器工作由2脚输出PWM脉宽调制脉冲，通过RE050送开关管QE003放大后，经开关变压器TE002降压后由次级输出，再经DE501和CE502、DE502、CE503、DE006和CE022整流滤波分别形成+12V、+14V、+22V电源。其中+22V电源提供SMA-E1017的1脚，取代启动电路对内部稳压电路的工作供电。

SMA-E1017的5脚为准谐振检测控制端，根据输出TE002开关变压器初级电感及分布电容，适当地调整 RE027、RE028 的分压比，使 PWM 开关管在准谐振的谐振波形底部开始导通，可有效保护 QE003 开关管。

② 稳压工作　＋12V/3A 电源，一路经五端稳压器 N304（LM2576-5V）稳压为＋5M 电源输出；另一路经三端稳压器 NE501（SEN012N）、光电耦合器 N002 取样并进行反相放大后，反馈回 SMA-E1017 的 3 脚作为稳压信号，以自动调整 2 脚输出 PWM 脉宽，保证＋12V、＋14V、＋22V 输出稳定。

③ 过流保护　由 RE024、RE025 等组成，这两个电阻串联在开关管 QE003 的 S 极与地之间，对 QE003 开关管的工作电流进行取样。当小信号电路供电电源负载过重时，QE003 管的工作电流会过大，在 RE024、RE025 会形成电压，当此电压增大至使 SMA-E1017 的 4 脚电压达到门槛值 0.62V 时，会通知内部电路执行过流保护，停止 2 脚输出 PWM 脉冲，小信号电路供电电源停止工作。

经验　小信号电路供电电源中的易损件故障一般是大电流整流二极管 DE501 击穿，五端稳压器 LM2576 带载能力差，其他地方坏的比较少。

(6) 背光灯升压板供电电源

由电源模块 NE003 STR-W5667、开关变压器 TE003 等组成。这个电源输出功率约为 140W，把 PFC 电路输出的＋380V 变换为＋24V/6A。

资料　背光升压板供电电源的工作条件包括，STR-W5667 的 6 脚输入的启动电压达到 16V、1 脚输入＋380V 电源，这两者均来自 PFC 电路。

PFC 电路、小信号电路供电电源工作后，其工作电流流经 TE001 PFC 变压器初级，在其次级绕组输出较大幅度的脉冲，经 DE001、CE008、RE037、DE011 整流滤波形成的电压，提供给 STR-W5667 的 6 脚，当 6 脚电压达到启动阈值 16V，内部电路开始工作，在 1 脚形成高频高压开关脉冲，经 TE003 开关变压器降压后由各次级输出，再经 DE551、CD512 整流滤波形成＋24V 电压，提供给背光灯升压板。

同时，TE003 次级输出的脉冲，还经 RE031、DE009、CE024 整流滤波形成 22V 电压，提供 STR-W5667 的 6 脚，以取代 PFC 电路提供的启动电压作为 STR-W5667 的工作电压。因为背光灯升压板得到工作电压后，会启动液晶屏组件内的灯管开始工作，使 STR-W5667 工作电流增大，但 PFC 变压器次级启动电压功率并不能满足 STR-W5667 的正常工作需求。

稳压电路由光电耦合器 N004 等负责，对＋24V 输出取样后，反馈回 STR-W5667 的 7 脚，实现稳压功能。

过流保护由 STR-W5667 的 3、7 脚负责。当背光源负载过重时，STR-W5667 内 MOS 管导通时间增大，在 3 脚形成的方波，经 RE038、CE026 积分后，形成的电压增大至 STR-W5667 的 7 脚达到保护值，通知内部电路停止工作。

技巧　背光灯升压板供电电源无＋24V 输出，在测试 STR-W5667 的 1 脚＋380V PFC 供电正常时，需测试 6 脚的启动电压，低于 16V 不启动，高于 34V 则执行过压保护。遇这两种情况，均应先检查小信号电路供电电源的＋12V 电源及负载是否正常，因为此电压主要由 PFC 部分蓄能电感 TE001 的副线圈产生的感生电动势经 DE001 整流后提供，该 V_{cc} 的大小与小信号供电电源的负载成正比，当小信号电路不正常，该 V_{cc} 可能不正常，该背光灯电源也无法正常启动，这也保证了只有小信号电路正常工作，背光灯才能点亮的时序关系。

经验　①背光灯升压板供电电源故障率最高，易损件有电源厚膜 STR-W5667，CE027、RE039、RE038，RE031、RE032、DE009、DE511 也有损坏。如 STR-W5667 炸裂，RE039、CE027 烧坏，多是稳压 RE033、RE034、RE038 损坏导致的，如果更换上述器件后，+24V 输出电压高达 30V，一般是 SE024 稳压器损坏。

经验　TE003 开关变压器的硅钢片松动，会造成+24V 电压缓慢上升，但用手按住 TE003 硅钢片通电，+24 恢复正常。

5.1.2　海信 TLM3277 彩电的电源检修及数据

图 5-2 是海信 TLM3277 彩电电源板的检修流程。

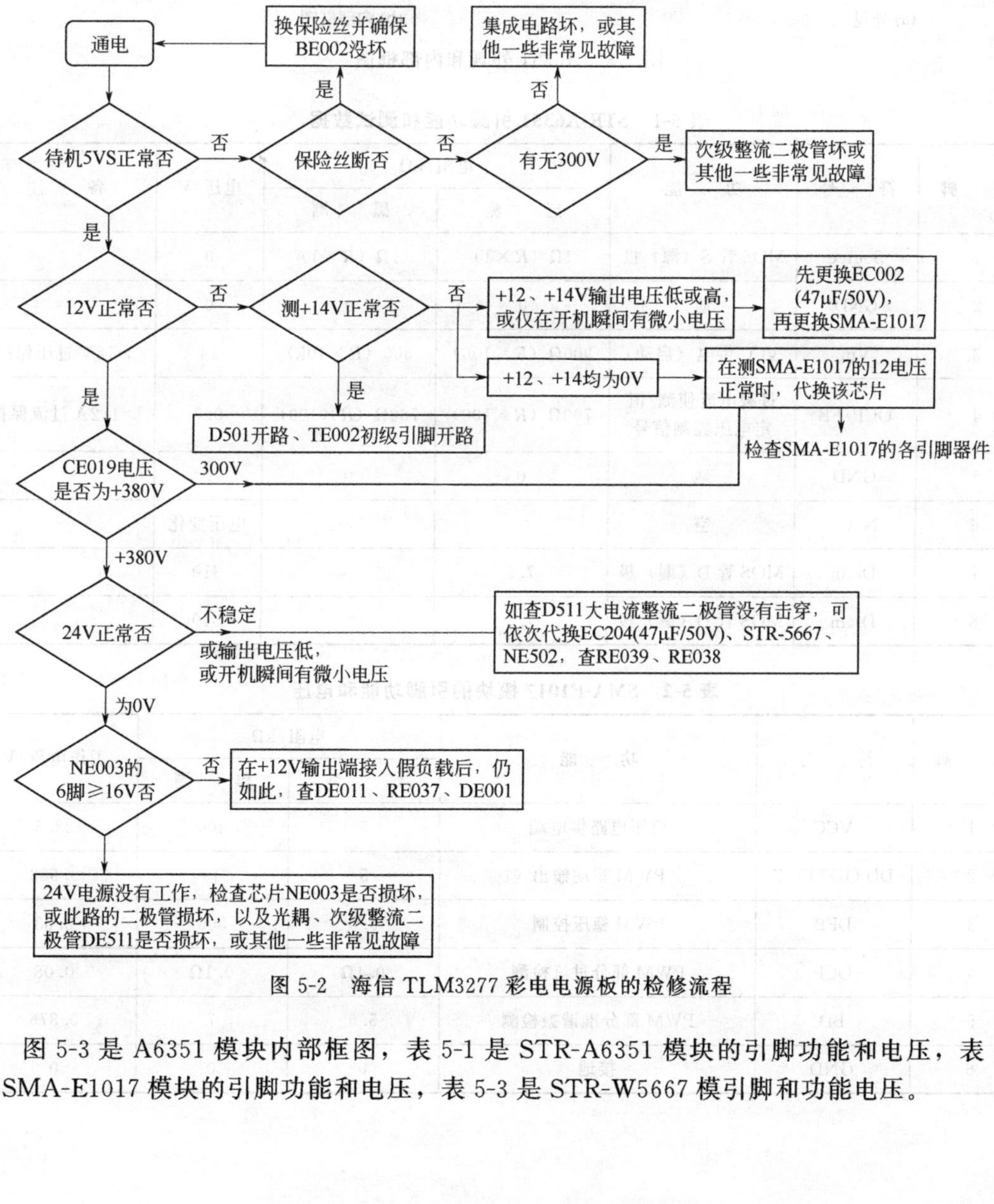

通电
换保险丝并确保BE002没坏
集成电路坏，或其他一些非常见故障
是
否
待机5VS正常否
否
保险丝断否
否
有无300V
是
次级整流二极管坏或其他一些非常见故障
是
12V正常否
否
测+14V正常否
否
+12、+14V输出电压低或高，或仅在开机瞬间有微小电压
先更换EC002(47μF/50V)，再更换SMA-E1017
+12、+14均为0V
在测SMA-E1017的12电压正常时，代换该芯片
是
是
D501开路、TE002初级引脚开路
检查SMA-E1017的各引脚器件
CE019电压是否为+380V
300V
+380V
24V正常否
不稳定
或输出电压低，或开机瞬间有微小电压
如查D511大电流整流二极管没有击穿，可依次代换EC204(47μF/50V)、STR-5667、NE502，查RE039、RE038
为0V
NE003的6脚≥16V否
否
在+12V输出端接入假负载后，仍如此，查DE011、RE037、DE001
24V电源没有工作，检查芯片NE003是否损坏，或此路的二极管损坏，以及光耦、次级整流二极管DE511是否损坏，或其他一些非常见故障

图 5-2　海信 TLM3277 彩电电源板的检修流程

图 5-3 是 A6351 模块内部框图，表 5-1 是 STR-A6351 模块的引脚功能和电压，表 5-2 是 SMA-E1017 模块的引脚功能和电压，表 5-3 是 STR-W5667 模引脚和功能电压。

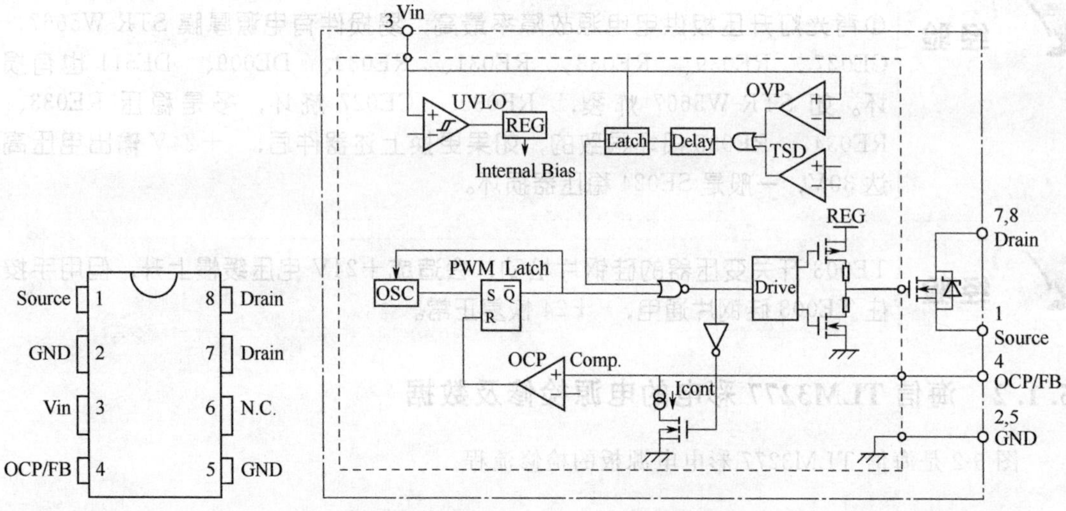
Source 1
GND 2
Vin 3
OCP/FB 4
8 Drain
7 Drain
6 N.C.
5 GND
3 Vin
UVLO
REG
Internal Bias
Latch
Delay
OVP
TSD
REG
7,8
Drain
1
Source
4
OCP/FB
2,5
GND
OSC
PWM Latch
S Q
R
Drive
OCP
Comp.
Icont

(a) 外观　　(b) 内部框图

图 5-3　A6351 外观和内部框图

表 5-1　STR-A6351 引脚功能和测试数据

引　脚	符　号	功　能	电阻/kΩ		电压/V	备　注
			红　测	黑　测		
1	Source	MOS 管 S（源）极	1Ω（R×1）	1Ω（R×1）	0	
2	GND	地	0	0	0	
3	Vin	VCC 供电（启动）	900Ω（R×100）	500（R×10k）	14	>18V 过压保护
4	OCP/FB	过载电流侦测/恒定电压控制信号	700Ω（R×100）	700Ω（R×100）	0.7	>1.2A 过流保护
5	GND	地	0	0	0	
6	N. C.	空	∞	∞	电压变化	
7	Drain	MOS 管 D（漏）极	7.5	∞	310	
8	Drain	MOS 管 D（漏）极	7.5	∞	310	

表 5-2　SMA-E1017 模块的引脚功能和电压

引　脚	符　号	功　能	电阻/kΩ		工作电压/V
			红　测	黑　测	
1	VCC	稳压电路供电端	5	400	22.5
2	DD OUTPUT	PWM 驱动输出	5	45	0.683
3	DFB	PWM 稳压控制	5.5	300	2.83
4	OCP	PWM 部分过流检测	0.1Ω	0.1Ω	0.08
5	BD	PWM 部分准谐振检测	5.5	7	0.876
6	GND	接地	0	0	0

续表

引 脚	符 号	功 能	电阻/kΩ		工作电压/V
			红 测	黑 测	
7	MULFP	PFC 部分正弦基准输入	5.7	30	1.939
8	COMP	PFC 部分相分补偿	6	9.5	1.662
9	PFB/OVP	PFC 部分电压反馈兼过压保护	6	28	4.19
10	CS	PFC 部分过流保护	0.1Ω	0.1Ω	0.03
11	ZCD	PFC 部分过零检测	9.5	12	3.23
12	Statup	启动	4.3	550	380
13	NC	空	—	—	—
14	NC	空	—	—	—
15	PFC OUTPUT	PFC 激励脉冲输出	6	40	1

表 5-3 STR-W5667 引脚和功能电压

引 脚	功 能	电阻/kΩ		电压/V	备 注
		红 测	黑 测		
1	内接 MOS 管 D 极	95Ω（$R\times10$）	40	380	
2	空	—	—	—	
3	内接 MOS 管 S 极	0.33Ω（$R\times10$）	0.33Ω（$R\times10$）	28mV	
4	空	—	—	—	
5	地	0	0	0	
6	VCC 供电（启动）	110Ω（$R\times10$）	∞	21.7	>26.5V 过压保护
7	稳压反馈/过流保护	170Ω（$R\times10$）	700Ω（$R\times100$）	1.29	>1.5A 过流保护

5.2 TCL A71-P 系列液晶电视机电源板维修

TCL A71-P 系列液晶电视机包括：LCD27A71-P/CM2、LCD27A71-P、LCD77A71。

图 5-4 是 TCL A71-P 液晶彩电的电源板电路图。采用 NCP1650 功率因数校正模块，NCP1377 为 12V 电源控制芯片，NCP1217 是 24V 电压电源控制芯片，LM393 电压比较器负责 PFC 电路输出电压高低段切换。

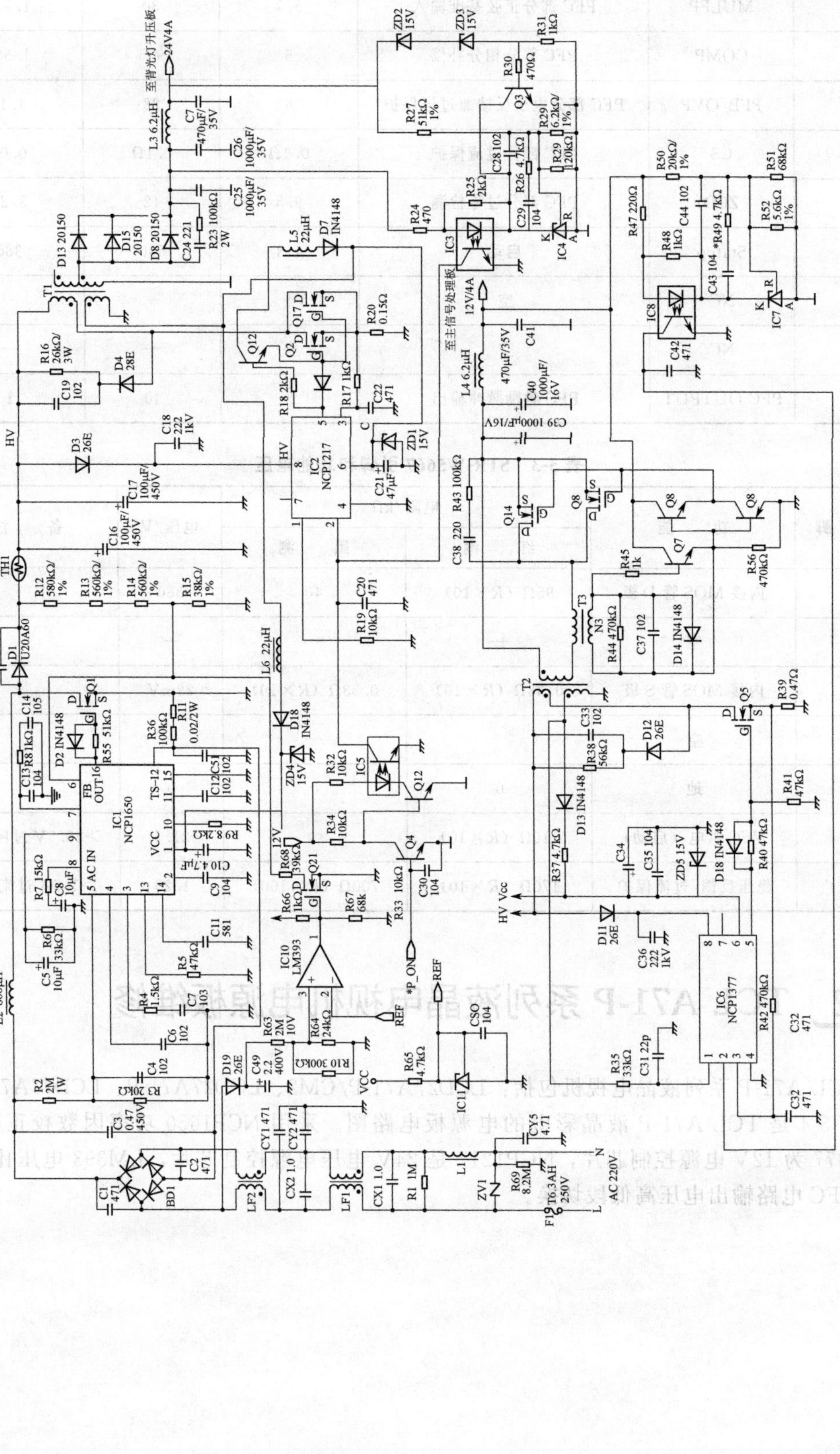
至背光灯升压板
24V4A
至主信号处理板
12V/4A
IC1
NCP1650
IC2
NCP1217
IC3
IC4
IC5
IC6
NCP1377
IC7
IC8
IC10
LM393
IC11
T1
T2
T3
BD1
TH1
AC 220V
F1 T6.3AH 250V
L2 600μH
L3 6.2μH
L4 6.2μH
L5 22μH
L6 22μH
LF1
LF2
HV
HV Vcc
REF
*P_ON
VCC

图 5-4 TCL A71-P液晶电视机开关电源电路

5.2.1 TCL A71-P 系列电源的工作原理

(1) 220VAC 消干扰及桥式整流

220VAC 电源经 F1、R1、L1、CX1、LF1、CX2、CY1、CY2、LF2 传输并滤除电磁干扰后，送到 BD1 进行桥式整流后，经 C3 滤波为脉动直流电压。由于滤波电路电容 C3 储能较小，所以在负载较轻时，经整流、滤波后的电压为 310V 左右；在负载较重时，经整流、滤波后的电压为 230V 左右。

经验 ZV1 压敏电阻负责电网电压过高保护，平时呈现无穷大阻值，但当电网电压超过 265V 时，内部材料击穿炭化导通，产生很大的电流，把前面的 F1 保险管熔断。实修时遇有 ZV1 炸、裂、有黑炭点则可肯定已击穿。此时，需粗略测试 DB1 桥式整流器、 C16 最大体积电容极间电阻，如无击穿现象更换 F1、 ZV1 即可。

(2) PFC 功率因数校正及输出电压段切换

以 NCP1650 为中心组成功率因数校正电路，以 LM393 为中心组成 PFC 电路输出电压段切换电路。

① PFC 电路 BD1 桥式整流器输出的脉动直流电压，一路经 R2、R3 分压提供给 NCP1650 的 5 脚作为交流电压整流输入，通过内部电路对 3、4 脚外接电容 C6 和 C7 充电，形成交流参考电压、交流参考补偿信号；另一路 PFC 经电感 L12、升压二极管 D1、TH1 热敏电阻、大电解电容 C16 和 C17 等滤波后，提供给开关变压器 T1 的初级并在其次级形成感应电压，经 L6、D18、C10、ZD4 整流滤波形成 VCC，提供给 NCP1650 的 1 脚工作电压输入端/欠压保护检测。

当 NCP1650 的 1 脚电压在允许范围内，就启动内部电路开始工作，并根据 5、6 脚电压值由 16 脚输出的相应占空比的 PFC 脉冲，控制 Q1 轮流导通/截止比例时间，使 D1、C16 对桥式整流器输出的脉动直流电压进行相应比率的升压整流滤波，形成 HV（+380V 或+260V）电压，提供给背光灯升压板供电电源；当 NCP1650 的 1 脚≤10.5V 时，执行欠压保护。

NCP1650 的 6 脚是输出电压反馈/欠压检测输入，通过 R12+R13+R14、R15，对 PFC 电路输出的 HV（高压）取样，平时按反方向自动调整 16 脚脉宽，以实现稳定功能。但当 6 脚≤0.75V，执行掉电保护，停止 16 脚输出，PFC 电路停止工作，进而停止背光灯升压板供电电源的工作。

经验 ①Q1 PFC 管易击穿，把 F1 保险管熔断，有的还把 R11（0.02Ω/2W）限流电阻烧坏， Q1 击穿的主要原因多是自身质量问题，少数是升压电感 L2 内部短路、 IC1 NCP1650 损坏。②如 C16 两端电压为+300V 左右，说明 PFC 电路没工作，需检查 IC1 NCP1650 的 1 脚 VCC 电压、 5 脚交流电压输入电压、 13 脚外接电阻 R5、 14 脚外接电容 C11。

② PFC 电路工作电压段切换电路 此电路由 D19、LM339、Q21 等组成。220VAC 电源由 D19 整流、CE49 滤波变换为相应的直流电压，经 R63、R64/R10 分压，提供给 LM339 的 3 脚作为电网电压取样电压值。此电压与 2 脚的基准电压（由 12V 电源电路产生 VCC 经 R65、IC11 稳压产生）比较后，确定 1 脚输出电压高低，来控制 Q21 管的工作状态，以控制 NCP1650 的 6 脚反馈端电压高低，从而控制其 16 脚输出 PFC 控制脉冲占空比，控制

PFC 升压电路的升压比例，达到控制 PFC 输出电压段的目的。

当电网电压为 90～132VAC 时，LM339 的 3 脚电压低于 2 脚基准，内比较器导通，其 1 脚输出低电平，Q21 截止，不影响 NCP1650 的 6 脚电压（此时为最高值），使 16 脚输出的 PFC 控制脉冲占空比大，Q1 PFC 管在每个周期的导通时间长、截止时间短，BD1 桥式整流器输出的＋300V 通过 L1 PFC 变压器、D1 对 C16 充电时间长，PFC 电路升压比例大（200％左右），在 C16 两端形成约＋260V 电压。

当电网电压为 180～264VAC 时，LM339 的 3 脚电压高于 2 脚，内比较器截止，其 1 脚输出高电平，Q21 导通，其 D 极为低电压，把 NCP1650 的 6 脚电压拉低，使 16 脚输出的 PFC 控制脉冲占空比小，Q1 PFC 管在每个周期的导通时间变短、截止时间变长，BD1 桥式整流器输出的＋300V 通过 L1 PFC 变压器、D1 对 C16 充电时间短，PFC 电路升压比例小（125％），在 C16 两端形成约＋380V 电压。

(3) 12V 电源

由 NCP1377 电源模块、T2 开关变压器、T3 自驱动变压等组成。只要接通电源，这个电源就会工作，把 PFC 电路输出的 HV 电压（＋380V 或＋260V），变换为＋12V 提供主信号处理板。

① 12V 电源电路的启动工作　PFC 电路输出的 HV 电压，通过 D11 提供给电源模块 NCP1377 的 8 脚，经由内部的 4mA 恒流源给 6 脚的 C34 充电，当充电至 6 脚电压达 12.5V 左右时，启动内部 PWM 控制电路开始工作，由 5 脚输出 PWM 脉宽调制波形，此时 4mA 的恒流源关断，由变压器 T2 的次级绕组对 C34 充电。

NCP1377 的 5 脚输出的 PWM 脉冲，经 Q5 放大、T2 降压升流后由次级输出，送 Q6 和 Q14 MOS 管、T3 变压器、Q7～Q9 构成的并联同步整流电路（属于变压器次级绕组提供自我驱动信号方式），进行半波整后形成＋12V/4A 电源。

T3 变压器用于实现并联同步整流电路的自驱动。其初级有电流流过时会在次级产生驱动电压，经 Q7、Q8、Q9 组成的推挽缓冲级加在 Q16、Q14 的 G、S 极间，控制这两个管的工作状态。

② 12V 电源的稳压　＋12V/4A 经 R50、R51 分压取样，通过 IC7 三端稳压器，送 IC8 光电耦合器放大后，反馈回 NCP1377 的 2 脚，以自动调整 5 脚 PWM 脉宽，实现稳压控制。

③ 过流/过压保护　NCP1377 的 3 脚为过流检测端，当开关管 Q5 的电流过大时，流经开关管 Q5 源极电阻 R39 两端的取样电压增大，使 NCP1377 的 3 脚的电压增大。当 3 脚电压增大到阀值电压时，关断 5 脚 PWM 输出，进入安全的脉冲模式，以防止芯片重新启动。当电流恢复正常，芯片能自动恢复到原正常的工作状态。

变压器重启动检测是通过辅助绕组连接到 NCP1377 的 1 脚检测端来完成的，同时该脚具有快速过压保护功能。一旦检测到过压情况，芯片锁定 5 脚驱动信号的输出，过压取样时间为 4.5μs。

经验　Q5 易击穿，把 F1 保险管熔断、 R39 烧坏（一定要拆下仔细测试阻值是否为 0.47Ω），应同时更换上述损坏器件，多数故障排除，少数会再出现击穿 Q5 的现象。对于后者，需依次检查 NCP1650，负责保护 Q5 的 R38、D12、 C33，稳压电路中的 R50、 IC7、 IC8。

经验　T1 变压器次级 1 绕组引脚处易开路，引起＋12V 无输出。

(4) 24V电源电路

由电源模块NCP1217、开关管Q2和Q17、开关变压器T1等组成。PFC电路输出的HV电压，通过D3加到NCP1217的8脚，启动内部电路工作由5脚输出PWM脉冲，通过Q2和Q7放大、T1降压由各个次级输出。

T1右侧次级输出的脉冲，经D8、D13、D15、C26整流滤波形成+24V/4A电源。

T1左侧次级输出的脉冲，一路经L5、D7、C21、ZD1整流滤波及稳压，反馈回NCP1217的6脚，作为过压保护信号；另一路经L6和D18整流反馈给PFC电路中的NCP1650的1脚，以背光灯电源异常通知PFC电路停止工作。

NCP1217的2脚是开/待机控制兼稳压双功能脚，输入由光电耦合器IC、稳压器IC4、三极管Q3、ZD3、ZD2等对24V输出电压取样信号。

R20、R17负责过流保护。

经验 Q2、Q17不良，造成+24V输出电压仅为3.7V，引起背光灯不亮，屏幕上仅有暗图像。

(5) 开/待机控制

这部分电路用于控制+24V电源电路的工作。待机状态，主信号处理板输出的P-ON信号为低电平，Q4截止C极输出高电平，Q12导通C极输出低电平，光电耦合器IC2导通，NCP1217的2钳位于低电平，强迫NCP1217停止工作，+24V电源停止工作。

开机后，P-ON为高电平，Q4饱和导通，使Q12及IC2截止，不影响NCP1217电源模块的工作，+24V电源正常工作。

5.2.2 TCL A71-P系列开关电源维修精要

(1) 电源模块框图和引脚功能

① NCP1650模块 图5-5是NCP1650模块的内部框图。NCP1650引脚功能和资料见表5-4。

表5-4 NCP1650引脚功能

引脚	符号	功能	电压/V
1	V_{CC}	电源输入。最大值18V、典型值14V，≤10.5V时进行欠压保护	12
2	V_{ref}	6.5V参考电压管理输出	6.5
3	AC COMP	交流电压补偿	0
4	AC REF	交流电压参考	0
5	AC INPUT	交流电压整流输入	2
6	FB/SD	反馈关闭。典型值4V，≤0.75V进行掉电保护	4
7	LOOP COMP	电压校准环路补偿	4.5
8	P_{comp}	最大功率环路的补偿	0
9	P_{max}	最大功率限定	0
10	I_{avg}	平均电流，用于滤除瞬间电流的高频成分	0
11	$I_{avg\ fltr}$	滤波电容	0
12	I_{s-}	负极性电流检测输入	0

续表

引　脚	符　号	功　能	电压/V
13	RAMP COMP	斜波补偿	0
14	C_T	内部晶体振荡的时序电容	2
15	GND	地	0
16	OUTPUT	驱动脉冲输出	0

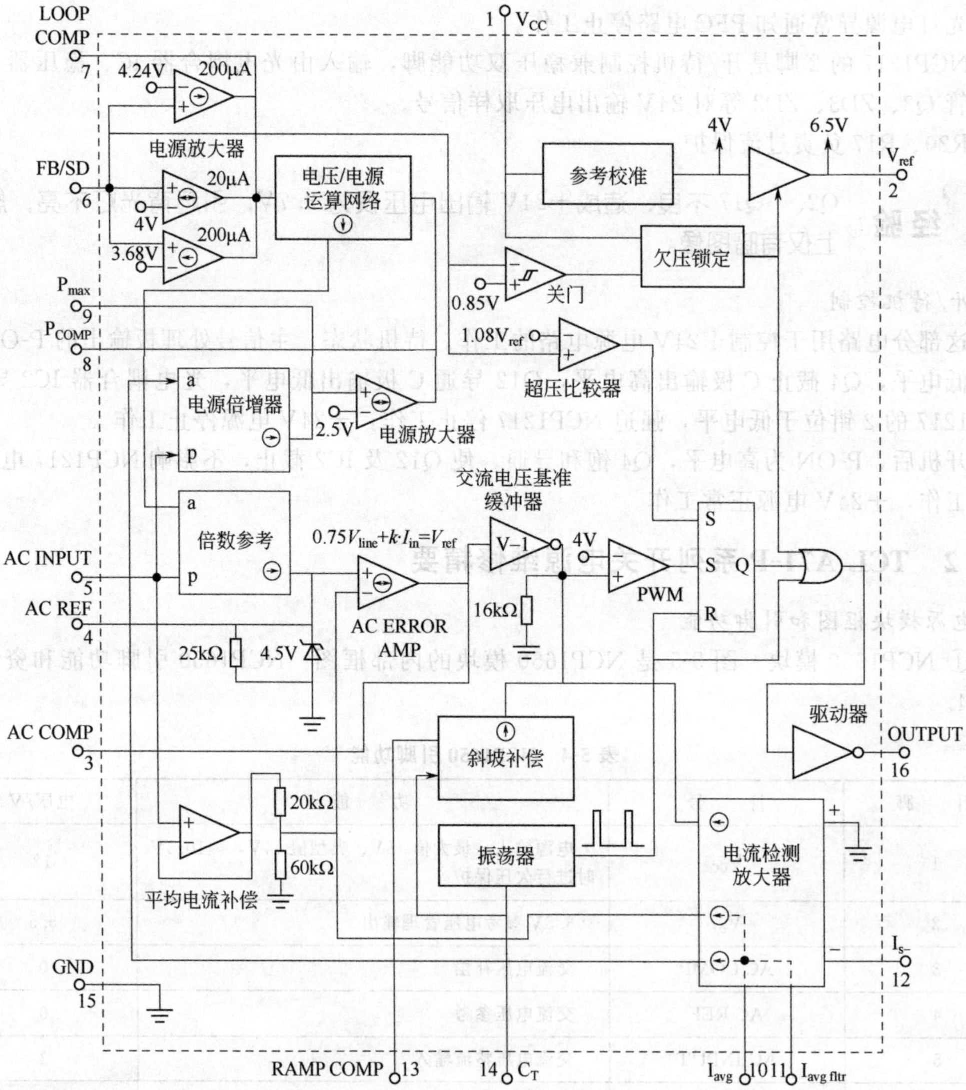

LOOP COMP
7
4.24V
200μA
电源放大器
FB/SD
6
20μA
4V
200μA
3.68V
电压/电源
运算网络
1 V_{CC}
参考校准
4V
6.5V
V_{ref}
2
欠压锁定
0.85V
关门
P_{max}
9
P_{COMP}
8
$1.08V_{ref}$
超压比较器
a
电源倍增器
p
2.5V
电源放大器
交流电压基准
缓冲器
a
倍数参考
p
$0.75V_{line}+k·I_{in}=V_{ref}$
V−1
4V
S
S Q
R
PWM
AC INPUT
5
AC REF
4
AC ERROR
AMP
16kΩ
25kΩ
4.5V
AC COMP
3
斜坡补偿
驱动器
OUTPUT
16
20kΩ
60kΩ
平均电流补偿
振荡器
电流检测
放大器
I_{S-}
12
GND
15
RAMP COMP 13
14 C_T
I_{avg}
1011
$I_{avg\ fltr}$

图 5-5　NCP1650 PFC 模块内部结构

NCP1650 功率因数校正芯片属于固定频率、平均电流式脉宽调制器，工作频率 25～250kHz，功率因数可达 0.95～0.99。该芯片特点如下。

a. 宽电压范围。可对 85～265V、50Hz 或 60Hz 交流电源系统的功率因数进行自动校正。

b. 电源欠压保护。

c. 掉电保护。

d. 输出电压过压保护，最大输入功率限制。

e. 线电流及瞬态电流限制。

f. 软启动等功能。

② NCP1377 电源模块　图 5-6 是 NCP1377 内部框图。NCP1377 模块的引脚功能见表 5-5。

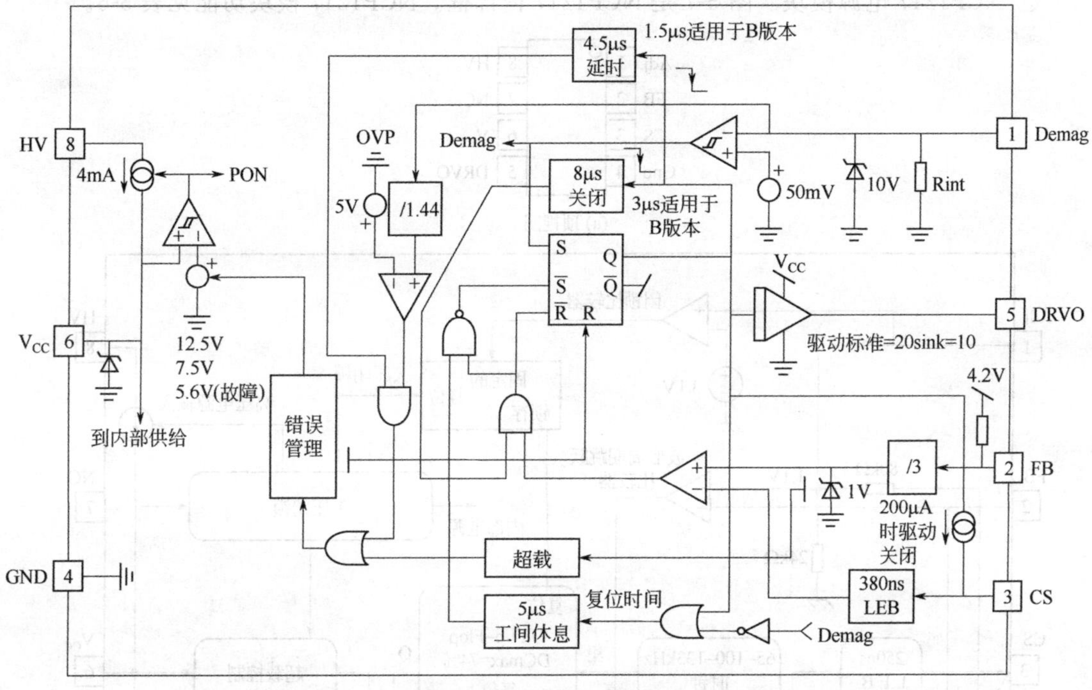

4.5μs 延时
1.5μs适用于B版本
HV 8
4mA
PON
OVP
5V
/1.44
Demag
8μs 关闭
3μs适用于 B版本
1 Demag
50mV
10V
Rint
S Q
S Q
R R
Vcc
5 DRVO
驱动标准=20sink=10
Vcc 6
12.5V
7.5V
5.6V(故障)
到内部供给
错误 管理
4.2V
/3
2 FB
1V
200μA 时驱动 关闭
超载
GND 4
380ns LEB
3 CS
5μs 工间休息
复位时间
Demag

图 5-6　NCP1377 内部框图

表 5-5　NCP1377 引脚功能

脚　号	符　号	功　能	电压/V	备　注
1	Demag	变压器启动检测和过压保护反馈输入。间断动作，内置 7.2V 过电压检测标准	0.8	达到 7.2 V 执行保护
2	FB	电压反馈输入，实现稳压功能	0.23	
3	CS	电流反馈输入和跳变周期选择	0.07	
4	GND	地	0	
5	DRVO	驱动脉冲输出	2.02	
6	V_{CC}	控制电路电源供电端	15	
7	NC	空脚，增强 6～8 脚绝缘	—	
8	HV	高压接入端	—	

NCP1377 采用开关频率固定为 100kHz 的电流型调制器和退耦检测器。在加载和空载情况下具有最小的控制漏极开/关切换驱动能力。由于它固有的跳变周期模式，当电源需要回落到低电平时控制器进入脉冲模式。该芯片特点如下。

a. 自激边界模式的准共振运行。

b. 过压保护锁定。

c. 7.5～12.5V 欠压锁定

d. 自动恢复短路保护。

e. 过热关闭功能。

f. 可调整的跳变周期式的电流模式。

g. 内部 1μs 延迟软启动。

h. 内部引导脉冲消隐。

③ NCP1217 电源模块　图 5-7 是 NCP1217 内部框，NCP1217 模块功能见表 5-6。

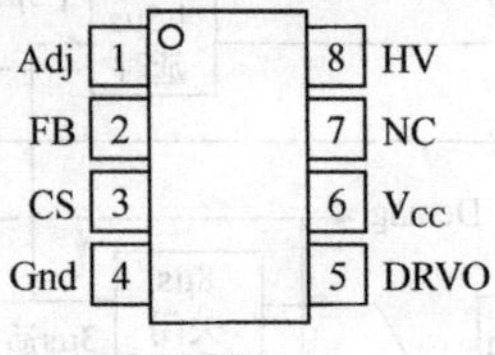

Adj 1
FB 2
CS 3
Gnd 4
8 HV
7 NC
6 V_{CC}
5 DRVO

(a) 顶视图

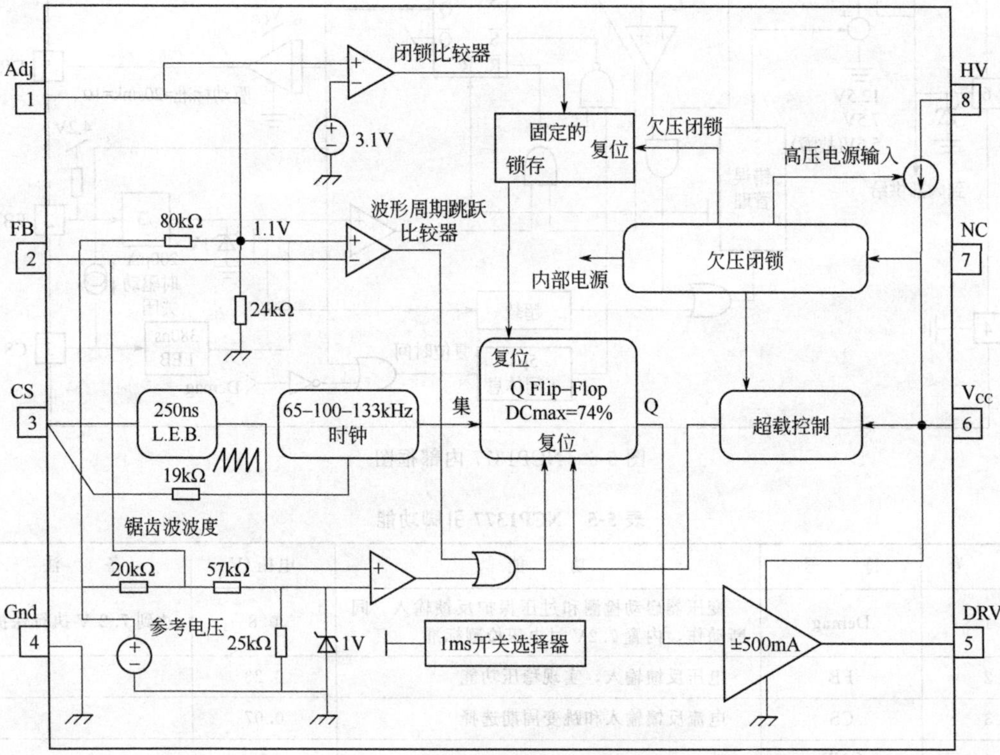

Adj
1
FB
2
CS
3
Gnd
4
HV
8
NC
7
V_{CC}
6
DRVO
5
闭锁比较器
3.1V
固定的
锁存
复位
欠压闭锁
高压电源输入
波形周期跳跃
比较器
80kΩ
1.1V
24kΩ
欠压闭锁
内部电源
250ns
L.E.B.
65–100–133kHz
时钟
集
复位
Q Flip–Flop
DCmax=74%
复位
Q
超载控制
19kΩ
锯齿波波度
20kΩ
57kΩ
参考电压
25kΩ
1V
1ms开关选择器
±500mA

(b) 内部框图

图 5-7　NCP1217 顶视图和内部框图

表 5-6　NCP1217 引脚功能

脚　　号	符　　号	功　　能
1	Adj	峰值电流起跳控制调整
2	FB	峰值电压设置，外接光电耦合器
3	CS	电流检测输入
4	Gnd	控制电路接地
5	DRVO	驱动脉冲输出
6	V_{CC}	芯片电源
7	NC	空脚，增强 V_{CC} 与 HV 之间绝缘
8	HV	高压启动端

NCP1217是小规格PWM控制器，适用于高电源交流-直流电源适配器，也可作为离线电池充电器。其特点如下。

a. 电流模式，支持单圈可调跳跃循环性能。

b. 具有欠压锁定和过载保护等功能。

c. 具有可调跳跃周期能力的电流模式。

d. 内置斜波补偿。

e. 自动恢复的内部输出短路保护。

f. 全部闭锁条件Adj调整脚输入高电压。

g. 很低的无负载待机功耗。

h. 内部温升报警信号。

i. 500mA峰值电流容量。

j. 固定频率版本在65kHz、100kHz和133kHz。

k. 直接光耦合器连接。

l. 内部前沿内部关闭。

m. 积体电路模拟模式有效地对AC瞬变现象分析。

(2) 常见故障检修流程

TCLA71-P系列电源板上的易损件主要是大功率晶体管、保险管、C16和C17大电解电容。另外NCP1217电源模块易出现虚焊现象。

图5-8是电源无输出保险管好的检修流程，图5-9是电源无输出保险管熔断的检修流程，图5-10是电源灯亮不开机故障检修流程。

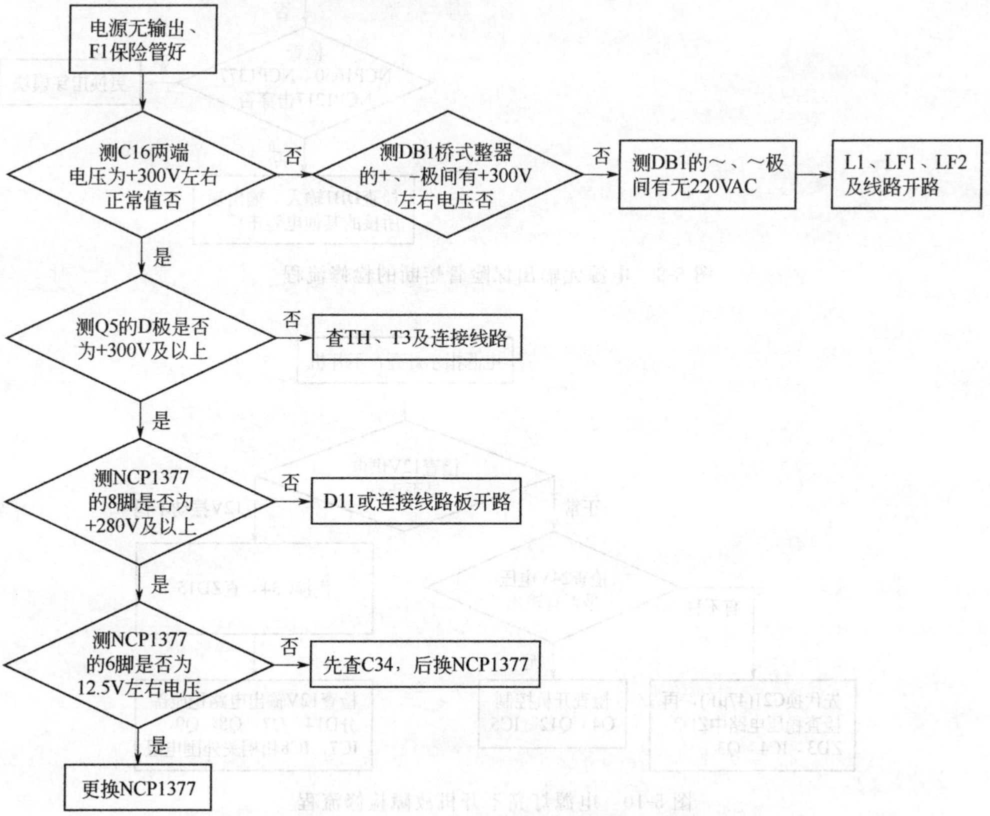
电源无输出、F1保险管好
测C16两端电压为+300V左右正常值否
否
测DB1桥式整器的+、-极间有+300V左右电压否
否
测DB1的～、～极间有无220VAC
L1、LF1、LF2及线路开路
是
测Q5的D极是否为+300V及以上
否
查TH、T3及连接线路
是
测NCP1377的8脚是否为+280V及以上
否
D11或连接线路板开路
是
测NCP1377的6脚是否为12.5V左右电压
否
先查C34，后换NCP1377
是
更换NCP1377

图5-8 电源无输出保险管好的检修流程

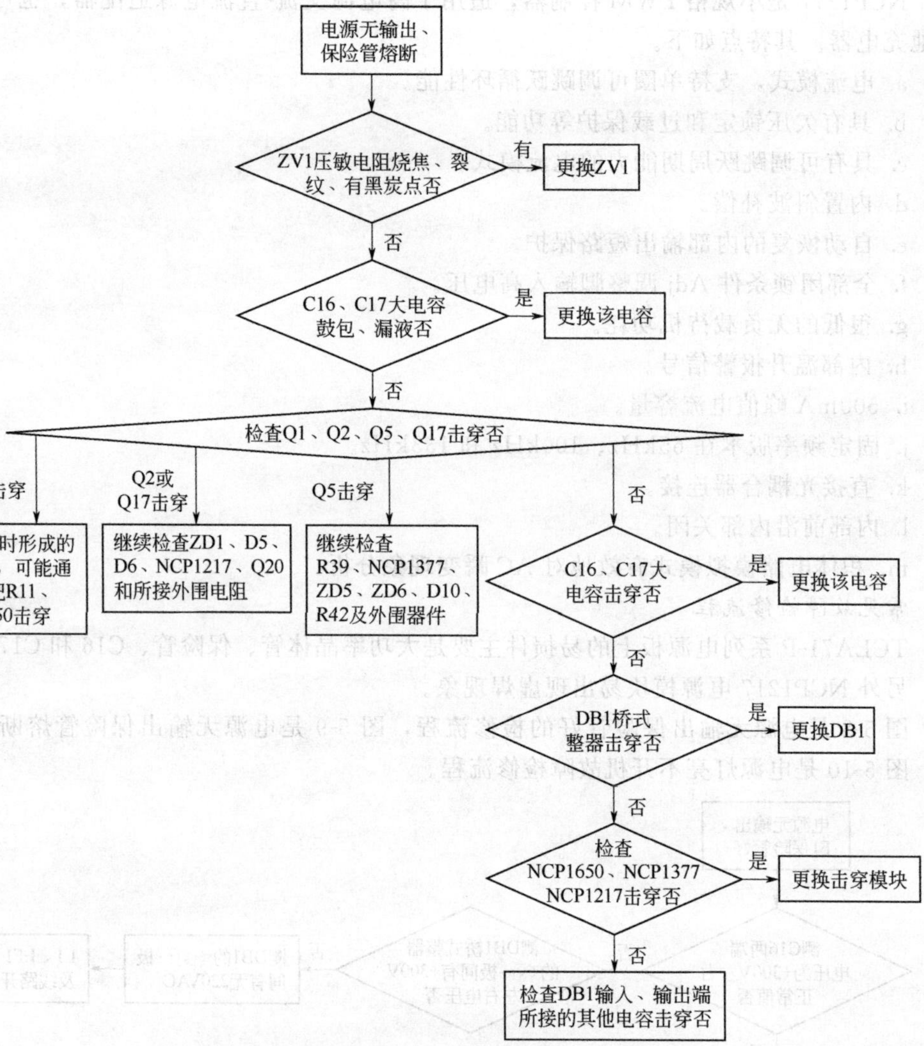
电源无输出、
保险管熔断
ZV1压敏电阻烧焦、裂
纹、有黑炭点否
有
更换ZV1
否
C16、C17大电容
鼓包、漏液否
是
更换该电容
否
检查Q1、Q2、Q5、Q17击穿否
Q1击穿
Q2或
Q17击穿
Q5击穿
否
Q1击穿时形成的
高电压，可能通
过S极把R11、
NCP1650击穿
继续检查ZD1、D5、
D6、NCP1217、Q20
和所接外围电阻
继续检查
R39、NCP1377、
ZD5、ZD6、D10、
R42及外围器件
C16、C17大
电容击穿否
是
更换该电容
否
DB1桥式
整器击穿否
是
更换DB1
否
检查
NCP1650、NCP1377
NCP1217击穿否
是
更换击穿模块
否
检查DB1输入、输出端
所接的其他电容击穿否

图 5-9 电源无输出保险管熔断的检修流程

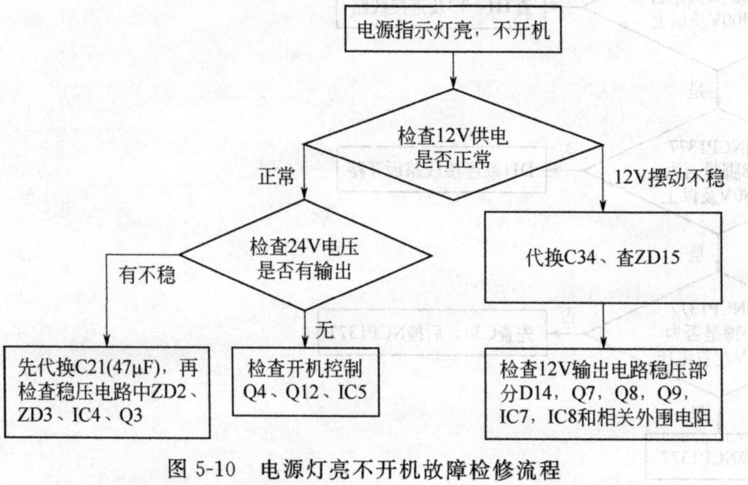
电源指示灯亮，不开机
检查12V供电
是否正常
正常
12V摆动不稳
检查24V电压
是否有输出
代换C34、查ZD15
有不稳
无
先代换C21(47μF)，再
检查稳压电路中ZD2、
ZD3、IC4、Q3
检查开机控制
Q4、Q12、IC5
检查12V输出电路稳压部
分D14，Q7，Q8，Q9，
IC7，IC8和相关外围电阻

图 5-10 电源灯亮不开机故障检修流程

例 1 24V 输出电压不稳定，测 Q2 开关管 D 极为＋390V 正常值，查稳压电路中各器件，结果是 ZD2、ZD3 损坏。

例 2 不开机且 12V 输出在 6V 左右摆动，查 NCP1377 的 2 脚外接稳压电路各器件，发现 12V 取样下拉电阻 R52 开路。

例 3 空载输出电压正常，开机屡烧 L6、D18、ZD4。按电路分析，这三个器件是背光灯供电电源过压保护，怀疑背光灯供电电源输出电压过高，但空载测 NCP1217 的 6 脚电压正常，这个电压与 L6、D18 的电压来自一路，由此说明背光灯电源输出电压正常。只好扩大检修范围，再检查 PFC 电路，发现 C16、C17（100μF/450V）＋380V 滤波电容两端负极不通，导致 ZD4 接地不良使其稳压值增大，引起本机现象。对 C16、C17 负极电路进行检查，结果是这两个电容的过孔地出现的问题，修复后，故障排除。

例 4 24V 无输出，12V 输出正常。因 24V 背光灯供电电源的工作受控于开/待机控制电路。所以，先测 P-ON 开/待控制信号为高电平正常值，但 NCP1217 的 2 脚却为待机控制值。经查为 IC5 损坏。

例 5 空载 12V 摆动，加载假负载后下降为 4～5V。根据经验，测 NCP1377 的 2 脚稳压、6 脚供电电压，后者在 10V 左右摆动，经查为 D13 损坏。

5.3 厦华液晶电视机 37HU 电源板维修

图 5-11 是厦华液晶电视机 37HU 电源板电路图，采用 1653A＋L6599D＋SRT-A6159M 电源模块组合模式。STR-1653A 是 PFC 电路模块，L6599D 是主电源模块，STR-A6159M 是小信号电源模块。

5.3.1 厦华彩电 37HU 电源板的工作原理

这个电源的工作时序为：桥式整流滤波→小信号电路供电电源→开/待机控制→PFC 电路→背光灯升压板供电电源。

(1) 桥式整流滤波电路

220VAC 电源，经 FU501 保险管传输，L502、C502、R501、R502、L501 等组成的 EMI 电路，滤除来自电源的各种电磁干扰信号后，送 D501 桥式整流器整流形成脉动直流电压，经 C509、L503、C510 组成的 π 形波器滤波，得到＋310V 的脉动直流电压。

(2) 小信号电路供电电源

小信号供电电源电路由 N502 STR-A6159M 电源模块、T502 开关变压器等组成。负责把＋300V 电压变换为＋3.3V（待机电压）、＋5V、＋9V、＋32V，提供给主信号处理板。只要电源板接通电源，这个电源就工作，不受开/关机电路控制。

桥式整流电路输出＋300V（或 PFC 电路升压形成的＋380V）电压，一路经开关变压器 T502 的⑥、①初级绕组加到 N502 STR-A6159M 的 7、8 脚内部开关管的 D 极；另一路送 STR-A6159M 的 5 脚作为启动电压。当上述两个电压符合要求时，STR-A6159M 具备工作条件，开始振荡在 7、8 脚形成高频开关脉冲，再经 T502 降压由各个次级绕组输出。

T502 的 3 脚输出的脉冲，经 D509 整流、C531 滤波，形成＋18.3V 电压，除经 R524 提供给 STR-A6159M 的 2 脚作为内部稳压电路的工作电压外，还经 R528 对 V504 的发射极提供 18.3V 电压，作为开/待机控制电路的工作电压之一。

T502 的 8 脚输出的开关脉冲，经 R550 限流、D513 整流、C542 滤波形成＋32V 电压，

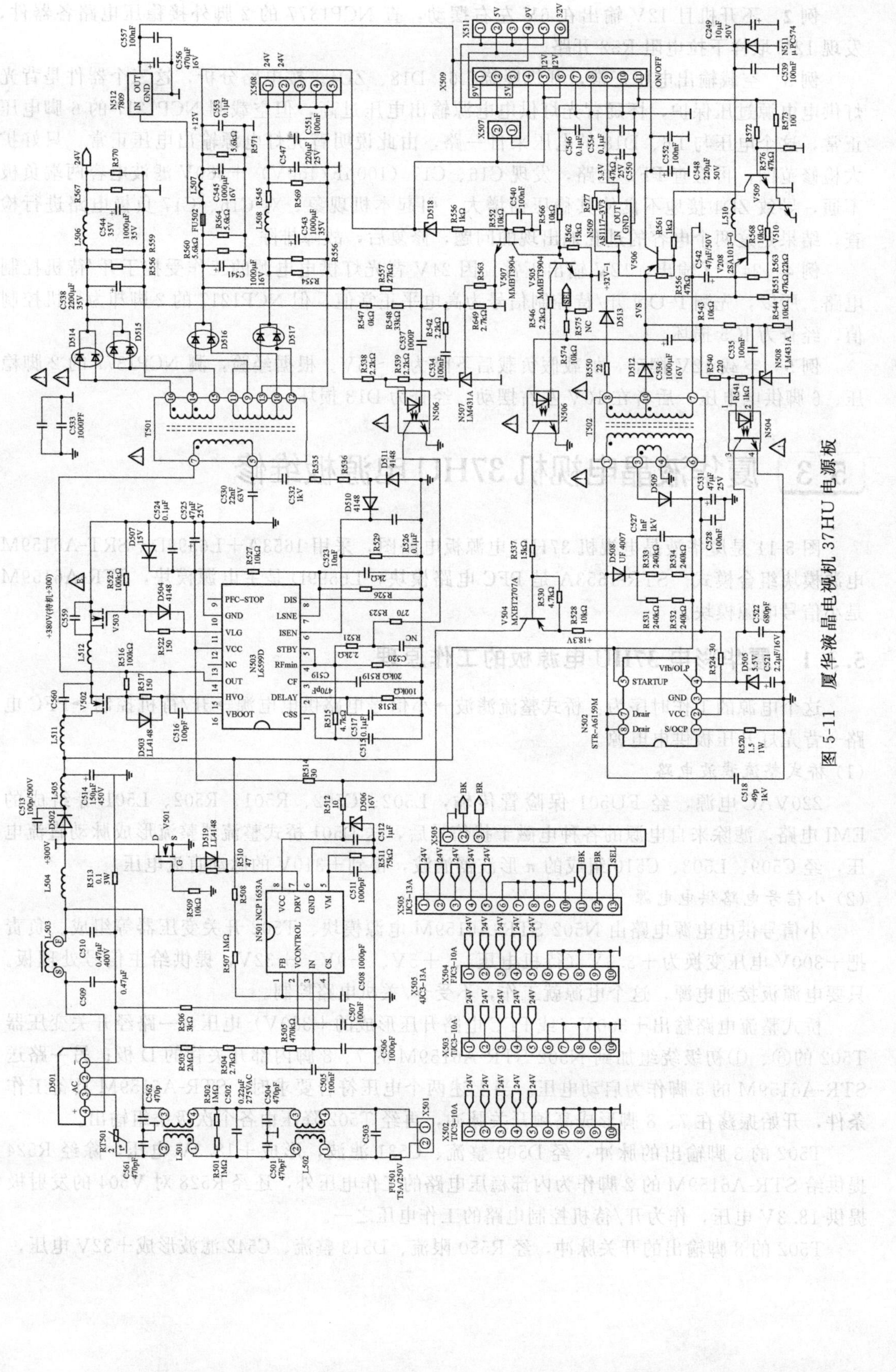

图 5-11 夏华液晶电视机 37HU 电源板

在 V508 导通的状态下，通过插头 X511 的 11 脚，提供给主信号处理板上的高频调谐器。

T502 的 10 脚输出的开关脉冲，经 D512 整流、C536 滤波形成+5V 待机电压，一路在 V506 导通的情况下形成+5V 电压提供给 X511 插头的 2 脚，对主信号处理板上小信号电路供电；另一路送 AS1117-3V3 三端稳压器调整后为+3.3V，作为待机电源，通过插头 XS509 的 9 脚提供给主信号处理板上的 CPU。

N504 光电耦合器及左右所接器件负责稳压，对输出的 5V 电源取样后，反馈回 STR-A6159M 的 4 脚；D508、R531～R534、C527 组成高压消尖峰电路，用于保护 STR-A6159M 内的开关管；R502 是过流保护电阻。

资料 这个电源的启动振荡的工作条件，包括 STR-A6159M 的 7 和 8 脚内接 MOSFET 管 D 极、 5 脚启动脚得到+300V 及以上电压；这个电源启动振荡的表现是下列任意一个：电压输出端有电压（包括开机瞬间有微小的电压就落到 0V）；这个电源输出电压高是振荡频率过高造成的；这个电源所有输出电压均低，可能是由击穿过流造成负载过重引起，也可能是稳压电路有问题。

经验 STR-A6159M 易损坏，引起不通电。另外，雷击也易把 STR-A6159M 击穿，有的还把 1 脚的 R520、 2 脚的 R524 烧坏。

(3) 开/待机控制

X509 插头的 11 脚输入来自主信号处理板的开/待机控制信号。当 X509 插头的 11 脚为低电平时，V505、V509、V510 截止。V509 截止使 V506 截止，停止对 X511 的 5 脚输出+5V 电源；V510 截止使 V508 截止，停止对 X511 的 6 脚输出+32V 电源；V505 截止使光电耦合器 N506 截止，令 V504 截止，切断 18.3V 电源传输，1653A 的 8 脚和 L6599D 的 12 脚得不到 18.3V 工作电压，这两个模块不工作，PFC 电路和 24V 电源则不工作。

当 X509 的 11 脚为高电平时，V505、V509、V501 导通。后两者导通分别使 V506、V508 导通，通过+5V、+32V 提供给 X511 插头；V505 导通使 N506 导通，令 V504 导通，其 E 极输入的 18.3V 通过后由 C 极输出，分别通过 R512、R514 提供给 1653A 的 8 脚、LC6599D 的 12 脚，启动这两个模块开始工作，PCF 电路和+24V 电源电路可以工作。

经验 在 X509 的 11 脚 ON/OFF 端与+5VS（D512 负极）之间接入一只几千欧的电阻，可对电源板模拟输入开机信号。

(4) PFC 功率因数电路

PFC 电路由 NCP1653A PFC 模块、V501 开关管等组成。

PFC 电路的工作条件为：NCP1653A 的 8 脚输入 15V 电源，且 3 脚电网电压检测值大于 2.5V 时，就启动工作，由 7 脚输出激励脉冲，控制 V501 大功率管轮流导通/截止，PFC 电路工作，桥式整流器输出的+300V 脉动直流电压升压为+380V，提供给 24V 电源电路。

NCP 1653A 的 1 脚反馈端输入 PFC 电路输出取样电压，以自动调整 7 脚输出激励脉冲宽度，保证 PFC 输出电压的稳定；2 脚电流检测端输入整机电流取样信息，并在过流时实施保护。

(5) 主电源电路

开机状态下，由小信号电路供电电源对 L6599D 的 12 脚输入 18.3V 电压，启动内部的振荡器等电路工作，由 11、15 脚输出一对相位相差 180 度的 PWM 脉冲，轮流控制 V503、V502 大功率管导通/截止，在 V502 的 S 极形成高频开关脉冲，经 T501 开关变压器降压后由各个次级输出，分别经 D514、D515、D517 等整流滤波，形成+24V 提供给背光灯升压板。

同时，T501 的 9 脚输出的开关脉冲，经 D516 整流、C541 滤波、FU502 保险管传输形成的直流电压：一路送 7809 三端稳压器输出 9V 电压，送 X509 的 1 脚，提供给主信号处理板；另一路经 D518 取样作为过压保护信号，以在输出电压过高时，使 V507 导通，其 C 极输出 0V 低电平，将 V505 开/待机控制管 B 极电压拉低为低电平待机值，强迫+24V 电源停止工作。

N507 稳压器、N505 光电耦合器等组成稳压电路，对所输出的+24V 电源等取样放大后，反馈给 L6599D 的 4 脚，自动调整其 11、15 脚输出的 PWM 脉宽，保证输出电压稳定。

资料 当 L6599D 的 12 脚电压过低，或 1.25V＞7 脚＞6V，8 脚＞1.85V，6 脚＞1.5V，2 脚＞3.5V，6 脚＞0.8V 或长时间＞0.75V 任意一情况之一，芯片关闭，电容器 C515 通过芯片内部开关放电，以使再启动过程为软启动。

经验 D514～D517 大电流整流二极管易击穿，造成+24V 电源过流保护，引起+24V 无电压输出，但在开机瞬间有微小电压。

5.3.2 厦华彩电 37HU 电源板的维修

(1) 电源模块框图和引脚功能

① NCP1653A PFC 模块

图 5-12 是 NCP1653A PFC 模块内部框图。NCP1653A PFC 模块的引脚功能和电压见表 5-7。

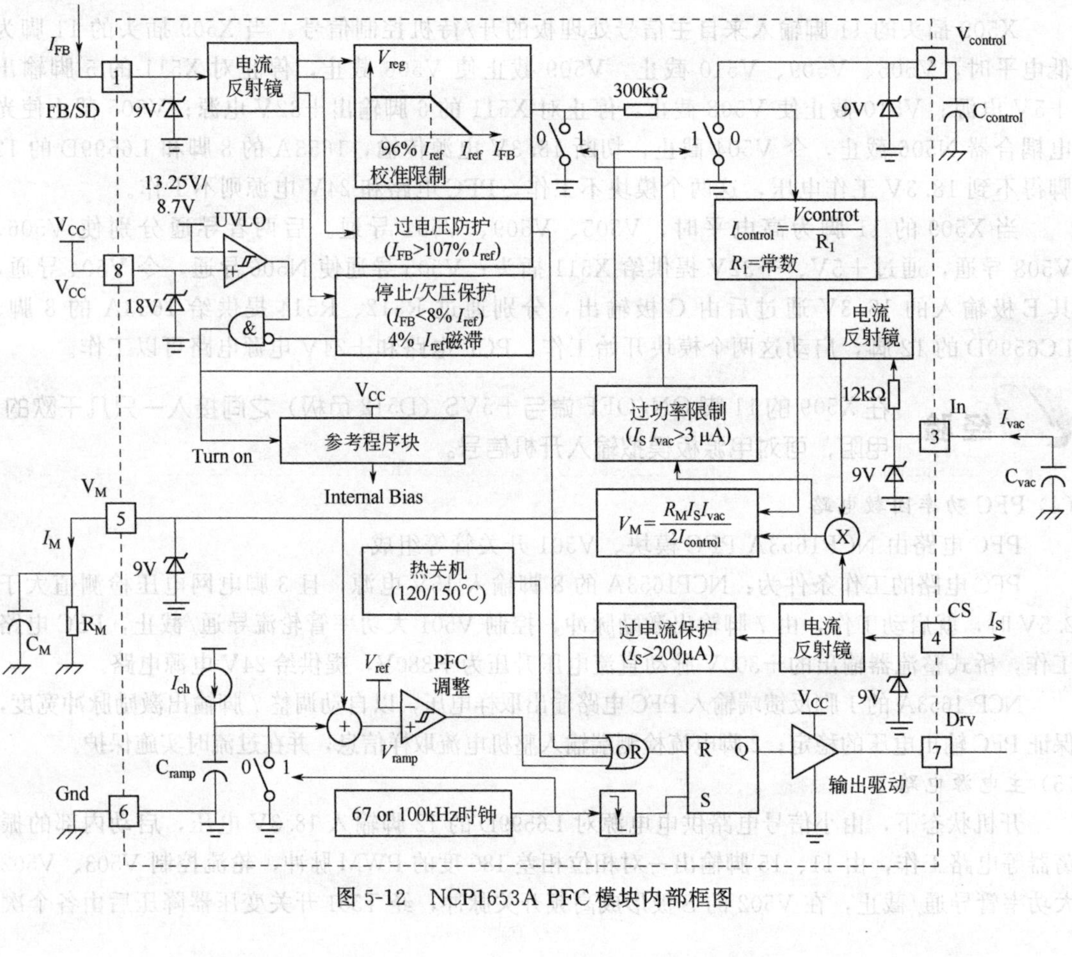
I_{FB}
1
FB/SD
9V
电流
反射镜
V_{reg}
96% I_{ref} I_{ref} I_{FB}
校准限制
300kΩ
0 1
1 0
$V_{control}$
2
9V
$C_{control}$
13.25V/
8.7V
UVLO
V_{CC}
8
V_{CC}
18V
过电压防护
(I_{FB}>107% I_{ref})
停止/欠压保护
(I_{FB}<8% I_{ref})
4% I_{ref}磁滞
&
$I_{control}=\frac{V_{control}}{R_1}$
R_1=常数
电流
反射镜
12kΩ
In
I_{vac}
3
9V
C_{vac}
V_{CC}
参考程序块
Turn on
Internal Bias
过功率限制
($I_S I_{vac}$>3 μA)
V_M
5
I_M
9V
C_M
R_M
$V_M=\frac{R_M I_S I_{vac}}{2I_{control}}$
X
热关机
(120/150°C)
过电流保护
(I_S>200μA)
电流
反射镜
CS
I_S
4
9V
I_{ch}
V_{ref}
PFC
调整
V_{ramp}
+
OR
R Q
S
V_{CC}
Drv
7
输出驱动
C_{ramp}
0 1
Gnd
6
67 or 100kHz时钟

图 5-12 NCP1653A PFC 模块内部框图

表 5-7 NCP1653A 引脚功能和电压

引脚	符号	功能	电压/V		备注
			待机	开机	
1	FB/SD	反馈/关断	1	1.7	外接的反馈电阻开路，会造成此脚流入电流低于 I_{ref} 的 8%，关闭芯片；另外，当输出电流升高至设定值 1.07 倍，7 脚驱动没有，输出电压回落，起到过压保护作用；当输出电压低时，低电压时芯片无驱动输出
2	$V_{control}$	控制电压/软启动端	0	0.4	0V 时该芯片无输出；开机时，该脚电压慢慢升高，驱动输出的占空比慢慢变大，起到了软启动的效果
3	In	电网电压检测输入	4.8	4.4	此脚电压和 4 脚输出电流一起相乘，达到 $3^2\mu A$ 时实施过功率限制（过功率点）
4	CS	输入电流检测	0	0.1	OCP：当从该点流出电流达 200mA 时驱动无输出。该电流还参与 5 脚电压控制，也就是调整功率因数
5	V_M	PFC 占空比控制端	0	1.6	对 7 脚输出驱动波形调制；PFC 电路部分的输入阻抗设置与该脚对地电阻成比例；平均电流模式（该脚加电容到地）和峰值电流模式
6	Gnd	地	0	0	
7	Drv	PFC 激励脉冲输出	0	0.4	
8	V_{CC}	供电电源	0	17.2	供电范围 8.75～18V，启动电压 12.25～14.5V

NCP1653A PFC 模块为连续导通、升压模式工作的功率因数校正器。工作频率有 100kHz、67kHz 两种规格。使用该芯片升压电路的输出电压可以恒定，也可以跟随输入电压升高。其特点如下。

a. 平均电流模式或电压模式控制。

b. 软启动。

c. V_{CC} 滞后欠压闭锁。

d. 欠压保护。

e. 过压保护。

f. 过载保护。

g. 滞后热关机。

② STR-A6159M 电源模块

图 5-13 是 STR-A6159M 电源模块的内部框图，其引脚功能和电压见表 5-8。

表 5-8 STR-A6159M 引脚功能和电压

引脚	符号	功能	待机电压/V	开机电压/V
1	S/OCP	内 MOS 管的 S 极（源极）/开路检测	0	0
2	V_{CC}	电源输入	19.8	19.7
3	GND	地	0	0
4	FB/OLP	输出电压反馈/过流保护检测	0.8	2.5

续表

引　脚	符　号	功　能	待机电压/V	开机电压/V
5	Startup	启动电源输入	310	310
6	NC	空		
7	Drain	内 MOS 管的 D 极（漏极）	310	380
8	Drain	内 MOS 管的 D 极（漏极）	310	380

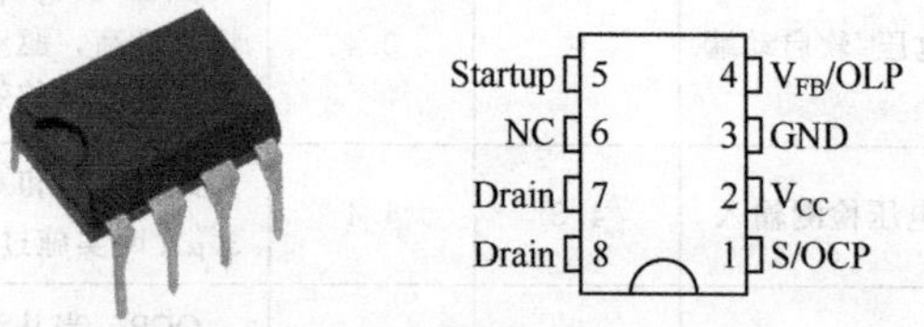
Startup 5
NC 6
Drain 7
Drain 8
4 V_{FB}/OLP
3 GND
2 V_{CC}
1 S/OCP

(a) 顶视图

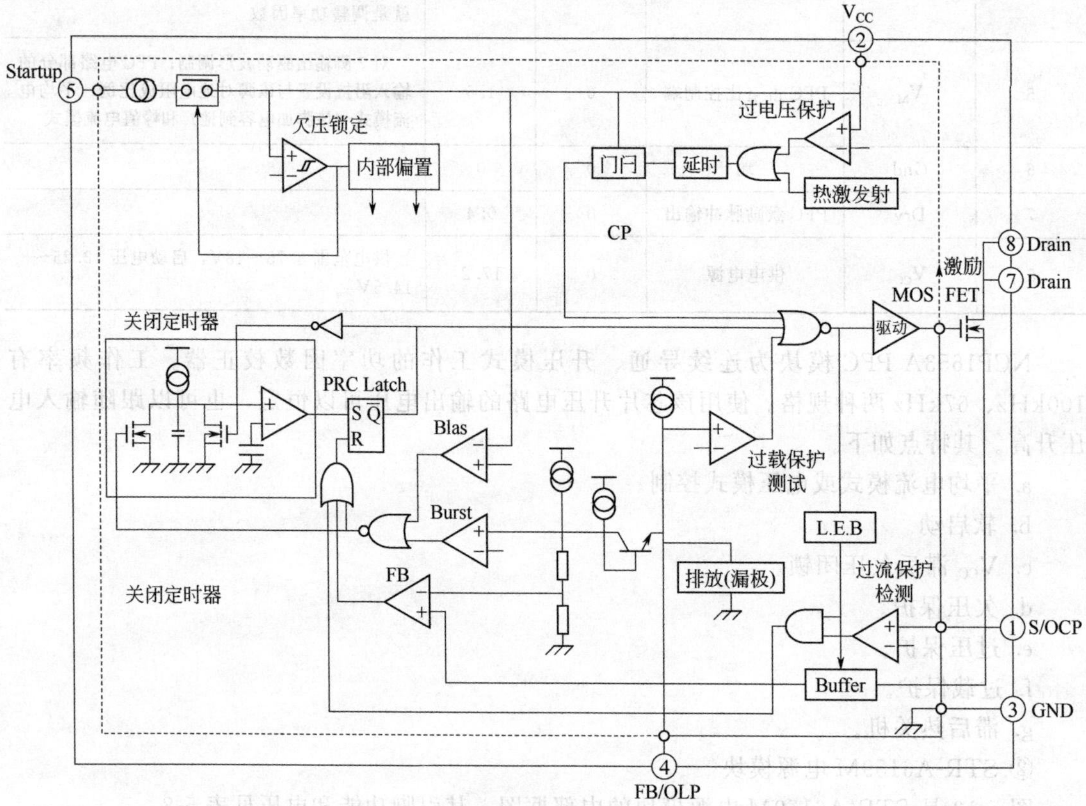
V_{CC}
2
Startup
5
欠压锁定
内部偏置
过电压保护
门闩
延时
热激发射
CP
8 Drain
7 Drain
激励
MOS FET
关闭定时器
PRC Latch
S Q
R
Blas
Burst
驱动
过载保护
测试
L.E.B
排放(漏极)
过流保护
检测
FB
关闭定时器
1 S/OCP
Buffer
3 GND
4
FB/OLP

(b) 内部框图

图 5-13　STR-A6159M 的内部框图

STR-A6159M 是日本三肯公司开发的 A61XX 系列低功耗离线式开关电源厚膜电路之一，内含一个 PWM 控制器和大功率 MOSFET 开关管，可工作于电流控制模式和自动实现待机状态的 PRC 占空比控制模式，具有固定 8μs 关断时间和可变导通时间，开关频率在 63～120kHz 之间随负载电流自动改变；具有自动轻载待机功能、自动偏置功能，设有 600V 高压电流源，对市电整流电压直接输入后进行恒流，以提高电源的总效率等。内置高反压 MOSFET 开关管，具有负温度系数特性，防止“二次”击穿；内设过流、过压、过载保护电路。其特点如下。

a. 内置额定电压为 650V 雪崩式 MOSFET 管，吸收了浪涌冲击。

b. 1 脚外接的限流电阻任意选择 0.39Ω 或 6Ω（最大）。

c. 两个自动转换运行模式。

d. 符合 PRC（中华人民共和国）代码标准的操作，成组方式适于备用电源的轻负荷运行。

e. 固定的前沿关闭。

f. 低电流启动，此时启动电流禁止运行操作。

g. 低动作电流（1.5A 类型）。

h. 自动进入备用状态（备用电源间歇性跛行），输入电源功耗小于 0.1W，因为没有负载。

③ L6599D 电源膜块展示

图 5-14 是 L6599D 内部框图，L6599D 模块的引脚功能和数据见表 5-9。

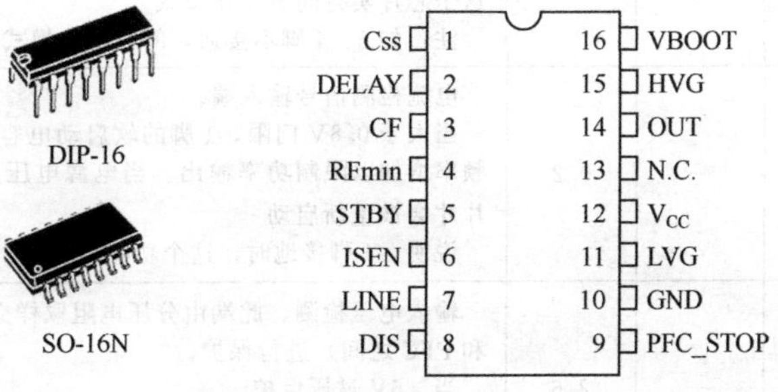
DIP-16
SO-16N
Css 1
DELAY 2
CF 3
RFmin 4
STBY 5
ISEN 6
LINE 7
DIS 8
16 VBOOT
15 HVG
14 OUT
13 N.C.
12 V_{CC}
11 LVG
10 GND
9 PFC_STOP

(a) 顶视图和引脚符号

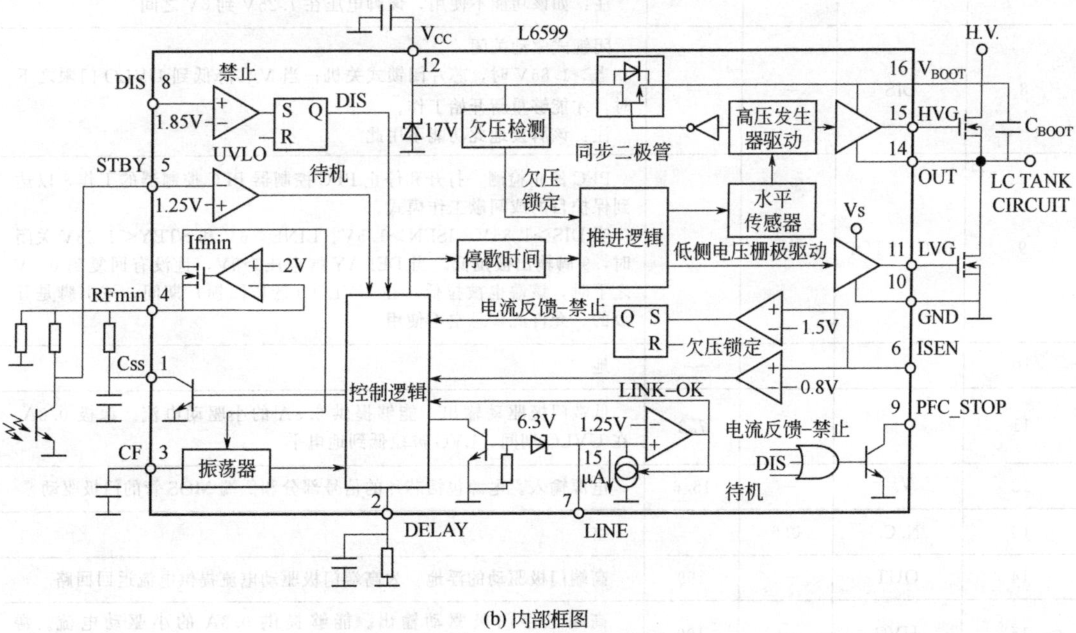
V_{CC}
L6599
12
H.V.
DIS 8
禁止
1.85V
UVLO
S Q
R
DIS
17V
欠压检测
同步二极管
高压发生器驱动
16 V_{BOOT}
15 HVG
14
OUT
C_{BOOT}
LC TANK CIRCUIT
STBY 5
待机
1.25V
欠压锁定
推进逻辑
水平传感器
Vs
Ifmin
2V
停歇时间
低侧电压栅极驱动
11 LVG
10
GND
RFmin 4
电流反馈-禁止
Q S
R
欠压锁定
1.5V
6 ISEN
Css 1
控制逻辑
0.8V
LINK-OK
9 PFC_STOP
6.3V
1.25V
电流反馈-禁止
DIS
CF 3
振荡器
15 μA
待机
2
DELAY
7
LINE

(b) 内部框图

图 5-14 L6599D 内部框图

表 5-9　L6599D 引脚功能和数据

引　脚	符　号	电压/V		备　注
		待机	开机	
1	C_{SS}	—	2	软启动。外接 C515、R515 确定软启动时的最高工作频率
2	DELAY	—	—	过载电流延迟关断，用于设置过载电流的最长持续时间（与 R518 阻值成反比例关系）。 当 ISEN 脚的电压超过 0.8V 时，对 C517 充电并在充电至电压大于 2.0V 时芯片输出将被关断，软启动电容 C515 上的电荷也被放掉。同时 C517 上的电荷通过 R518 放电，当放电至电压小于 0.3V 时，软启动开始。这样，在过载或短路状态下，芯片周而复始地工作于间歇工作状态
3	CF	0.3	2.9	外接定时电容，与 4 脚对地的 R519 配合可编程振荡器的开关频率
4	RFmin	—	2	最低振荡频率设置。提供 2V 基准电压，并且 4 脚→1 脚→GND 间的 RC 网络实现软启动
5	STBY	—	2	待机间歇工作模式门限（<1.25V），输入稳压馈电压。 当<1.25V 时芯片进入待机工作状态。 当>1.3V 时芯片重新开始工作。这个过程中，软启动并不起作用。 当负载降到某个水平之下（轻载）时，通过 R521 和光耦 N501 使这个芯片实行间歇工作模式。 注：如 5、4 脚不接通，间歇工作模式不被启用
6	ISEN	—	0.2	电流检测信号输入端。 当大于 0.8V 门限，1 脚的软启动电容器就被芯片内部放电，工作频率增加以限制功率输出。当电源电压 V_{CC} 降低至正常范围时，芯片才会被重新启动 说明：4 脚接地时，这个功能不用
7	LINE	—	2.6	输入电压检测。此端由分压电阻取样交流或直流输入电压（在系统和 PFC 之间）进行保护。 当>6V 过压保护。 当<1.25V 欠压保护，但当电压>1.25V 时重新软启动。 注：如该功能不使用，该脚电压在 1.25V 到 6V 之间
8	DIS	—	—	闭锁式驱动关闭。 当>1.85V 时，芯片闭锁式关机；当 V_{CC} 降低到 UVLO 门限之下时，才能够重新开始工作。 注：该脚接地此功能不用此
9	PFC_STOP	—	4.9	PFC 停止检测。打开和停止 PFC 控制器 PFC 控制器的工作，以达到保护目的或间歇工作模式。 当 DIS>1.85V、ISEN>1.5V、LINE>6V 和 STBY<1.25V 关闭时，9 脚输出被拉低。当 DELAY 端电压>2V，且没有回复到 0.3V 之下时，该端也被拉低。在 UVLO（低压闭锁）期间，该引脚是开放的。允许此脚悬空不使用
10		—	—	地
11		—	7.3	低端门极驱动输出。能够提供 0.3A 的小驱动电流。源极 0.8A。在 UVLO 期间，LVG 被拉低到地电平
12	V_{CC}	—	15.6	电源输入。电源包括芯片的信号部分和低端 MOS 管的门极驱动
13	N.C.	0.6	—	空
14	OUT	—	199	高端门极驱动的浮地。为高端门极驱动电流提供电流返回回路
15	HVG	—	199	高端悬浮门极驱动输出。能够提供 0.3A 的小驱动电流。源极 0.8A
16	VBOOT	—	207	高端门极驱动浮动电源。自举升压电路

a. 50%占空比，变频控制，桥式共振。

b. 高精确度振荡器。

c. 500kHz 工作频率。

d. 两级频率转换和锁住停工。

e. 支持 PFC 控制器界面。

f. 禁止锁存输入。

g. 接收待机命令后可以突发转入轻负荷模式。

h. 输入电源开/关或负载欠压保护的定序。

i. 非线性的软启动，单一的输出电压升高。

j. 耐压 600V，兼容的高边门驱动器，支持互相协调的二极管引导程序，和高压高温免疫力。

k. 支持－300mA/380mA 高侧面和低侧面门驱动欠压下拉锁定。

(2) 故障检修

图 5-15 是厦华彩电 37HU 电源板无电压输出的检修流程。图 5-16 是该电源板＋32V 输出异常的检修流程图。图 5-17 是电源板的主电源输出异常的检修流程图。该电源板易损件及引起的现象见表 5-10。

表 5-10 厦华彩电 37HU 电源板的易损件

器件标号	型号及功能	损坏形式及引起的故障
D501	U15KR80，桥式整流器	击穿，烧保险管
D512	5VS 待机电源整流二极管	开路，无＋5V 输出，红灯不亮
D509	STR-A6159M 模块的 2 脚电压维持整流二极管	失效，＋5V 低，红灯亮，不开机
V501	F21NM50N，PFC 功率管	击穿，烧保险管
V502、V503	背光灯电源开关管	击穿，烧保险管
V504	MMBT2707A，开/待机控制管	B、E 极击穿，自动关机
N501	1653A，PFC 模块	失效，PFC 电路不工作，不能建立＋380V
N502	STR-A6159M，小信号电源供电膜	失效，无 5V 输出，红灯不亮
N503	24V 供电电源模块	失效，5V 偏低，红灯亮但不开机
N504	光电耦合器，小信号供电电源的稳压	失效，5V 偏低，红灯亮但不开机
N505	P421 光电耦合器，24V 电源的稳压	击穿，＋24V 往下掉
N507	LM431A，稳压器，24V 电源的稳压	击穿，＋24V 输出低
N511	μPC574	漏电，32V 低，收台少
C514	150μF/450V，＋380V 滤波电容	击穿或漏电，烧保险管
C516	100nF	击穿，无＋24V 输出
C519	470pF/24V 电源电容	击穿，＋24V 跳动
C530	22nF/63V，T501 变压器初级所接电容	击穿，无＋24V 输出
C535	100nF，小信号供电电源的稳压电路电容	失效，5V 偏低，红灯亮但不开机
C534	100nF	击穿，＋24V 输出低
R506	2.7kΩ，桥式整流电流检测	开路，二次开机后烧保险管
R550	32V 电源限流电阻	开路，无＋32V 输出，收不到台

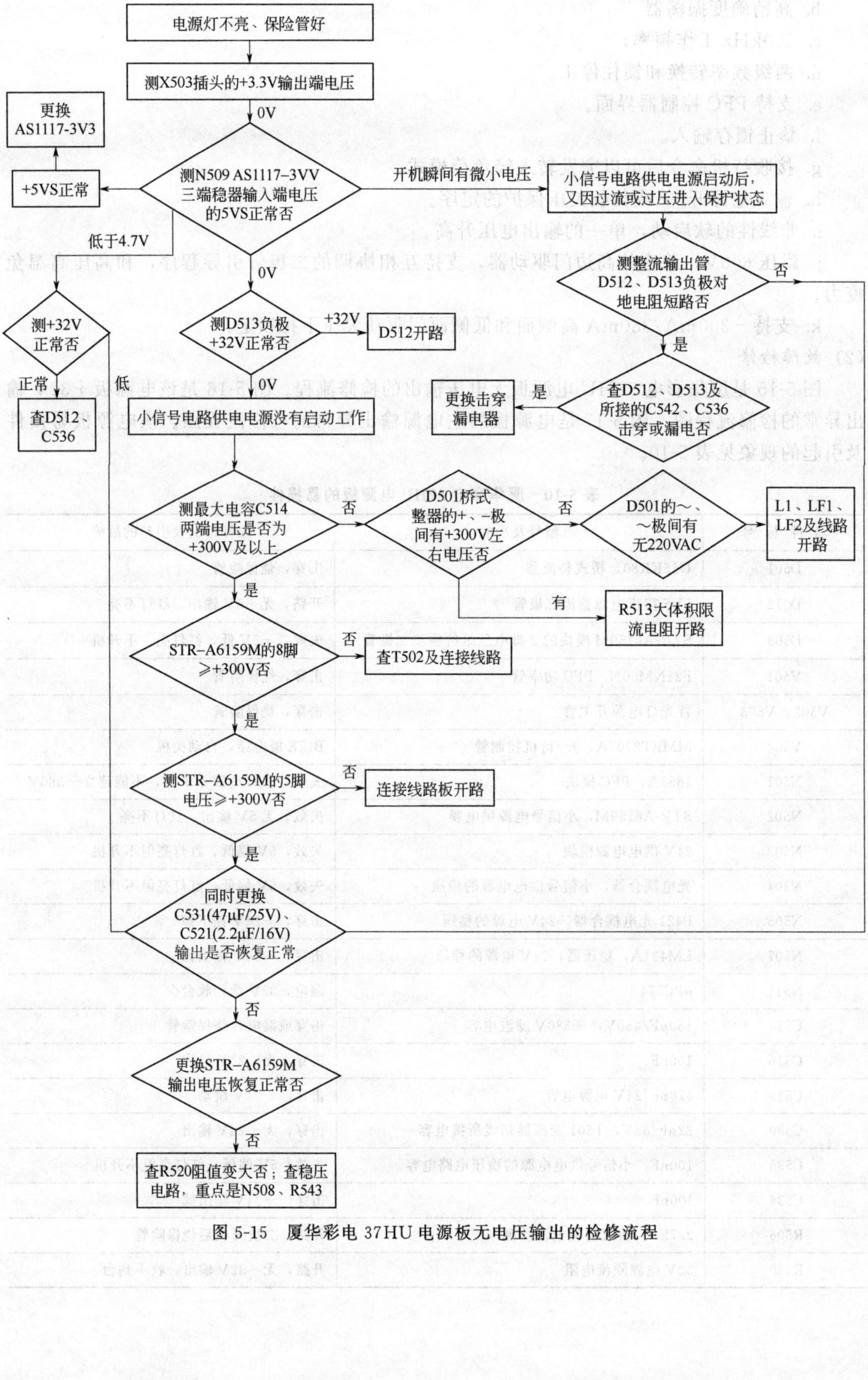
电源灯不亮、保险管好
测X503插头的+3.3V输出端电压
0V
更换
AS1117-3V3
+5VS正常
测N509 AS1117-3VV
三端稳器输入端电压
的5VS正常否
开机瞬间有微小电压
小信号电路供电电源启动后，
又因过流或过压进入保护状态
低于4.7V
0V
测整流输出管
D512、D513负极对
地电阻短路否
否
测+32V
正常否
测D513负极
+32V正常否
+32V
D512开路
是
正常
低
0V
更换击穿
漏电器
是
查D512、D513及
所接的C542、C536
击穿或漏电否
查D512、
C536
小信号电路供电电源没有启动工作
测最大电容C514
两端电压是否为
+300V及以上
否
D501桥式
整器的+、-极
间有+300V左
右电压否
否
D501的～、
～极间有
无220VAC
L1、LF1、
LF2及线路
开路
是
有
R513大体积限
流电阻开路
STR-A6159M的8脚
≥+300V否
否
查T502及连接线路
是
测STR-A6159M的5脚
电压≥+300V否
否
连接线路板开路
是
同时更换
C531(47μF/25V)、
C521(2.2μF/16V)
输出是否恢复正常
否
更换STR-A6159M
输出电压恢复正常否
否
查R520阻值变大否；查稳压
电路，重点是N508、R543

图 5-15 厦华彩电 37HU 电源板无电压输出的检修流程

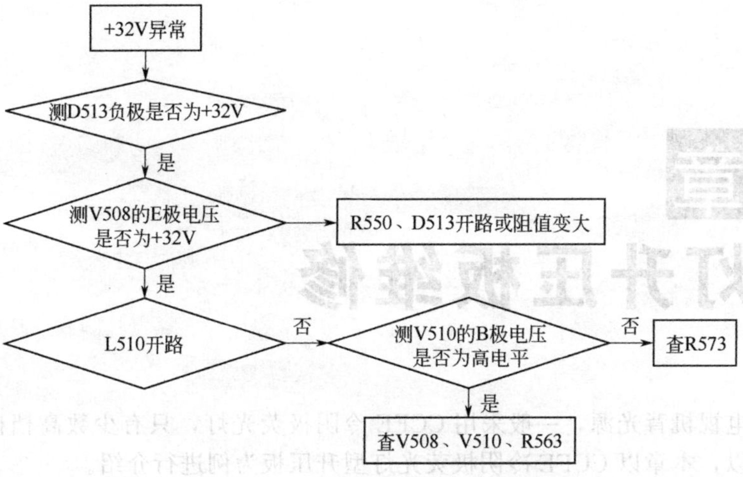
+32V异常
测D513负极是否为+32V
是
测V508的E极电压
是否为+32V
R550、D513开路或阻值变大
是
L510开路
否
测V510的B极电压
是否为高电平
否
查R573
是
查V508、V510、R563

图 5-16 +32V 输出异常的检修

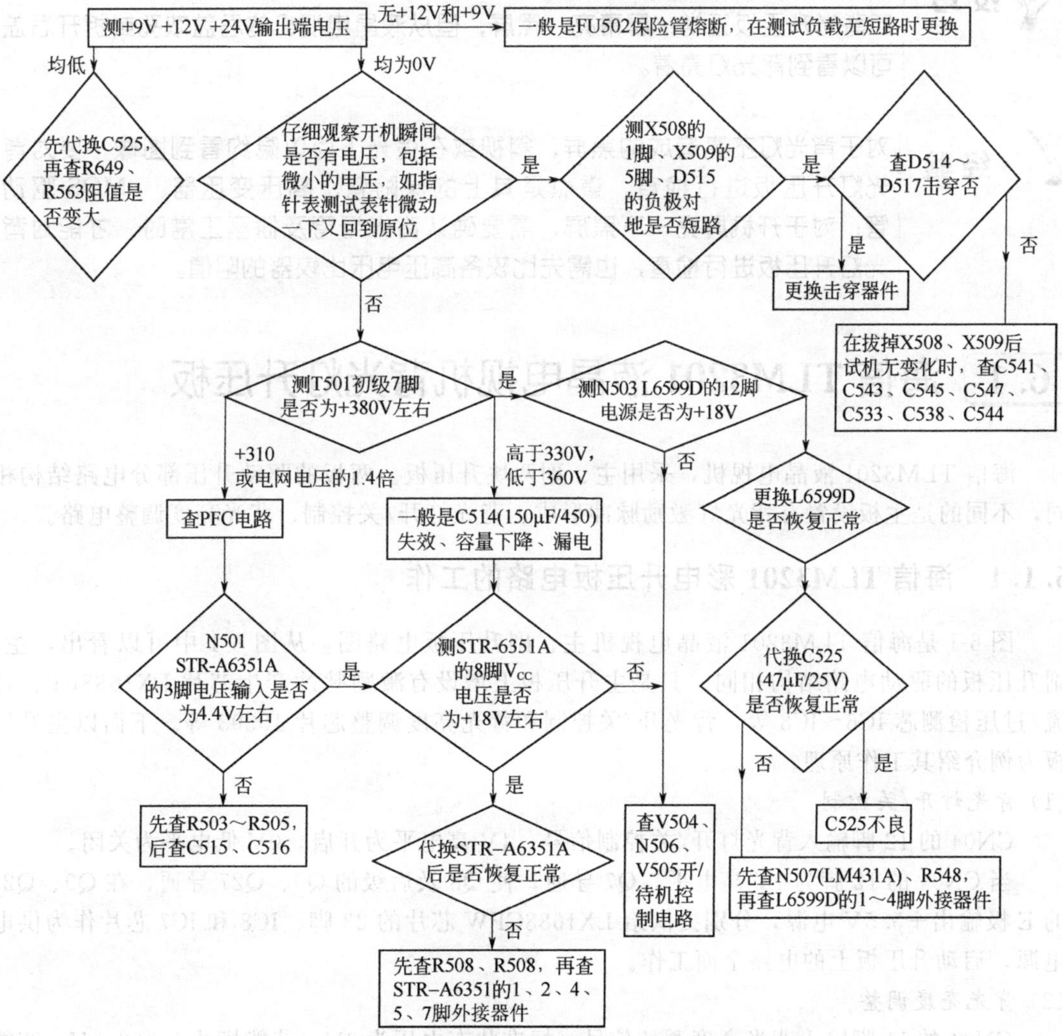
测+9V +12V +24V输出端电压
无+12V和+9V
一般是FU502保险管熔断，在测试负载无短路时更换
均低
均为0V
先代换C525，再查R649、R563阻值是否变大
仔细观察开机瞬间是否有电压，包括微小的电压，如指针表测试表针微动一下又回到原位
是
测X508的1脚、X509的5脚、D515的负极对地是否短路
是
查D514～D517击穿否
是
更换击穿器件
否
在拔掉X508、X509后试机无变化时，查C541、C543、C545、C547、C533、C538、C544
否
测T501初级7脚
是否为+380V左右
是
测N503 L6599D的12脚
电源是否为+18V
+310
或电网电压的1.4倍
高于330V，
低于360V
否
查PFC电路
一般是C514(150μF/450)
失效、容量下降、漏电
更换L6599D
是否恢复正常
N501
STR-A6351A
的3脚电压输入是否
为4.4V左右
是
测STR-6351A
的8脚Vcc
电压是否
为+18V左右
否
代换C525
(47μF/25V)
是否恢复正常
否
是
否
是
先查R503～R505，后查C515、C516
代换STR-A6351A
后是否恢复正常
查V504、N506、V505开/待机控制电路
C525不良
先查N507(LM431A)、R548，再查L6599D的1～4脚外接器件
否
先查R508、R508，再查STR-A6351的1、2、4、5、7脚外接器件

图 5-17 主电源输出电压异常的检修流程

第6章 背光灯升压板维修

目前液晶电视机背光源，一般采用CCFE冷阴极荧光灯，只有少数高档机采用LED发光二极管。所以，本章以CCFE冷阴极荧光灯型升压板为例进行介绍。

技巧 根据背光灯亮否可以判断背光灯升压板是否工作，有下列情况之一，就可判断背光升压板正常：屏幕亮；黑屏，但从液晶电视机的后盖散孔或拆开后盖可以看到背光灯亮着。

经验 对于背光灯不亮造成的黑屏，斜视或在强光下可以隐约看到图像，要对背光灯升压板进行检查，重点是其上的保险管、高压变压器、MOS驱动管；对于开机屏亮一下黑屏，需要确认背光灯管及插座正常时，才能对背光灯升压板进行检查，也需先比较各高压电压比较器的阻值。

6.1 海信TLM3201液晶电视机背光灯升压板

海信TLM3201液晶电视机，采用主、副两块升压板。两板的驱动升压部分电路结构相同，不同的是主板设置有背光灯激励脉冲形成、背光灯开/关控制、背光亮度调整电路。

6.1.1 海信TLM3201彩电升压板电路的工作

图6-1是海信TLM3201液晶电视机主、副升压板电路图。从图6-1中可以看出，主、副升压板的驱动电路结构相同，只是主升压板上增设有激励脉冲产生芯片LX1688CP、过流/过压检测芯IC6～IC8等，背光开/关控制和背光亮度调整芯片10393等。下面以主升压板为例介绍其工作原理。

(1) 背光灯开/关控制

CN04的12脚输入背光灯开/关控制信号，4V高电平为开启，0V低电平为关闭。

当CN04的12脚为4V高电平，Q7导通，使Q8及后级的Q9、Q27导通，在Q9、Q27的E极输出+5.5V电源，分别提供给LX1688CPW芯片的23脚、IC8和IC7芯片作为供电电源，启动升压板上的电路全面工作。

(2) 背光亮度调整

CN04的11脚输入背光亮度调整信号，标准状态电压为3V，节能模式1为2.4V，节能模式2为2V。

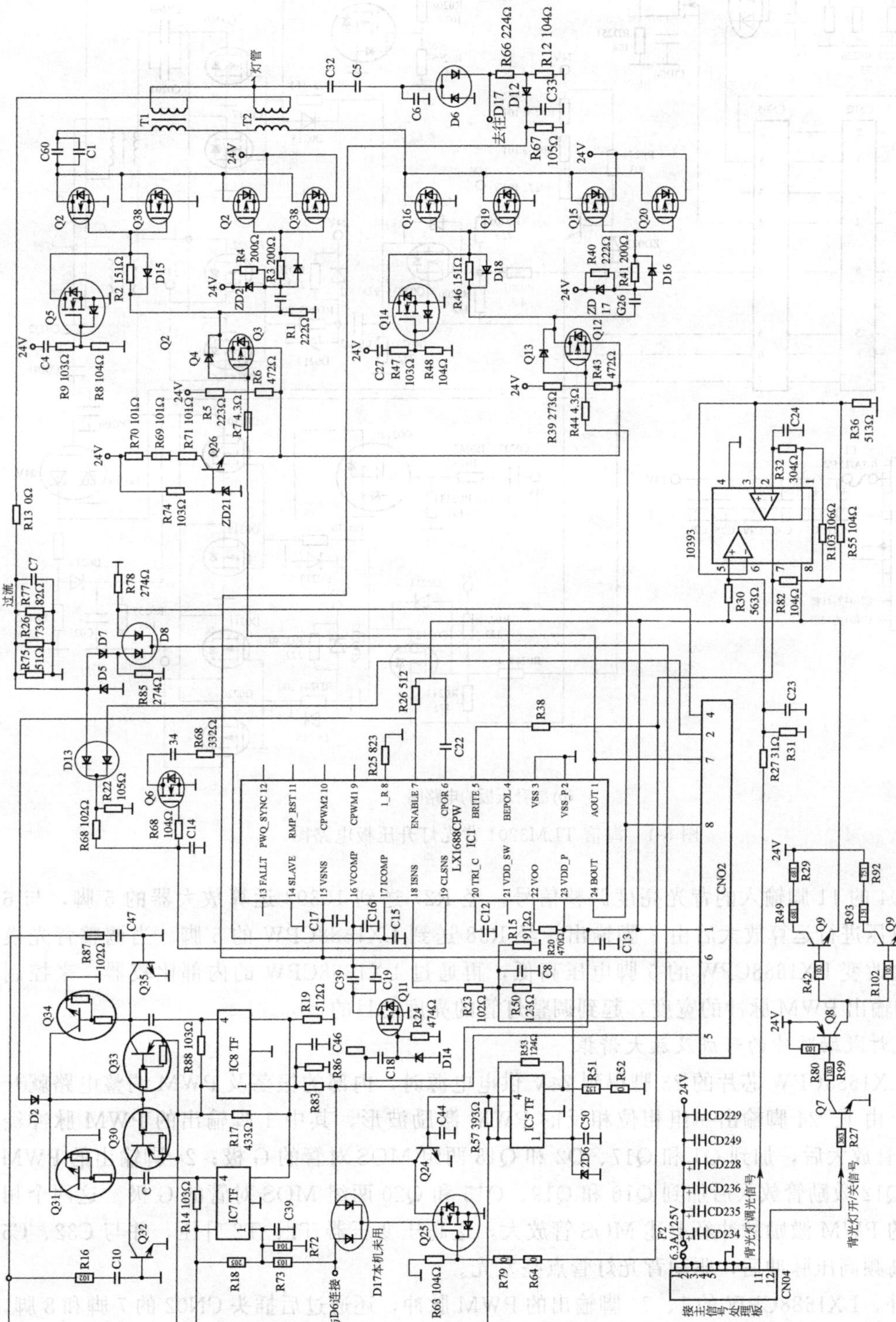
LX1688CPW
IC1
CNO2
CN04
10393
IC5 TF
IC7 TF
IC8 TF
灯管
过流
去往D17
与D6连接
D17本机未用
背光灯调光信号
背光灯开/关信号
接主信号处理板
F2 6.3A/125V
24V

(a) 主升压板的电路图

图 6-1

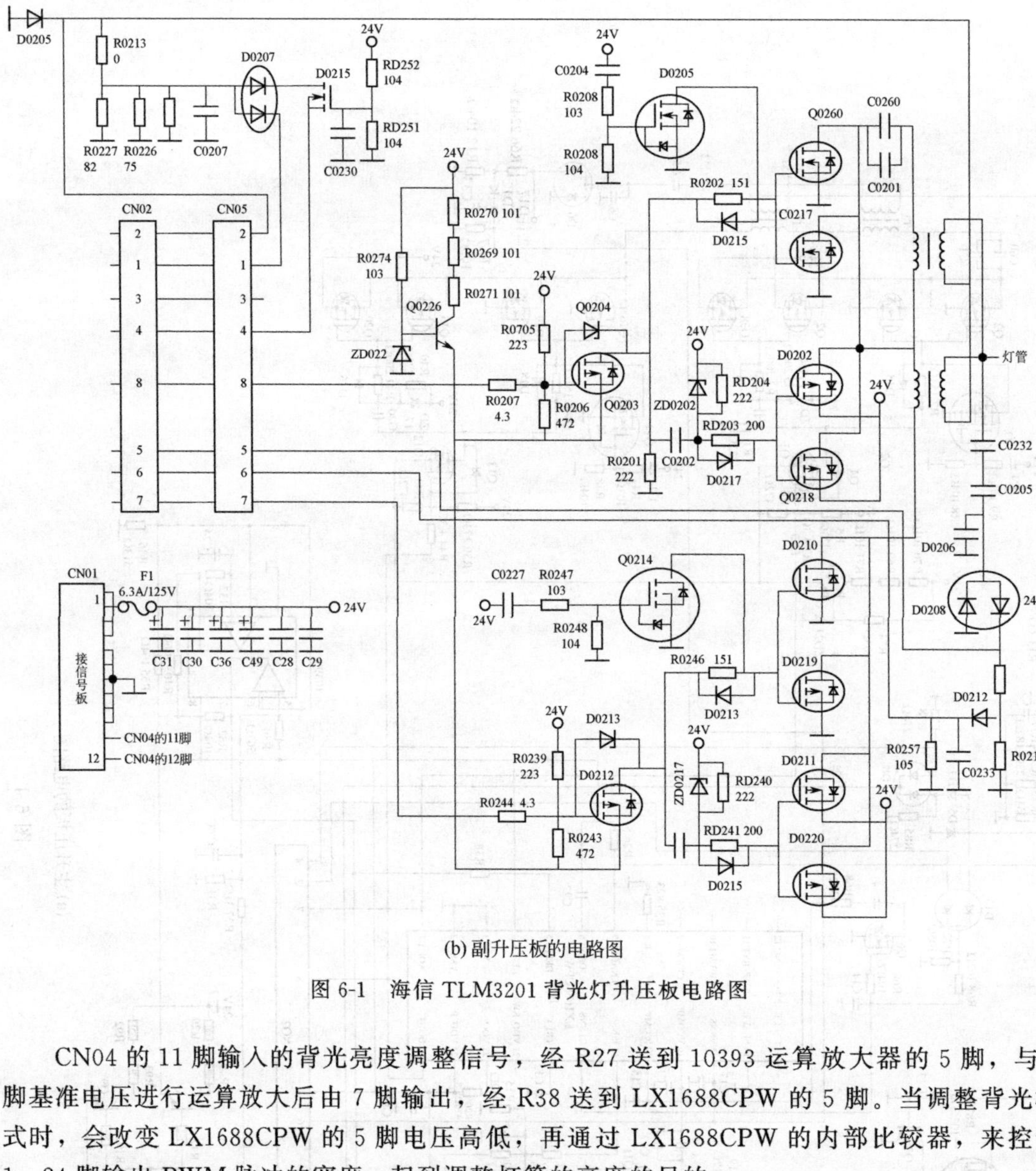

D0205
R0213 0
R0227 82
R0226 75
C0207
D0207
D0215
24V
RD252 104
RD251 104
C0230
24V
C0204
R0208 103
R0208 104
D0205
Q0260
C0260
C0201
R0202 151
D0215
C0217
24V
R0270 101
R0269 101
R0271 101
R0274 103
Q0226
ZD022
24V
R0705 223
Q0204
R0207 4.3
R0206 472
Q0203
24V
ZD0202
RD204 222
RD203 200
R0201 222
C0202
D0217
D0202
24V
Q0218
灯管
C0232
C0205
D0206
CN02
CN05
CN01
F1
6.3A/125V
24V
C31 C30 C36 C49 C28 C29
接信号板
CN04的11脚
CN04的12脚
C0227
R0247 103
24V
R0248 104
Q0214
D0210
D0208
24V
R0246 151
D0213
D0219
D0212
24V
D0213
R0239 223
D0212
R0244 4.3
R0243 472
24V
ZD0217
RD240 222
RD241 200
D0215
D0211
24V
D0220
R0257 105
C0233
R0212

(b) 副升压板的电路图

图 6-1 海信 TLM3201 背光灯升压板电路图

CN04 的 11 脚输入的背光亮度调整信号，经 R27 送到 10393 运算放大器的 5 脚，与 6 脚基准电压进行运算放大后由 7 脚输出，经 R38 送到 LX1688CPW 的 5 脚。当调整背光模式时，会改变 LX1688CPW 的 5 脚电压高低，再通过 LX1688CPW 的内部比较器，来控制 1、24 脚输出 PWM 脉冲的宽度，起到调整灯管的亮度的目的。

(3) 背光灯激励脉冲的形成及放大谐振

当 LX1688CPW 芯片的 23 脚得到 24V 供电电源时，内部的振荡及 PWM 调整电路就开始工作，由 1、24 脚输出一组相位相反的 PWM 激励波形。其中 1 脚输出的 PWM 脉冲经 Q3 激励管放大后，加到 Q1 和 Q17、Q2 和 Q18 两组 MOS 对管的 G 极；24 脚输出的 PWM 波形经 Q12 激励管放大后加到 Q16 和 Q19、Q15 和 Q20 两组 MOS 对管的 G 极。这两个相位相反的 PWM 激励脉冲经上述 MOS 管放大，送高压变压器 T1、T2 升压，并与 C32、C5 谐振为高频高压脉冲后，驱动背光灯管点亮发光。

另外，LX1688CPW 的 1、24 脚输出的 PWM 脉冲，还通过后插头 CN02 的 7 脚和 8 脚，提供给副升压板插头 CN05 对应引脚，以启动副升压板工作。

(4) 电流检测及过流保护

背光灯管的电流走向为：T1、T2 次级绕组的上端→背光灯管→地→R75、R77、R26→

R13→T1、T2次级绕组的下端。

背光灯管工作时，其电流在流经R75、R77、R26时会形成正比例的压降，通过二极管D7、D8整流、C8滤波形成相应值的直流电压，一方面通过电阻R23反馈到LX1688CPW的18脚灯管电流反馈端，另一方面通过电阻R50加到比较器IC6的1脚作为过流检测信息。

LX1688CPW把18脚灯管电流反馈信号与参考电压比较后，经过17脚外接相位补偿电容进行相位补偿后，用于自动调制1、24脚输出的PWM脉冲占空比，以自动调控背光灯管的工作电压，使背光灯管发光稳定。

当灯管过流时，IC6 1脚输入的灯管电流取样电压会高于基准电压，使比较器工作状态翻转，其4脚输出高电平，使Q24饱和导通，其c极为低电平，送IC7、IC8两个比较器处理后使其4脚输出电压升高，使Q30～Q34进一步导通，Q31、Q34的c极呈现低电平，D2导通，将LX1688CPW的7脚启动控制端接至低电平，强迫内部的振荡器控制停止工作，其1、24脚停止PWM输出，关闭背光灯管，以免电流过大使升压板负载过重烧坏器件。

(5) 输出高压自动调整

T1、T2高压变压器输出的电压，经高压电容C32、C5进行取样，经二极管D6整流以后得到的脉动高频直流电压，由分压电阻R66、R12分压，通过二极管D12反馈到LX1688CPW的电压的15脚电压检测端，与芯片内部的参考电压1.25V进行比较形成的误差电压，送往内部电压比较器处理后，经PWM脉冲调制器自动调整1、24脚输出的PWM脉冲占空比，保证灯管工作电压稳定。如LX1688CPW输出电压过高，则执行过压保护。

6.1.2 海信TLM3201彩电背光升压板的检修

图6-2是LX1688多灯冷阴极控制芯片内部框图，表6-1是其引脚功能。

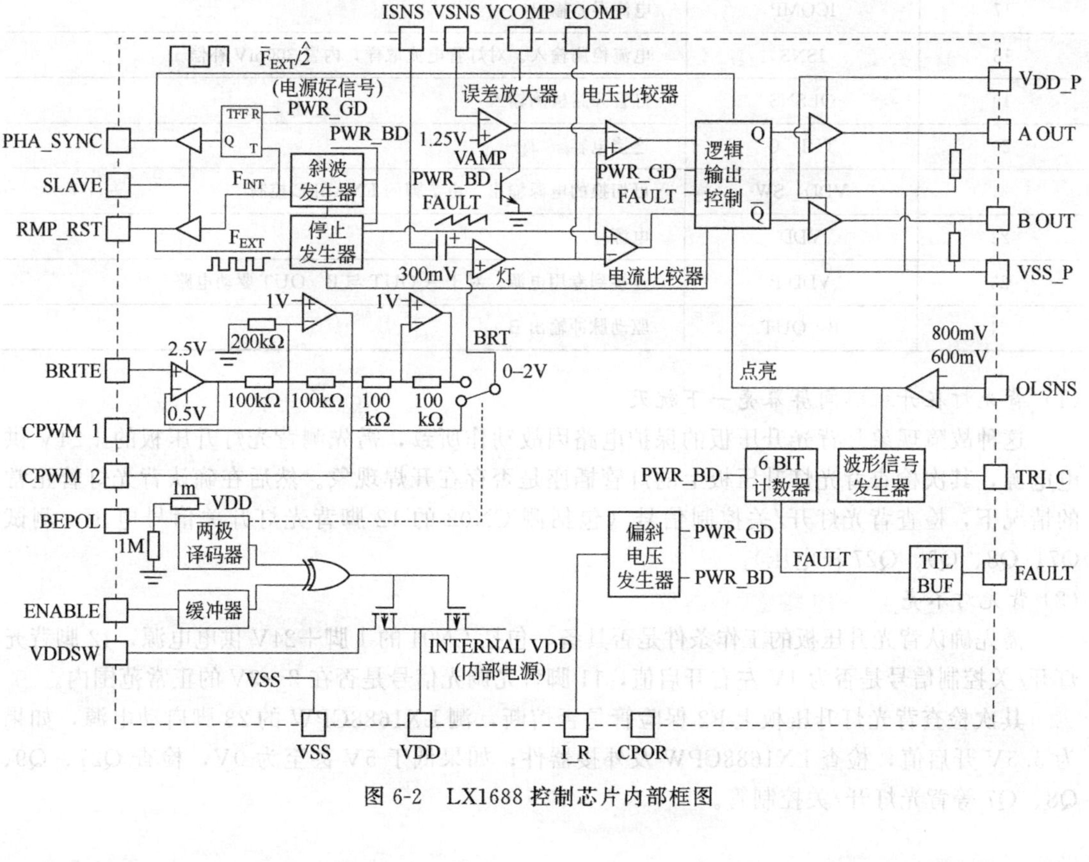
ISNS VSNS VCOMP ICOMP
F_EXT/2
(电源好信号)
PWR_GD
PWR_BD
误差放大器
电压比较器
1.25V
VAMP
PHA_SYNC
SLAVE
RMP_RST
斜波发生器
停止发生器
F_INT
F_EXT
FAULT
300mV
灯
电流比较器
逻辑输出控制
Q
VDD_P
A OUT
B OUT
VSS_P
1V
200kΩ
2.5V
BRITE
0.5V
100kΩ
BRT
0–2V
800mV
600mV
点亮
OLSNS
CPWM 1
CPWM 2
BEPOL
1m
VDD
1M
两极译码器
6 BIT 计数器
波形信号发生器
TRI_C
偏斜电压发生器
PWR_GD
PWR_BD
TTL BUF
ENABLE
缓冲器
VDDSW
INTERNAL VDD
(内部电源)
VSS
VDD
I_R
CPOR

图6-2 LX1688控制芯片内部框图

表 6-1 LX1688 引脚功能

引脚	符号	功能
1	A OUT	驱动脉冲输出 A
2	VSS_P	地
3	VSS	地
4	BEPOL	三模电荷泵输入
5	BRITE	模拟亮度/PWM 亮度控制输入
6	CPOR	连接电容到电源
7	ENABLE	启动/禁止
8	I_R	通过电阻接地
9	CPWM 1	用于积分外部数字脉宽调制信号，以进行模拟调光
10	CPMW 2	用于积分外部数字脉宽调制信号，以进行模拟调光
11	RMP_RST	复位，“0”是 COMP 输出，“1”是 COMP 输入斜波振荡频率至主时钟
12	PHA_SYNC	相位_同步。“0”是 COMP 输出，“1”是 COMP 输入，才使得 A OUT/B OUT 相位同步支持控制
13	FAULT	故障输出
14	SLAVE	输入控制脚。“0”是从动装置模式，“1”是主动装置模式
15	VSEN	电压反馈。电压是对变压器输出取样
16	VCOMP	电压误差输出
17	ICOMP	电流误差输出
18	ISNS	电流检测输入。对灯管电流取样，内置 300mV 补偿
19	OLSNS	灯管开路检测输入
20	TRI_C	连接电容
21	VDD_SW	可切换的电源输出。由 7 脚的 ENABLE 控制
22	VDD	电源
23	VDD-P	连接到专用电源。对于 A OUT 与 B OUT 驱动电路
24	B OUT	驱动脉冲输出 B

(1) 背光灯在开机瞬间屏幕亮一下就灭

这种故障现象是背光升压板的保护电路因故动作所致，需先测背光灯升压板的+24V 供电电源，其次检查背光灯升压板上的灯管插座是否存在开焊现象。然后在确认背光灯管正常的情况下，检查背光灯开/关控制信号（包括测 CN02 的 12 脚背光灯开关信号电压，测试 Q7、Q8、Q9、Q27 极电压）。

(2) 背光灯不亮

需先确认背光升压板的工作条件是否具备，包括 CN04 的 1 脚+24V 供电电源，12 脚背光灯开/关控制信号是否为 4V 左右开启值，11 脚背光调光信号是否在 2～3V 的正常范围内。

其次检查背光灯升压板上 F2 保险管是否熔断，测 LX1688CPW 的 23 脚启动电源，如果为 5.5V 开启值，检查 LX1688CPW 及外接器件；如果低于 5V 甚至为 0V，检查 Q27、Q9、Q8、Q7 等背光灯开/关控制管。

(3) 背光灯时亮时不亮

通常是灯管插座与灯管接触不良，背光灯升压板的+24V供电异常。

6.2 奇美屏16灯升压板维修

图6-3是32英寸16灯屏背光灯升压板的电路图。插座CN1插座输入背光灯开/关控制信号、I-PWM背光灯调光控制信号、+24V电源；CN2插座输入灯管过流/过压信息；CN3～CN10这8个插座要输出16支灯管驱动电压。

U3 OZ964GM负责驱动脉冲产生、实施过流/电压异常保护；U1 BA10324AF负责背光灯开/关控制信号、背光亮度控制信号的处理；U2 BA10324负责过流和欠压保护。

OZ964GM是CCFL灯管专用PWM控制芯片，内集成有振荡器、PWM控制器、软启动器、背光灯开/关控制器、过流保护器、过压保护器等，可以驱动单灯管，也可驱动多根灯管。图6-3的OZ964GM则是驱动8根灯管。

BA10324AF运算放大器，内置4个相同的运算放大器，分别把背光灯开/关信号、灯管过流保护信号、+24V及+5V电源取样信号，与基准电压比较后，输出相应的电平，送OZ964GM相应引脚，以控制OZ964GM的工作状态。

6.2.1 奇美32英寸屏升压板的工作

(1) +5V-1稳压电路

由Q2 MOS管、Q25三端稳压器等组成，将+24V电源变换为+5V-1由Q2的S极输出，作为一次+5V电源，供给BA10324运算器、背光开/关控制电路。

(2) 背光灯开/关控制

CN1插座的12脚ON/OFF输入背光灯开/关控制信号，高电平为开启，低电平为关闭。

当CN1的12脚为高电平时，对U1 BZ10324AF的9脚反相输入端提供3.27V，高于10脚同相输入端0.89V的基准电压，内运算器截止，其8脚输出近于0V的低电平→Q24导通，C极输出低电平→Q23导通，C极输出低电平，一方面使D19导通→Q3导通，C极输出+5V-2，这个+5V-2做为二次电源，对Q18～Q21、OZ964GM的5脚VDD提供工作电压；另一方面使Q22导通，C极输出高电压，对Q10、Q15提供上偏置电压。这样，背光灯升压板上各单元电路均得到了工作电压，可以工作了。

(3) 背光亮度调整

CN1插座13脚输入的I-PWM调光信号，送U1 BA10324AF的12脚负相输入端，与13脚同相端输入的2.25V基准电压比较后，确定14脚输出端电压值，再通过R45、J9供给OZ964GM的14脚，以与15脚形成的三角波比较后，从13脚输出低频PWM亮度控制信号，经D1送至9脚，以调整内部PWM脉宽调制器对11、12、19、20脚输出的PWM脉冲宽度，实现亮度控制。

(4) PWM激励脉冲形成

+5V-2电源建立后，除供给OZ964GM的5脚VDD作电源，还通过R29对C15充电，取C15两端的充电电压值提供给OZ964GM的3脚EN启动设置端，同时通过R8向C24充电，提供给OZ964GM的4脚SST软启动。当使OZ964GM的3脚电压达到2V、4脚电压达到启动值，就会启动内部的振荡器及PWM脉宽调制器开始工作，根据14脚亮度控制电压值、9脚反馈电压值，由11、12、19、20脚输出4路相应占空比的PWM激励脉冲。

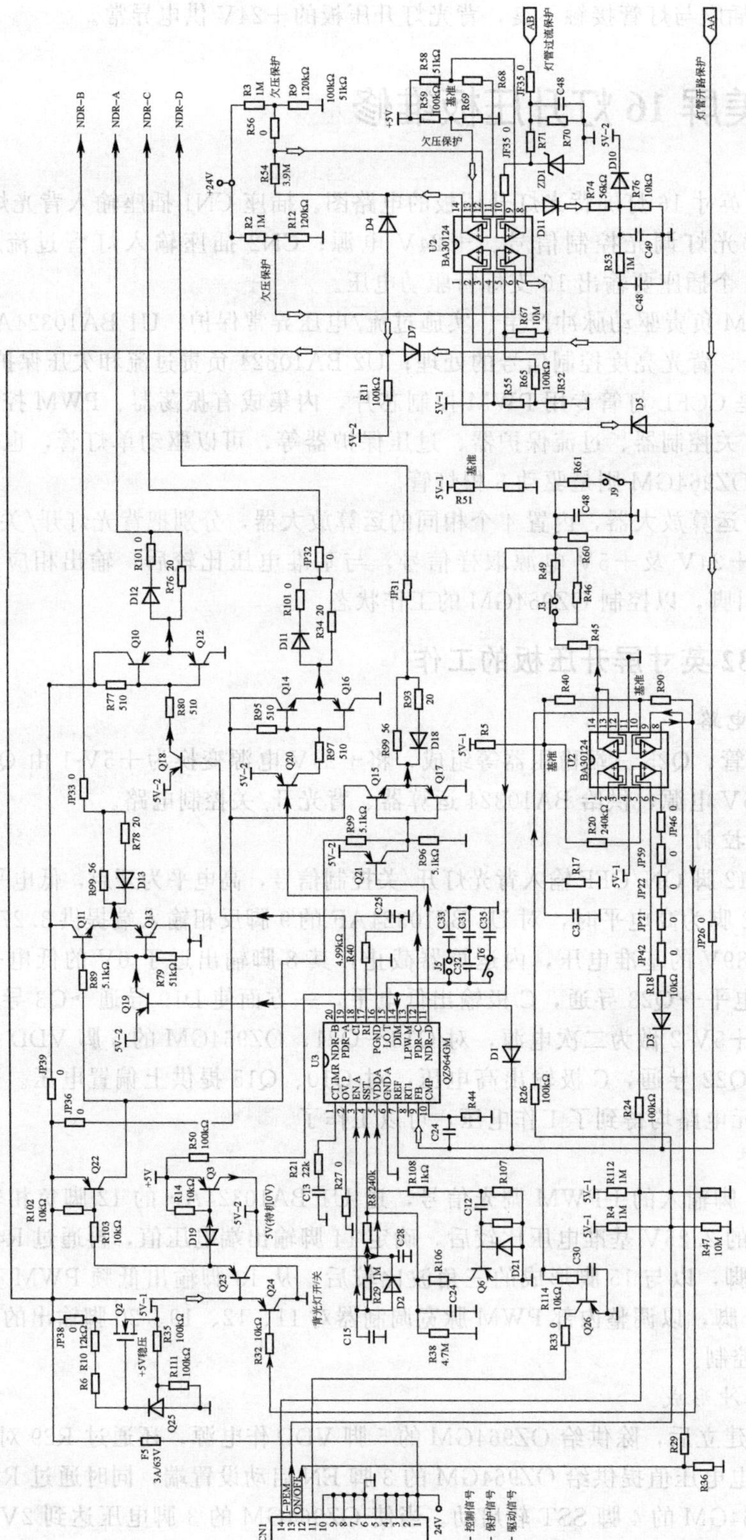
NDR-B
NDR-A
NDR-C
NDR-D
AB
AA
灯管过流保护
灯管开路保护
欠压保护
24V
+5V
5V-1
5V-2
基准
U2
BA30124
U3
OZ964GM
CN1
3A/63V
控制信号
保护信号
驱动信号
背光灯开/关
+5V稳压
(a) 低压部分的电路

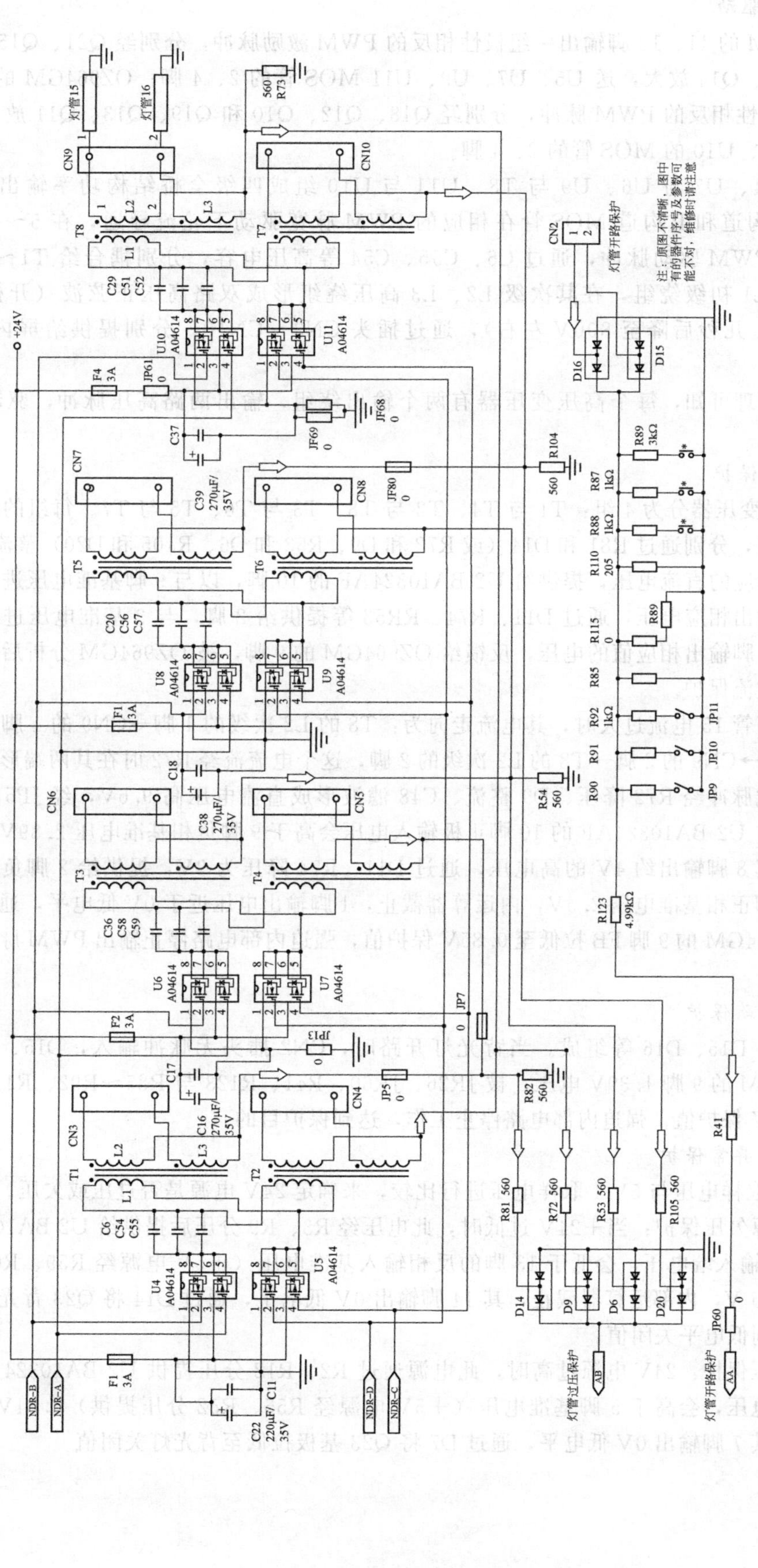
+24V
NDR-A
NDR-B
NDR-C
NDR-D
灯管15
灯管16
CN2
CN3
CN4
CN5
CN6
CN7
CN8
CN9
CN10
T1
T2
T3
T4
T5
T6
T7
T8
U4 A04614
U5 A04614
U6 A04614
U7 A04614
U8 A04614
U9 A04614
U10 A04614
U11 A04614
F1 3A
F2 3A
F3 3A
F4 3A
C22 220μF/35V
C16 270μF/35V
C38 270μF/35V
C39 270μF/35V
R73 560
R104 560
R54 560
R82 560
R81 560
R72 560
R53 560
R105 560
R123 4.99kΩ
R89 3kΩ
R87 1kΩ
R88 1kΩ
R110 205
R115 0
JP9
JP10
JP11
JP60 0
D14
D9
D6
D20
D15
D16
灯管过压保护
灯管开路保护
AB
AA
注：原图不清晰，图中有的器件序号及参数可能不对，维修时请注意

(b) 高压部分的电路

图 6-3 奇美 32 英寸屏背光灯升压板电路图

(5) 高压激励驱动

OZ964GM 的 11、12 脚输出一组极性相反的 PWM 激励脉冲，分别经 Q21、Q15、Q17 和 Q20、Q16、Q14 放大，送 U5、U7、U9、U11 MOS 管的 2、4 脚；OZ964GM 的 19 脚也输出一组极性相反的 PWM 脉冲，分别经 Q18、Q12、Q10 和 Q19、Q13、Q11 放大，送 U4、U6、U8、U10 的 MOS 管的 2、4 脚。

U5 与 U4、U7 与 U6、U9 与 T8、U11 与 U10 组成四级全桥结构功率输出电路，每组中的 N 沟道和 P 沟道 MOS 管在相应的 PWM 脉宽驱动下轮流导通，在 5～8 脚输出被放大的 PWM 驱动脉冲，通过 C6、C55、C54 等高压电容，分别耦合给 T1～T8 高压变压器的 L1 初级绕组，在其次级 L2、L3 高压绕组形成双路高压正弦波（开机瞬间约为 1500V，几秒后降至 800V 左右），通过插头 CN3～CN10，分别提供给屏内的 16 根灯管。

从上述原理可知，每个高压变压器有两个输出绕组，输出两路高压脉冲，驱动两根灯管。

(6) 灯管过流保护

8 只高压变压器分为 4 组：T1 与 T4、T2 与 T8、T3 与 T6、T5 与 T7。每组的次级绕组的低端相连，分别通过 R81 和 D14（或 R72 和 D9、R53 和 D6、R105 和 D20）整流、C48 滤波后形成相应的直流电压，提供给 U2 BA10324AF 的 10 脚，以与 9 脚基准电压进行运算放大由 8 脚输出相应电压，通过 D11、R74、RR53 等提供给 2 脚，与 3 基准电压进行运算放大后，由 1 脚输出相应值的电压，反馈给 OZ964GM 的 9 脚，被 OZ964GM 分析后确定是否执行灯管过流保护。

假如，灯管 15 电流过大时，其电流走向为：T8 的 L2 次级的 1 脚→CN9 的 1 脚→灯管 16→地→R73→CN9 的 2 脚→T8 的 L2 次级的 2 脚，这个电流流经 R72 时在其两端形成的脉冲幅度大，此脉冲经 R72 降压、D9 整流、C48 滤波形成直流电压高 9.6V，经 JP5、R71、ZD1 稳压，对 U2 BA10324AF 的 10 脚正极输入电压会高于 9 脚负相基准电压 2.89V，内运算器导通，其 8 脚输出约 4V 的高电压，通过 D11、R74 降压为 3V，提供给 2 脚负相输入端，高于 3 脚正相基准电压 2.5V，内运算器截止，1 脚输出电压近于 0V 低电平，通过 D5、JP26 把 OZ964GM 的 9 脚 FB 拉低至 0.85V 保护值，强迫内部电路停止输出 PWM 脉冲，关闭灯管。

(7) 背光灯开路保护

由 CN2、D15、D16 等组成。当背光灯开路时，CN2 插头无脉冲输入，D15、D16 截止，OZ964GM 的 9 脚 1.39V 电压，被 JR26、JR60、R41、R123 与 R85～R92、R110 分压降低到 0.64V 保护值，强迫内部电路停止工作，达到保护目的。

(8) 24V 电源异常保护

把 24V 取样电压与 5V-1 取样电压进行比较，来确定 24V 电源是否过压或欠压。

24V 电源欠压保护：当＋24V 过低时，此电压经 R3、R9 分压后提供给 U2 BA10324AF 的 12 脚同相输入端电压，会低于 13 脚的反相输入基准电压（＋5V 电源经 R59、R69 分压后提供）2.25 V，内部运算器截止，其 14 脚输出 0V 低电平，通过 D14 将 Q23 背光灯控制管基极拉低到低电平关闭值。

24V 过压保护：24V 电源过高时，此电源通过 R2、R12 分压提供 U2 BA10324 的 6 脚反相输入的电压，会高于 5 脚基准电压（＋5V 电源经 R55、R52 分压提供）2.84V，内运算器截止，其 7 脚输出 0V 低电平，通过 D7 将 Q23 基极拉低至背光灯关闭值。

6.2.2 奇美32英寸屏升压板维修精要

(1) 维修精要

表6-2是OZ964GM引脚功能和电压，表6-3是U1 BA10324AF引脚功能和电压，表6-4是U2 BA10324AF引脚功能和电压，表6-5是U4～U11 MOS管引脚功能和电压。

表6-2 OZ964GM引脚功能和电压

引 脚	符 号	功 能	电阻/kΩ		电压/V
			红测	黑测	
1	CT IMR	点亮灯持续时间电容	∞	∞	0.09
2	OVP	输出电压过压保护检测	0	0	0
3	ENA	背光灯启动/禁止：>2V启动，<1V禁止	180	∞	4.58
4	SST	软启动，外接电容到地	∞	168	5
5	VDDA	电源	10.9	10.9	5.04
6	REF	基准电压输出	0	0	0
7	GNDA	地	∞	∞	3.37
8	RT1	点亮频率编程电阻	∞	∞	空
9	FB	灯管电流反馈信号输入	31.1	31.1	1.39
10	CMP	误差放大器补偿输出	33.1	33.1	1.44
11	NDR-D	NMOS管激励输出	∞	∞	1.95
12	PDR-C	PMOS管激励输出	∞	∞	2.75
13	LFWM	低频PWM亮度控制	∞	∞	1.02
14	DIM	模拟调光控制信号输入	25.7	25.7	1.72
15	ICT	亮度控制三角波频率输入	∞	∞	1.19
16	PGND	地	0	0	0
17	RT	工作频率设定电阻	49.8	49.8	1.04
18	CT	工作频率设定电容	∞	∞	1.79
19	PDR-A	PMOS管激励输出	∞	∞	2.81
20	NDR-B	NMOS管激励输出	∞	∞	1.99

注：测2脚电压时波动。

表 6-3 U1 BA10324AF 引脚功能和电压

引脚	符 号	基 本 功 能	应 用 功 能	红测电阻/kΩ	电压/V
1	OUT1	第一通道放大器输出	空	∞	3.95
2	IN1－	第一通道同相放大器输入	空	∞	2.8
3	IN1＋	第一通道反相放大器输入	空	20.9	5.05
4	VCC	电源输入	＋5V 电源	∞	5.05
5	IN2＋	第二通道同相放大器输入	基准电压输入	∞	0.98
6	IN2－	第二通道反相放大器输入	关机保护输入	∞	4.18
7	OUT2	第二通道放大器输出	关机保护输出	∞	0.07
8	OUT3	第二通道放大器输出	背光灯开/关控制输出	∞	－0.02
9	IN3－	第三通道反相放大器输入	背光灯开/关控制输入	∞	3.28
10	IN3＋	第三通道同相放大器输入	基准电压输入	∞	0.89
11	VEE	地	地	0	0
12	IN4＋	第四通道同相放大器输入	背光亮度控制输入	112	2.22
13	IN4－	第四通道反相放大器输入	基准电压	53.1	2.25
14	OUT4	第四通道放大器输出	背光亮度控制输出	53.1	2.25

表 6-4 U2 BA10324AF 引脚功能和电压

引脚	符 号	基 本 功 能	应 用 功 能	红测电阻/kΩ	电压/V
1	OUT1	第一通道放大器输出	灯管过流保护输出	—	3.91
2	IN1－	第一通道同相放大器输入	灯管过流保护输入	—	0.09
3	IN1＋	第一通道反相放大器输入	基准电压	—	2.49
4	VCC	电源输入	＋5V 电源输入	20.9	5.06
5	IN2＋	第二通道同相放大器输入	基准电压	152.5	2.84
6	IN2－	第二通道反相放大器输入	24V 过压保护输入	109.1	1.61
7	OUT2	第二通道放大器输出	24V 过压保护输出	∞	3.95
8	OUT3	第二通道放大器输出	灯管过流保护输出	∞	－0.03
9	IN3－	第三通道反相放大器输入	基准电压	35.9	2.89
10	IN3＋	第三通道同相放大器输入	灯管过流保护输入	12.9	0.38
11	VEE	地	地	0	0
12	IN4＋	第四通道同相放大器输入	24V 欠压取样输入	107.3	2.61
13	IN4－	第四通道反相放大器输入	基准电压	62.3	2.25
14	OUT4	第四通道放大器输出	24V 欠压保护输出	∞	3.92

注：测 7 脚电压时波动，测 5、6 脚电压时灯管熄灭。

表 6-5 U4～U11 MOS 管引脚功能和电压

引 脚	符 号	功 能	电压/V
1	S1	源极 1	0
2	G1	栅极 1	4.47
3	S2	源极 2	24
4	G2	栅极 2	18.48
5	D2	漏极 2	14.88
6	D2	漏极 2	14.88
7	D1	漏极 1	14.88
8	D1	漏极 1	14.88

(2) 故障检修

表 6-6 是背光灯升压板常见故障的原因及检修。

表 6-6 背光灯升压板常见故障原因及检修

故 障 现 象	故 障 原 因	原 理 分 析	维 修 方 法
灯不亮	PWM 控制 IC 及其外围电路异常	没有驱动脉冲输出	测 MOS 管栅极有无电压
	PWM 控制 IC 的供电电压异常	PWM 控制 IC 不工作	测 PWM 控制 IC 的各脚有无电压
	PWM 控制 IC 的开机控制电压异常	PWM 控制 IC 不工作	测 PWM 控制 IC 的各脚有无电压
灯亮瞬间熄灭	灯管插座任一脚对地短路	反馈 FB 电压过高，开机后瞬间保护	目测灯管插座有无对地短路
灯亮 2s 后熄灭	MOS 管击穿将 0 欧保险电阻烧断	反馈 FB 没有电压，开机后保护	测量 0 欧保险电阻有无开路，若有开路，再测对应的 MOS 管，看有无击穿
	灯管插座接触不好、输出取样电容虚焊或变值等	反馈取样电压过高，过压保护	目测灯管插座有无接触不好、输出取样电容有无虚焊
	变压器次级开路或引脚开路	反馈 FB 没有电压，开机后保护	测量变压器绕组开路否。万用表 AC1000V 档测开机瞬间升压变压器次级有无电压输出，或测变压器次级电压反馈取样点有无电压，若瞬间没有电压，则是该支路有问题
	其他器件	PWM 驱动 IC 工作异常	查相关的器件

① 黑屏、背光灯不亮　这种故障说明背光灯升压板没有工作，通常是电源供电电路中的保险管 F1～F5 熔断，Q2 +5V 稳压器输出异常。

图 6-4 是奇美 32 英寸背光升压板引起的灯不亮检修流程。在测 CN1 插头的 1 脚有 +24V 电源输入、12 脚背光灯开/关控制为高电平，13 脚背光灯亮度控制电压正常时，可判断背光灯升压板工作条件正常，才对升压板进行检查。

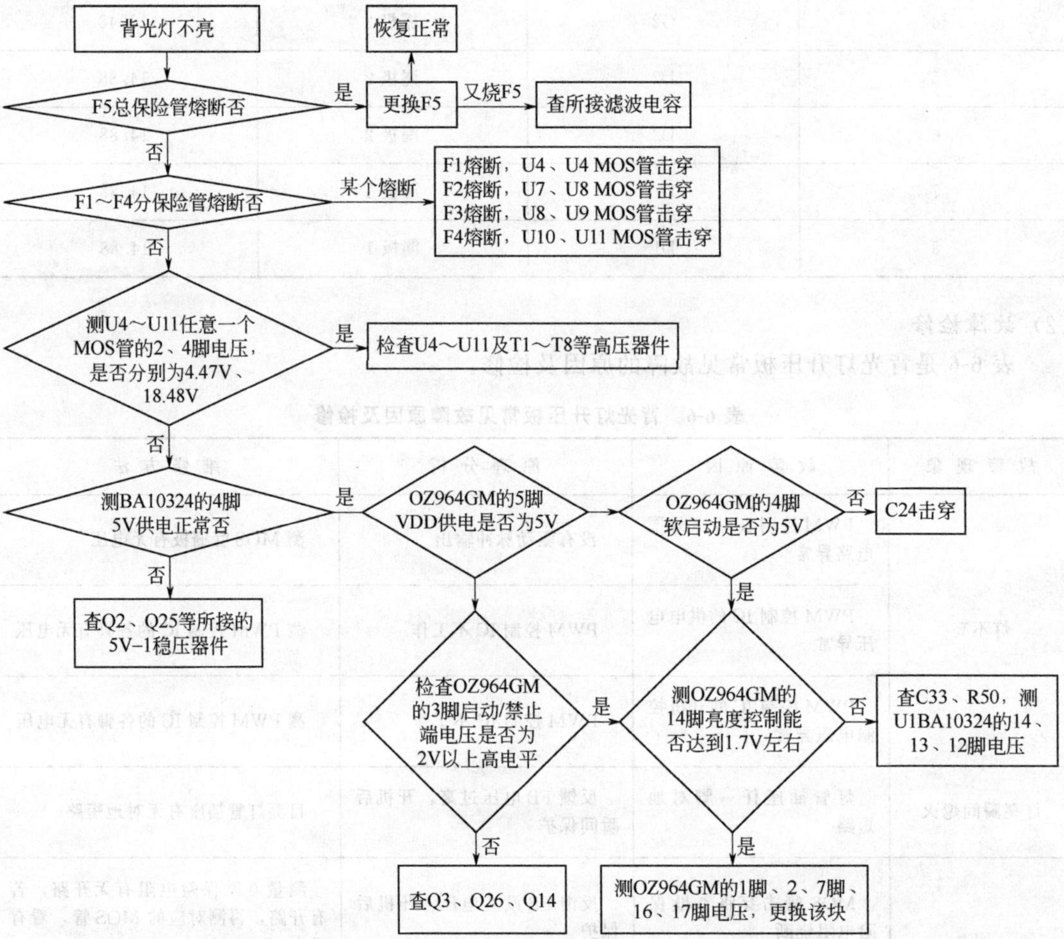
背光灯不亮
恢复正常
F5总保险管熔断否
是
更换F5
又烧F5
查所接滤波电容
否
F1～F4分保险管熔断否
某个熔断
F1熔断，U4、U4 MOS管击穿
F2熔断，U7、U8 MOS管击穿
F3熔断，U8、U9 MOS管击穿
F4熔断，U10、U11 MOS管击穿
否
测U4～U11任意一个MOS管的2、4脚电压，是否分别为4.47V、18.48V
是
检查U4～U11及T1～T8等高压器件
否
测BA10324的4脚5V供电正常否
是
OZ964GM的5脚VDD供电是否为5V
OZ964GM的4脚软启动是否为5V
否
C24击穿
否
查Q2、Q25等所接的5V-1稳压器件
是
检查OZ964GM的3脚启动/禁止端电压是否为2V以上高电平
是
测OZ964GM的14脚亮度控制能否达到1.7V左右
否
查C33、R50，测U1BA10324的14、13、12脚电压
否
查Q3、Q26、Q14
是
测OZ964GM的1脚、2、7脚、16、17脚电压，更换该块

图 6-4　背光灯不亮检修流程

② 背光灯亮一下又黑屏　这是背光灯升压板先工作又保护的表现，一般是高压升压和保护电路出现了故障。在此故障中高压变压器损坏较多，可以通过比较 T1～T8 变压器绕组阻值来判定不良部位。还有一种是保护电路故障，保护电路一般在驱动板的上下两端或者 T1～T8 变压器的输入端。

图 6-5 是奇美 32 英寸背光升压板引起的背光灯亮一下又黑屏的检修流程。

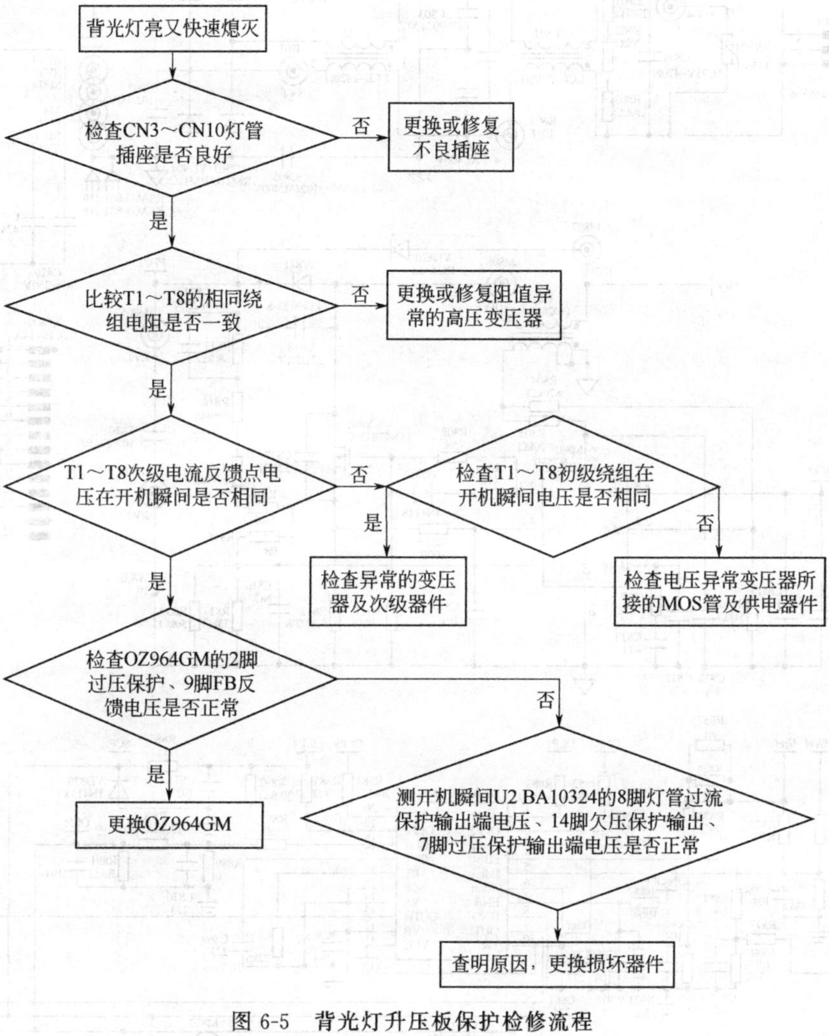
背光灯亮又快速熄灭
检查CN3～CN10灯管插座是否良好
否
更换或修复不良插座
是
比较T1～T8的相同绕组电阻是否一致
否
更换或修复阻值异常的高压变压器
是
T1～T8次级电流反馈点电压在开机瞬间是否相同
否
检查T1～T8初级绕组在开机瞬间电压是否相同
是
检查异常的变压器及次级器件
否
检查电压异常变压器所接的MOS管及供电器件
是
检查OZ964GM的2脚过压保护、9脚FB反馈电压是否正常
是
更换OZ964GM
否
测开机瞬间U2 BA10324的8脚灯管过流保护输出端电压、14脚欠压保护输出、7脚过压保护输出端电压是否正常
查明原因，更换损坏器件

图 6-5 背光灯升压板保护检修流程

6.3 海信 TLM26V68 彩电 IP 整合板维修

海信 TLM26V68 液晶电视机的 IP 整合板，其上包括电源电路、背光灯升压板电路。待机状态下，仅电源电路工作且只输出＋5VS 电源，以节省能源；开机后，电源电路全面工作输出＋5VS、＋5V、＋12V，背光灯电路也开始工作，输出高频高压脉冲。

图 6-6 是海信 TLM26V68 彩电 IP 整合板电路图。电源部分的 PFC 模块采用 FAN7530、电源模块采用 FAN7602B；背光灯升压板电路部分的 PWM 控制器采用 FAN7173。

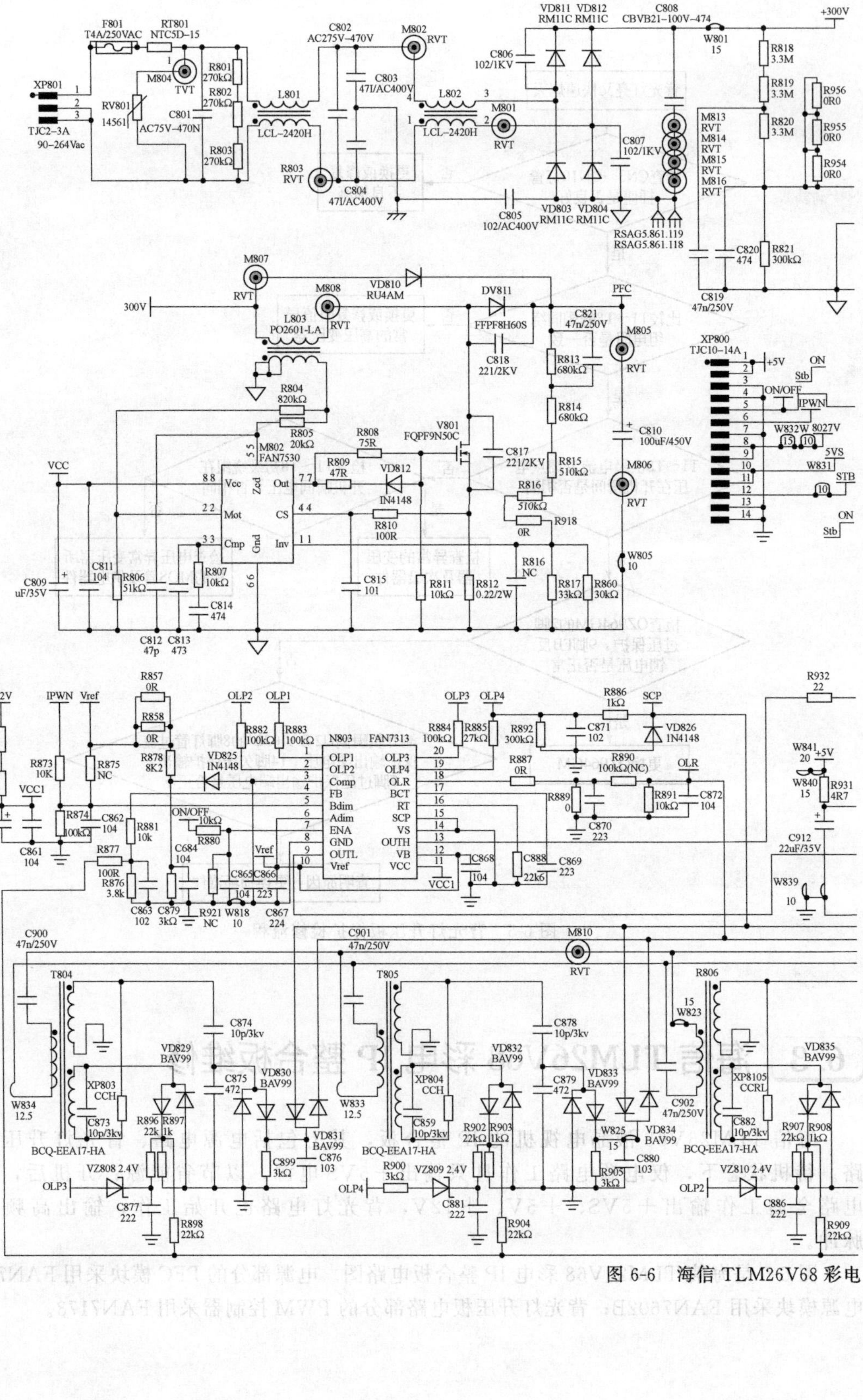
XP801
TJC2-3A
90-264Vac
F801
T4A/250VAC
RT801
NTC5D-15
RV801
14561
AC75V-470N
M804
TVT
R801
270kΩ
R802
270kΩ
R803
270kΩ
C801
C802
AC275V-470V
L801
LCL-2420H
R803
RVT
C803
47I/AC400V
C804
47I/AC400V
M802
RVT
L802
LCL-2420H
M801
RVT
C806
102/1KV
VD811
RM11C
VD812
RM11C
VD803
RM11C
VD804
RM11C
C805
102/AC400V
C807
102/1KV
C808
CBVB21-100V-474
W801
15
+300V
M813
RVT
M814
RVT
M815
RVT
M816
RVT
RSAG5.861.119
RSAG5.861.118
R818
3.3M
R819
3.3M
R820
3.3M
R956
0R0
R955
0R0
R954
0R0
C820
474
R821
300kΩ
C819
47n/250V
M807
RVT
M808
RVT
300V
L803
PO2601-LA
VD810
RU4AM
DV811
FFPF8H60S
C818
221/2KV
PFC
C821
47n/250V
R813
680kΩ
R814
680kΩ
M805
RVT
R804
820kΩ
R805
20kΩ
M802
FAN7530
Vcc
Mot
Cmp
Zcd
Out
CS
Gnd
Inv
R808
75R
R809
47R
VD812
IN4148
R810
100R
V801
FQPF9N50C
C817
221/2KV
R815
510kΩ
R816
510kΩ
R918
0R
R816
NC
C810
100uF/450V
M806
RVT
W805
10
VCC
C809
uF/35V
C811
104
R806
51kΩ
R807
10kΩ
C814
474
C812
47p
C813
473
C815
101
R811
10kΩ
R812
0.22/2W
R817
33kΩ
R860
30kΩ
XP800
TJC10-14A
+5V
ON
Stb
ON/OFF
IPWN
W832W
8027V
5VS
W831
STB
ON
Stb
+12V
R871
0R
R872
10R
IPWN
Vref
R873
10K
R875
NC
VCC1
C860
22μF/35V
C861
104
R874
100kΩ
C862
104
R857
0R
R858
0R
R878
8K2
R881
10k
R877
100R
R876
3.8k
C863
102
C879
3kΩ
R921
NC
W818
10
OLP2
OLP1
R882
100kΩ
R883
100kΩ
VD825
IN4148
ON/OFF
10kΩ
R880
C684
104
Vref
C865
104
C866
223
C867
224
N803
FAN7313
OLP1
OLP2
Comp
FB
Bdim
Adim
ENA
GND
OUTL
Vref
OLP3
OLP4
OLR
BCT
RT
SCP
VS
OUTH
VB
VCC
OLP3
OLP4
R884
100kΩ
R885
27kΩ
C868
104
VCC1
R892
300kΩ
C871
102
R886
1kΩ
SCP
VD826
IN4148
R887
0R
R890
100kΩ(NC)
OLR
R889
0
C870
223
R891
10kΩ
C872
104
R888
22k6
C869
223
R932
22
W841
20
+5V
W840
15
R931
4R7
C912
22uF/35V
W839
10
C900
47n/250V
C901
47n/250V
M810
RVT
T804
T805
R806
C874
10p/3kv
C878
10p/3kv
W823
15
VD829
BAV99
VD830
BAV99
VD832
BAV99
VD833
BAV99
VD835
BAV99
XP803
CCH
XP804
CCH
XP8105
CCRL
C875
472
C879
472
W834
12.5
W833
12.5
C873
10p/3kv
C859
10p/3kv
C882
10p/3kv
BCQ-EEA17-HA
BCQ-EEA17-HA
BCQ-EEA17-HA
R896
22k
R897
1k
R902
22kΩ
R903
1kΩ
R907
22kΩ
R908
1kΩ
VD831
BAV99
VD834
BAV99
W825
15
C902
47n/250V
C899
3kΩ
C876
103
C880
103
R900
3kΩ
R905
3kΩ
VZ808 2.4V
VZ809 2.4V
VZ810 2.4V
OLP3
OLP4
OLP2
C877
222
C881
222
C886
222
R898
22kΩ
R904
22kΩ
R909
22kΩ

图 6-6 海信 TLM26V68 彩电

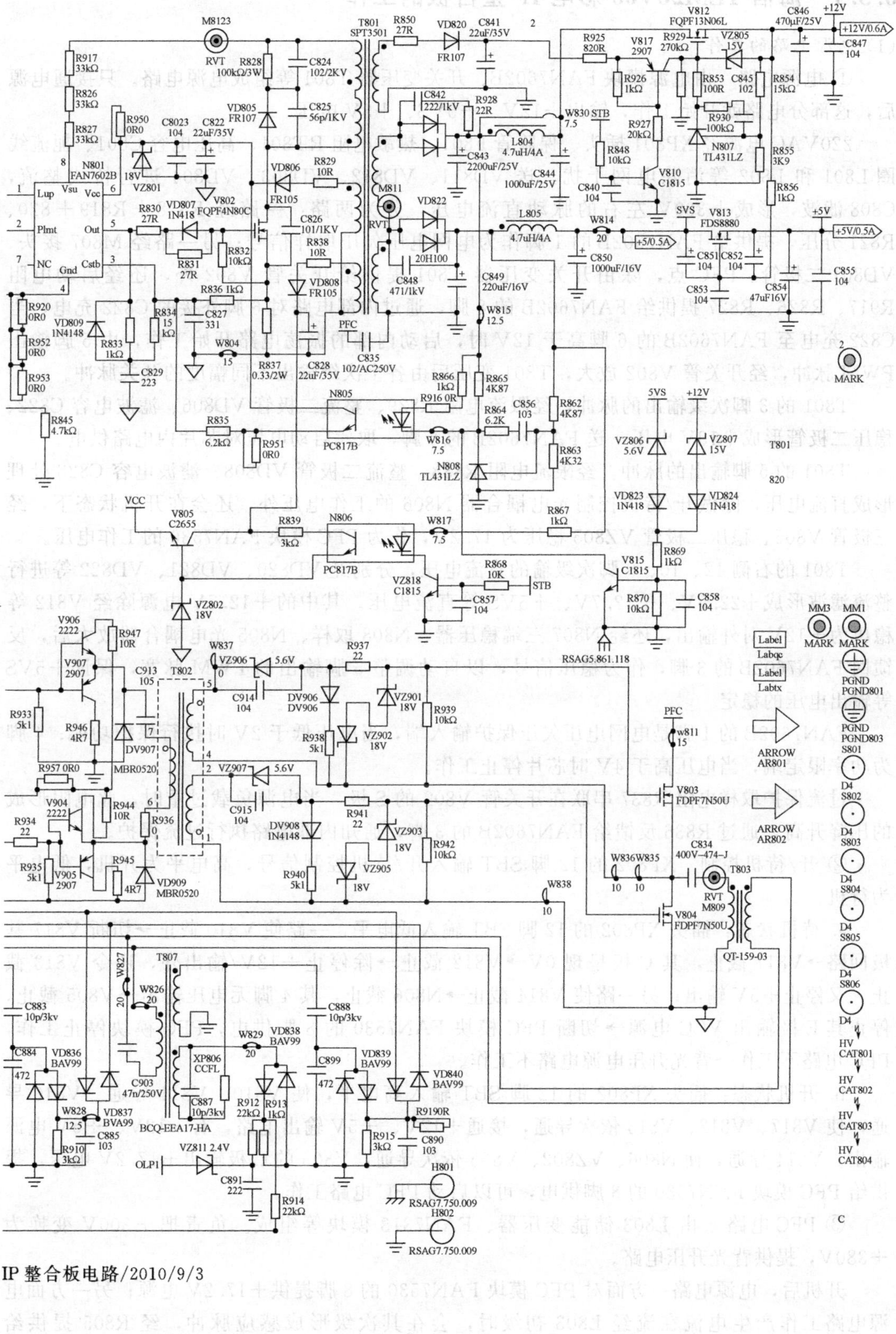
M8123
RVT
T801
SPT3501
R850
27R
VD820
FR107
C841
22uF/35V
V812
FQPF13N06L
C846
470μF/25V
+12V
+12V/0.6A
C847
104
R917
33kΩ
R826
33kΩ
R827
33kΩ
R828
100kΩ/3W
C824
102/2KV
C825
56p/1KV
VD805
FR107
R950
0R0
C8023
104
C822
22uF/35V
N801
FAN7602B
Lup
Plmt
NC
Vsu
Vcc
Out
Gnd
Cstb
VZ801
18V
VD807
1N418
R830
27R
V802
FQPF4N80C
R831
27R
R832
10kΩ
R836 1kΩ
C827
331
R834
15
kΩ
R833
1kΩ
VD809
1N4148
R920
0R0
R952
0R0
R953
0R0
R845
4.7kΩ
W804
15
C829
223
R837
0.33/2W
C828
22uF/35V
C835
102/AC250V
PFC
VD806
FR105
R829
10R
C826
101/1KV
R838
10R
VD808
FR105
C848
471/1kV
M811
RVT
VD822
20H100
C842
222/1kV
R928
22R
W830
7.5
STB
L804
4.7uH/4A
C843
2200uF/25V
C844
1000uF/25V
L805
4.7uH/4A
W814
20
+5/0.5A
C850
1000uF/16V
C849
220uF/16V
W815
12.5
R925
820R
V817
2907
R929
270kΩ
VZ805
15V
R926
1kΩ
R853
100R
C845
102
R854
15kΩ
R930
100kΩ
R927
20kΩ
N807
TL431LZ
R855
3K9
R848
10kΩ
V810
C1815
C840
104
R856
1kΩ
SVS
V813
FDS8880
+5V
+5V/0.5A
C851
104
C852
104
C853
104
C854
47uF16V
C855
104
MARK
N805
PC817B
R866
1kΩ
R865
4K87
R916 0R
C856
103
R862
4K87
R864
6.2K
W816
7.5
N808
TL431LZ
R863
4K32
R835
6.2kΩ
R951
0R0
5VS
+12V
VZ806
5.6V
VZ807
15V
VD823
1N418
VD824
1N418
T801
820
VCC
V805
C2655
R839
3kΩ
N806
PC817B
W817
7.5
R867
1kΩ
R869
1kΩ
V815
C1815
R868
10K
STB
VZ818
C1815
C857
104
R870
10kΩ
C858
104
VZ802
18V
RSAG5.861.118
MM3
MM1
MARK
MARK
Label
Labqe
Label
Labtx
PGND
PGND801
PGND
PGND803
V906
2222
R947
10R
V907
2907
W837
0
VZ906
5.6V
R937
22
T802
C913
105
C914
104
DV906
DV906
VZ901
18V
R939
10kΩ
R933
5k1
R946
4R7
DV907
MBR0520
R938
5k1
VZ902
18V
PFC
w811
15
ARROW
AR801
S801
R957 0R0
VZ907
5.6V
C915
104
V803
FDPF7N50U
V904
2222
R944
10R
R936
0
DV908
1N4148
R941
22
VZ903
18V
R942
10kΩ
ARROW
AR802
S802
R934
22
R935
5k1
V905
2907
R945
4R7
VD909
MBR0520
R940
5k1
VZ905
18V
W836W835
10 10
C834
400V-474-J
T803
RVT
M809
W838
10
V804
FDPF7N50U
QT-159-03
D4
S803
S804
S805
S806
W827
20
T807
W826
20
C883
10p/3kv
C888
10p/3kv
HV
CAT801
C884
472
VD836
BAV99
XP806
CCFL
W829
20
VD838
BAV99
C899
472
VD839
BAV99
VD840
BAV99
HV
CAT802
W828
12.5
VD837
BVA99
C903
47n/250V
C887
10p/3kv
BCQ-EEA17-HA
R912
22kΩ
R913
1kΩ
R9190R
R915
3kΩ
C890
103
HV
CAT803
C885
103
R910
3kΩ
OLP1
VZ811 2.4V
C891
222
H801
RSAG7.750.009
HV
CAT804
R914
22kΩ
H802
RSAG7.750.009
C

IP 整合板电路/2010/9/3

6.3.1 海信 TLM26V68 彩电 IP 整合板的工作

(1) 电源电路的工作

① 电源电路　由电源模块 FAN7602B、开关变压器 T801 等组成电源电路。只接通电源后，这部分电路就开始工作，输出＋12V、＋5VS、＋5V 电压。

220VAC 电源经 XP801 插头、保险管 F801、热敏电阻 RT801、高压电容 C801、扼流线圈 L801 和 L802 等消除电网干扰，送 VD811、VD812、VD803、VD804 进行桥式整流，C808 滤波，形成＋300V 左右的脉动直流电压，分为两路：一路经 R818＋R819＋820、R821 分压，提供给 FAN7602B 的 1 脚作为电网电压欠压取样信号；另一路经 M807 接头、VD801 二极管、PFC 点，除由开关变压器 T801 提供给开关管 V802 外，还经启动电阻 R917、R826、R827 提供给 FAN7602B 的 8 脚，通过内部电路对 6 脚外接的 C822 充电，当 C822 充电至 FAN7602B 的 6 脚高于 12V 时，启动内部的振荡电路开始工作，由 5 脚输出 PWM 脉冲，经开关管 V802 放大，T801 变压后由各个次级输出不同幅度的开关脉冲。

T801 的 3 脚次级输出的脉冲，经限流电阻 R829、整流二极管 VD806、滤波电容 C822、稳压二极管形成＋18V 电压，送 FAN7602B 的 6 脚，取代启动电压对芯片内电路供电。

T801 的 5 脚输出的脉冲，经限流电阻 R838、整流二极管 VD808、滤波电容 C828 处理形成直流电压，除做开/待机控制光电耦合器 N806 的工作电压外，还会在开机状态下，经三极管 V805、稳压二极管 VZ805 稳压为 17.2V，作为 PFC 模块 FAN7530 的工作电压。

T801 的右侧 12、10、8 脚次级输的直流电压，分别经 VD820、VD821、VD822 等进行整流滤波形成＋22.5V、＋12.7V、＋5VS 等直流电压。其中的＋12.7V 电源除经 V812 等稳压为＋12V 对外输出，还经 N807 三端稳压器、N808 取样、N805 光电耦合器放大后，反馈回 FAN7602B 的 3 脚，作为稳压信号，以自动调整 5 脚输出的 PWM 脉宽，保证＋5VS 等输出电压的稳定。

FAN7602B 的 1 脚是电网电压欠压保护输入端，当电压低于 2V 时执行保护功能；4 脚为功率限定端，当电压高于 4V 时芯片停止工作。

过流保护取样电阻 R837 串联在开关管 V802 的 S 极，当电源负载过重时，此电阻形成的压降升高，通过 R836 反馈给 FAN7602B 的 3 脚，通知内部电路执行过流保护。

② 开/待机控制　XP802 的 12 脚 SBT 输入开/待机控制信号，高电平为开机，低电平为待机。

a. 待机状态：插头 XP802 的 12 脚 SBT 输入低电平，一路使 V810 截止→切断 V817 基极回路→V817 截止，其 C 极呈现 0V→V812 截止→除停止＋12V/输出外，还令 V813 截止，又停止＋5V 输出；另一路使 V814 截止→N806 截止，其 4 脚无电压输出→V805 截止，停止其 E 极输出 VCC 电源→切断 PFC 模块 FAN7530 的 8 脚供电，PFC 模块停止工作，PFC 电路不工作→背光升压电源电路不工作。

b. 开机状态：插头 XP802 的 12 脚 SBT 输入高电平，使 V810、V814 导通。V810 导通，使 V817、V812、V813 依次导通，接通＋12V、＋5V 输出电路，有＋12V、＋5V 电源输出。V814 导通，使 N806、VZ802、V805 依次导通，V805 的 C 极输出＋17.2V 电压，提供给 PFC 模块 FAN7530 的 8 脚供电，可以启动 PFC 电路工作。

③ PFC 电路　由 L803 储能变压器、FAN7313 模块等组成。负责把＋300V 变换为＋380V，提供背光升压电路。

开机后，电源电路一方面对 PFC 模块 FAN7530 的 8 脚提供＋17.2V 电源；另一方面电源电路工作产生电流在流经 L803 初级时，会在其次级形成感应脉冲，经 R805 提供给

FAN7530 的 5 脚作为零电流检测信号。当 FAN7530 认为上述两项条件符合要求时，就启动工作，产生激励脉冲由 7 脚输出，控制 MOS 管 V801 快速轮流导通/截止，当 V801 导通时，+300V→L803→V801 的 D、S 极→R812→地，构成回路，储能电感 L803 流过电流进行储能，电压左正右负；当 V801 截止期间，L803 电感特性使其感应的电动势反转，电压左负右正，这个反向电动势与+300V 电源叠加，使 V811 导通，向 C810 充电，在 C810 即 PFC 端形成+380V 左右的直流电压。这个+380V 电压，除提供给背光灯升压电路的高压部分外，还提供给电源电路的开关管部位，以提供电源的工作电压，提高电源消除干扰的能力，保证电源输出电压稳定。

FAN7530 的 1 脚为稳压信号反馈输入端，通过电阻 R816～R813 对 PFC 端电压取样。

R812（0.22Ω/2W）串联在 PFC 管 V801 的 S 极，以在 V801 过流时，通知 FAN 的 4 脚内接过流保护电路动作，停止 PFC 电路的工作。

(2) 背光灯升压电路

由模块 FAN7313、开关变压器 T802、高压变压器 T804～T807 等组成。其中 FAN7313 内设置有振荡器、PWM 调制、误差放大器（CMP）、开路保护（OLP）、短路保护（SCP）、电压保护（OLR）、热稳定性保护（TSD）等功能电路。

开机后，电源输出的+12V 电源，通过 R871、R821、C861 滤波形成 VCC1，提供给的 FAN7313 的 11 脚，启动内部工作，由 9、13 脚输出一对极性相反的 PWM 脉冲→V904 和 V905、V906 和 V907 首次放大→T802 变压→驱动 V803、V804 MOS 管再次放大→T803 再次变压→C900～C903 耦合→送 T804～T807 高压变压器变压后由各自次级输出，其中次级高压绕组输出的脉冲会在 C874、C878、C883、C888 配合下进行高频谐振，形成高频振荡脉冲，通过插头点亮液晶屏组件内的对应背光灯管；次级取样绕组输出的脉冲经 VD829 整流、R896 和 R898 分压、VZ808 稳压（或 V832、R902、R903、VA809，VD835、R907、R908、VZ810，VD838、R912、R912、VZ811）形成灯管工作电压取样信号 OLP3、OLP4、OLP2、OLP1)，通过 R885～R882 分别提供给 FAN7313 的 20、19、2、1 脚，被内部电路分析后判断灯管是否开路及其工作电压是否正常。

FAN7313 根据 4 脚 FB 稳压反馈端，通过 R881、R887、R898、VD829（或 R904 和 VD832、R909 和、R914 和 VD838)，对 T804～T807 的次级输出电压进行取样，送内部的误差放大器，在 C865、VD825、C864、R879 等阻容器件配合下，形成相应的直流电压，送内部 PWM 控制器，以自动调整 9、13 脚输出的 PWM 脉宽，以保证灯管工作电压的稳定。

FAN7313 的 18 脚过压保护端，通过 R887、R890、VD831、VD830（或 VD834 和 VD833、VD837 和 VD836、VD840 和 VD839）对灯管工作电压进行取样，当取样值使 FAN7313 的 18 脚电压高于 2V 时，就会启动内部的过压保护电路 OLP 动作，停止芯片输出 PWM 激励脉冲，背光灯升压电路停止工作。

FAN7313 的 1、2、19、20 脚是 OLP 灯管开路保护，其中任意一脚电压低于 1V 时，就会执行灯管开路保护，2s 停止芯片输出 PWM 脉冲。比如，当 T804 次级高压绕组所接的灯管开路后，该变压器负载变轻，各次级输出电压下降，其中次级低压绕组输出电压，经 VD829、R896、C877 形成电压下降，通过 VZ808 使 FAN7313 的 20 电压低于 1V，执行保护。

FAN7313 内部的过热保护器，当检测此芯片温度高于 150℃时，执行保护停止输出 PWM 脉冲。

6.3.2 海信 TLM26V68 彩电 IP 整合板维修精要

表 6-7 是 FAN7602B 电源模块的引脚功能和测试数据，表 6-8 是 FAN7530 PFC 模块的

引脚功能和测试数据，表 6-9 是 FAN7313NB 背光灯芯片的引脚功能和测试数据。

表 6-7　FAN7602B 电源模块的引脚功能和测试数据

引　脚	符　号	功　能	电阻/kΩ 红　测	电阻/kΩ 黑　测	电压/V
1	Lup	220V 电源欠压检测，＜2V 保护	8	40	5.8
2	Plmt	功率限定，＞4V 芯片停止输出	0	0	0.1mV
3	Csfb	电流检测输入	0.8	1Ω（$R\times100\Omega$）	0.88
4	Gnd	地	0	0	0
5	Out	PWM 输出	6	6	0.99
6	Vcc	电源供给（低压电路）	6	70（$R\times10k\Omega$）	13.8
7	Nc	空	—	—	—
8	Vstr	高压启动	8	400（$R\times10k\Omega$）	380

表 6-8　FAN7530 PFC 模块的引脚功能和测试数据

引　脚	符　号	功　能	电阻/kΩ 红　测	电阻/kΩ 黑　测	电压/V
1	Inv	PFC 输出电压采样关断。＜0.45V，或＞2.675V 关断 PFC	7	15	2.5
2	Mot	锯齿波发生器	7	32	2.9
3	Cmp	误差放大器输出	7	55（$R\times10k\Omega$）	1.4
4	Cs	电流检测。＞0.8V 保护	100Ω（$R\times10\Omega$）	100Ω（$R\times10\Omega$）	20.5mV
5	Zod	零电流检测。＜1.4V　MOS 管开通	7	20	3.7
6	Gnd	地	0	0	0
7	Out	PFC 激励脉冲输出	5	9	4.2
8	Vcc	供电电源	6	90（$R\times10k\Omega$）	17.2

表 6-9　FAN7313NB 背光灯芯片的引脚功能和测试数据

引　脚	符　号	功　能	电阻/kΩ 红　测	电阻/kΩ 黑　测	电压/V
1	OLP1	灯管 1 开路保护检测。＜1V 时，2s 后芯片停止输出 PWM 激励脉冲	7.5	120	4.3
2	LOP2	灯管 2 开路保护检测。保护电压同上	7.5	120	4.3
3	Comp	误差放大器输出。外接器件影响灯管电压和电流的响应速度	7.5	11	1.83
4	FB	反馈输入，其电压调整 9、12 脚脉宽	6.8	13	1.26
5	Bdim	数字式（PWM）调光信号输入	7.5	100	1.8

续表

引　　脚	符　　号	功　　能	电阻/kΩ		电压/V
			红　　测	黑　　测	
6	Adim	模拟式（直流电平）调光信号输入	6	8	5.87
7	ENA	背光灯启动控制端。高电平开启	7.5	∞	5.23
8	GND	地	0	0	0
9	OUTL	PWM激励脉冲低侧输出端。<1V如持续2s后芯片停止输出PWM脉冲	200Ω（$R\times100$）	20	2.27
10	Vref	基准电压，最大能超过25.5V	6	8.2	5.83
11	Vcc	电源供电	6.5	18	11.78
12	VB	内部运放供电脚	6	00	5.87
13	OUTH	PWM激励脉冲高输出端。其他同9脚	200Ω（$R\times100$）	20	2.27
14	VS	地	0	0	0
15	SCP	输出短路保护检测	0	0	0
16	RT	电阻频率调整	7	24	测量灯灭
17	BCT	调光频率调整	7	50	测量灯灭
18	OLR	灯管过压保护检测，>2V保护	7	36	1.23
19	OLP4	灯管4开路保护，<1V如持续2s芯片停止输出PWM脉冲	7	40	1.26
20	OLP3	灯管3开路保护。其他同OLP4	7	120	2.91

第7章 逻辑板维修

目前电视台发射的图像信号，是按时间顺序排列的串行像素信号，即像素是按照时间先后一个一个发射的。CRT 电视机显示图像则按照这个时间先后一个一个将像素着屏；而液晶电视机的液晶屏，其显示图像是一行一行并行排列的像素信号，即像素是一行一行并行着屏，为此，液晶电视机中设置了逻辑板，以把逐个的像素图像信号，转换为以行为单位的并行像素图像信号，并且按一定的时间顺序逐行“着屏”。

由上可知，逻辑板把像素信号原来排列的时间顺序打乱，重新进行了排列，完全改变了像素信号的时间顺序关系，所以逻辑板电路又称为时序控制电路。

经验 逻辑板与主板之间的 LVDS 连接线易松脱、插座易出现不良，引起整屏幕是杂乱的彩色条纹。逻辑板是图像和字符共用通道，其损坏会造成图像和字符均不显示或显示异常。

图 7-1 是奇美 V315B-L01REVC1 屏的逻辑板电路框图，主要由时序控制器 CM1682A、伽马电压发生器 HX8915、电源管理芯片 TPS65161 等组成。

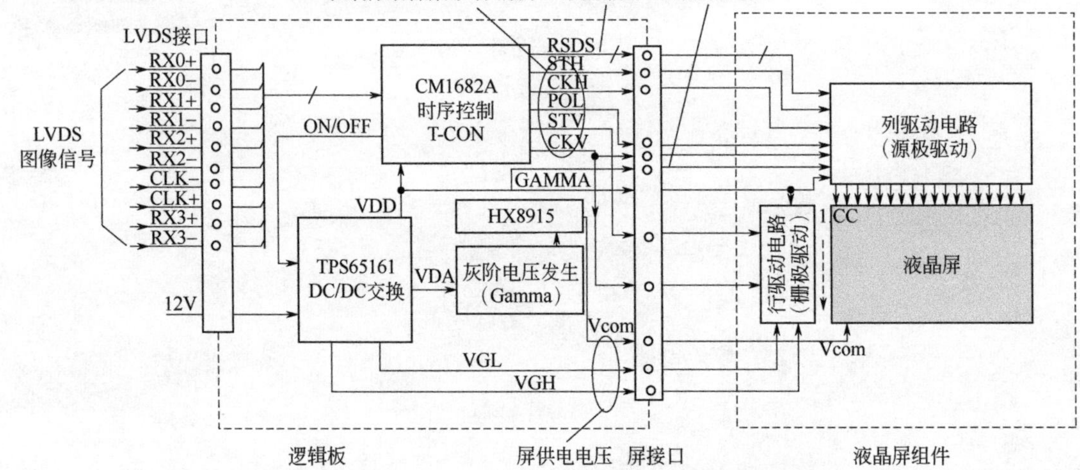

控制像素着屏的时间顺序
图像信号
灰度阶梯电压
LVDS接口
RX0+
RX0−
RX1+
RX1−
RX2+
RX2−
CLK−
CLK+
RX3+
RX3−
LVDS
图像信号
ON/OFF
CM1682A
时序控制
T-CON
RSDS
STH
CKH
POL
STV
CKV
GAMMA
VDD
HX8915
TPS65161
DC/DC交换
VDA
灰阶电压发生
(Gamma)
12V
Vcom
VGL
VGH
列驱动电路
(源极驱动)
1CC
行驱动电路
(栅极驱动)
液晶屏
Vcom
逻辑板
屏供电电压
屏接口
液晶屏组件

图 7-1 V315B-L01 REV. C1 型逻辑板框电路框图

TPS65161 组成的 DC/DC 电路（直流-直流电压变换电路），把输入的单＋12V（或＋5V）电源转换为时序控制器所需的 VDD、伽马校正器所需的 VDA、屏所需的 VGH 和 VHL 等多路直流电压；CM1682A 组成的时序控制电路，把 LVDS 格式图像信号转换为 RSDS 格式图像信号、显示时间信号，并控制电源管理芯片 TPS65161 的工作；HX8915 组成的伽马校正电路，产生GAMMA电压、Vcom电压，提供给液晶屏组件，作为灰度控制信号和屏公共极电压。

7.1 奇美V315B.-L01 REV. C1屏逻辑板的工作原理

(1) DC-DC变换电路

图7-2是DC-DC变换电路的电压变换示意图。这部分电路，受时序控制芯片CM1682A控制，先由UP1 TPS65161电源管理芯片把+12V变换为VDA、VDD25、VGHP、VGL电压。再由稳压器或晶体管把VGHP电压变换为VGH，把VDD25变换为VDD18，把VDA电压变换为VCM、VSCM、VREF。

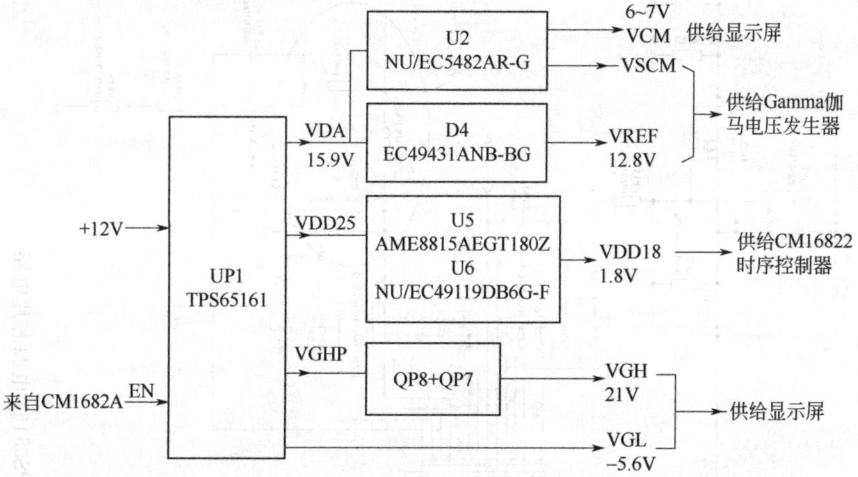

6~7V VCM 供给显示屏
U2 NU/EC5482AR-G
VSCM
供给Gamma伽马电压发生器
VDA 15.9V
D4 EC49431ANB-BG
VREF 12.8V
+12V
VDD25
U5 AME8815AEGT180Z U6 NU/EC49119DB6G-F
VDD18 1.8V
供给CM16822时序控制器
UP1 TPS65161
VGHP
QP8+QP7
VGH 21V
来自CM1682A EN
供给显示屏
VGL -5.6V

图7-2 DC-DC变换电路的电压分配图

其中，VGL作屏内的MOS管栅门关闭电压（GATE OFF）；VGH做屏内的MOS管栅门开启电压（GATE ON）；VCM做屏公共电极电压。

① TPS65161电源管理芯片的工作 图7-3是TPS65161电源芯片电路。TPS65161芯片是4通道多路转换器。TPS65161的12脚用于设置主升压转换器的工作方式，用于设置内部电路工作在脉宽调制式频率或500/750Hz固定开关频率方式。图7-3中12脚通过RP34（0Ω）接+12V输入电压，工作在750Hz固定开关频率。主升压转换器有一个可调节的软启动电路，以防止在启动过程中的高涌流。软启动时间由28脚外接的软启动电容CP25的容量决定（正比例关系）。

当TPS65161电源芯片的22～20脚输入+12V电源，16脚输入12V高电平授权，9脚输入高电平授权指令，就启动内部工作，把12V电源通过内部转换升压或降压为VDD、VDA、VGH、VGL。

a. VDA的产生。由TPS65161由的1～5、28脚电路产生。TPS65161启动工作后，先对28脚外接软启动电容充电，当充电至一定值时，就会启动升压转换器工作，一方面由4、5脚输出主升压驱动信号。这个主升压驱动信号与+12V电源叠加后，通过DP2、DP6对CP7、CP8充电，形成+16V电压，作为VAA-FB电源；另一方面由27脚输出栅极驱动信号，令MOS管QP1、QP2导通，在VAAP电源端形成15.9V。VAAP电源再经LP24滤波则形成VDA电源（15.9V）。

VFF-FB电源要反馈回TPS65161的3脚作为过压保护信号。当3脚电压超过23V时，内部超压比较器翻转，通知逻辑控制器关闭4、5脚输出，以停止VFF-BF输出。当VFF-FB电压低于过电压阈值后，4、5脚才会再开始输出驱动信号。

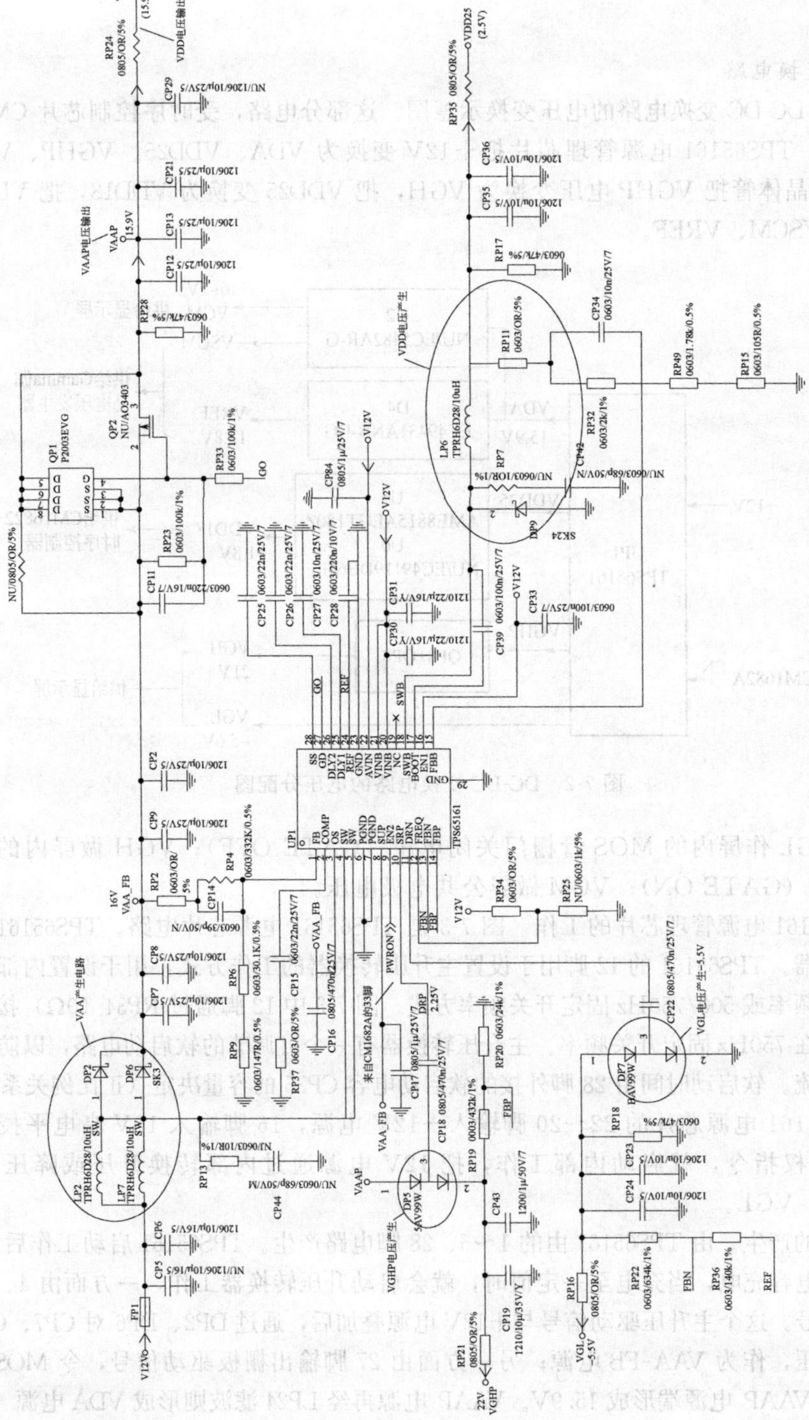

图 7-3 TPS65161电源芯片电路

b. VDD25电压产生。由TPS65161的15～18脚电压组成。TPS65161工作后，在16脚输入12V电源时，则授权内部的降压转换器工作，由17脚输出N沟道MOS管驱动脉冲，通过CP39耦合，LP6、CP35积分，DP9稳压，形成2.5V电压，作为VDD25电源。

RP11、RP12、RP49、RP14对VDD25取样后，反馈回TPS65161的15脚，以自动调整17脚脉冲占空比，保证VDD25电压稳定在2.5V。

c. VGL和VGHP电压产生。由TPS65161的8、10、11、13、14、24、26脚电路产生。TPS65161工作后，由10脚DDP、11脚DRN输出极性相反的一组PWM脉冲。其中11脚DRN脉冲经DP7负向整流、CP23滤波，形成－5.6V电压，作为VGL电压，提供给液晶屏内的MOS管的栅门作关闭电压；10脚输出的DRP脉冲，经电容CP17耦合，送DP5的3脚，与1脚输入的VAAP叠加后，再经DP5整流、C19滤波，形成＋22V的直流，经RP21限流电阻后，作为VGHP电源，供给VGH电压产生电路。

② VGH电压产生电路　如图7-4所示，时序控制芯片CM1682A输出的时序控制信号GVON、GVOFF（栅极电压开启、栅极电压关闭），控制双MOS管QP7的工作，使其6脚输出电压，令MOS管QP6工作，QP6与DP8稳压二极管配合，将VGHP＋22V电源稳压为＋18V作为VGH电源，提供给屏内的晶体管栅极作为开启电压。

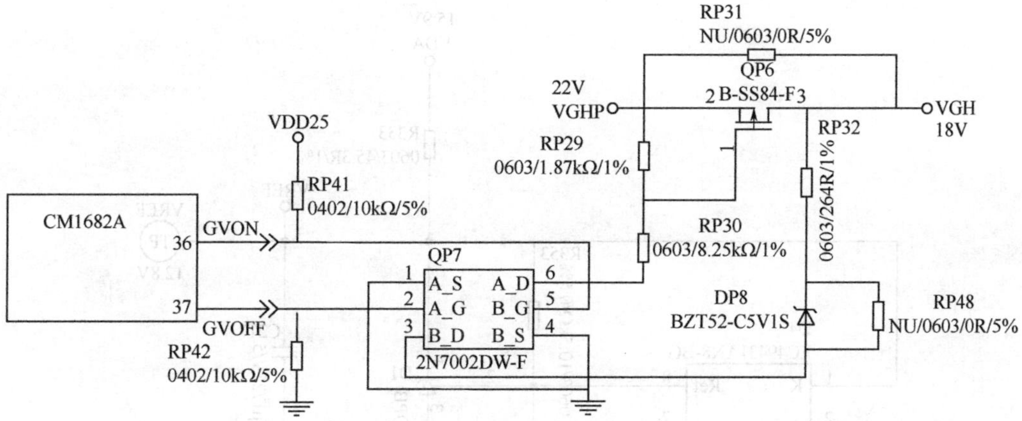
RP31
NU/0603/0R/5%
QP6
2 B-SS84-F 3
22V
VGHP
VGH
18V
VDD25
RP29
0603/1.87kΩ/1%
RP32
0603/264R/1%
RP41
0402/10kΩ/5%
CM1682A
GVON
36
37
GVOFF
RP30
0603/8.25kΩ/1%
QP7
A_S
A_G
B_D
A_D
B_G
B_S
2N7002DW-F
DP8
BZT52-C5V1S
RP48
NU/0603/0R/5%
RP42
0402/10kΩ/5%

图7-4　VGH电压产生电路

③ VDD18产生电路　图7-5是VDD18电压产生电路。由UP6、UP5三端稳压器对VDD25电源稳压形成1.8V，作为VDD18电源，提供给数字电路。UP5 AME8815AEGT180Z是1.5A CMOS低压稳压器，1脚是电源输入端，2脚接地，3脚是稳压输出端。

④ VREF基准电压产生电路　图7-6是VREF基准电压产生电路，VDA电压经R353、R349、R328分压得直流电压，提供给D4 EC48431AN8-BG稳压器的8脚，被D4处理后由其1脚输出12.8V电压，作为VREF基准电压，提供给伽马校正电路。

按分压原理可知，只要改变R353、R327、R327分压电路的分压比值，就可以获得小于VDA电压的任意稳压值的VREF电压输出，一般的逻辑板电路VDA电压为15～20V，获得的VREF一般为12.5V左右，不同的液晶屏此电压值略有不同。

⑤ VCM和VSCM电压产生电路　VCM电压，又称VCOM电压，是屏公共极电压。液晶像素一边电极电压为源极驱动电压，另一边为公共电极VCM。这两个电压差决定了加在液晶分子上的电压，因此VCM电压对最终的显示效果影响最大，是检修液晶屏幕图像故障必须测量的一级关键电压。

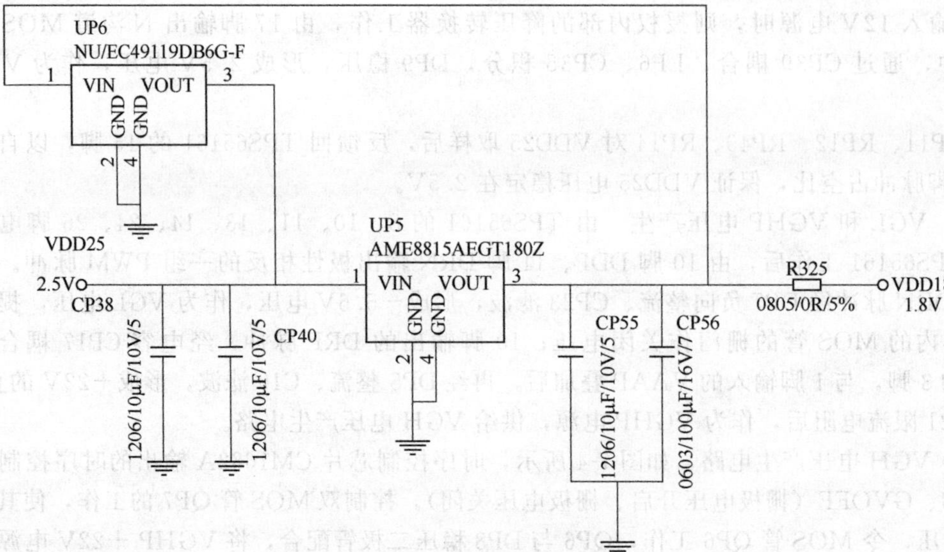
UP6
NU/EC49119DB6G-F
VIN
VOUT
GND
GND
1
3
2
4
VDD25
2.5V
CP38
1206/10μF/10V/5
1206/10μF/10V/5
CP40
UP5
AME8815AEGT180Z
VIN
VOUT
GND
GND
CP55
CP56
1206/10μF/10V/5
0603/100μF/16V/7
R325
0805/0R/5%
VDD18
1.8V

图 7-5 VDD18 电压产生电路

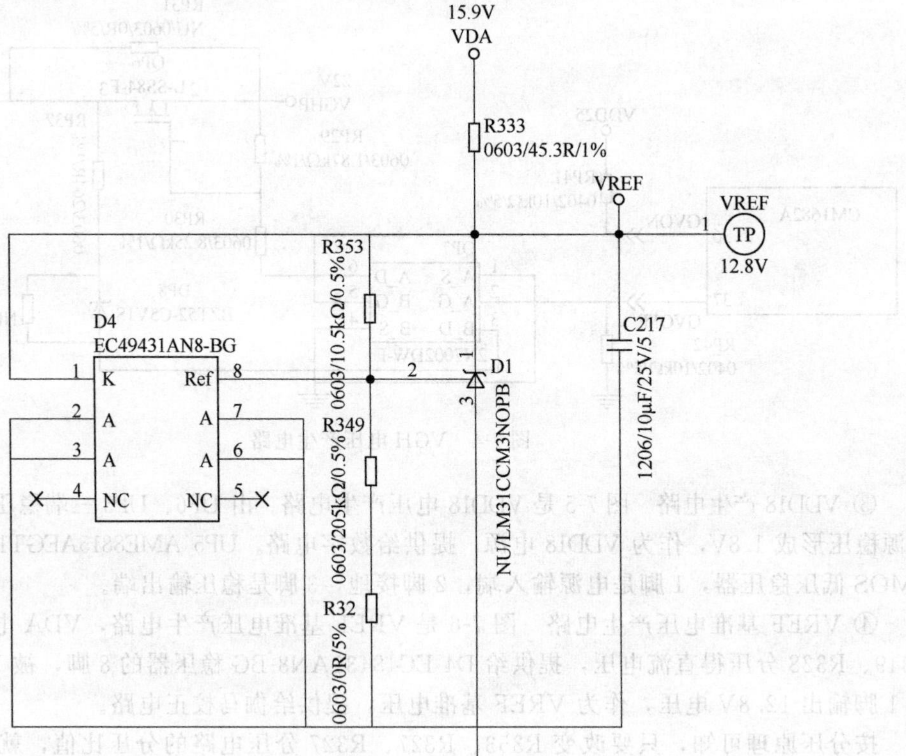
15.9V
VDA
R333
0603/45.3R/1%
VREF
VREF
TP
12.8V
R353
0603/10.5kΩ/0.5%
D4
EC49431AN8-BG
K
Ref
A
A
A
A
NC
NC
R349
0603/205kΩ/0.5%
R32
0603/0R/5%
D1
NULM31CCM3NOPB
C217
1206/10μF/25V/5

注：D1、D4安装其一，本板安装的是D4。

图 7-6 VREF 电压产生电路

如图 7-7 所示，VDA 电源输入至 U2 NU/EC5462AR-G 稳压器的 8 脚，被稳压后由其 1、7 脚输出 VCM 电压，提供给伽马校正电路。VCM 电压是一个稳定的直流电压，其电压的稳定度决定了液晶屏在重现图像时亮度是否稳定，一般的液晶屏其 VCM 电压在 6～7V，基本上是伽马校正电压 VREF 最大值的一半左右。

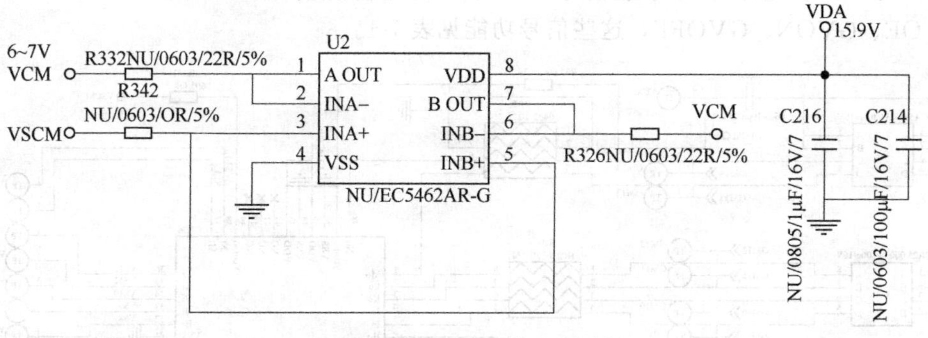
VDA
15.9V
6~7V
VCM
R332NU/0603/22R/5%
R342
NU/0603/OR/5%
VSCM
U2
1 A OUT
2 INA−
3 INA+
4 VSS
VDD 8
B OUT 7
INB− 6
INB+ 5
NU/EC5462AR-G
VCM
R326NU/0603/22R/5%
C216
C214
NU/0805/1μF/16V/7
NU/0603/100μF/16V/7

图 7-7 VCM 电压产生电路

(2) 伽马（Gamma）校正电路的工作

伽马校正电路，英文“Gamma”，又称灰阶电压产生电路。

① 伽马校正电路的原理 伽马校正电路就是产生一系列符合液晶屏透光度特性的非线性变化的电压，对像素信号进行预校正。

由于液晶屏的透光度和所加的控制电压是一个严重不成比例的非线性关系（类似 S 曲线），如果直接把不经过校正的像素信号加到液晶屏的源极驱动电极，产生的图像是灰度等级会出现严重失真的图像，是很难看的。为了使重现图的灰度不出现失真，我们对所加的像素信号幅度的变化要进行预失真处理，这个对像素信号的幅度进行预失真处理的过程称为伽马（Gamma）校正。

伽马校正电路就是用来产生这一序列幅度变化不成比例的预失真电压，称为伽马电压或称灰阶电压，进入液晶屏源极驱动集成电路以后，每一个变化级差再经过 16 等分，总级数达到 256 级（8 位），在源极驱动集成电路内部，根据像素信号携带的亮度分量（信息）对加到液晶屏源极的像素信号进行赋值，使之变成为幅度相应变化的源极模拟驱动信号。

② 伽马校正电路的工作 图 7-8 是 HX8915 芯片组成的伽马校正电路。HX8915 是伽马电压、VCOM 电压发生器，是一个高阻抗输入、低阻抗输出、增益为 1 的类似跟随器的电流放大器，又称缓冲器，这种缓冲电路输出无论连接什么样的电路，都不会影响其输入端的电压稳定值。

12.8V 的 VREF 基准电压，由两组串联的电阻分压，产生一系列符合液晶屏透光度特性的非线性变化的 VS1～VS14 共 14 级差参考电压，输入给 U6 HX18915 缓冲器的 23～29、32～38 脚，被内部的 14 路放大器进行处理后，分别由 1～6、9～13、18、20、48 脚输出 GM1～GM14 十四路输出电压。这 GM1～GM14 电压送入液晶屏接口 CN1、CN2，由液晶屏周边的源极驱动电路再对该系列电压的每一级进行 16 等分，最后形成对源极驱动电路处理的像素信号进行赋值（伽马校正）的伽马电压。

U6 HX8915 的 39 脚输入 VSCM 电压，在内部缓冲后形成具有一定负载能力的 Vcom 液晶屏公共电极电压由 47 脚输出。对于公共电极电压为固定值的，这个 VCOM 电压大约是 VREF 的一半左右。

CA5 等是消除干扰的电容器。

(3) 时序控制电路的工作

图 7-9 是由 CM1682A 芯片组成的时序控制电路，又称格式变换电路，在软件控制下，

把 LVDS 格式的数字图像信号，转换为 RSDS 格式的数字图像信号，提供给液晶屏组件内的源极（列）驱动电路做为像素信号，同时产生屏辅助信号 STH、CKH、POL、STV、CKV、OE、GVON、GVOFF，这些信号功能见表 7-1。

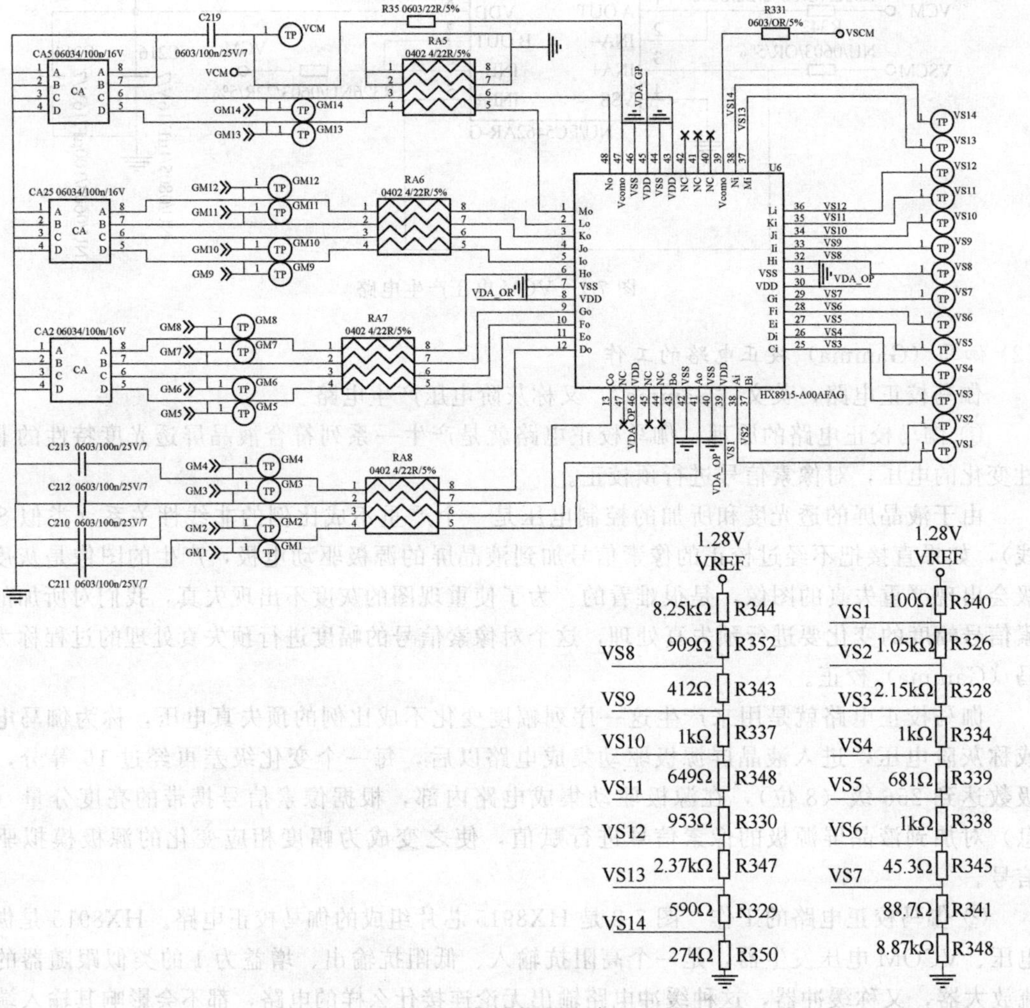
C219
0603/100n/25V/7
VCM
R35 0603/22R/5%
RA5
0402 4/22R/5%
CA5 06034/100n/16V
GM14
GM13
CA25 06034/100n/16V
GM12
GM11
GM10
GM9
RA6
0402 4/22R/5%
CA2 06034/100n/16V
GM8
GM7
GM6
GM5
RA7
0402 4/22R/5%
C213 0603/100n/25V/7
C212 0603/100n/25V/7
C210 0603/100n/25V/7
C211 0603/100n/25V/7
GM4
GM3
GM2
GM1
RA8
0402 4/22R/5%
R331
0603/OR/5%
VSCM
VDA_OP
VDA_OR
U6
HX8915-A00AFAG
VS1
VS2
VS3
VS4
VS5
VS6
VS7
VS8
VS9
VS10
VS11
VS12
VS13
VS14
1.28V
VREF
8.25kΩ R344
909Ω R352
412Ω R343
1kΩ R337
649Ω R348
953Ω R330
2.37kΩ R347
590Ω R329
274Ω R350
100Ω R340
1.05kΩ R326
2.15kΩ R328
1kΩ R334
681Ω R339
1kΩ R338
45.3Ω R345
88.7Ω R341
8.87kΩ R348

图 7-8 伽马校正电路

表 7-1 时序控制器出的信号的名称及作用

符 号	名 称	备 注
RSDS	图像的像素信号	图像信号
STH	行数据的开始信号	
CKH	源极驱动器的时钟信号（数据的同步信号）	源极（列）驱动器的控制信号
POL	数据（行）反转信号	
OE	允许信号（栅极输出控制信号）	
GVON	栅极电压打开	
GVOFF	栅极电压关闭	门极（行）驱动器的控制信号
CKV	栅极驱动电路的垂直位移触发时钟信号	

续表

符　号	名　称	备　注
STV	栅极驱动电路的垂直位移启动信号	门极（行）驱动器的控制信号
STV-R	栅极驱动电路的垂直位移结束信号	

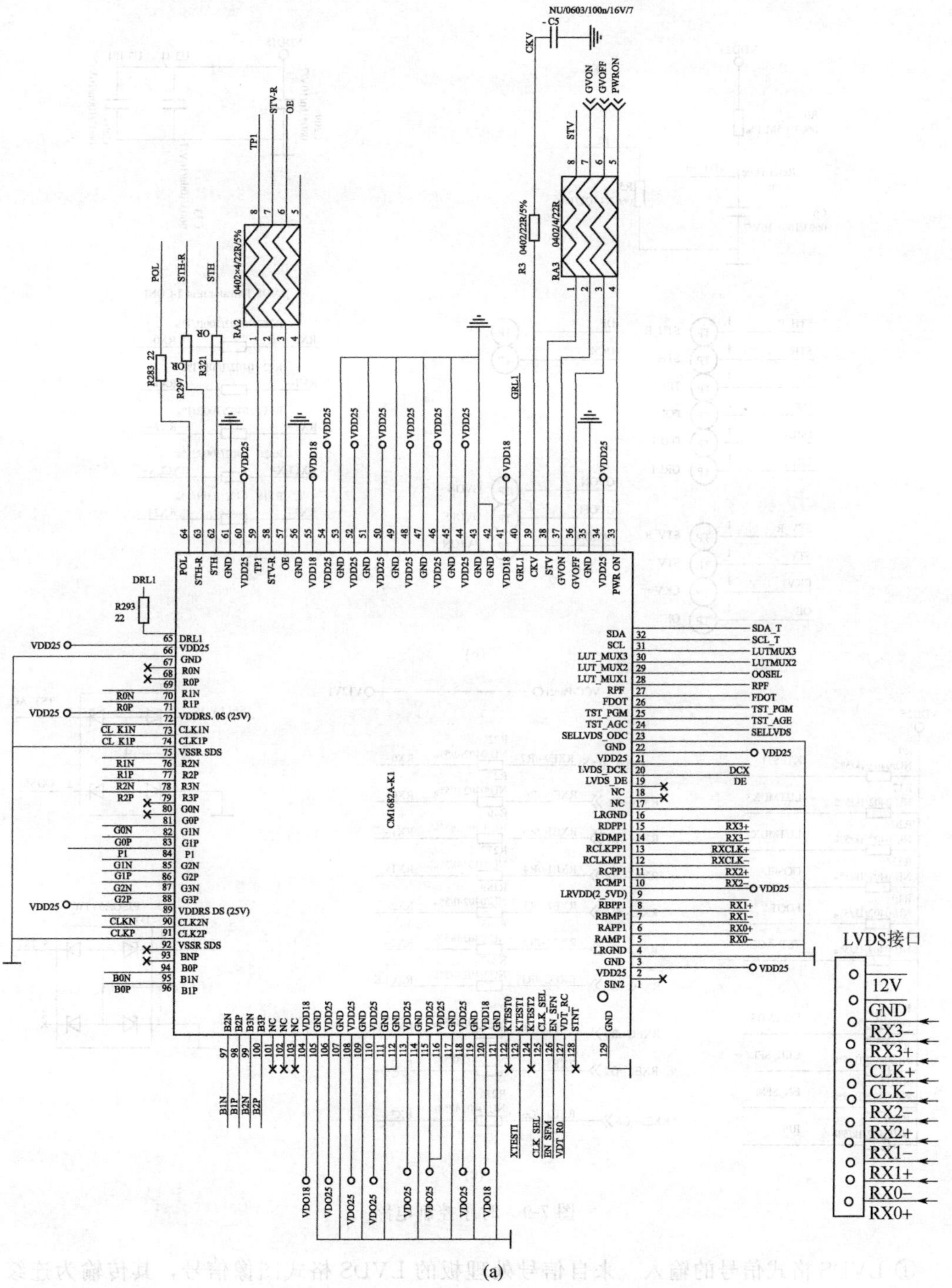

(a)

图 7-9

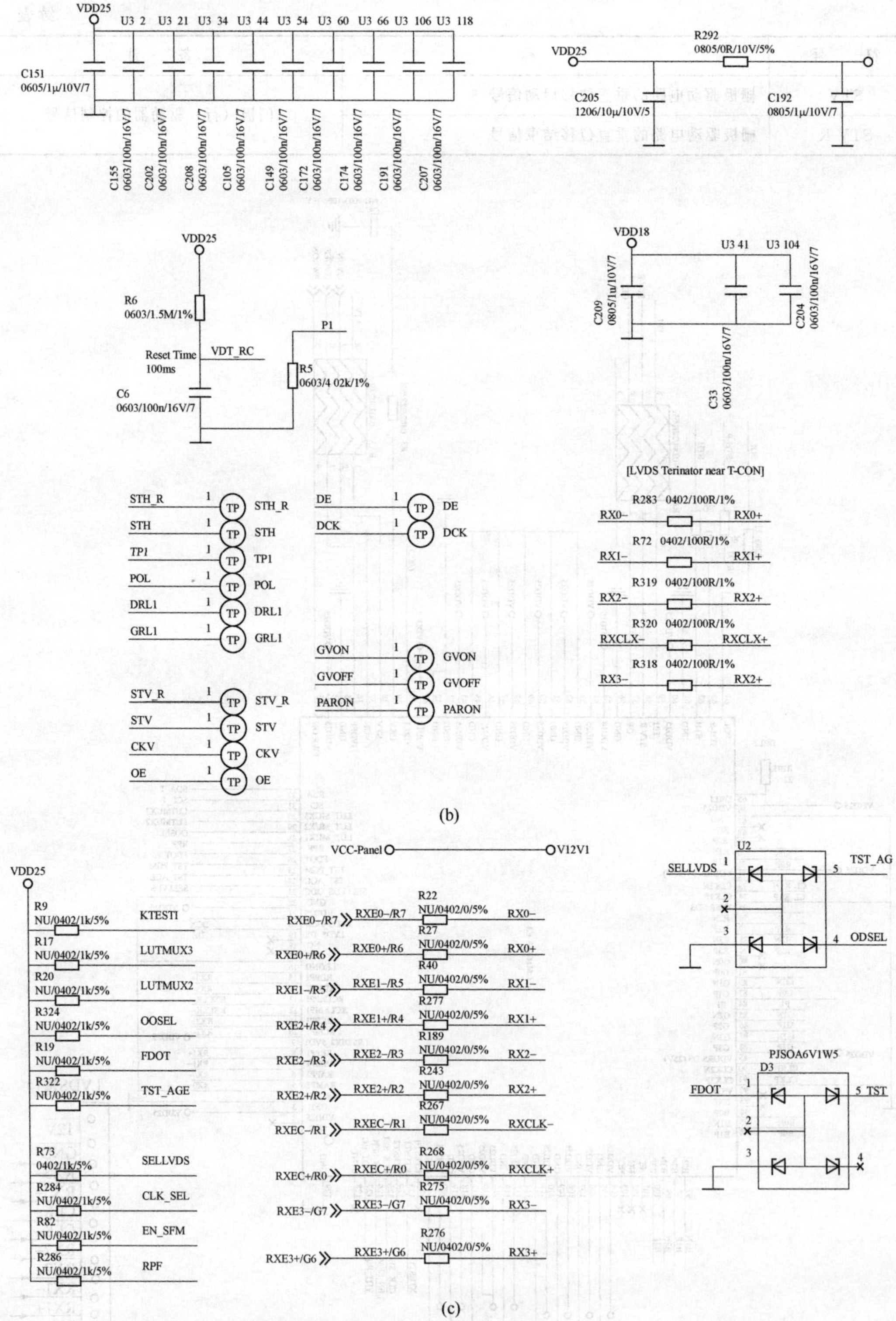
VDD25
U3 2 U3 21 U3 34 U3 44 U3 54 U3 60 U3 66 U3 106 U3 118
C151
0605/1μ/10V/7
C155 0603/100n/16V/7
C202 0603/100n/16V/7
C208 0603/100n/16V/7
C105 0603/100n/16V/7
C149 0603/100n/16V/7
C172 0603/100n/16V/7
C174 0603/100n/16V/7
C191 0603/100n/16V/7
C207 0603/100n/16V/7
VDD25
R292
0805/0R/10V/5%
C205
1206/10μ/10V/5
C192
0805/1μ/10V/7
VDD25
R6
0603/1.5M/1%
Reset Time
100ms
VDT_RC
C6
0603/100n/16V/7
P1
R5
0603/4 02k/1%
VDD18
U3 41 U3 104
C209 0805/1u/10V/7
C33 0603/100n/16V/7
C204 0603/100n/16V/7
[LVDS Terinator near T-CON]
R283 0402/100R/1%
RX0− RX0+
R72 0402/100R/1%
RX1− RX1+
R319 0402/100R/1%
RX2− RX2+
R320 0402/100R/1%
RXCLX− RXCLX+
R318 0402/100R/1%
RX3− RX2+
STH_R STH_R
STH STH
TP1 TP1
POL POL
DRL1 DRL1
GRL1 GRL1
STV_R STV_R
STV STV
CKV CKV
OE OE
DE DE
DCK DCK
GVON GVON
GVOFF GVOFF
PARON PARON
TP
(b)
VCC-Panel V12V1
VDD25
R9 NU/0402/1k/5% KTESTI
R17 NU/0402/1k/5% LUTMUX3
R20 NU/0402/1k/5% LUTMUX2
R324 NU/0402/1k/5% OOSEL
R19 NU/0402/1k/5% FDOT
R322 NU/0402/1k/5% TST_AGE
R73 0402/1k/5% SELLVDS
R284 NU/0402/1k/5% CLK_SEL
R82 NU/0402/1k/5% EN_SFM
R286 NU/0402/1k/5% RPF
RXE0−/R7 RXE0−/R7 R22 NU/0402/0/5% RX0−
RXE0+/R6 RXE0+/R6 R27 NU/0402/0/5% RX0+
RXE1−/R5 RXE1−/R5 R40 NU/0402/0/5% RX1−
RXE2+/R4 RXE1+/R4 R277 NU/0402/0/5% RX1+
RXE2−/R3 RXE2−/R3 R189 NU/0402/0/5% RX2−
RXE2+/R2 RXE2+/R2 R243 NU/0402/0/5% RX2+
RXEC−/R1 RXEC−/R1 R267 NU/0402/0/5% RXCLK−
RXEC+/R0 RXEC+/R0 R268 NU/0402/0/5% RXCLK+
RXE3−/G7 RXE3−/G7 R275 NU/0402/0/5% RX3−
RXE3+/G6 RXE3+/G6 R276 NU/0402/0/5% RX3+
U2
SELLVDS TST_AG
ODSEL
PJSOA6V1W5
D3
FDOT TST
(c)

图 7-9　时序控制电路

①LVDS格式信号的输入　来自信号处理板的LVDS格式图像信号，其传输为连续电流驱动，属于标清屏（1366×768的分辨率）8位5组低压差分信号，其振幅为0.35V。这

5对信号中的“CLK＋、CLK－”是一对线是时钟线；其他的RX0＋、RX0－，RX1＋、RX1－，RX2＋、RX2－，RX3＋、RX3四对是数据线，含有三基色RGB像素信号、行同步信号（HS）、场同步信号（VS）、授权信号（DE）。

上述8位5组LVDS格式的图像信号，通过LVDS接口，分别提供给CM1682A的5～8、10～15脚。

② LVDS信号格式选择　LVDS信号格式，目前在世界上有两种通用的标准，一种是美国的VESA，又称正常标准；一种是日本制定的JEIDS标准。这两种标准主要是RGB基色像素信号排列的方式不同，如LVDS接口的TXA0＋和TXA0－、TXA1＋和TXA1－、TXA2＋和TXA2－、TXA3＋和TXA3－数据线中，设定哪对传输图像的红基色、哪对传输绿基色、哪对传输蓝基色，还要设定红、绿、蓝各基色信号中的像素传输次序方式。所以，液晶屏的生产厂家和电视机主板生产厂家就必须遵守同一规定才能正确传输图像。目前时序芯片都可以适应两种格式的LVDS信号，并设置一个LVDS信号的选择端子，表示符号为“SEL　LVDS”或“LVDS OPTION”。

CM1682A时序控制芯片的23脚SEL　LVDS是格式选择端，悬空或接地为VESA格式；高电平是JEIDA格式。

警告　换屏、换逻辑板一定要LVDS格式设置符合要求，否则可能造成时序处理集成电路的格式和LVDS信号的格式不对，将出现颜色、层次混乱的图像。需要注意的是，有的液晶电视此选择端子连接于主信号处理板上的CPU，受CPU控制。

③ 格式转换及输出RSDS图像数据信号　RSDS，是Reduced Swing Differential Signaling的缩写，译为低摆幅差分信号。RSDS图像数据信号振幅为0.2V，只含有RGB三基色数据信号，作为液晶屏组件的源极（列）数据信号。逻辑板上的格式转换，是把LVDS格式的图像信号，变换为RSDS格式的图像信号，RSDS的传输为可变电流驱动。

当CM1682A时序控制芯片的2脚得到VDD25＋2.5V、55脚得到VDD18电源，就启动内部的电路开始工作，根据23脚电压高/低设置的LVDS格式，对5～8、10～15输入的LVDS格式8位5组低压差分信号中的RGB图像内容数据信号，依次进行格式变换、缓冲放大后，由70和71、76～79、82和83、85～88、95～100脚输出18位3组串行RSDS低摆幅RGB差分信号，加到液晶屏周边的源极驱动电路上，作为像素信号。这18位3组串行RSDS低摆幅RGB差分信号具体如下。

R差分信号组：红像素信号，包括R0P/R0N、R1P/R1N、R2P/R2N。

G差分信号组：绿像素信号，包括G0P/G0N、G1P/G1N、G2P/G2N。

B差分信号组：蓝像素信号，包括B0P/B0N、B1P/B1N、B2P/B2N。

④ 栅极/源极驱动信号的产生及输出　CM1682A工作后，对输入的LVDS格式信号中的行、场同步信号进行处理，形成源极驱动控制信号、栅极驱动控制信号，提供给液晶屏组件内的源极驱动电路、栅极驱动电路，用于控制像素着屏的时间顺序。

a. 栅极驱动控制信号　CM1682A由38脚输出垂直位移起始信号STV（重复频率是场频），由58脚输出垂直位移结束信号STV_R（由上向下位移一场结束后给出此信号），由39脚输出栅极驱动电路的垂直位移触发时钟信号CKV（重复频率是行频，就是行同步信号）。

开机后，栅极驱动电路在STV有效时在CKV的触发下，由液晶屏的最上面第一行开始向下逐行位移，当出现STV_R时；一场位移结束，完成一场图像的显示。

b. 源极驱动控制信号　CM1682A由62脚输出位移起始信号STH（重复频率是行频），由63脚输出位移结束信号STH_R，90脚、91脚输出位移触发时钟信号CLK，此触发信号频率极高，如果是显示1080P高清信号的高清屏，此频率可达六十几兆赫兹以上（液晶屏的分辨率越高，此信号频率越高）。

开机后，STH移位信号进入屏组件内源极驱动电路中的“移位寄存器”，在时钟信号的触发下逐级移位（按照像素间隔），由移位寄存器输出一行并行的打开锁存器的开关信号，把T-CON时序控制器送来的串行RSDS像素信号存入锁存器电路，使串行的像素信号成为一行一行并行排列的像素信号。

CM1682A还由64脚（POL）输出行反转信号，控制一个像素点相邻场信号的极性逐场翻转180度，以便满足液晶分子交流驱动的要求。

⑤ 时序控制器输出的其他控制信号

a. 电源启动信号　CM1682A由33脚PWRON输出电源启动信号，提供给DC/DC转换芯片TPS65161的9脚授权端，用于启动或关闭TPS65161芯片的工作，当TPS65161处于停止工作状态，液晶屏及驱动电路的所有供电均关断。

b. VGH时序控制信号　CM1682A由36脚GVOFF输出栅极关闭控制信号，由37脚GVON输出栅极开启控制信号，用以控制TPS65161 DC-DC转换电路把VGHP直流电压形成符号标准（时间标准、幅度标准）的液晶屏栅极触发脉冲（VGH）的控制信号。

c. OE数据允许输出信号　CM1682A由57脚OE输出，数据允许信号，以避免同一个触发的VGH脉冲同时触发相邻两根栅极电极线的控制信号。

⑥ 输出接口电路　图7-10是逻辑板的输出接口电路，包括CN1、CN2两个接口。这两个接口连接液晶屏周边行、列驱动集成电路，分别控制液晶屏左半部分、右半部分图像的显示。逻辑板通过这两个接头对液晶屏提供的信号包括：RSDS像素信号、屏工作所需的各种电压、屏辅助信号。

a. RSDS格式的数字图像像素信号　RSDS信号有9对差分输出线，RGB各3对。

3对红色像素信号：R0N、R0P；R1N、R1P；R2N、R2P。

3对绿色像素信号：G0N、G0P；G1N、G1P；G2N、G2P。

3对蓝色像素信号：B0N、B0P；B1N、B1P；B2N、B2P。

b. 屏内电路工作所需的各种电压

VDA＝＋15.9V，模拟电路电源。

VDD－＋1.8V，数字电路电源。

VGH＝＋21V，屏内MOSFET管的栅极开启（GATE ON）电源。

VGL＝－5.6V，屏内MOSFET管的栅极关闭（GATE OFF）电源。

VREF＝12.88V，基准电压。

VCM＝6～7V，屏的公共极电压。

GM1～GM14：电压呈递减，做14级灰阶电压。这一系列电压进入液晶屏源极驱动集成电路以后，每一个变化级差再经过16等分，总级数达到256级（8位），送源极驱动集成电路，根据像素信号携带的亮度分量（信息）对加到液晶屏源极的像素信号进行赋值，使之变为幅度相应变化的源极模拟驱动信号。

c. 屏辅助控制信号　包括源极驱动电路所需STH、CKH、POL控制信号，栅极驱动电路所需的STV、CKV控制信号，数据允许输出信号OE。

STH是源极驱动电路移位寄存器“位移”起始脉冲，重复时间为行周期。

CKH是源极驱动电路移位寄存器“触发”脉冲，频率为（一行像素数÷2）×行频。

POL是源极像素信号极性逐行反正控制信号，频率不同反转组合不同。

STV是栅极驱动电路移位寄存器“位移”起始脉冲，重复时间为场周期。

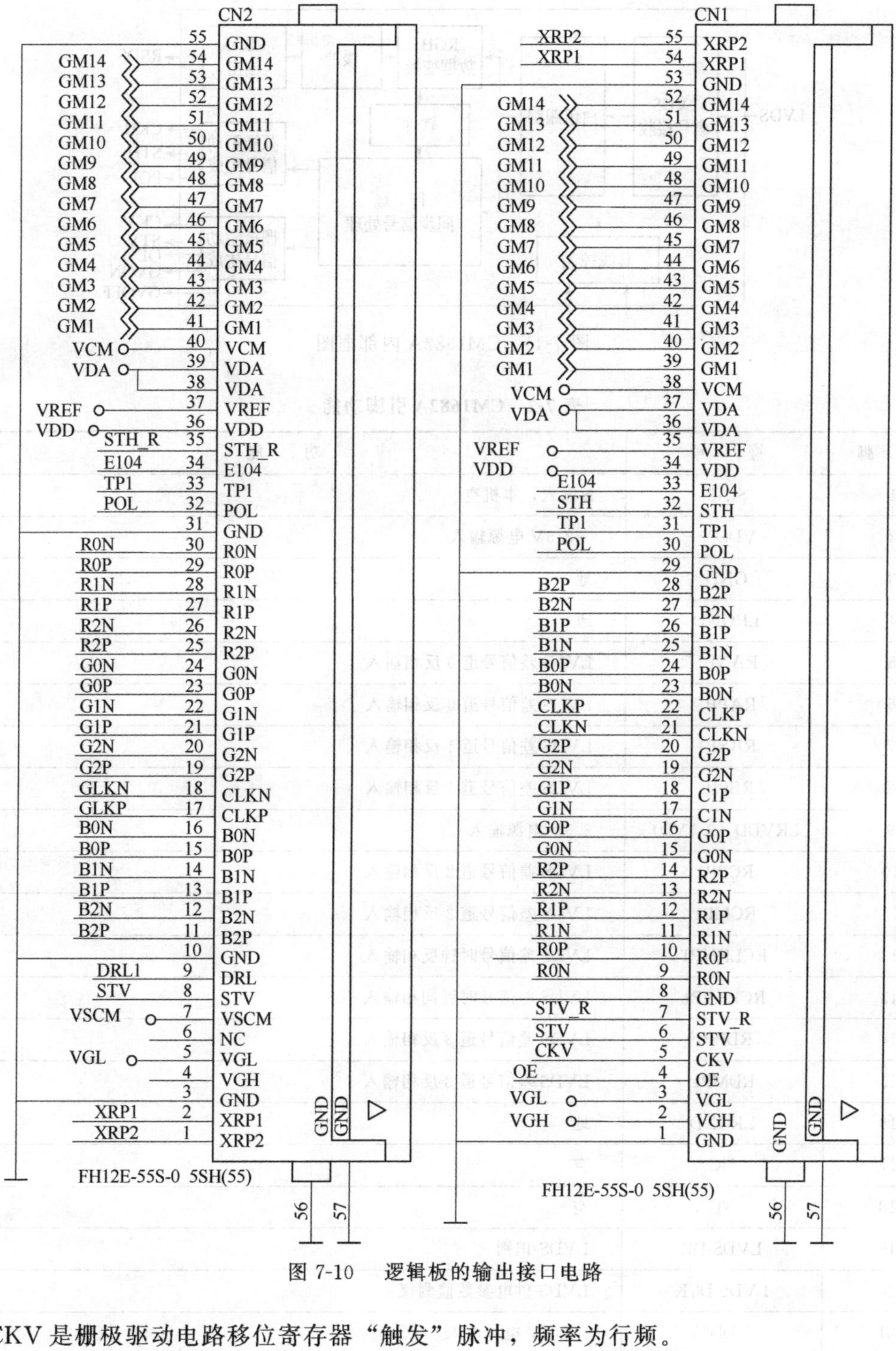
CN2
FH12E-55S-0 5SH(55)
CN1
FH12E-55S-0 5SH(55)

图 7-10　逻辑板的输出接口电路

CKV 是栅极驱动电路移位寄存器“触发”脉冲，频率为行频。

7.2 奇美 V315B. -L01 REV. C1 屏逻辑板维修精要

(1) 芯片资料

图 7-11 是 CM1682A 时序控制芯片内部结构框图。引脚功能见表 7-2。

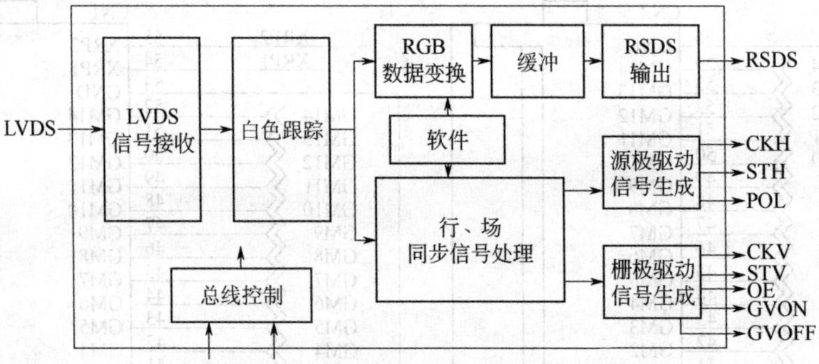
LVDS
LVDS信号接收
白色跟踪
总线控制
RGB数据变换
缓冲
RSDS输出
RSDS
软件
行、场同步信号处理
源极驱动信号生成
CKH
STH
POL
栅极驱动信号生成
CKV
STV
OE
GVON
GVOFF

图 7-11 CM1682A 内部框图

表 7-2 **CM1682A 引脚功能**

引 脚	符 号	功 能
1	SIN2	S输入，本机空
2	VDD25	+2.5V 电源输入
3	GND	地
4	LRGND	地
5	RANP1	LVDS 差信号道 0 反相输入
6	RAPP1	LVDS 差信号道 0 反相输入
7	RBNP1	LVDS 差信号道 1 反相输入
8	RBPP1	LVDS 差信号道 1 反相输入
9	LRVDD（2.5VD）	2.5V 电源输入
10	RCPP1	LVDS 差信号道 2 反相输入
11	RCMP1	LVDS 差信号道 2 反相输入
12	RCLKNP1	LVDS 差信号时钟反相输入
13	RCLKPP1	LVDS 差信号时钟同相输入
14	RDPP1	LVDS 差信号道 3 反相输入
15	RDMP1	LVDS 差信号道 3 反相输入
16	LRGND	地
17	NC	空
18	NC	空
19	LVDS-DE	LVDS-识别
20	LVDS-DCK	LVDS-供电参数监测仪
21	VDD25	+2.5V 电源输入
22	GND	地
23	SELLVDS-ODG	LVDS 格式设置。悬空或接地为 VESA 格式；高电平为 JEIDA 格式
24	TST-AGC	测试-自动增益控制
25	TST-PGM	测试-精密制导武器
26	FDOT	—

续表

引　脚	符　号	功　能
27	RPF	测位
28	LUT-MUX1	发射器控制塔-多路复用器1设置
29	LUT-MUX2	发射器控制塔-多路复用器2设置
30	LUT-MUX3	发射器控制塔-多路复用器3设置
31	SCL	串行总线时钟信号
32	SDA	串行总线数据信号
33	PWR-ON	电源-开启，液晶屏启动的控制信号
34	VDD25	+2.5V电源
35	GND	地
36	GVOFF	栅极电压关闭，与37脚的VGON配合，把VGHP直流电压形成规定标准（时间标准、幅度标准）液晶屏栅极触发脉冲（VGH）的控制信号
37	GVON	栅电压打开
38	STV	行（栅极）驱动电路的垂直位移起始信号
39	CKV	行（栅极）驱动电路的垂直位移触发时钟信号（就是行同步信号）
40	GRL1	—
41	VDD18	1.8V电源
42	GND	地
43	GND	地
44	VDD25	2.5V电源
45	GND	地
46	VDD25	2.5V电源
47	GND	地
48	VDD25	2.5V电源
49	GND	地
50	VDD25	2.5V电源
51	GND	地
52	VDD25	2.5V电源
53	GND	地
54	VDD25	2.5V电源
55	VDD18	1.8V电源
56	GND	地
57	OE	数据允许信号，以避免同一个触发的VGH脉冲同时触发相邻两根栅极电极线的控制信号
58	STV-R	行（栅极）驱动电路的垂直位移结束信号，由上向下位移一场结束后给出此信号
59	TP1	—
60	VDD25	2.5V电源

续表

引 脚	符 号	功 能
61	GND	地
62	STH	源极驱动电路的位移起始信号（重复频率是行频）
63	STH-R	源极驱动电路的位移结束信号
64	POL	源极像素信号极性逐行反正控制信号
65	DRL1	—
66	VDD25	2.5V 电源
67	GND	地
68	R0N	红像素信号 0 信道反相输出，本机空
69	R0P	红像素信号 0 信道同相输出，本机空
70	R1N	红像素信号 1 信道反相输出
71	R1P	红像素信号 1 信道同相输出
72	VDDRS-DS	2.5V 电源输入
73	CLK1N	时钟信号 1 反相输出
74	CLK1P	时钟信号 1 同相输出
75	VSSR-SDS	地
76	R2N	红像素信号 2 信道反相输出
77	R2P	红像素信号 2 信道同相输出
78	R3N	红像素信号 3 信道反相输出
79	R3P	红像素信号 3 信道同相输出
80	G0N	绿像素信号 0 信道反相输出
81	G0P	绿像素信号 0 信道同相输出，本机空
82	G1N	绿像素信号 1 信道反相输出，本机空
83	G1P	绿像素信号 1 信道同相输出
84	P	—
85	G2N	绿像素信号 2 信道反相输出
86	G2P	绿像素信号 2 信道同相输出
87	G3N	绿像素信号 3 信道反相输出
88	G3P	绿像素信号 3 信道同相输出
89	VDD-DS（25）	2.5V 电源输入
90	CLK2P	源极驱动电路的位移触发时钟信号
91	CLK2N	源极驱动电路的位移触发时钟信号
92	VSS-SDS	地
93	B0N	蓝像素信号 0 信道反相输出，本机空
94	B0P	蓝像素信号 0 信道同相输出，本机空
95	B1N	蓝像素信号 1 信道反相输出
96	B1P	蓝像素信号 1 信道同相输出

续表

引　脚	符　号	功　能
97	B2N	蓝像素信号2信道反相输出
98	B2P	蓝像素信号2信道同相输出
99	B3N	蓝像素信号3信道反相输出
100	B3P	蓝像素信号3信道反相输出
101～103	NC	空
104	VDD18	1.8V电源
105	GND	地
106	VDD25	2.5V电源
107	GND	地
108	VDD25	2.5V电源
109	GND	地
110	VDD25	2.5V电源
111	GND	地
112	GND	地
113	VDD25	2.5V电源
114	GND	地
115	VDD25	2.5V电源
116	VDD25	2.5V电源
117	GND	地
118	VDD25	2.5V电源
119	GND	地
120	VDD18	1.8V电源
121	GND	地
122	KIEST0	—
123	KIEST1	—
124	KIEST2	—
125	CLK-SEL	时钟-设置
126	EN-SFN	授权-SFN
127	VDT-RC	直观显示终端-遥控
128	SIN	—
129	GND	地

CM1682A是台湾奇美（CHI MEI）公司的大规模数字集成电路，128引脚，QPF封装，主要应用于奇美32寸至37寸液晶显示屏时序控制电路信号转换。其特点如下。

① 支持一个通道6/8bit LVDS输入。

② 支持VGA/SVGA/XGA/WXGA分辨率。

③ 新型智能极性算法的双电源供电，输入/输出电源为2.5V±0.2V、逻辑电源为1.8V

±0.1V 供电。

④ 可编程 TCON（时序控制）选择。

⑤ 嵌入式图像发生器。

⑥ 嵌入式电压检测。

⑦ 自动白色跟踪。

⑧ 嵌入式扩频时钟发生器。

图 7-12 是 TPS65161 电源管理芯片内部结构框图，该芯片的引脚功能和电压见表 7-3。

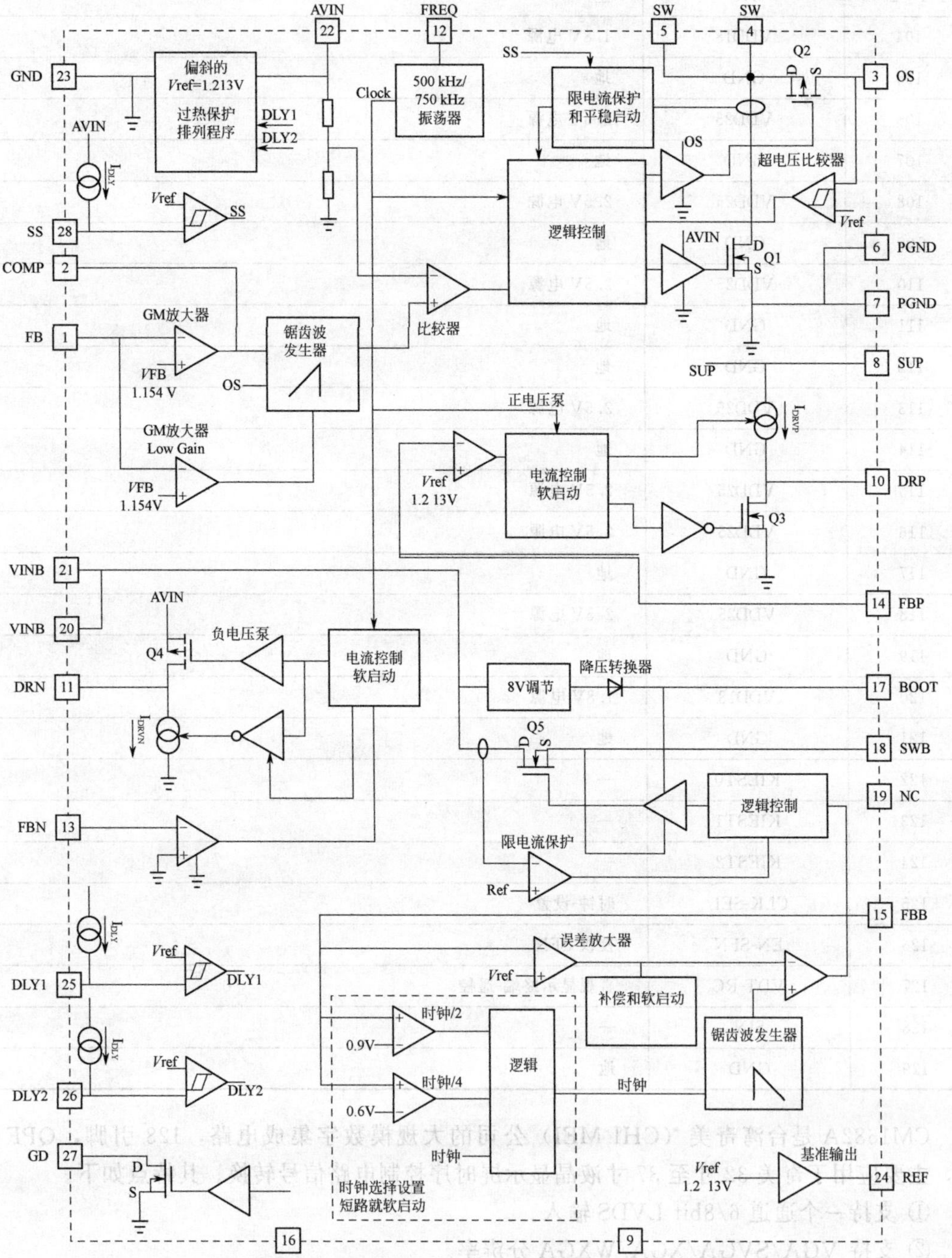
AVIN 22
FREQ 12
SW 5
SW 4
GND 23
偏斜的 Vref=1.213V
过热保护 排列程序
DLY1
DLY2
Clock
500 kHz/750 kHz 振荡器
SS
限电流保护和平稳启动
Q2
3 OS
AVIN
IDLY
Vref
SS
SS 28
OS
超电压比较器
逻辑控制
Vref
AVIN
Q1
COMP 2
6 PGND
7 PGND
GM放大器
FB 1
锯齿波发生器
比较器
VFB 1.154 V
OS
8 SUP
SUP
IDRVP
正电压泵
GM放大器 Low Gain
Vref 1.2 13V
电流控制软启动
10 DRP
VFB 1.154V
Q3
VINB 21
VINB 20
14 FBP
AVIN
负电压泵
Q4
电流控制软启动
DRN 11
8V调节
降压转换器
17 BOOT
IDRVN
Q5
18 SWB
逻辑控制
19 NC
FBN 13
限电流保护
Ref
15 FBB
IDLY
误差放大器
Vref
Vref
DLY1 25
DLY1
补偿和软启动
时钟/2
0.9V
逻辑
锯齿波发生器
IDLY
Vref
时钟/4
DLY2 26
DLY2
0.6V
时钟
GD 27
时钟
基准输出
Vref 1.2 13V
24 REF
时钟选择设置 短路就软启动
16
9

图 7-12 TPS65161 电源管理芯片内部结构框图（2010/12/03）

表 7-3　TPS65161 引脚功能和电压

引脚	符号	功　能	电压/V
1	FB	主升压调节器反馈输入	1.2
2	COMP	主升压转换器的误差电路补偿	0.5
3	OS	电源输入，连接整器开关和过压保护器	16
4	SW	主升压电路驱动	12
5	SW	主升压电路驱动	12
6	PGND	地	0
7	PGND	地	0
8	SUP	电源供给输入，主要对 VGH 和负电荷泵	16
9	EN2	授权给，升压转换器开始只授权给 EN1＝H（高电平）支持启动。以后转换器授权，EN2 是高电平时，授权给升压转换和正电荷泵电源开始升降压转换	2.5
10	DRP	泵电源正电压驱动	4.1
11	DRN	负电荷泵电源驱动	12
12	FREQ	频率调整。允许设置工作频率 L＝500kHz，H＝750kHz	12
13	FBN	负电荷泵电源反馈	0.2
14	FBP	内固定参考电压输出。典型电压为 1.213V	1.2
15	FBB	降压转换器反馈输入	1.2
16	EN1	授权给降压电路和负电压泵	12
17	BOOS	N 沟道 MOSFET 栅极驱动电压降压转换	10.3
18	SWB	降压变换器开关	2.5
19	NC	空	0
20	VINB	电源电压输入（升降压斩波电路）	12
21	VINB	电源电压输入（升降压斩波电路）	12
22	AVIN	电源输入（模拟电路）	12
23	GND	地	0
24	REF	内部基准电压	1.2
25	DLY1	延时。允许延时 V_{LOGIC}（转换器高输出）到 VGL 启动阶段	3.0
26	DLY2	延时。允许延时 V_{LOGIC}（转换器高输出）到 VS 升压转换器正电荷升压泵 VGL 启动阶段	3.0
27	GD	栅极驱动脉冲输出	0
28	SS	允许。主升压电路软启动时间设置	1

这个芯片是 4 通道多路转换器，是液晶显示屏供电的电源管理芯片，其特点如下。

① 输入电压范围为 8～14.7V，典型值为 12V。

② 输出电压最高达 19V。

③ 内有一个 2.8A 电流限制开关，一个 3.7A 的电流限制开关，一个 400mA 电流充电泵。

④ 精确度为 1.5％的 2.3A 降压转换器。

⑤ 500/750kHz 频率转换器。

⑥ 负电压充电泵驱动给 VGL。

⑦ 正电压充电泵驱动给 VGL。

⑧ 可调节的排列程序对于 VGL、VGH。

⑨ 栅极驱动信号到外部的 MOSFET 管。

⑩ 内部的调节和软启动。

⑪ 短路保护、过压保护、过热保护。

(2) 维修注意事项

HX8915 伽马校正器附近的 R340 等电阻阻值的要求精度很高，精度误差都在 1%以内，并且阻值的选配精确到欧姆。因这几个电阻的位置比较靠近缓冲集成电路，在使用热风枪拆卸集成电路时，要避免热风枪吹及这几个电阻，若吹跑一只，一般配不到。

(3) 逻辑板的维修

① 逻辑板 DC-DC 变换电路　这部分电路故障率较高，尤其这部分的保险管（标注 FB）易开路，会造成逻辑板不工作，出现黑屏、背光板亮的故障现象。

② 信号转换电路　信号转换电路一般由一块时序控制芯片完成，如果出现黑屏、背光板亮，在测供电正常时就很有可能是这个芯片不良。

③ 信号缓存电路　一般是由一个或两个帧缓存器组成，有集成在时序控制器内。如果缓存器不良，可能画面有斑状干扰，类似于癣状画面。

经验　逻辑板由于电压较低，元件不良故障不为多见，最重要的就是确保电路和连接正常，所以排线的检查尤为重要。排线由于引脚多容易有虚焊或者连接不实。多数故障检查排线或者重新插一次就有可能正常。有的排线插座由于几次插拔会出现虚焊，补焊即可。

例 1　有声无图、背光亮。观察逻辑板，发现 FP1 贴片保险电阻熔断，并烧焦附近铜箔，这说明当时流经的电流过大，由此判断后级有击穿短路现象。测该点对地有阻值，又逐个检测 VAA－FB、VGL、VGH、VDA、VDD25 各电压输出端对地阻值，发现 VDA 端对地为 0Ω，经查为滤波电容 C21 击穿，更换后恢复正常。

例 2　白屏。测 VDA 等电压正常，测 GM1～GM14 电压发现有多个均为 12V，经查为 R350 电阻开路。

例 3　屏亮起的时间较长，且亮起后呈现白屏，其他正常。先检测逻辑板各路供电，发现 VGHP（18～22V）电压为 0V，VDA 等输出电压正常，这说明故障在 VGHP 电压形成电路，UP1 TPS65161 的 10 脚直流电压为 2.25V、交流电压为 5V 正常，VAA 点 15.9V 正常值，怀疑 DP5 开路，拆下 DP 5 检查，确认开路，更换后故障排除。

经验　VGHP 电压是为屏内 GATE 极提供的高电位，也就是打开 GATE 极的电压，当液晶 LCD 屏失去该电压时就会造成液晶 LCD 屏内部 TFT 不能正常工作而出现此类故障。

例 4　满屏竖彩条，竖彩条由少增多，变化较慢。根据经验，这种故障应在 VGH 电压产生电路。测 VGH 电压仅为 0.5V，正常应为 18V。继续测 VGHP 电压为 22V 正常值，但测 QP8 的 G 极为 21V（应为低电平），继续测 QP7 的 2 脚控制输入端为高电平正常，说明 QP7 损坏，更换后故障排除。

经验　应急修理可把 Q7 的 6 脚用导线试着短路接地。

例 5　满屏竖条中夹杂着隐约图像，有时黑屏。测 VDA、VGH、VGL 等电压，发现

VGHP电压4.8V左右摆动且测时竖条有变化，手摸TPS65161电源芯片温度较高。对VGHP端的滤波电容CP19、CP43检查，结果是CP19漏电，更换后故障排除。

例6 屏幕有竖带干扰、竖带两边宽中间窄。根据经验，这种故障通常是VGL电压过低。实测VGL电压为0V，VDA等电压正常。结合VGL电压形成电路检查，结果为DP7损坏。

例7 图像暗淡，对比度差。经查为QP8损坏，造成VGH电压为6V，远远低于正常值18V。

例8 负像。如GM1～GM14一组或多组电压偏低，多为分压电阻变值；如为0V，多为HC8915芯片损坏。另外CN1、CN2软排线松也会引起此现象。

第8章 主信号处理板维修

主信号处理板输入的信号包括：本机键控信号、遥控信号、射频电视信号、S-VIDEO（Y/C）信号、YPbPr或PCbCr分量信号、VGA显卡信号、HDMI高清信号、USB通用串行总线。

主信号处理板输出的信号包括：R和L音频信号、LVDS格式数字低压差信号图像信号、上屏电压、开/关机控制信号、背光灯升压开/关控制信号、背光亮度控制信号。

主信号处理板的功能有三类：①把TV或机外输入的视频信号，经过信号解码、格式变换等处理后，转变成格式统一的LDVS数字差分信号送给逻辑板；②接收处理用户指令产生各种控制信号；③把＋12V等电源变换为＋5V、＋3.3V、＋2.5V等电压，提供给本板上各芯片，同时还要对逻辑板提供＋12V或＋5V上屏电压。

主信号处理板型号不同，其上包括的单元电路不同，但肯定包括有直流电压变换电路、CPU控制系统电路、视频信号选择切换电路、A/D变换电路、格式变换（变频），有的还包括高频调谐器、图像公共通道电路、视频解码处理、伴音通道。

本节以海信LCD3201液晶电视机主信号处理板为例进行介绍。

8.1 主信号处理板的工作原理

图8-1是海信LCD3201液晶电视机的主信号处理板电路框图，由主画面数字视频解码器U400 VPC3230、子画面视频解码器＋视窗＋字幕产生器U700 Z8612912SS、高分辨显示控制器（主控芯片）U500 GM1601、程序存储器U903 29LV040B、DDR内存器U600 K4D263238M等组成。

VPC3230在串行总线信号控制下，对73脚输入的CVBS复合视频信号，或72和71脚输入S-VIDEO二分量的亮度信号、色度信号，依次进行选择和视频解码还原出Y亮度信号、Cr红色差信号、Cb蓝色差信号，再把1～3输入的子画面Y、Cr、Cb信号及字幕信号穿插到相应位置后，处理形成ITU-601或ITU-656格式的数字视频信号，由31～34、37～40脚输送到主芯片GM1601。同时，VCP3230内的同步分离器还要从Y亮度信号中分离出H Sync行同步信号、VSync场同步信号，送GM1601主芯片。

GM1601在DDR存储器K4D263238M的配合下，根据29LV040B程序存储器的软件数据，对上述视频解码电路输入的视频分量信号及行/场同步信号Y、Cr、Cb、HSync、VSync，或CN301 DVI接口输入的数字视频信号，或VGA显卡接口输入的模拟RGB三基色信号或YPbPr视频分量接口输入分量视频信号（通过U702 PI5V300V电子开关），按用户要求选择通过后，再进行格式变换、像素缩放等处理，形成LVDS低压差分数字图像信号，由CON20接口输出，通过逻辑板驱动液晶屏组件显示彩色图像。

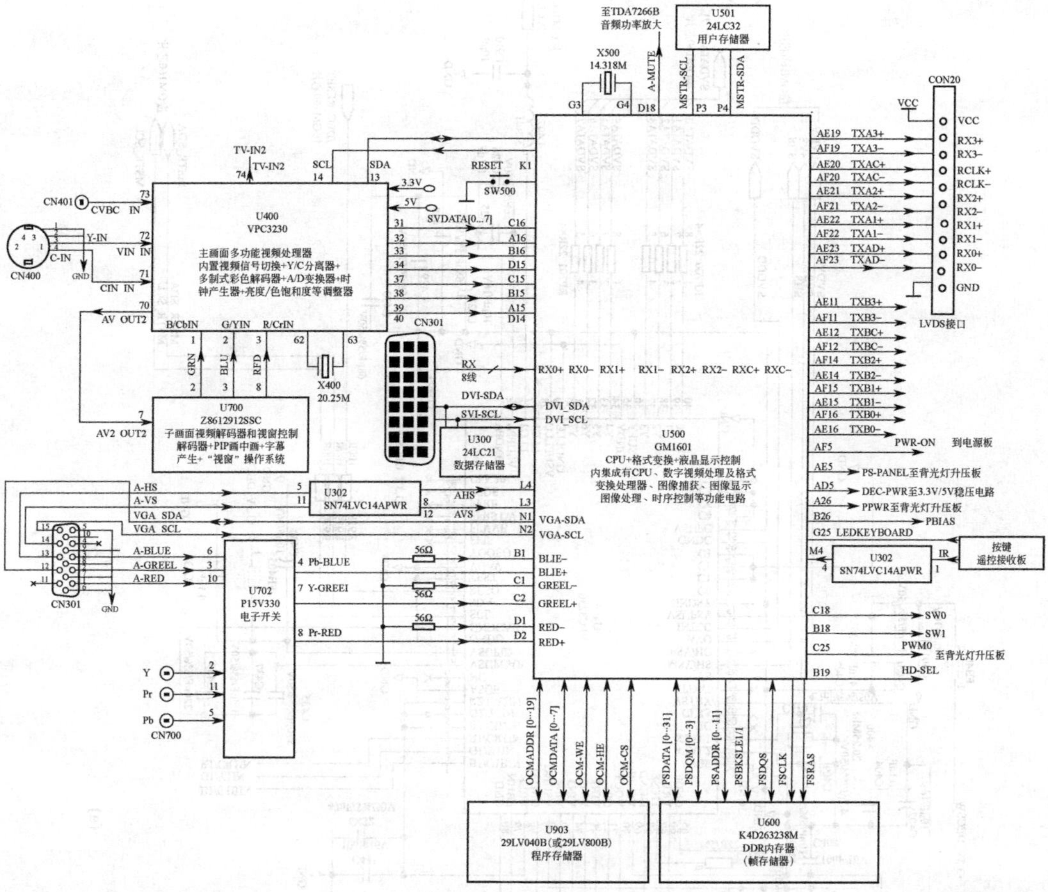
U501
24LC32
用户存储器
至TDA7266B
音频功率放大
X500
14.318M
U400
VPC3230
主画面多功能视频处理器
内置视频信号切换+Y/C分离器+
多制式彩色解码器+A/D变换器+时
钟产生器+亮度/色饱和度等调整器
U700
Z8612912SSC
子画面视频解码器和视窗控制
解码器+PIP画中画+字幕
产生+"视窗"操作系统
X400
20.25M
U300
24LC21
数据存储器
U302
SN74LVC14APWR
U702
P15V330
电子开关
U500
GM1601
CPU+格式变换+液晶显示控制
内集成有CPU、数字视频处理及格式
变换处理器、图像捕获、图像显示
图像处理、时序控制等功能电路
CON20
LVDS接口
PWR-ON 到电源板
PS-PANEL至背光灯升压板
DEC-PWR至3.3V/5V稳压电路
PPWR至背光灯升压板
至背光灯升压板
按键
遥控接收板
U903
29LV040B(或29LV800B)
程序存储器
U600
K4D263238M
DDR内存器
(帧存储器)
CN401
CN400
CN301
CN700
SW500
图 8-1　海信 LCD3201 彩电的主板框图

GM1601 主芯片还通过 G25 脚、M4 脚，接收处理用户指令，形成各种控制信号，除对本板进行信号切换、亮度、对比度、清晰度、彩色饱和度、色调、制式、刷新频度等控制外，还要输出开/关机控制信号 PWR-ON、DEC-PWR，背光灯开/关信号 PS-PANEL、PPWR，背光亮度调整信号 PWM0，以控制电源板、背光灯升压板的工作。

8.1.1　CVBS 和 S-VIDEO 视频信号数字解码电路

液晶彩电采用的数字视频解码芯片有很多，既有专用的数字视频解码芯片 SAA717X、VPC3230D、TVP5147 等；也有采用数字视频解码与去隔行转逐行、图像的像素缩放功能集成在一起的芯片，如 SVP-EX、SVP-PX、SVP-LX、SVP-CX 等；也有将数字视频解码与格式变换、CPU 集成在一起的数字解码超级芯片，如 VCT49XY、VCT6973 等；还有将 A/D 转换器、CPU、视频解码器、隔行转换为逐行处理、图像像素缩放、LVDS 发送器等多个单元电路集于一体的全功能超级芯片，如 MT8200、MT8201、MT8202、MST718BU、MST96889、MST9U88LB、MST9U89AL、TDA155XX、FLI8532、PW106、PW328 等。

图 8-2 是海信 LCD3201 液晶电视机的数字视频解码电路，采用专用的多功能数字视频解码芯片 VPC3230，负责主画面视频信号的解码；由视频解码及视窗控制 Z8612912SS 器负责子画面视频信号的解码及视窗信号产生，可以对 TV 视频信号、AV 视频信号、S-VIDEO 视频二分量信号进行数字式解码。

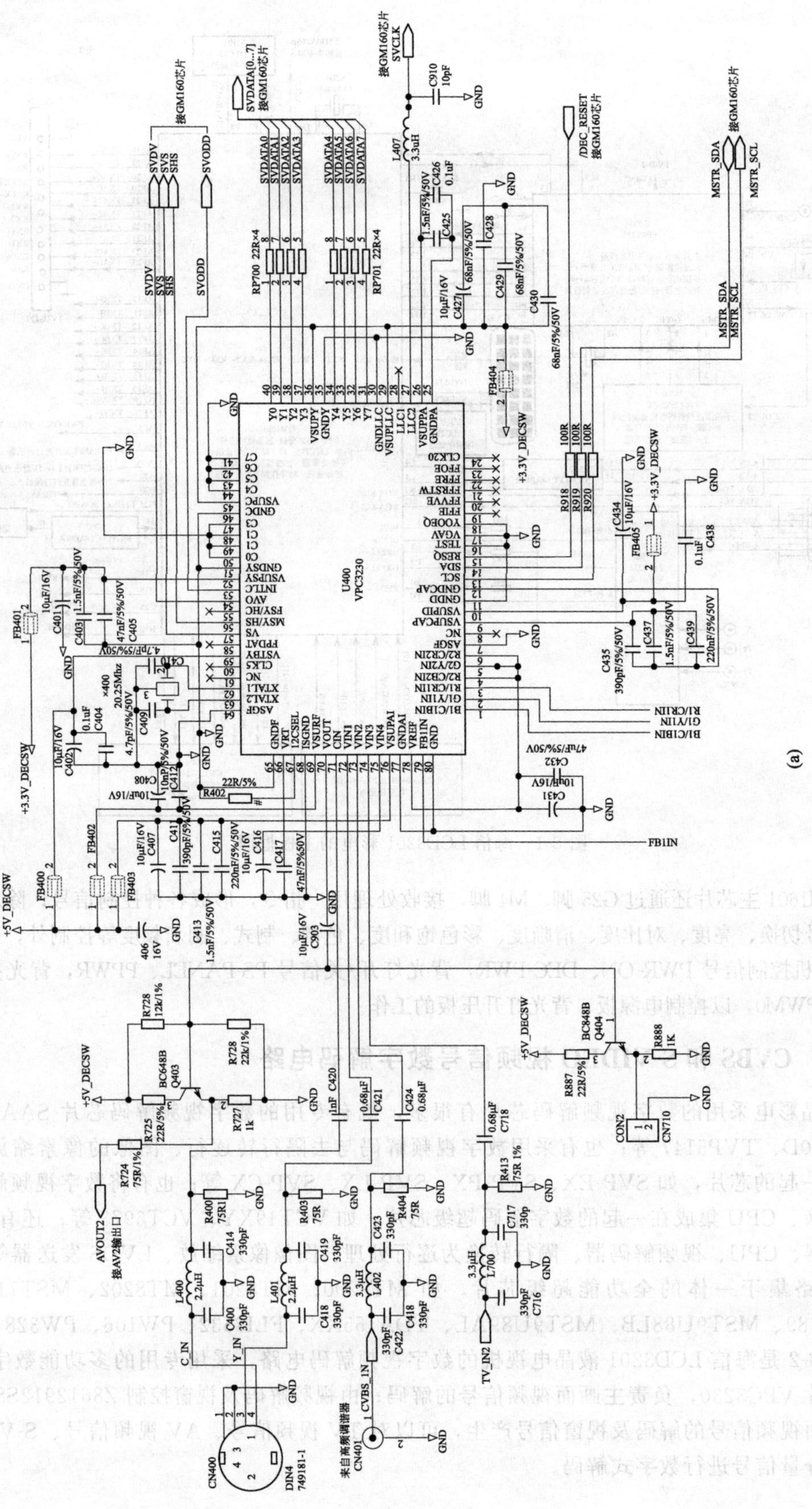
U400
VPC3230
接GM160芯片
SVCLK
SVDATA[0...7]
/DEC_RESET
MSTR_SDA
MSTR_SCL
SVDV
SVS
SHS
SVODD
RP700 22R×4
RP701 22R×4
+3.3V_DECSW
+5V_DECSW
来自高频调谐器
CN401
CVBS_1N
CN400
DIN4
749181-1
接AV2输出口
AVOUT2
BC648B
Q403
BC848B
Q404
20.25Mhz
×400
CON2
CN710
TV_IN2
FB1IN
R1/CR1IN
G1/Y1IN
B1/CB1IN

(a)

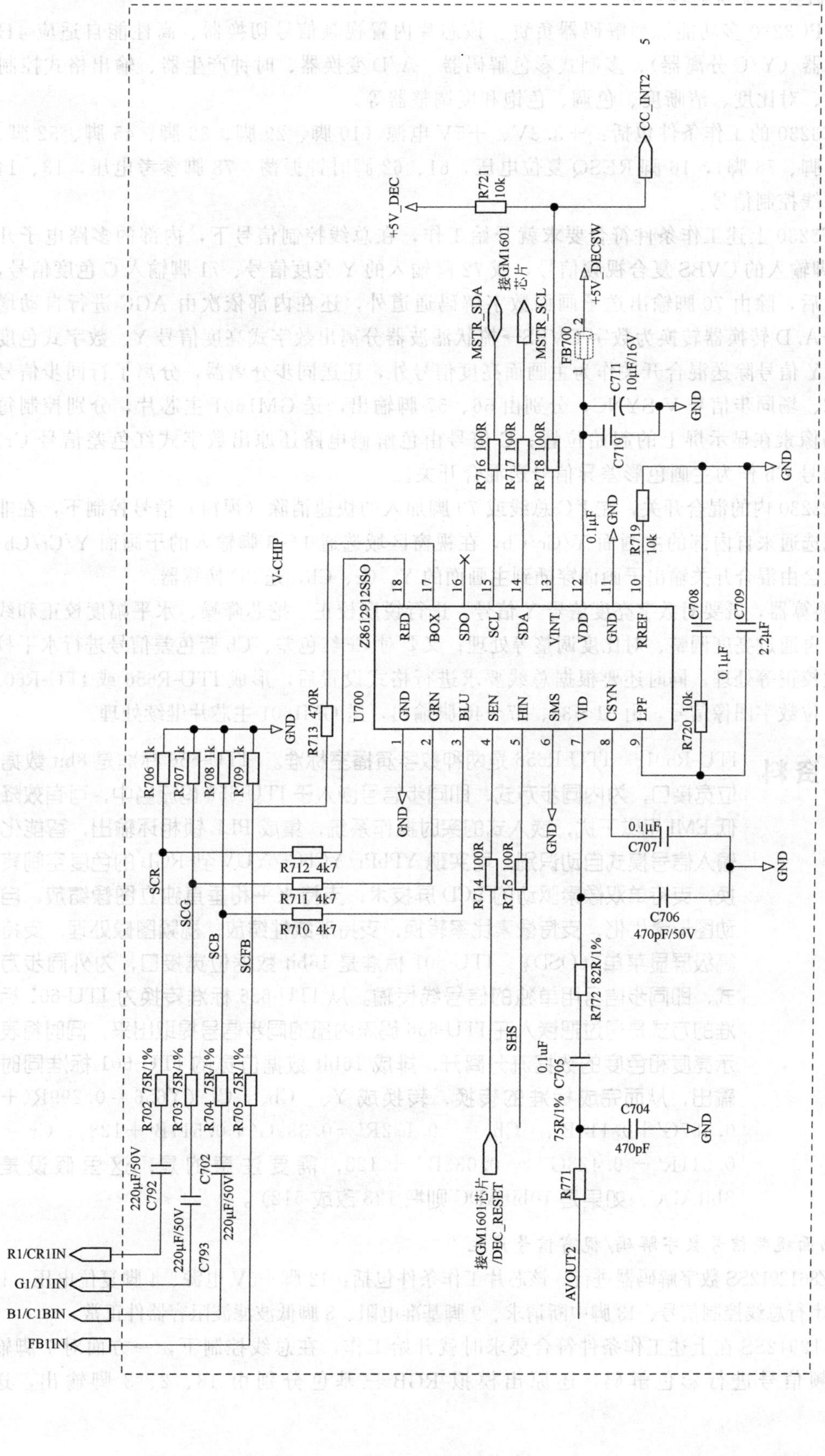
CC_INT2
5
R721
10k
+5V_DEC
接GM1601芯片
MSTR_SDA
MSTR_SCL
+5V_DECSW
FB700
2
C711
10μF/16V
GND
C710
0.1μF
R716 100R
R717 100R
R718 100R
GND
R719
10k
C708
0.1μF
C709
2.2μF
V-CHIP
Z8612912SSO
U700
RED
BOX
SDO
SCL
SDA
VINT
VDD
GND
RREF
GND
GRN
BLU
SEN
HIN
SMS
VID
CSYN
LPF
R713 470R
R706 1k
R707 1k
R708 1k
R709 1k
R720 10k
C707
0.1μF
R712 4k7
R711 4k7
R710 4k7
R714 100R
R715 100R
C706
470pF/50V
SCR
SCG
SCB
SCFB
R772 82R/1%
SHS
C705
0.1uF
75R/1%
C704
470pF
R702 75R/1%
R703 75R/1%
R704 75R/1%
R705 75R/1%
220μF/50V
C792
C702
220μF/50V
C793
220μF/50V
R771
接GM1601芯片
/DEC_RESET
AVOUT2
R1/CR1IN
G1/Y1IN
B1/C1BIN
FB1IN

(b)

图 8-2　视频解码电路

(1) 主画面数字视频解码电路

由 VPC3230 多功能视频解码器负责。该芯片内置视频信号切换器、高性能自适应 4H 梳状滤波器(Y/C 分离器)、多制式彩色解码器、A/D 变换器、时钟产生器、输出格式控制器,亮度、对比度、清晰度、色调、色饱和度调整器等。

VPC3230 的工作条件包括:+3.3V、+5V 电源(10 脚、29 脚、36 脚、45 脚、52 脚、9 脚、69 脚、76 脚),16 脚 RESQ 复位电压,61、62 脚时钟振荡,78 脚参考电压,13、14 脚串行总线控制信号。

VPC3230 上述工作条件符合要求就开始工作,在总线控制信号下,内部的多路电子开关对 73 脚输入的 CVBS 复合视频信号,或 72 脚输入的 Y 亮度信号、71 脚输入 C 色度信号,选择通过后,除由 70 脚输出送子画面数字解码通道外,还在内部依次由 AGC 进行自动增益放大→A/D 转换器转换为数字 CVBS→梳状滤波器分离出数字式亮度信号 Y、数字式色度信号 C→Y 信号除送混合开关作为主画面亮度信号外,还送同步分离器,分离了行同步信号 H-SYNC、场同步信号 V-SYNC,分别由 56、57 脚输出,送 GM1601 主芯片,分别控制每行、每场像素在显示屏上的起始位置;C 信号由色解码电路还原出数字式红色差信号 Cr、蓝色差信号 Cb 作为主画色彩差异信号送混合开关。

VCP3230 内的混合开关,在 I^2C 总线或 79 脚加入的快速消除(视窗)信号控制下,在非视窗区域选通来自内部的主画面 Y/Cr/Cb,在视窗区域选通 1~3 脚输入的子画面 Y/Cr/Cb,这样,就会由混合开关输出子画面穿插到主画面的 Y、Cr、Cb,送 2D 换算器。

2D 换算器,既要对数字亮度信号 Y 信号,进行锐度校正、挖芯降噪、水平幅度校正和线性校正,再通过亮度调整、对比度调整等处理;又要对 Cr 红色差、Cb 蓝色差信号进行水平校正和线性校正等处理;同时还要根据总线要求进行格式设置后,形成 ITU-R656 或 ITU-R601 格式的 8 位数字图像信号,由 31~34、37~40 脚输出,送 GM1601 主芯片继续处理。

资料 ITU-R601、ITU-R656 是两种数字演播室标准。ITU-656 标准是 8bit 数据位宽接口,为内同步方式,即同步信号嵌入于 ITU-656 码流当中,可有效降低 EMI 电磁干扰,嵌入式的实时操作系统,集成 PLL 锁相环输出,智能化输入信号模式自动识别,可实现 YPbPr/YCbCr/YUV 到 RGB 的色度空间转换,支持单双像素驱动的 LCD 屏技术,支持水平和垂直独立图像缩放,自动图形最优化,支持像素比率转换,支持非线性缩放,视频图像处理,支持高级屏显菜单(OSD)。ITU-601 标准是 16bit 数据位宽接口,为外同步方式,即同步信号用单独的信号线传输。从 ITU-656 标准转换为 ITU-601 标准的方式是通过把嵌入在 ITU-656 码流内部的同步信号提取出来,同时将表示亮度和色度的数据流分离开,排成 16bit 数据位宽的 ITU-601 标准同时输出,从而完成标准的转换,转换成 Y、Cb、Cr($Y656=0.299R'+0.587G'+0.114B'$, $Cb=-0.172R'-0.339G'+0.511B'+128$, $Cr=0.511R'-0.428G'-0.083B'+128$,需要注意的是,这里假设是 8bitADC,如果是 10bitADC 则把 128 改成 512)。

(2) 子画面视频信号数字解码/视窗信号产生

由 Z8612912SS 数字解码器进行。该芯片工作条件包括:12 脚+5V 电源、4 脚复位电压、14 和 15 脚串行总线控制信号、13 脚中断请求、9 脚基准电阻、8 脚低波滤波阻容器件正常。

Z8612912SS 在上述工作条件符合要求时就开始工作,在总线控制下,一方面对 7 脚输入的视频信号进行彩色解码,还原出模拟 RGB 三基色分别由 18、2、3 脚输出,送

VCP3230 主画面视频解码器的 3～1 脚；另一方面启动其内的字符产生器形成视窗框信号由 17 脚输出，送 VCP3230 主画面解码器的 79 脚作为快速消除信号，同时还要产生表示子画面工作模式的屏显信号，也由 18、2、3 脚输出。

VPC3230 根据总线控制信号，对 3～1 脚输入的 RGB 模拟三基色信号选择通过后，送后级电路依次进行 A/D（模拟/数据）转换→矩阵（按比合成 R、G、B）形成数字式的 Y 亮度信号、Cr 红色差信号、Cb 蓝色差信号→亮度、对比度、清晰度、色饱和度调整→送后级的混合开关，作为子画面像素信号。

VCP3230 内的混合开关在 79 脚输入的视窗信号控制下，在非子画面区域选择通过主画面的 Y、Cr、Cb，在子画面区域则选择通过子画面的 Y、Cr、Cb，以实现视窗区域（子画面区域）把主画面消隐掉，显示子画面的目的。

8.1.2　DVI/VGA/YPbPr 接口电路

(1) DVI 交换式数字视频接口输入电路

DVI 全称 Digital Video Interactive，是基于 TMDS（Transition Minimized Differential Signaling）最小化差分信号传输，运用先进的编码算法，把 8bit 数据信号（R、G、B 中每路基色信号）通过最小转换编码为 10bit 数据（包括行场同步、时钟信号、数据 DE、纠错），经过 DC 平衡后，采用最小差分信号传输。

DVI 接口，在电路图中的表示符号为 DVI CONNECTOR，或 DVI。

① DVI 接口的类型　图 8-3 中 DVI 接口的类型有三种：DVI-A、DVI-D、DVI-I。DVI-A 接口用于传输模拟视频信号信号；DVI-D 接口用于数字视频信号传输，是真正意义上的数据信号输入接口；DVI-I 接口兼具上述两个接口的功能，当 DVI-I 接口连接 VGA 设备时就起 DVI-A 接口作用，当连接 DVI-D 设备时就起 DVI-D 作用。DVI-I 接口可以兼容 DVI-D 接口。

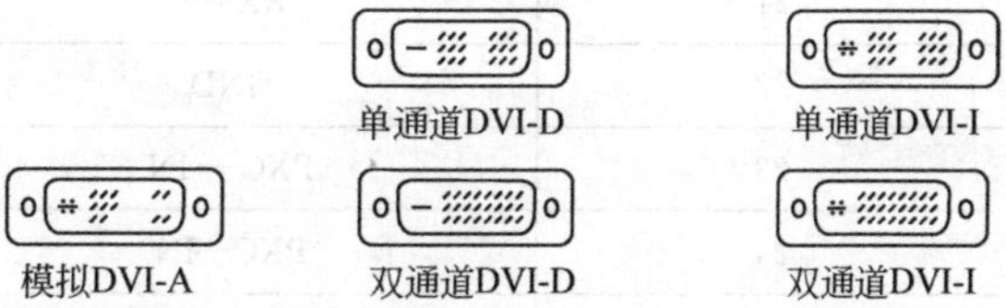
单通道DVI-D
单通道DVI-I
模拟DVI-A
双通道DVI-D
双通道DVI-I
(a) DVI-A接口　(b) DVI-D接口　(c) DVI-I接口

图 8-3　DVI 接口的类型

单通道 DVI 接口，只需要 DVI 接口的 18 个针脚，因此，这种接口又称为 18 针 DVI 接口。单通道 DVI 接口就去除了 DVI 接口的 4、5、12、13、20、21 脚（即通道 3、4、5 的信号），保留了通道 0、1、2 信号。

双通道 DVI 接口，需要 DVI 的全部 24 针，因此这种接口又称为 24 针 DVI 接口。

图 8-4 是双通道 DVI 接口引脚的功能区域。DVI 接口各引脚功能见表 8-1。

表 8-1　DVI-I 数字式视频接口引脚功能

引　脚	符　号	功　能
1	RX2－	2 信道差分信号对
2	RX2＋	2 信道差分信号对
3	GND	地
4	RX4－	空
5	RX4＋	空
6	SCL	DDC 总线时钟信号
7	SDA	DDC 总线数据信号

续表

引　脚	符　号	功　能
8	VS	模拟垂直同步信号
9	RX1	1 信道差分信号对
10	RX1＋	1 信道差分信号对
11	GND	地
12	RX3－	3 信道差分信号对。本机空
13	RX3＋	3 信道差分信号对。本机空
14	＋5V	＋5V 供电
15	GND	地
16	HP	热插拔输入检测，用于向主芯片输入热插拔信号
17	RX0－	0 信道差分信号对
18	RX0＋	0 信道差分信号对
19	GND	地
20	RX5－	5 信道差分信号对。本机空
21	RX5＋	5 信道差分信号对。本机空
22	GND	地
23	PXC＋IN	TMDS 时钟信号
24	PXC－IN	TMDS 时钟信号
C1	RED	模拟红基色信号
C2	GRN	模拟绿基色信号
C3	BLU	模拟蓝基色信号
C4	HS	模拟水平同步信号
C5	GDN	地

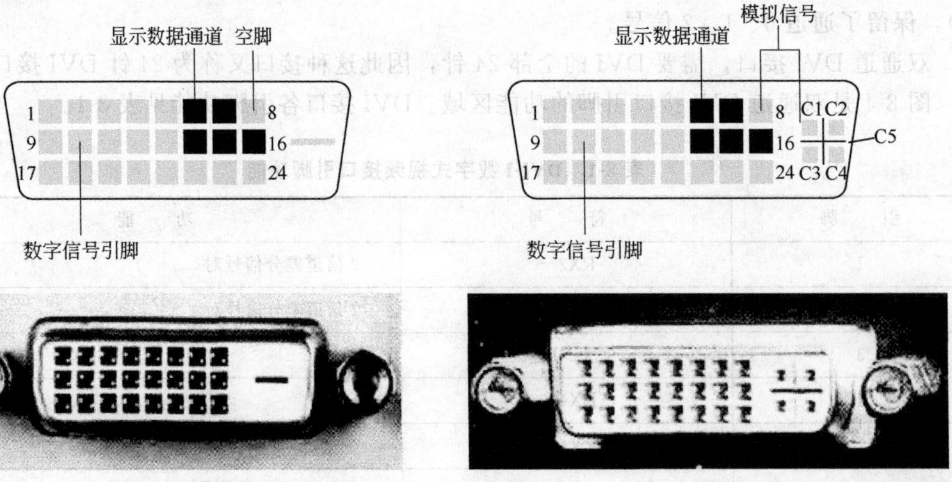
显示数据通道
空脚
1
8
9
16
17
24
数字信号引脚
模拟信号
显示数据通道
C1
C2
C5
C3
C4
数字信号引脚

(a) 双通道DVI-D接口　　(b) 双通道DVI-I型接口

图 8-4　双通道 DVI 接口引脚的功能区域

② 单/双通道 DVI 接口的特点　如图 8-5 所示是单/双通道 DVI 接口的信号传输示意图。

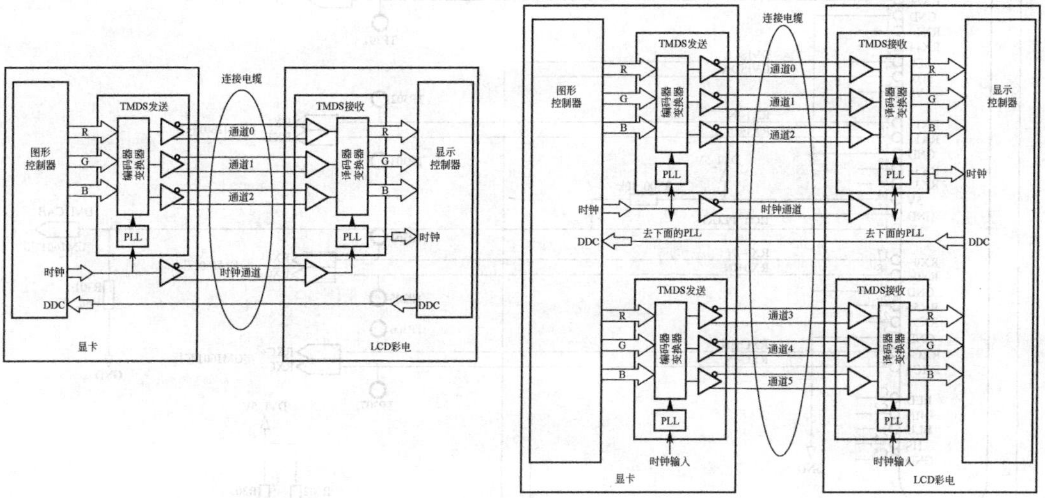
连接电缆
TMDS发送
TMDS接收
图形控制器
编码器变换器
译码器变换器
显示控制器
R
G
B
通道0
通道1
通道2
PLL
时钟
时钟通道
DDC
显卡
LCD彩电
去下面的PLL
通道3
通道4
通道5
时钟输入

(a) 单通道数字信号输入　　(b) 双通道数字信号输入

图 8-5　DVI-I 接口输入类型

单通道 DVI 数字信号输入方式，是液晶电视机通过 DVI 接口输入一组数字视频信号，信号带宽为 165MHz。

双通道 DVI 数字信号输入方式，是液晶电视机通过 DVI 接口输入二组数字视频信号，信号带宽为 330MHz，可实现每个像素 8bit，分辨率达 2048×1536。

在画面显示上，单通道 DVI 输入方式支持的分辨率和双通道完全一样，但刷新频率仅为双通道的一半左右。采用单通道 DVI 输入方式时，其刷新频率只能支持到 1920×1080（60Hz）或 1600×1200（60Hz），如果再高显示效果不佳。

③ DVI 接口的输入电路　图 8-6 是海信 LCD3201 液晶电视机的 DVI 接口输入电路，采用双通道 DVI-I 接口。输入数字式的视频信号，包括：三组视频差分信号 RX0－、RX0＋，RX1－、RX1＋，RX2－、RX2＋；一组时钟信号 RXC－、RXC＋；一组串行总线信号 DVISDA、DVISCL；一个交换数字视频系统检测信号 DVI-CAB。这些信号直接或通过电阻送主板上的 GM1601 主芯片。

U300 24LC21 是数字存储器，用于存储 DVI 接口的情报资料。其 1～3 脚为地址，本机空；4 脚为地；5 脚为串行数信号信号输入输出；6 脚为时钟信号输出；7 脚为写保护，本机空；8 脚为＋5V 电源。

(2) VGA/YPbPr/YCbCr 接口输入电路

VGA 接口，是显卡连接接口，用于输入电脑显卡输出的模拟信号；YPbPr 接口、YCbCr 接口是两种形式的色差信号分量输入接口，也是一种模拟接口，支持传输的 480P/480i/576P/720P/1080i/1080P 等格式的视频信号，本身不传输音频信号。

① VGA、YPbPr、YCbCr 接口简介　图 8-7 是 VGA 接口，为 3 列 15 针，用于输入来自电脑的下列模拟形式信号：RGB 红绿蓝三色信号、H-SYNC 行同步信号、V-SYNC 场同步信号、ID 液晶屏识别信号。VGA 接口引脚功能见表 8-2。

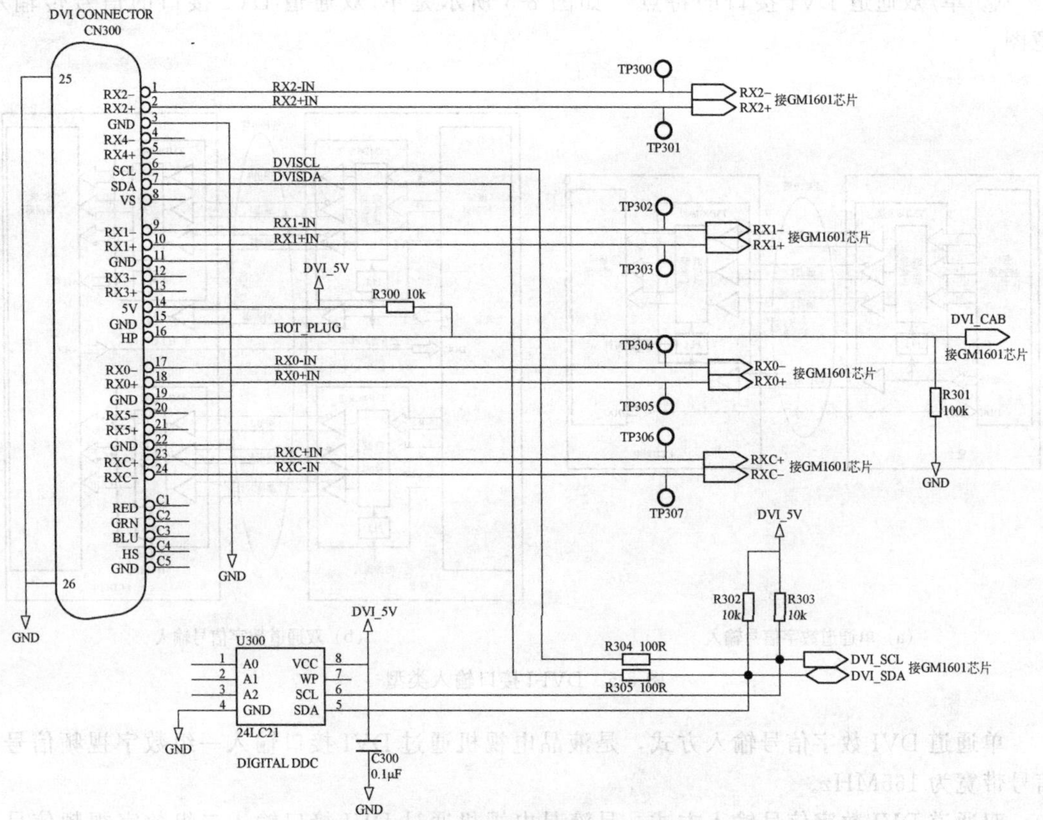
DVI CONNECTOR
CN300
25
RX2−
RX2+
GND
RX4−
RX4+
SCL
SDA
VS
RX1−
RX1+
GND
RX3−
RX3+
5V
GND
HP
RX0−
RX0+
GND
RX5−
RX5+
GND
RXC+
RXC−
RED
GRN
BLU
HS
GND
26
GND
RX2-IN
RX2+IN
DVISCL
DVISDA
RX1-IN
RX1+IN
DVI_5V
R300 10k
HOT_PLUG
RX0-IN
RX0+IN
RXC+IN
RXC-IN
GND
TP300
TP301
RX2− RX2+ 接GM1601芯片
TP302
TP303
RX1− RX1+ 接GM1601芯片
TP304
TP305
RX0− RX0+ 接GM1601芯片
TP306
TP307
RXC+ RXC− 接GM1601芯片
DVI_CAB
接GM1601芯片
R301 100k
GND
DVI_5V
R302 10k
R303 10k
R304 100R
R305 100R
DVI_SCL
DVI_SDA
接GM1601芯片
DVI_5V
U300
A0
A1
A2
GND
VCC
WP
SCL
SDA
24LC21
DIGITAL DDC
GND
C300 0.1μF
GND

图 8-6 海信 LCD3201 彩电的 DVI 输入接口

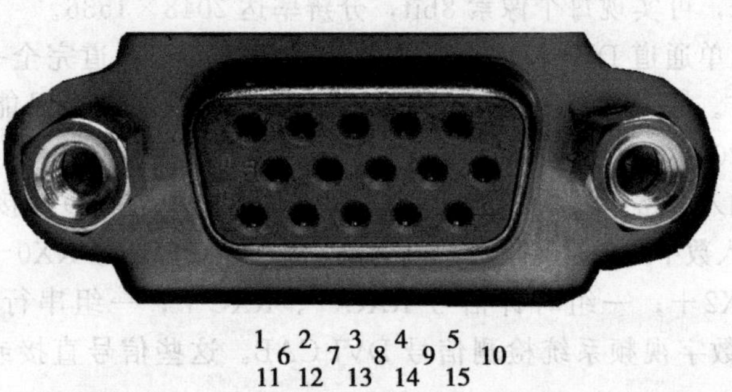
1 2 3 4 5
6 7 8 9 10
11 12 13 14 15

图 8-7 VGA 接口

表 8-2 VGA 接口引脚功能

引 脚	符 号	功 能	参 数
1	A-RED	模拟-红基色信号输入	75Ω，0.7V 峰峰值
2	A-GREEN	模拟-绿基色信号输入/单色灰度信号（单显）	75Ω，0.7V 峰峰值
3	A-BLUE	模拟-蓝基色信号输入	75Ω，0.7V 峰峰值
4	RES	保留	
5	GND	地	
6	R-GND	地（红基色信号电路）	
7	G-GND	地（绿基色信号电路）/单色灰色信号接地（单显）	

续表

引　脚	符　号	功　能	参　数
8	B-GND	地（蓝基色信号电路）	
9	VGA+5V	+5V 电源，来自显卡	
10	S-GND	地（同步电路）	
11	ID	彩色液晶屏检测	
12	VGA-SDA/ID	I^2C 总线数据信号输出输入/单色液晶屏检测	
13	A-HS	模拟-行同步信号输入/复位同步信号输入	
14	A-VS	模拟-场同步信号输入	
15	VGA-SCL/ID	I^2C 总线数据信号输出/液晶彩电检测	

图 8-8 是 YPbPr、YCbCr 色差分量接口。YPbPr 为逐行扫描色差信号输入，YCbCr 为隔行扫描色差信号输入。

（红）
（蓝）
（绿）
Pr
Pb
Y
（a）YPbPr类型
（红）
（蓝）
（绿）
Cr
Cb
Y
（b）YCbCr类型

图 8-8　色差分量接口

色差分量接口一般为三个：一个亮度接口“Y”标注；两个原色信号中的蓝色信号、红色信号（去掉亮度信号的色彩差异信号）分别标注“Pb”或“Cb”、“Pr”或“Cr”。这三个接口分别为“绿”、“蓝”、“红”色。

② VGA 接口的输入电路　图 8-9 是 VGA/YPbPr/YCbCr 接口输入电路。当电视机设置于 VGA 接收模式时，受主芯片 GM1601 的控制，U701 PI5V330 高速电子开关的 1 脚 IN 为高电平、15 脚 EN 为低电平，使内部的四组开关分别接通 4 脚和 3 脚、7 脚和 6 脚、9 脚和 10 脚、12 脚和 13 脚（本机未用）。这样，VGA 接口 1～3 脚输入的模拟红绿蓝三色信号 A-RED、A-GREEN、A-BLUE，分别送 PI5V330 电子开关的 10、6、3 脚，被内部电子开关选择通过后分别由 9、7、4 脚输出，再分别通过 R315、R310、R309 等，形成三组差分模拟三基色信号 RED+、RED−，GREEN+、GREEN−，BLUE+、BLUE−，作为显示图像的像素，送 GM1601 主芯片。另外，PI5V330 的 4 脚输出 GREEN 信号，还通过电容耦合形成 SOG 模拟主同步信号送 GM1601 主芯片，作为视频有效识别信号。

VGA 接口的 13 和 14 脚输入模拟行场同步信号 AHS、AVS，分别送 6 施密特反相器逻辑数字电路 U302 SN74LVC14APWR 的 5、11 脚，被进行倒相放大后分别由 8、12 脚输出，送 GM1601 主芯片，用于控制像素在屏幕上水平和垂直显示的起止位置。

U300-24LCO2 存储器，保存显示器相关参数，如有关厂家、出厂日期、系列号、显示格式，供电脑读取。U300-24LCO2 通过 VGA 接口的 12 脚 SDA 串行总线的数据输入输出、15 脚 SCL 串行总线时钟信号，与电脑通讯。

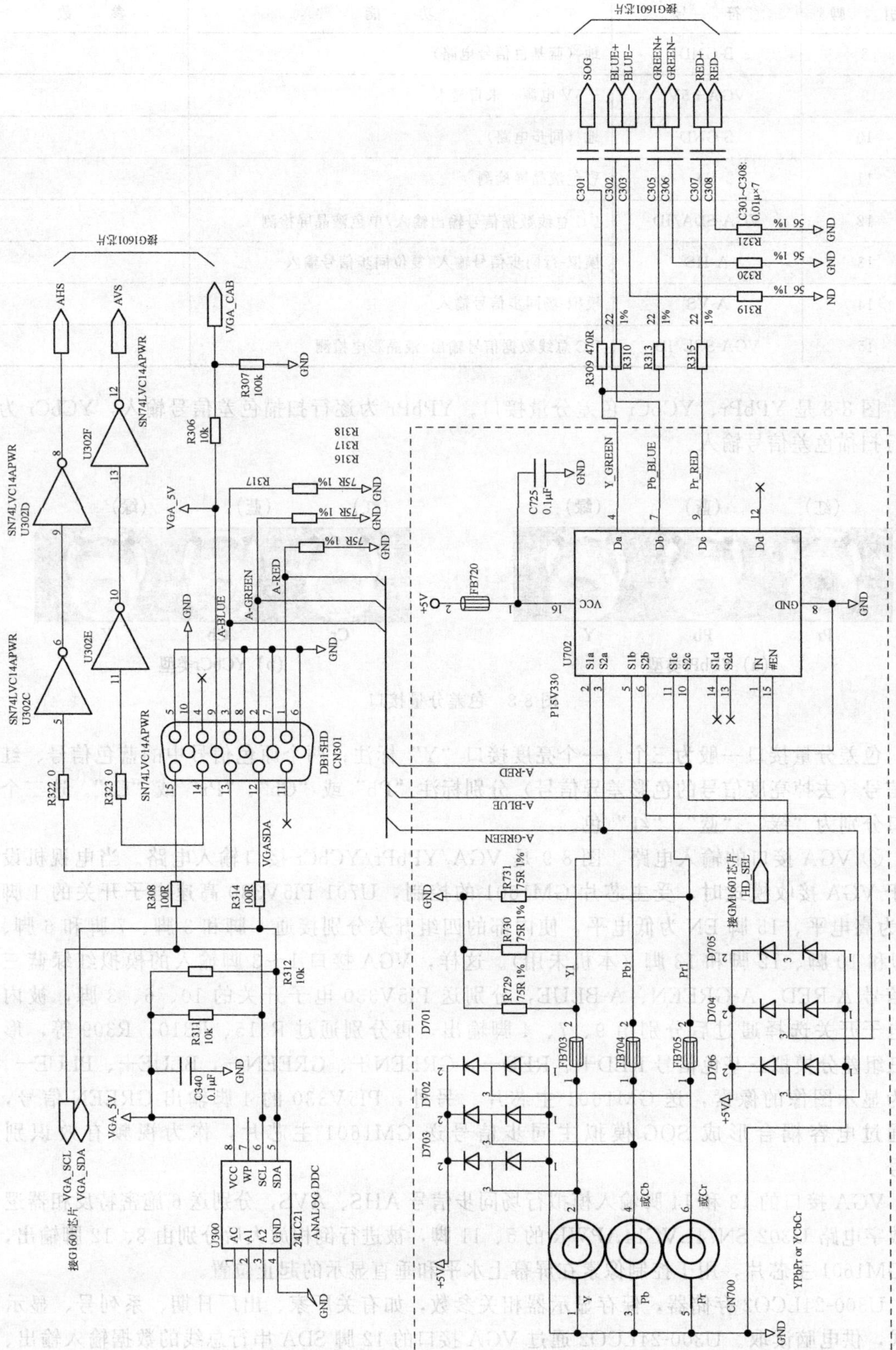
接G1601芯片
AHS
AVS
VGA_CAB
SN74LVC14APWR
U302D
U302F
U302C
U302E
R307 100k
R306 10k
VGA_5V
R317
R318
75R 1%
A-BLUE
A-GREEN
A-RED
DB15HD
CN301
R322 0
R323 0
R308 100R
R314 100R
VGASDA
R312 10k
R311 10k
C340 0.1μF
VGA_SCL
VGA_SDA
U300
24LC21
ANALOG DDC
VCC
WP
SCL
SDA
AC
A1
A2
GND
SOG
BLUE+
BLUE-
GREEN+
GREEN-
RED+
RED-
C301-C308 0.01μ×7
R321
R320
R319
56 1%
R309 470R
R310
R313
R315
22
Y_GREEN
Pb_BLUE
Pr_RED
C725 0.1μF
FB720
+5V
VCC
U702
P15V330
S1a
S2a
S1b
S2b
S1c
S2c
S1d
S2d
IN
#EN
Da
Db
Dc
Dd
R729 75R 1%
R730 75R 1%
R731 75R 1%
FB703
FB704
FB705
D701
D702
D703
D704
D705
D706
Y1
Pb1
Pr1
接GM1601芯片
HD_SEL
CN700
YPbPr or YCbCr
或Cb
或Cr
Y
Pb
Pr
+5VA
GND

图 8-9 VGA/YPbPr/ YCbCr 接口的输入电路

③ YPbPr/YCbCr色差分量接口的输入电路　当电视机置于色差分量接收模式时，受主芯片GM1601的控制，PI5V330电子开关的1脚IN脚、15脚EN均为低电平，令内部的四组开关分别接通9脚与11脚、7脚与5脚、4脚与2脚，这样，MP5等分量设备通过CN700 YpbPr接口分别输入Y亮度信号、Pb（或Cb）蓝色差信号、Pr（或Cr）红色差信号，经保险管FB703～FB705，分别送PI5V330的2、5、11脚，被内部电子开关选择通过后由9、7、4脚输出，送GM1601主芯片。

D701～D706是保护钳位二极管。

8.1.3 视频信号格式变换及液晶显示控制电路

视频信号格式变换及液晶显示控制对视频信号的处理顺序是：视频信号的去隔行处理→变频处理→图像缩放处理形成LVDS信号。前两者合称为视频信号格式变换。

(1) 视频信号格式变换的原理

目前我国电视台发射的电视节目采用隔行扫描方式，即把一帧图像分解为奇数场和偶数场信号发送。CRT电视机是把奇数场信号与偶数场视频信号均匀镶嵌，利用人眼的视觉性和荧光粉的余辉特性，就构成一幅彩色的图像。因这种方式频率低，存在行间闪烁，低场频造成的高亮度图像的大面积闪烁，高速运动图像造成的场差效应等缺点。

对于固定分辨率、数字寻址的液晶屏，一般支持逐点、逐行寻址方式。因此，在液晶彩色电视中，要先把接收到的隔行扫描视频信号，通过去隔行处理电路变为逐行寻址的视频信号，再进行变频处理后，送到液晶显示屏上显示图像。

① 去隔行的原理　去隔行处理，又叫隔行转换为逐行处理。在液晶彩电中，隔行/逐行变换的过程非常复杂，它需要通过较复杂的运算，再通过去隔行处理电路与动态帧存储器配合，在控制命令的指挥下才能完成。下面介绍如何把我国电视节目的50Hz隔行扫描方式，变换为50Hz逐行扫描方式。

去隔行处理电路工作时，先将隔行扫描的奇数场A的信号以50Hz频率（20ms周期）存入帧存储器中，再将偶数场B的信号也以50Hz频率（20ms周期）存入同一个帧存储器中，其存入方法是将奇数行与偶数行相互交错地间置存储，这样把两场信号在帧存储器中相加，形成一幅完整的一帧画面A+B。在读出时，按原来的场频（50Hz）从帧存储器中逐行读出图像信号A+B，40ms内将A+B读出两次，这样循环往复，将形成的1、2、3、4、5……n行顺序的625行的逐行扫描信号输出。这样实际上场频并未改变，仅在一场中将行数翻倍。

上面介绍的这种变换方法也称为场顺序读出法，它采用帧存储器，将两场隔行扫描信号合成一帧逐行扫描信号输出，由于行数提高一倍，所以消除了行间闪烁现象；但由于场频仍然为50Hz，大面积闪烁依然存在。

② 变频的原理　变频处理是把隔行50Hz场频，变换为逐行60Hz或75Hz、85Hz、100Hz、120Hz场频率，具体变换为哪种方式由用户通过菜单项进行设置。其中50Hz隔行变换为75Hz逐行扫描的原理如下。

采用帧存储器，将两个隔行扫描的原始场，以奇数行和偶数行相互交错地址间置存储方式写入一个帧存储器中，形成一帧完整的图像；读出时，以原来场频的1.5倍即75Hz场频的速度，按照写入时第一帧、第二帧……的顺序，逐行从帧存储器中读出一帧信号。由于行数增加，行结构更加细腻，行闪烁现象更不明显；同时由于场频提高了，大面积闪烁现象得到有效消除。75Hz逐行扫描虽然成本较高，但由于它们解决大面积闪烁现象和提高图像清晰度的效果更好。

(2) 图像缩放处理的原理

图像缩放处理，又称像素变换处理。

液晶彩电可以接收的多种类型的视频信号，既有传统的模拟视频信号（目前标准清晰度PAL电视信号分辨率为720×576），也有高清格式视频信号（我国高清晰度电视信号的图像分辨率为1920×1280），还有VGA接口输入的不同分辨率信号，还有YPbPr或YCbCr色差分量接口输入480P、480i、576P、720P、1080i、1080P等格式的不同分辨率的视频信号，但液晶屏的分辨率却是固定的。因此，液晶电视机接收不同格式的信号时，需要将不同图像格式的信号转换为液晶屏固有分辨率的图像信号，这项工作由图像缩放处理电路（SCALER电路）完成。

图像缩放的原理是，首先根据输入模式检测电路得到的输入信号的信息，计算出水平和垂直两个方向的像素校正比例，然后，对输入的信号采取插入或抽取技术，在帧存储器的配合下，用可编程算法计算出插入或抽取的像素，再插入新像素或抽取原图像中的像素，使之达到需要的像素。

例如，1080P格式变成720P格式的方法。1080P表明一行的总像素有1920个，垂直方向有1080行，是逐行方式的；720P表示每行有1280个像素点，一帧内扫描线有720线，也是逐行扫描。其转换过程是：把每帧内1080行中的每3行抽取一行，这样将有360行抽掉，剩余便是720行；同时，每行的像素点依次采取每3个像素点抽掉一个，这样便实现了1920个像素点转变为1280个像素点。

（3）格式变换和液晶显示控制电路的工作

图8-10是海信LCD3201液晶电视机的视频信号格式变换及液晶显示控制电路，由GM1601主芯片与K4D263238M动态帧存储器配合进行。GM1601主芯片内置CPU、DVI

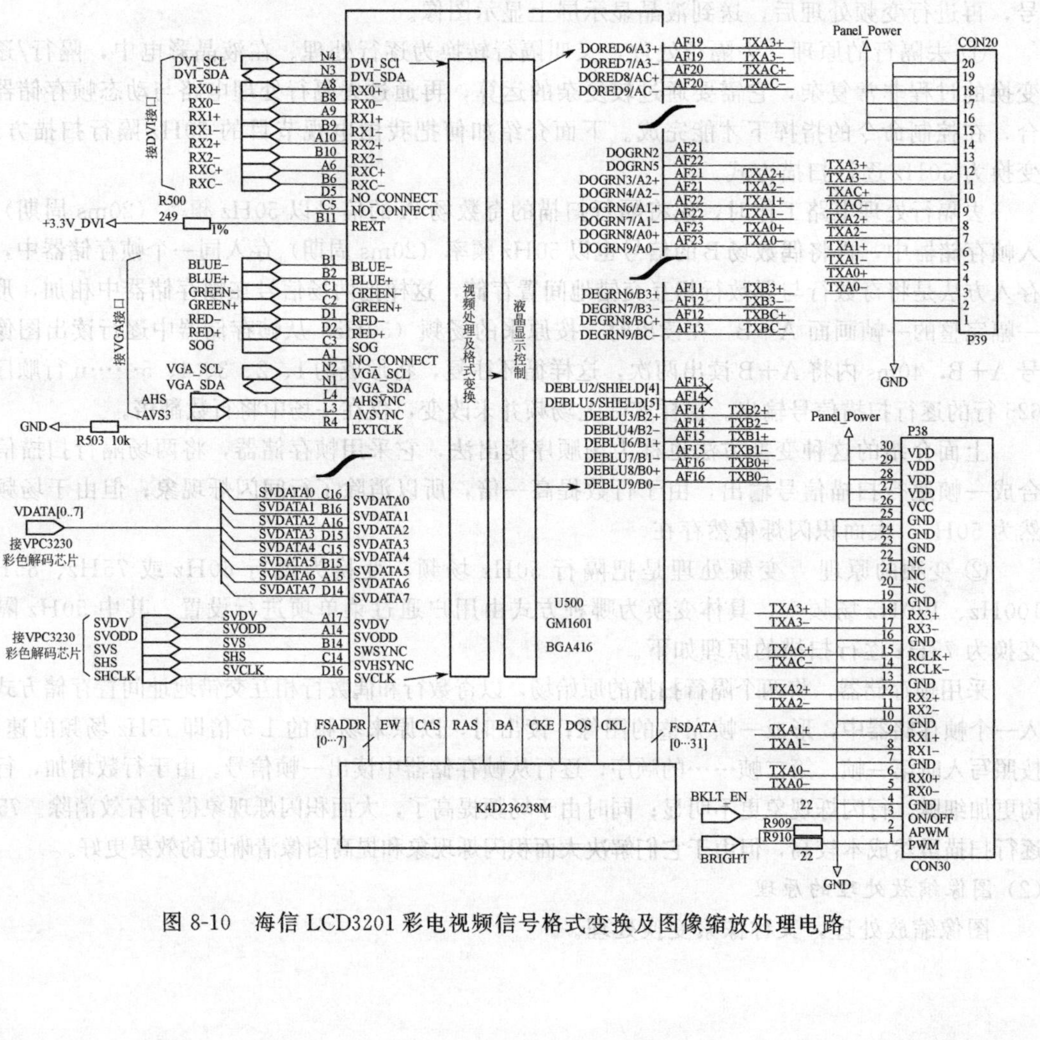
接DVI接口
DVI_SCL
DVI_SDA
RX0+
RX0−
RX1+
RX1−
RX2+
RX2−
RXC+
RXC−
R500
249
1%
+3.3V_DVI
接VGA接口
BLUE−
BLUE+
GREEN−
GREEN+
RED−
RED+
SOG
VGA_SCL
VGA_SDA
AHS
AVS3
GND
R503 10k
VDATA[0..7]
接VPC3230
彩色解码芯片
SVDATA0
SVDATA1
SVDATA2
SVDATA3
SVDATA4
SVDATA5
SVDATA6
SVDATA7
SVDV
SVODD
SVS
SHS
SHCLK
NO_CONNECT
REXT
AHSYNC
AVSYNC
EXTCLK
SWSYNC
SVHSYNC
SVCLK
视频处理及格式变换
液晶显示控制
U500
GM1601
BGA416
FSADDR
[0···7]
EW
CAS
RAS
BA
CKE
DQS
CKL
FSDATA
[0···31]
K4D236238M
DORED6/A3+
DORED7/A3−
DORED8/AC+
DORED9/AC−
DOGRN2
DOGRN5
DOGRN3/A2+
DOGRN4/A2−
DOGRN6/A1+
DOGRN7/A1−
DOGRN8/A0+
DOGRN9/A0−
DEGRN6/B3+
DEGRN7/B3−
DEGRN8/BC+
DEGRN9/BC−
DEBLU2/SHIELD[4]
DEBLU5/SHIELD[5]
DEBLU3/B2+
DEBLU4/B2−
DEBLU6/B1+
DEBLU7/B1−
DEBLU8/B0+
DEBLU9/B0−
Panel_Power
CON20
P39
GND
P38
CON30
VDD
VCC
NC
RX3+
RX3−
RCLK+
RCLK−
RX2+
RX2−
RX1+
RX1−
RX0+
RX0−
ON/OFF
APWM
PWM
BKLT_EN
BRIGHT
R909
R910
22

图8-10 海信LCD3201彩电视频信号格式变换及图像缩放处理电路

数字视频信号接收器、VGA电脑显卡信号接收器、变频处理器、图像缩放器等。

被解码还原出的TV/AV/S-VIDEO的数字视频信号，或YPbPr色差分量信号、VGA显卡信号模拟信号、DVI数字视频信号进入GM1601主芯片后，在K4D263238M动态帧存储器配合下，进行隔行转逐行、变频、分辨率转换等处理，然后在内部把处理后的TTL并行差分信号转换，最后输出统一的LVDS格式信号送到液晶显示屏驱动电路，以驱动液晶显示屏显示不同制式（PAL、NTSC、SECAM）、不同分辨率的图像信号。

① GM1601输入视频信号的种类

a. 来自色解码电路的数字视频信号。分别输入至GM1601的SVDATA［0…7］、SVHSYNC、SVVSYNC、SVCLK、SVODD、SVDV端子。前面的“S”是这组信号的类型（也可以理解信号是S-VIDEO缩写)，后面的符号表示信号的功能，如SDATA［0…7］是8线数字式RGB三基色信号，SVHSYNC是数字式行同步信号、SVVSYNC是数字式场同步信号、SVDV是视频有效识别信号，SVODD是隔行扫描控制输出（0-奇数场，1-偶数场)、SVCLK是时钟信号。

b. 来自DVI接口的数字视频信号。分别输入至GM1601的RX0＋和RX0－、RX1＋和RX1－、RX2＋和RX2－、RXC＋和RXC－、DV-SDA和DVI-SCL端。这些信号的前三组是数字式图像差分信号，RXC＋、RXC－是时钟信号，DV－SDA、DVI-SCL是串行总线信号。

c. 来自VGA或YPbPr接口的模拟视频信号。GM1601的RED＋、RED－，GREEN＋、GREEN－，BLUE、BLUE－端，既可输入来自VGA接口的模拟视频信号，也可输入来自YPbPr接口的分量信号（亮度信号、蓝色差信号、红色差信号）。当电视机工作在VGA模式时，GM1601的SOG、AHSYNC和AVSYNC、VGA-SDA和VGA-SCL端，还要接收来自VGA接口的视频识别信号、行同步信号、场同步信号、串行总线信号。

② GM1601对视频信号的格式变换及缩放处理　GM1601主芯片在动态帧存储器K4D263238M的配合下，根据用户设置的接收模式，选中上述信号中的某一类，进行格式变换和缩放处理，形成低压差分信号LVDS，由TXA0＋、TXA0－、TXA1＋、TAX1－、TXA2＋、TXA3＋、TXA3－（或TXB0＋、TXB0－、TXB1＋、TAB1－、TXB2＋、TXB3＋、TXB3－)，TXAC＋、TXAC－端输出，再通过接口P38或P39送逻辑板。

③ 帧存储器的工作　帧存储器，一般采用DDR SDRAM，俗称DDR内存器。DDR SDRAM是Double Data Rate SDRAM（Synchronous Dynamic Random Access Memory）缩写，译为双倍速率同步动态随机存储器，简称动态存储器，又称动态缓冲存储器，有的沿用电脑上的术语称为DDR内存。因DDR存储器在液晶电视机内用来存储一帧电视信号的，因此又称为动态帧存储器。

液晶电视机中的DDR内存器一般都为BGA封装，分为三代：第一代供电为2.5V，第二代供电为1.8V，第三代供电为1.5V。这三种DDR工作时对应的VREF基准电压分别为1.25V，0.9V、0.75V，这些电压要求是很高的。

由上面介绍的视频信号格式变换原理可知，液晶电视机中的主芯片对各种输入视频信号进行隔行转逐行、变频、图像缩放处理过程中，有大量的信息要存储到帧存储器，这些数据随时都可能被调用，DDR内存就是这些信息的中转仓库，主芯片通过地址线、数据线以及一些控制信号线和DDR建立通讯，进行数据的读出和写入。

图8-11是海信LCD3201液晶电视机的帧存储器电路，本机动态帧存储器型号为K4D263238M，属于第一代DDR内存器，容量为128M，工作电压为＋2.5V，参考电压为＋1.25V，是1M×32bit×4储库的两倍数据比率同步随机存取存储器，支持双向数据选通的动态链接库。

K4D263238M的工作电压包括：2脚等VDDQ电源端输入2.5V电源、58脚VREF基准电压端输入1.25V。

K4D263238M需要输入的控制信号包括：25脚WE写允许信号，26脚CAS列选信号，27脚RAS行选信号，28脚CS片选信号，上述信号均为低电平有效；29脚、30脚BA选择信号，53脚CKE时钟允许信号，54、55脚CKL时钟信号，23、24、56、57脚DM输入数据掩码信号，94脚DQS校验位信号。这些信号均来自GM1601主芯片。

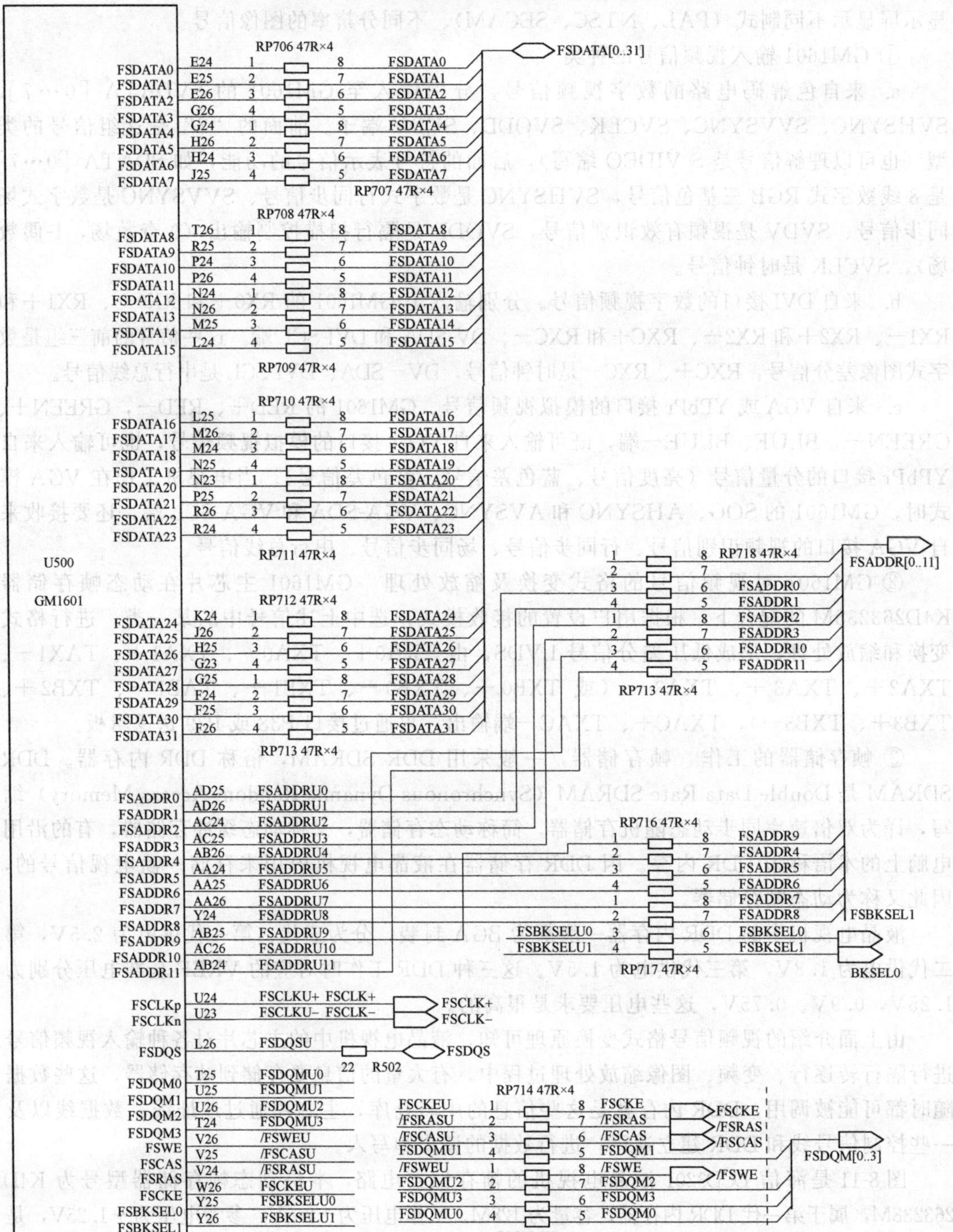
U500
GM1601
FSDATA[0..31]
RP706 47R×4
RP707 47R×4
RP708 47R×4
RP709 47R×4
RP710 47R×4
RP711 47R×4
RP712 47R×4
RP713 47R×4
RP714 47R×4
RP715 47R×4
RP716 47R×4
RP717 47R×4
RP718 47R×4
FSDATA0 E24
FSDATA1 E25
FSDATA2 E26
FSDATA3 G26
FSDATA4 G24
FSDATA5 H26
FSDATA6 H24
FSDATA7 J25
FSDATA8 T26
FSDATA9 R25
FSDATA10 P24
FSDATA11 P26
FSDATA12 N24
FSDATA13 N26
FSDATA14 M25
FSDATA15 L24
FSDATA16 L25
FSDATA17 M26
FSDATA18 M24
FSDATA19 N25
FSDATA20 N23
FSDATA21 P25
FSDATA22 R26
FSDATA23 R24
FSDATA24 K24
FSDATA25 J26
FSDATA26 H25
FSDATA27 G23
FSDATA28 G25
FSDATA29 F24
FSDATA30 F25
FSDATA31 F26
FSADDR0 AD25 FSADDRU0
FSADDR1 AD26 FSADDRU1
FSADDR2 AC24 FSADDRU2
FSADDR3 AC25 FSADDRU3
FSADDR4 AB26 FSADDRU4
FSADDR5 AA24 FSADDRU5
FSADDR6 AA25 FSADDRU6
FSADDR7 AA26 FSADDRU7
FSADDR8 Y24 FSADDRU8
FSADDR9 AB25 FSADDRU9
FSADDR10 AC26 FSADDRU10
FSADDR11 AB24 FSADDRU11
FSADDR[0..11]
FSBKSEL1
BKSEL0
FSBKSELU0
FSBKSELU1
FSBKSEL0
FSBKSEL1
FSCLKp U24 FSCLKU+ FSCLK+
FSCLKn U23 FSCLKU- FSCLK-
FSCLK+
FSCLK-
FSDQS L26 FSDQSU
22 R502
FSDQS
FSDQM0 T25 FSDQMU0
FSDQM1 U25 FSDQMU1
FSDQM2 U26 FSDQMU2
FSDQM3 T24 FSDQMU3
FSWE V26 /FSWEU
FSCAS V25 /FSCASU
FSRAS V24 /FSRASU
FSCKE W26 FSCKEU
FSBKSEL0 Y25 FSBKSELU0
FSBKSEL1 Y26 FSBKSELU1
FSCKEU FSCKE
/FSRASU /FSRAS
/FSCASU /FSCAS
FSDQMU1 FSDQM1
/FSWEU /FSWE
FSDQMU2 FSDQM2
FSDQMU3 FSDQM3
FSDQMU0 FSDQM0
FSCKE
/FSRAS
/FSCAS
/FSWE
FSDQM[0..3]

(a) GM1601芯片的帧存储器连接部分

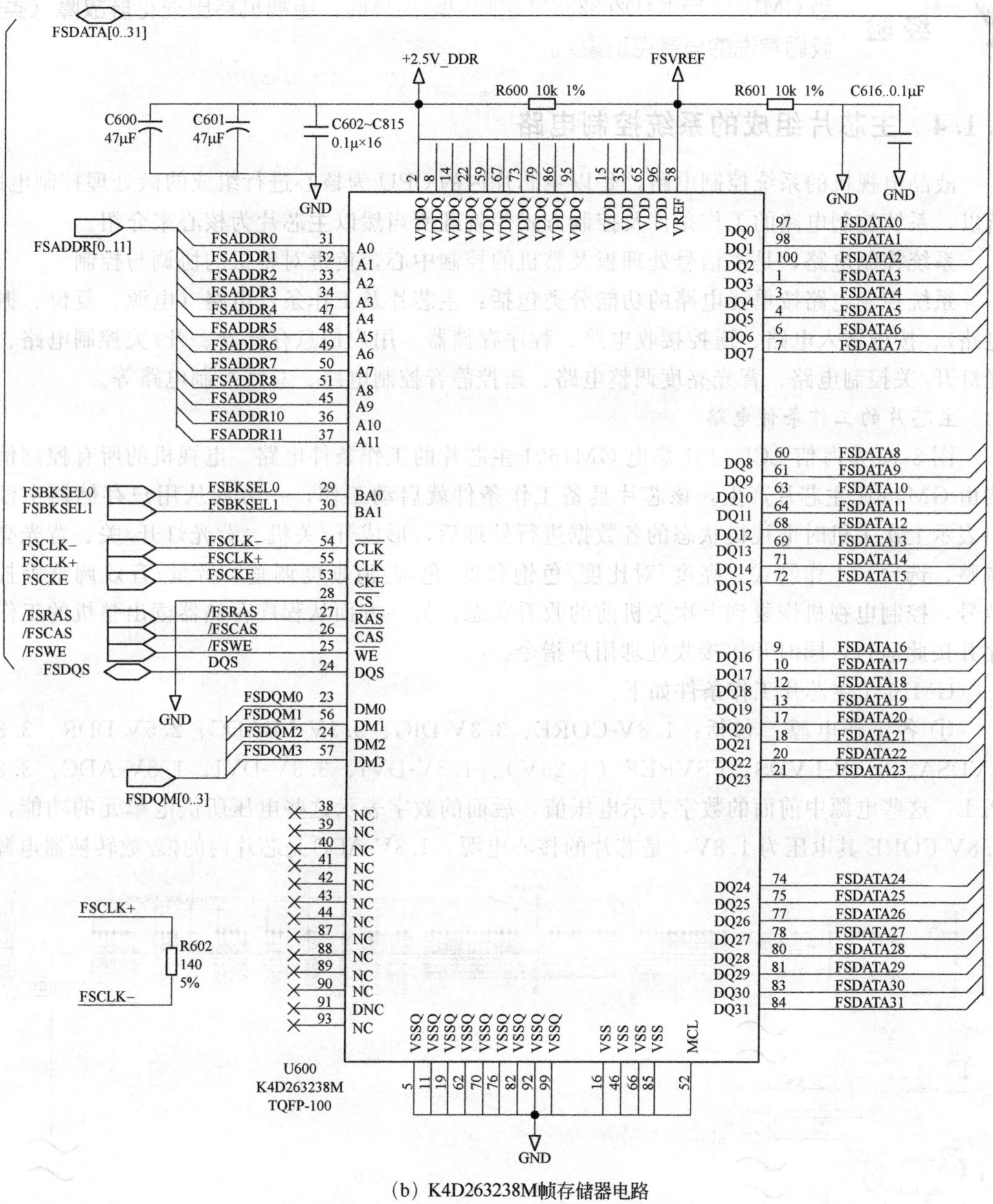

(b) K4D263238M帧存储器电路

图 8-11　海信 LCD3201 彩电的帧存储器电路

当 K4D263238M 上述工作电压和控制信号符合要求时，就启动工作，按 GM1601 主芯片的要求，写入或读出数据，如通过 31～34、36、37、45、47～51 脚 A1～A11 输入 12 位地址信号，通过 DQ0～DQ31 端口输入/输出 32 位数据信号，实现图像格式变换过程中对主芯片 GM1601 的数字信号存储工作。

图中的 PR706～RP717 排阻，连接在 GM1601 与 K4D263238M 之间，实现两者间的数据传输。R600、R60179 组成串联分压电路对 2.5V 进行分压，分得的 1.25V 电压作为参考电压提供给 GM1601 的 58 脚。

经验 当 GM1601 与 K4D263238M 之间电阻损坏时，电视机将出现花屏故障（类似我们常说的马赛克现象）。

8.1.4 主芯片组成的系统控制电路

液晶电视机的系统控制电路，是以主芯片内的 CPU 为核心进行组成的微处理控制电路，所以，系统控制电路的工作条件及控制方式等就理所当然以主芯片为核心来介绍。

系统控制电路，是主信号处理板及整机的控制中心，负责对整机的协调与控制。

系统控制电路按单元电路的功能分类包括：主芯片及工作条件电路（电源、复位、振荡电路）、按键输入电路、遥控接收电路、程序存储器、用户信息存储器、开/关控制电路、背光灯开/关控制电路、背光亮度调整电路、遥控静音控制电路、总线控制电路等。

(1) 主芯片的工作条件电路

图 8-12 是海信 LCD3201 彩电 GM1601 主芯片的工作条件电路。电视机的所有控制信号均由 GM1601 主芯片产生，该芯片具备工作条件就启动工作，一方面从用户存储器中读取出表示上次关机时电视机状态的各数据进行处理后，形成开/关机、背光灯开/关、背光亮度调整、选台、工作制式、亮度/对比度/色饱和度/色调/清晰度调整、音量/音效调整等控制信号，控制电视机恢复到上次关机前的收看状态；另一方面从程序存储器读出整机的工作程序并按此运行，同时开始接收处理用户指令。

GM1601 主芯片工作条件如下。

① 各工作电源　包括：1.8V-CORE、3.3V-DIG、3.3V-LBADC、2.5V-DDR、3.3V-LVDSA、3.3V-LVDS、FSVREF（1.25V）、1.8V-DVI、3.3V-DVI、1.8V-ADC、3.3V-PLL。这些电源中前面的数字表示电压值，后面的数字表示这些电压所供电单元的功能，如 1.8V-CORE 其电压为 1.8V，是芯片的核心电源；1.8V-ADC 是芯片内的模/数转换器电源；

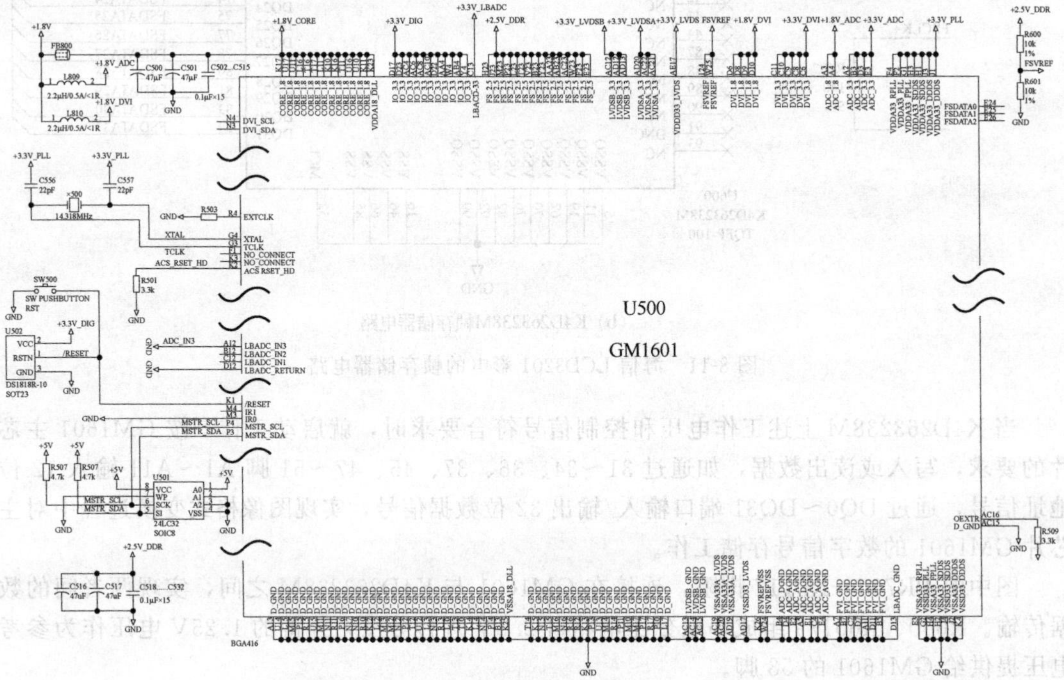
U500
GM1601
BGA416

(a) GM1601的工作条件

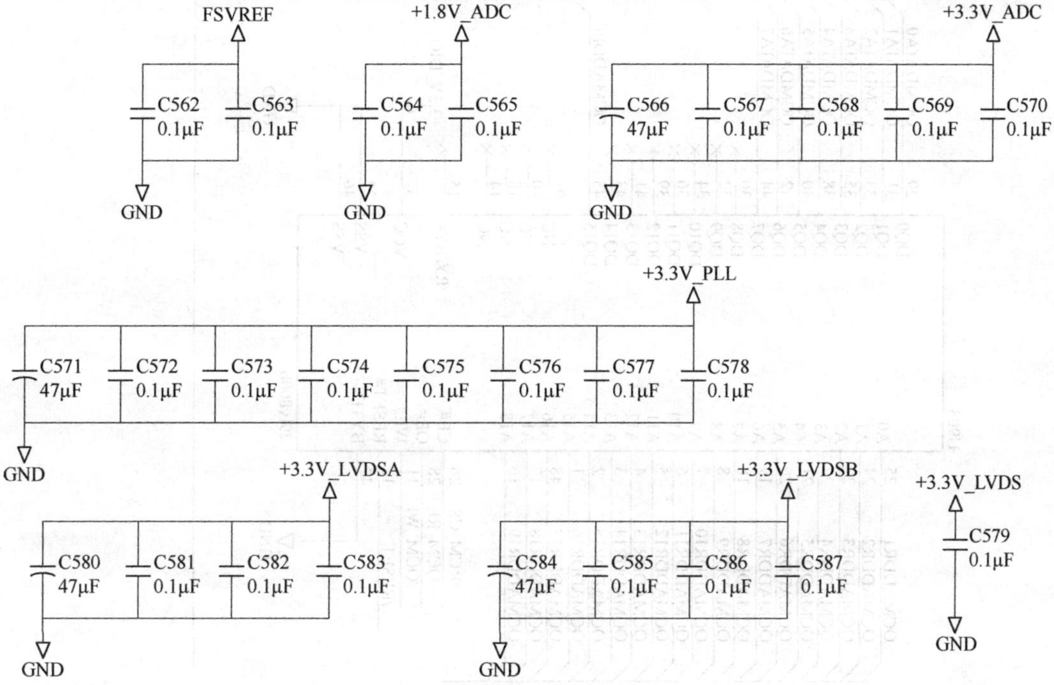
FSVREF
+1.8V_ADC
+3.3V_ADC
C562 0.1μF
C563 0.1μF
C564 0.1μF
C565 0.1μF
C566 47μF
C567 0.1μF
C568 0.1μF
C569 0.1μF
C570 0.1μF
GND
GND
GND
+3.3V_PLL
C571 47μF
C572 0.1μF
C573 0.1μF
C574 0.1μF
C575 0.1μF
C576 0.1μF
C577 0.1μF
C578 0.1μF
GND
+3.3V_LVDSA
+3.3V_LVDSB
+3.3V_LVDS
C580 47μF
C581 0.1μF
C582 0.1μF
C583 0.1μF
C584 47μF
C585 0.1μF
C586 0.1μF
C587 0.1μF
C579 0.1μF
GND
GND
GND

(b) GM1601的供电滤波

图 8-12　GM1601 主芯片的工作条件电路

2.5V-DDR 是内存电源；3.3V-DVI 是数字视频信号处理电路电源；3.3V-PLL 是锁相环电源；FSVREF 是帧存储器的参考电压。

② 时钟振荡　G3、G4 脚外接的时钟振荡器件，包括 X500 14.318M 晶体、C557、C558 振荡电容。

③ 复位电压　GM1601 的 K1 脚为复位脚，低电平复位。由 U502 DR1818-10 对 2 脚输入的＋3.3V 电源处理后，在其 1 脚形成复位电压（滞后 3.3V 几微秒）。另外，按 SW500 时也会对 GM1601 芯片 K1 脚输入 0V 低电平。

④ 用户信息存储器　顾名思义，是存储用户操作信息的存储器。存储的信息包括开/待机状态、接收模式（信号源）、工作制式、音量、音效、亮度、色饱和度、对比度、色饱和度、清晰度、背光源亮度、刷新频率等数据。本机的用户信息存储器型号为 24C32，是 32k、5V、I^2C 智能串行电可擦只读存储器。其 1～3 脚为 A1～A3 用户可配置芯片选择，4 脚为 VSS 地，5 脚为 SDA 连接的地址/数据输入输出，6 脚为 SCL 连接时钟信号，7 脚为 WP 写保护，8 脚为 VCC 电源（＋2.5～6V）。

⑤ 程序存储器　电视机软件程序和硬件设备之间的枢纽，一般采用 FLASH 类型存储器（译为闪速存储器、快闪存储器），因内部存储有整机的工作程序，因此，维修人员又称之为母块。该芯片内的数据错误或丢失，会引起不能开机等电视机能出现的所有故障，此时，通过电视机的升级端口可与电脑连接，进行软件的刷写即可。程序存储器重新写入数据的操作，维修人员又称为清空程序存储器，或清除母块数据，简称清除母块。

图 8-13 是海信 LCD3201 液晶电视机的程序存储电路，采用 29LV040B 或 29LV800B 互补金属氧化物半导体闪速存储器，其容量为 4M（512k×8），工作电压为 3V。其 A0～A18 是 19 位地址输入，DQ0～DQ7 是 8 位数据输入/输出，CE＃是芯片启动，OE＃是允许输出，WE＃是写入启动，VCC 是＋3V 电源输入，VSS 是地。

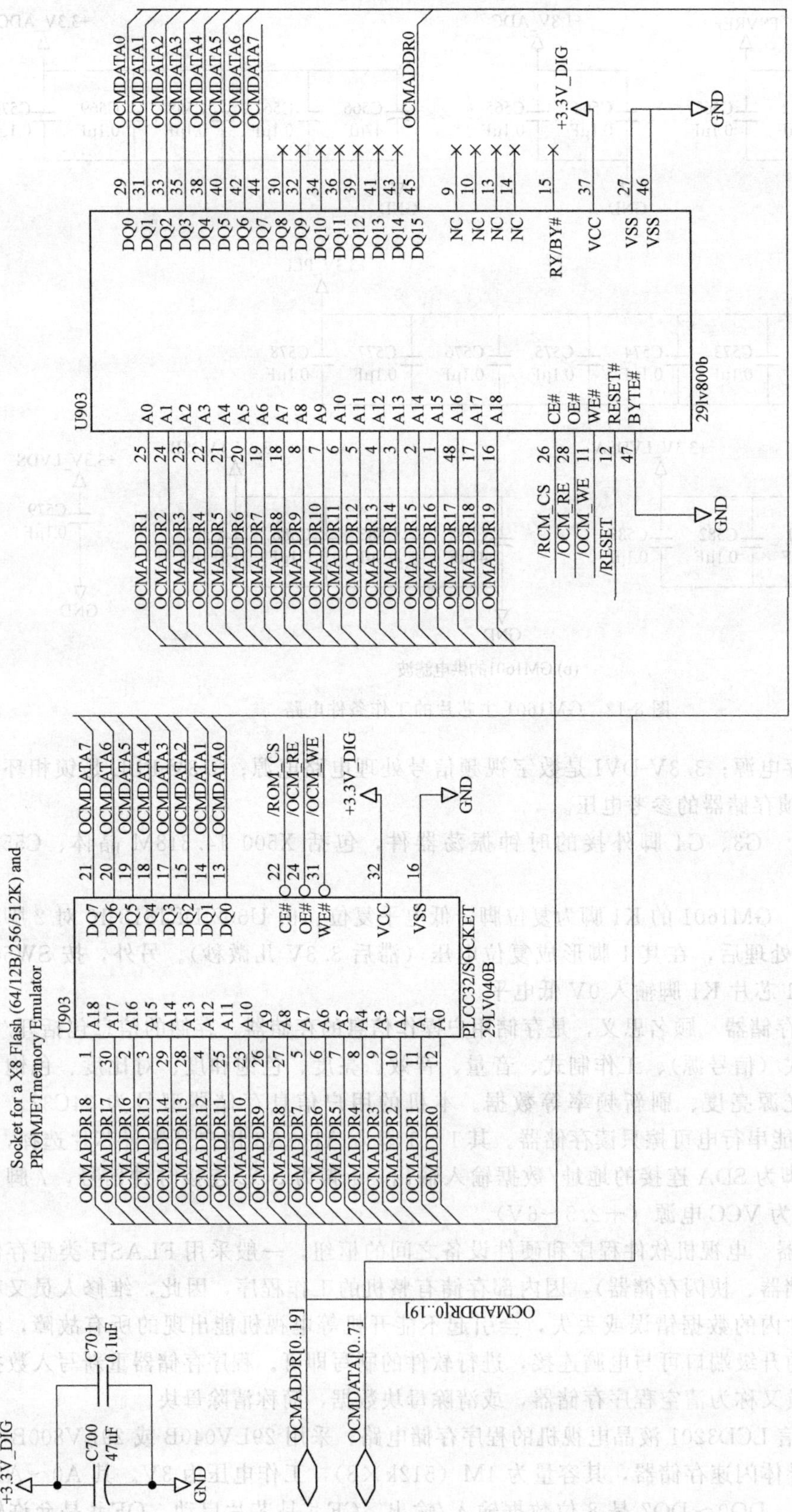
U903
29lv800b
DQ0 DQ1 DQ2 DQ3 DQ4 DQ5 DQ6 DQ7 DQ8 DQ9 DQ10 DQ11 DQ12 DQ13 DQ14 DQ15
NC NC NC NC
RY/BY#
VCC
VSS VSS
A0 A1 A2 A3 A4 A5 A6 A7 A8 A9 A10 A11 A12 A13 A14 A15 A16 A17 A18
CE# OE# WE# RESET# BYTE#
OCMDATA0 OCMDATA1 OCMDATA2 OCMDATA3 OCMDATA4 OCMDATA5 OCMDATA6 OCMDATA7
OCMADDR0
OCMADDR1 OCMADDR2 OCMADDR3 OCMADDR4 OCMADDR5 OCMADDR6 OCMADDR7 OCMADDR8 OCMADDR9 OCMADDR10 OCMADDR11 OCMADDR12 OCMADDR13 OCMADDR14 OCMADDR15 OCMADDR16 OCMADDR17 OCMADDR18 OCMADDR19
/RCM_CS /OCM_RE /OCM_WE /RESET
+3.3V_DIG
GND
Socket for a X8 Flash (64/12B/256/512K) and
PROMJETmemory Emulator
U903
PLCC32/SOCKET
29LV040B
A18 A17 A16 A15 A14 A13 A12 A11 A10 A9 A8 A7 A6 A5 A4 A3 A2 A1 A0
DQ7 DQ6 DQ5 DQ4 DQ3 DQ2 DQ1 DQ0
CE# OE# WE#
VCC
VSS
/ROM_CS /OCM_RE /OCM_WE
OCMADDR[0..19]
OCMADDR[0..19]
OCMDATA[0..7]
接GM1601芯片
C700
47uF
C701
0.1uF
+3.3V_DIG
GND

(a)

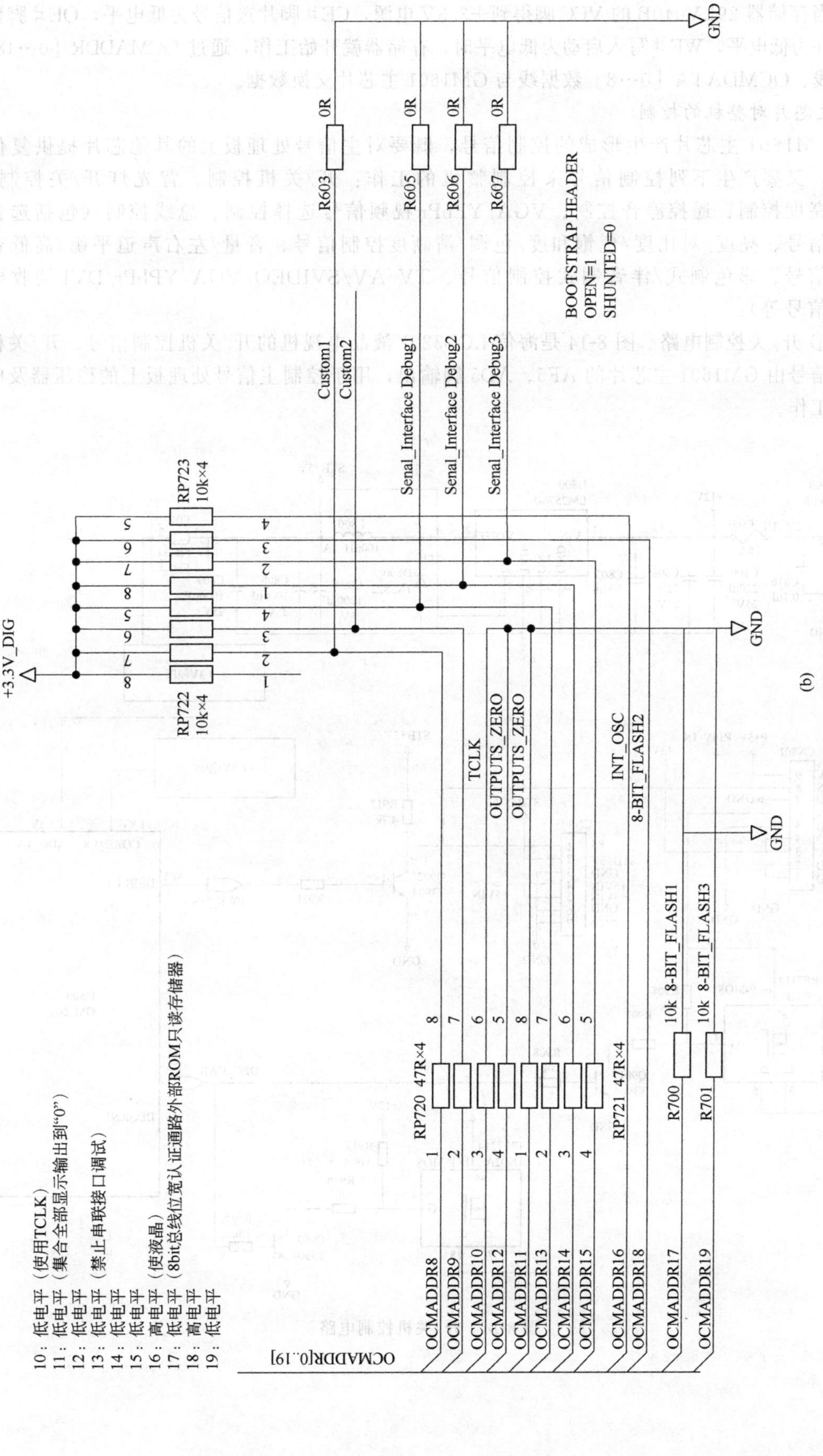
GND
0R
R603
R605
R606
R607
BOOTSTRAP HEADER
OPEN=1
SHUNTED=0
Custom1
Custom2
Senal_Interface Debug1
Senal_Interface Debug2
Senal_Interface Debug3
RP723
10k×4
RP722
10k×4
+3.3V_DIG
TCLK
OUTPUTS_ZERO
OUTPUTS_ZERO
INT_OSC
8-BIT_FLASH2
8-BIT_FLASH1
8-BIT_FLASH3
RP720 47R×4
RP721 47R×4
R700
R701
10k
10k
OCMADDR8
OCMADDR9
OCMADDR10
OCMADDR12
OCMADDR11
OCMADDR13
OCMADDR14
OCMADDR15
OCMADDR16
OCMADDR18
OCMADDR17
OCMADDR19
OCMADDR[0..19]
10：低电平（使用TCLK）
11：低电平（集合全部显示输出到“0”）
12：低电平
13：低电平（禁止串联接口调试）
14：低电平
15：低电平（使液晶）
16：高电平（8bit总线位宽认证通路外部ROM只读存储器）
17：低电平
18：高电平
19：低电平
(b)

图 8-13　海信 LCD3201 彩电的程序存储器电路

当存储器 29LV040B 的 VCC 脚得到+3.3V 电源，CE#脚片选信号为低电平，OE#脚数据允许为低电平，WE#写入启动为低电平时，存储器就开始工作，通过 OCMADDR［0…18］地址线、OCMDATA［0…8］数据线与 GM1601 主芯片交换数据。

(2) 主芯片对整机的控制

GM1601 主芯片产生形成的控制信号，既要对主信号处理板上的其他芯片提供复位电压，又要产生下列控制信号来控制整机的工作：开/关机控制、背光灯开/关控制、背光亮度控制、遥控静音控制、VGA/YPbPr 视频信号选择控制、总线控制（包括选台控制信号、亮度/对比度/色饱和度/色调/清晰度控制信号、音量/左右声道平衡/高低音控制信号、彩色制式/伴音制式控制信号、TV/AV/SVIDEO/VGA/YPbPr/DVI 接收模控制信号等）。

① 开/关控制电路　图 8-14 是海信 LCD3201 液晶电视机的开/关机控制信号。开/关机控制信号由 GM1601 主芯片的 AF5、AD5 脚输出，用于控制主信号处理板上的稳压器及电源板工作。

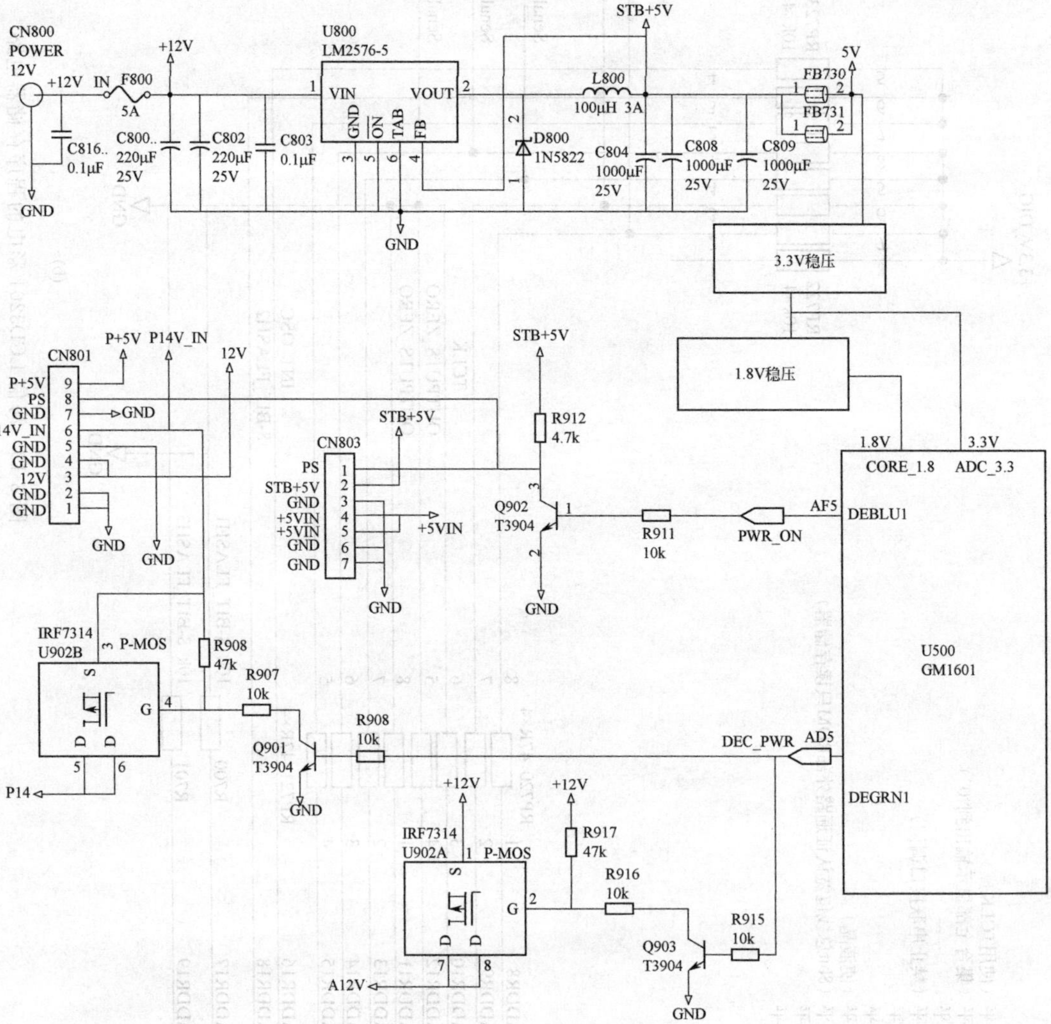
CN800
POWER
12V
+12V
IN
F800
5A
C816
0.1μF
GND
C800
220μF
25V
C802
220μF
25V
C803
0.1μF
U800
LM2576-5
VIN
VOUT
GND
ON
TAB
FB
STB+5V
L800
100μH 3A
D800
1N5822
C804
1000μF
25V
C808
1000μF
25V
C809
1000μF
25V
5V
FB730
FB731
3.3V稳压
1.8V稳压
CN801
P+5V
PS
P14V_IN
12V
CN803
STB+5V
+5VIN
R912
4.7k
Q902
T3904
R911
10k
PWR_ON
AF5
DEBLU1
1.8V
3.3V
CORE_1.8
ADC_3.3
U500
GM1601
IRF7314
U902B
P-MOS
R908
47k
R907
10k
Q901
T3904
R908
10k
DEC_PWR
AD5
DEGRN1
P14
+12V
IRF7314
U902A
R917
47k
R916
10k
R915
10k
Q903
T3904
A12V

图 8-14　开/关机控制电路

a. 电源板的开/关控制。GM1601 由 AF5 脚 PWR-ON 输出的开/关控制信号，经 Q902 倒相放大形成 PS（POWER SW 的缩写）电源开/关控制信号，由插头 CN803 的 1 脚、CN801 的 8 脚，送电源板上，控制电源板的工作，以使电源板在待机状态仅由 CN803 的 2 脚 STB＋5V 输出 5V 待机电源，经 FB730、FB731 保险管传输、＋3.3V 稳压器和 1.8V 稳压器形成 3.3V、1.8V，提供给 GM1601 主芯片，作为主芯片的工作电压，以保证在待机状态下 GM1601 仍能接收处理用户输出的开机指令，其他电路则停止工作；开机状态下令电源板由插头 CN800、CN801、CN803 全面输出 STB＋5V、5VIN、P＋5V、12V、P14V-IN 电源，除全面启动主信号处理板的各功能电路开始工作外，其中的＋12V 电源还经 U800 LM2576-5 稳压输出 5V，取代 STB＋5V 对 GM1601 主芯片供电，以增加 GM1601 开机状态下的供电功率。

b. 对伴音板的开/关控制。开机状态，GM1601 的 AD5 脚 DEC-PWR 脚输出的开/关机控制信号为高电平，使 Q901、Q903 导通，其 C 极输出 0V 低电平，控制 U902B、U902A 内的 MOS 管导通，其 S 极输入 P14V-IN、12V 电源被通过，分别在其 D 极输出 A14、A12V，作为伴音板的工作电压，启动伴音板开始工作。

② 背光灯升压板和逻辑板的控制　图 8-15 是海信 LCD3201 液晶电视机的背光灯升压板/逻辑板控制电路，包括对背光灯升压板/逻辑板的供电控制，背光灯的亮度控制。

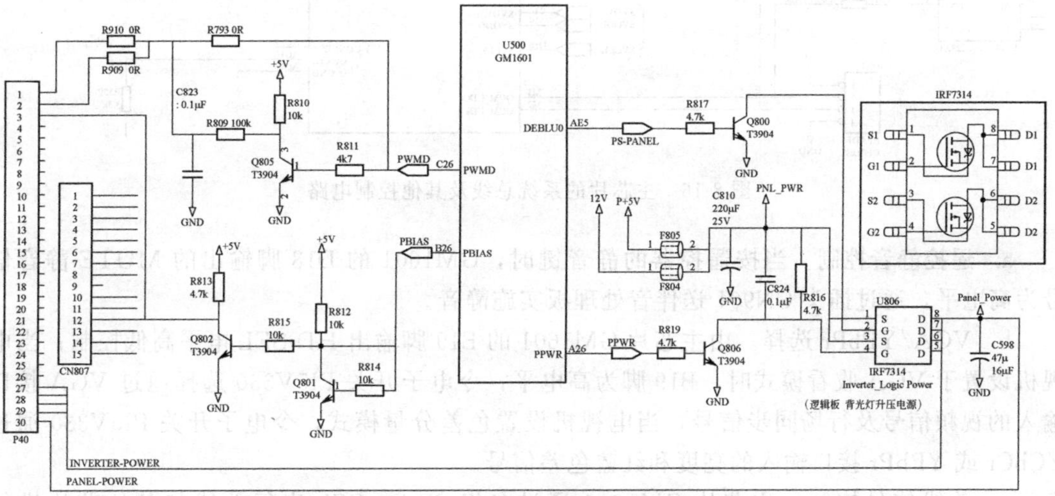
R910 0R
R909 0R
R793 0R
U500
GM1601
C823
: 0.1μF
R810
10k
R809 100k
R811
4k7
Q805
T3904
PWMD
C26
GND
R817
4.7k
Q800
T3904
DEBLU0
AE5
PS-PANEL
IRF7314
S1
G1
S2
G2
D1
D2
C810
220μF
25V
PNL_PWR
12V
P+5V
F805
F804
C824
0.1μF
R816
4.7k
U806
Panel_Power
C598
47μ
16μF
IRF7314
Inverter_Logic Power
（逻辑板 背光灯升压电源）
R819
4.7k
PPWR
A26
Q806
T3904
PBIAS
B26
R812
10k
R813
4.7k
R815
10k
Q802
T3904
Q801
T3904
R814
10k
CN807
P40
INVERTER-POWER
PANEL-POWER

图 8-15　背光灯/逻辑板控制电路

a. 背光灯升压板/逻辑板的供电控制。待机状态时，GM1601 主芯片的 AE5 脚 PS-PANEL 上屏电源开关控制端、A26 脚 PPWR 电源控制端均输出低电平启动信号，使 Q800、Q806 截止，U806 的 2、4 脚为高电平，IRF7314 双 MOS 管截止，其 5～8 脚 D 极无电压输出，Panel-Power 电源为 0V，背光灯升压板、逻辑板不工作；开机后，GM1601 的 AE5、A26 脚均输出高电平，Q800、Q806 饱和导通其 C 极为 0V，使 IRF7314 的 2、4 脚为 0V，其内的双 MOS 管导通，由 5～8 脚输出＋5V 或＋12V，作为 Panel-Power 上屏电源，提供给背光灯升压板、逻辑板作为工作电压。

b. 背光灯的亮度控制。GM1601 主芯片可输出两种背光控制信号。既可以由 C26 脚输出 PWM 脉宽调式亮度信号，经 Q805 放大，通过 P40 插头送背光灯升压板，控制背光灯的亮度；也可由 B26 脚 PBIAS 输出偏置电压式背光亮度控制信号，经 Q801、Q802 放大，通过插头 CN807 的 12 脚或 P40 的 3 脚，控制背光灯升压板电路输出的背光灯工作电压脉宽，实现背光源亮度控制。

③ 静音/总线及其他控制信号　图 8-16 是 GM1601 主芯片的其他控制电路，包括静音控制、VGA/YPbPr 切换、复位控制、总线信号控制等。

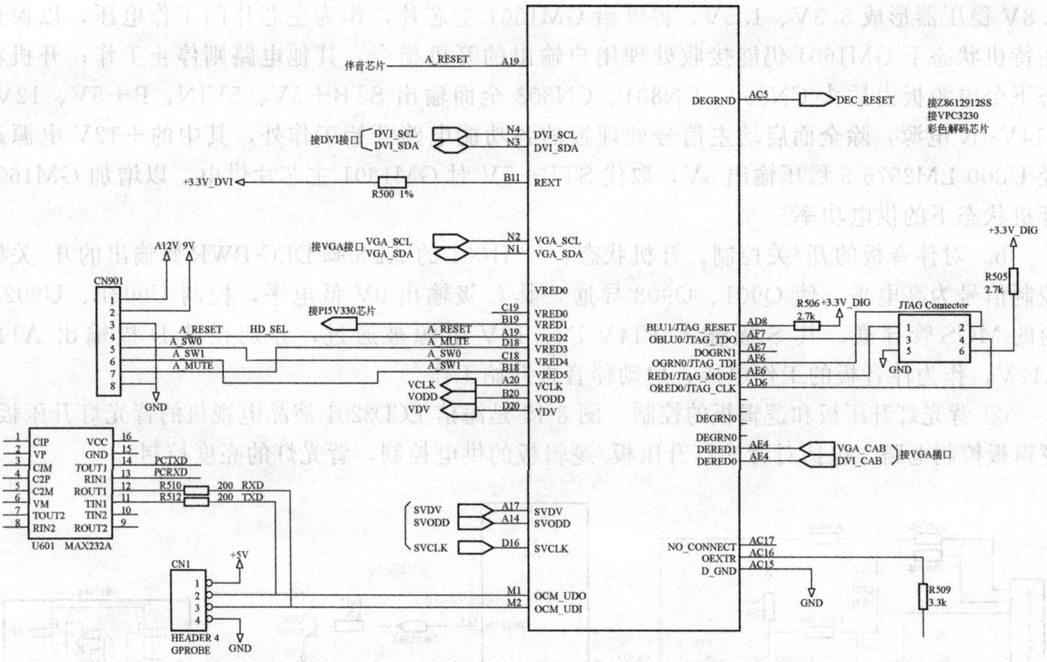

图 8-16　主芯片的系统总线及其他控制电路

a. 遥控静音控制。当按遥控器的静音键时，GM1601 的 D18 脚输出的 MUTE 静音信号为高电平，通过插头 CN901 送伴音处理板实施静音。

b. VGA/YPbPr 选择。由主芯片 GM1601 的 B19 脚输出 HD-SEL 电平高低控制；当电视机设置于 VGA 收看模式时，B19 脚为高电平，令电子开关 PI5V330 选择通过 VGA 接口输入的视频信号及行场同步信号；当电视机设置色差分量模式，令电子开关 PI5V330 通过 YCbCr 或 YPbPr 接口输入的亮度和红蓝色差信号。

c. 总线信号控制。主芯片 GM1601 通过多组 SDA、SCL 串行总线与其他芯片进行通讯，以实现制式、亮度、对比度、色饱和度、色调、音量、左右声道平衡、电视机工作模式（TV、AV1、AV2、S-VIDEO、VGA、DVI）等控制。为了便于在图纸上区别 GM1601 所输出每组串行总线的功能，在其前端标注连接功能电路的英文简写，如 DVI 接口连接的总线标注 DVI-SDA、DVI-SCL，与 VGA 接口连接的标注 VGA-SDA、VGA-SCL。

d. 对其他芯片的复位控制。GM1601 工作后，会由 A19、AC5 脚输出复位信号，提供伴音芯片、色解码芯片，作为其工作条件之一。

(3) 主芯片输入的用户指令及电源指示灯控制

图 8-17 是 GM1601 输入的用户指令电路。GM1601 芯片通过插头 CN500 与操作面板连接，以引入面板按键指令和遥控信号。

CN500 插头的 4 脚 ADC1 输入的面板按键指令，送 GM1601 的 C12 脚；CN500 的 7 脚输入的遥控信号 IR1，经 U302 SN74LVC14APWR 倒相放大器，送 GM1601 的 M4 脚。上

述信号被 GM1601 识别处理后，执行相应的操作控制。

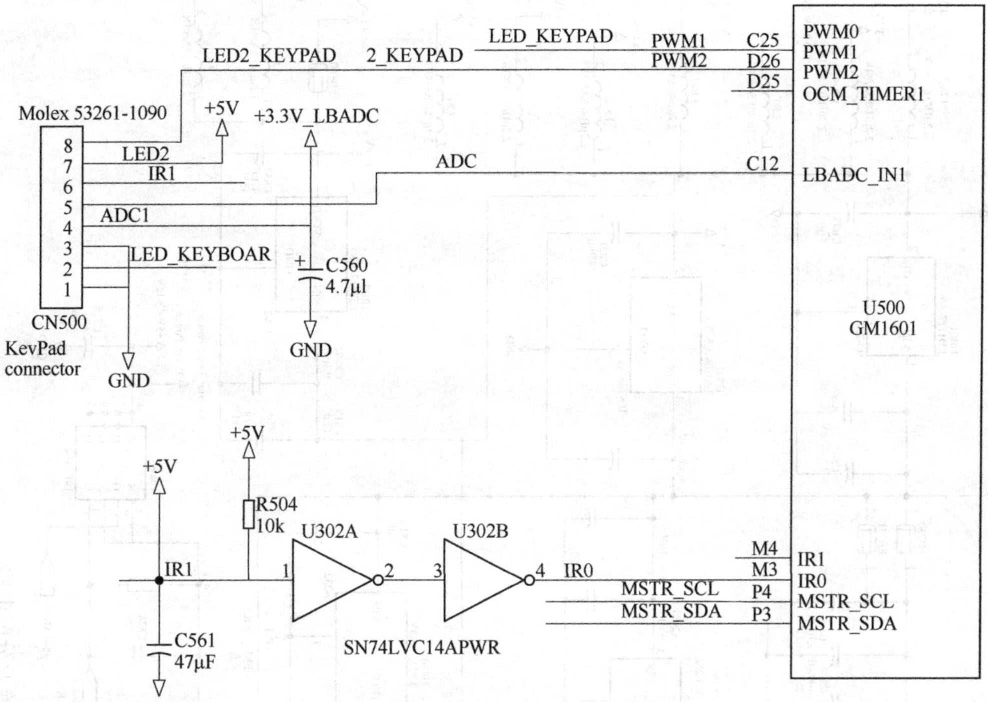
LED_KEYPAD
LED2_KEYPAD
2_KEYPAD
PWM1
PWM2
C25
D26
D25
PWM0
PWM1
PWM2
OCM_TIMER1
Molex 53261-1090
+5V
+3.3V_LBADC
LED2
IR1
ADC
ADC1
C12
LBADC_IN1
LED_KEYBOAR
C560
4.7μl
CN500
KevPad
connector
GND
GND
U500
GM1601
+5V
+5V
R504
10k
U302A
U302B
IR1
IR0
M4
M3
P4
P3
IR1
IR0
MSTR_SCL
MSTR_SDA
MSTR_SCL
MSTR_SDA
C561
47μF
SN74LVC14APWR
图 8-17　GM1601 的用户指令输入电路

GM1601 的 C25、D26 输出指示灯控制信号，通过插头 CN500 的 2、8 脚，控制面板上的指示灯亮/灭。

8.1.5　主板上的 DC-DC 变换及分配电路

图 8-18 是海信 LCD3201 液晶电视机主信号处理板上的电源变换分配图。

图 8-19 是海信 LCD3201 彩电主信号处理板上的电源变换电路。LM2576-5、LD1117-3.3 等稳压器“-”后面的数字，表示该稳压器的输出电压，LM7809 稳压器后两位数字表示该稳压器的输出电压。

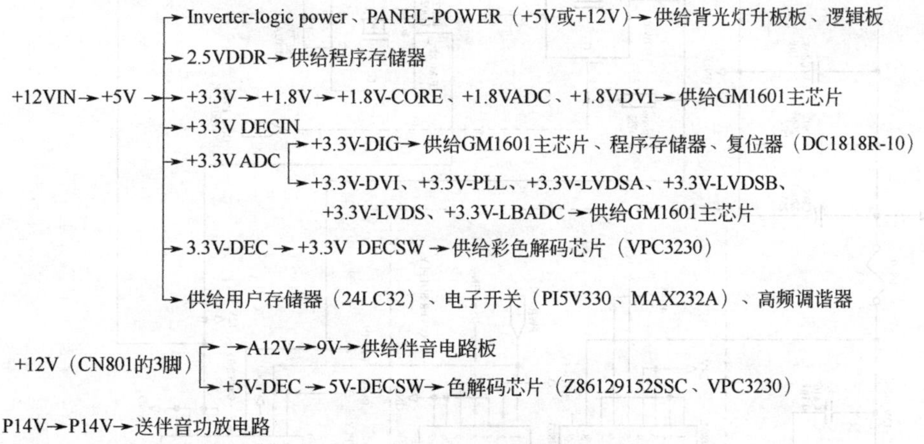
Inverter-logic power、PANEL-POWER（+5V或+12V）→供给背光灯升板板、逻辑板
2.5VDDR→供给程序存储器
+12VIN→+5V
+3.3V→+1.8V→+1.8V-CORE、+1.8VADC、+1.8VDVI→供给GM1601主芯片
+3.3V DECIN
+3.3V ADC
+3.3V-DIG→供给GM1601主芯片、程序存储器、复位器（DC1818R-10）
+3.3V-DVI、+3.3V-PLL、+3.3V-LVDSA、+3.3V-LVDSB、
+3.3V-LVDS、+3.3V-LBADC→供给GM1601主芯片
3.3V-DEC→+3.3V DECSW→供给彩色解码芯片（VPC3230）
供给用户存储器（24LC32）、电子开关（PI5V330、MAX232A）、高频调谐器
+12V（CN801的3脚）
→A12V→9V→供给伴音电路板
+5V-DEC→5V-DECSW→色解码芯片（Z86129152SSC、VPC3230）
P14V→P14V→送伴音功放电路
图 8-18　主板上的电源变换关系及分配方向

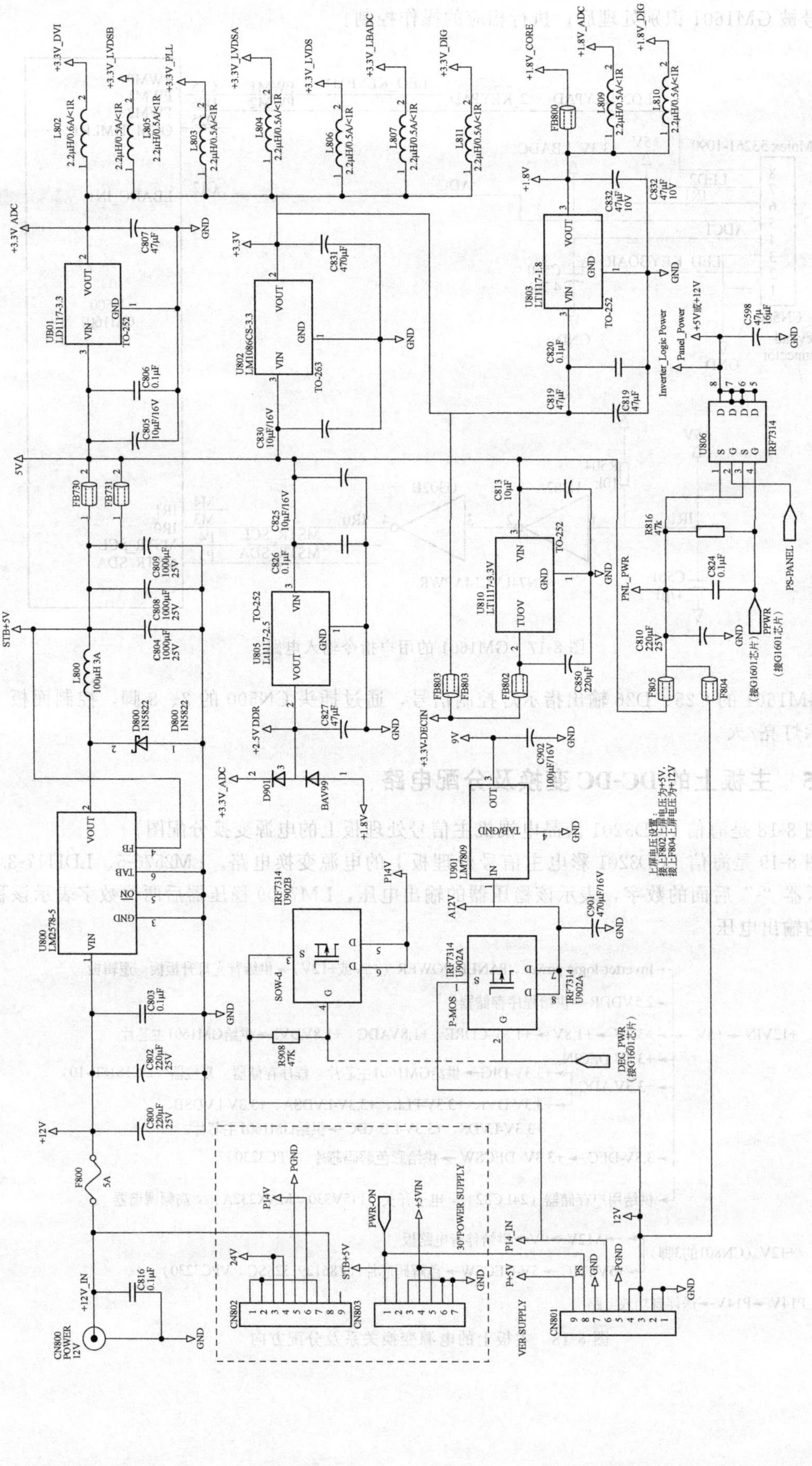
CN800 POWER 12V
+12V_IN
F800 5A
+12V
C800 220μF 25V
C802 220μF 25V
C803 0.1μF
U800 LM2578-5
VIN GND ON TAB FB VOUT
L800 100μH 3A
D800 1N5822
STB+5V
C804 1000μF 25V
C808 1000μF 25V
C809 1000μF 25V
FB730
FB731
5V
C805 10μF/16V
C806 0.1μF
U801 LD1117-3.3
TO-252
C807 47μF
+3.3V_ADC
L802 2.2μH/0.6A/<1R
L805 2.2μH/0.5A/<1R
L803 2.2μH/0.5A/<1R
+3.3V_DVI
+3.3V_LVDSB
+3.3V_PLL
U802 LM1086CS-3.3
TO-263
C830 10μF/16V
C831 470μF
+3.3V
L804 2.2μH/0.5A/<1R
L806 2.2μH/0.5A/<1R
L807 2.2μH/0.5A/<1R
L811 2.2μH/0.5A/<1R
+3.3V_LVDSA
+3.3V_LVDS
+3.3V_LBADC
+3.3V_DIG
C825 10μF/16V
C826 0.1μF
U805 Ld1117-2.5
TO-252
C827 47μF
+2.5V DDR
D901
BAV99
+3.3V_ADC
+1.8V
FB803
+3.3V-DECIN
U810 LT1117-3.3V
TO-252
C813 10μF
C850 220μF
FB802
U803 LT1117-1.8
TO-252
C819 47μF
C820 0.1μF
C832 47μF 10V
+1.8V
FB800
+1.8V_CORE
L809 2.2μH/0.5A/<1R
L810 2.2μH/0.5A/<1R
+1.8V_ADC
+1.8V_DIG
C598 47μ 16μF
+5V或+12V
Inverter_Logic Power
Panel_Power
U806 IRF7314
R816 47K
C824 0.1μF
PNL_PWR
PPWR (接G1601芯片)
PS-PANEL
C810 220μF 25V
F805
F804
上屏电压设置：
接上F802上屏电压为+5V，
接上F804上屏电压为+12V
9V
C902 100μF/16V
U901 LM7809
IN OUT TAB/GND
A12V
C901 470μF/16V
IRF7314 U902A
IRF7314 U902B
P14V
SOW-d
P-MOS
R908 47K
DEC_PWR (接G1601芯片)
CN802
24V
P14V
PGND
STB+5V
CN803
PWR-ON
+5VIN
30"POWER SUPPLY
C816 0.1μF
CN801
VER SUPPLY
P+5V
PS
P14_IN
12V
PGND
GND

图 8-19 主板上的电源变换及分配电路

8.2 主信号处理板的检修

8.2.1 主信号处理板的检修

经验 大规模芯片如帧存储器、隔行转逐行芯片、主芯片虚焊，线路过孔开路，是主信号处理板最常见的损坏形式。

(1) 虚焊和开路的查找方法

液晶电视机的主信号处理板采用双面或多面电路板，芯片之间的信号线较多，有些线可能通过电路板上的过孔在电路板的背面走线后又会通过过孔返回到电路的正面来。这些过孔使用日久易出现不通故障，尤其是格式变换中帧存储器电路的过孔。

另外，主信号处理板的器件多数采用贴片焊接技术，器件密集，易出现虚焊，尤其是发热量较大的帧存储器、隔行转逐行芯片、主芯片。

实修时做好防静电措施（洗手或戴上防静电护腕）后，可采取如下方法检查。

① 观察法　拿起主信号处理板，芯片的引脚与视线相平行，如果看到焊盘和管脚有空隙，说明此脚虚焊。必要时可借助放大镜。

② 按压法　用手压怀疑有虚焊的芯片后，再通电开机，如果故障消失，说明此芯片很有可能虚焊。

③ 轻划焊接引脚法　用刀片或尖头镊子轻轻地从芯片引脚中间划过，如果某一引脚有移位现象，说明此脚虚焊。

④ 补焊法　用热风枪对怀疑虚焊的部位加热，温度先低挡。例如，图像上有干扰或呈现马赛克现象，可先对帧存储器加热，因为主芯片与帧存储器之间的线路非常密集，易出现开路故障，引起此类现象。

(2) 主芯片电路的检修

主芯片既要根据用户的指令，控制整机的工作，又要把多种类型的视频信号选择通过并进行格式变换等处理，形成 LVDS 格式的数字视频信号，其工作不正常会引起各式各样的故障。

① 主芯片电路可能引起的故障现象

a. 指示灯亮，不能开机。

b. 无图像、无字符，有的则光栅暗。

c. 无图像、有字符（包括有很暗的字符）。

d. 有图像但部分功能不正常。如 VGA 或 YPbPr、DVI、高清某个状态不能收看。

e. 图像呈现马赛克现象或花屏。

f. 屏幕只有一些横道或竖道干扰。

② 主芯片工作条件电路的检修

经验 遇有电源指示灯亮、不能开机故障时，在测得电源板仅有＋5VS 输出，且进行遥控开关机时电源板插头的开/关机控制脚电压无变化时，说明故障系主信号处理板不能输出开机指令，这时需要检查主芯片的工作条件，检查顺序可按下列介绍的序号进行。

主芯片的工作条件包括其供电（CORE）、复位电压（RESET）、时钟振荡（XTAL），用户存储器，程序存储器等。前者通过测试电压可确定是否正常；用户信息存储器在测试供电正常的情况下，试着更换芯片证实，大部分可以用空白存储器代换；程序存储器在测试供电正常的情况下，重新写入数据或更换芯片来确认。

因主芯片一般为超大规模 BAG（球状矩阵排列）封装集成电路，千余个引脚按要求排列为数十行、数十列，引脚间距小、多数引脚位于芯片底部，实修时想要测的引脚可能不便查找甚至无法直接测试，只能通过外围与之连接的、便于识别的外形有特点的器件来测试。

a. 主芯片的供电测试。主芯片供电有＋1.8V、＋2.5V、＋3.3V 等多路，测试点一般选择主芯片附近的供电电感（标注 L 或 LB…）或保险管（标注 FB 或 FP…）、多个并排电容的某个电容，如图 8-12 所示的海信 LCD3201 液晶电视机，＋1.8V 测试选择为 LB809 或 C501、C502，也可选择附近的稳压器输出脚。一般来讲，三端稳压器的 3 脚是稳压输出端，稳压器后两位的数字是稳压器的输出电压值，如 LT1117－3.3V，表示该稳压器的输出电压为＋3.3V。

b. 主芯片时钟振荡测试。一般选择主芯片附近的晶体及晶体所接电容，如图 8-12 所示的海信 LCD3201 液晶电视的 X500 14.318MHz，或 C557、C558，正常晶体两端对地有电压，且两脚之间有压差。如果晶体两端无电压或无压差，在测试两端安电容无击穿时，可直接更换晶体。

c. 主芯片的复位电压测试。可选择复位开关或复位器输出端，如图 8-12 所示的海信 LCD3201 液晶电视的 U502 DS1818R-10 的 1 脚，或 SW501 的引脚，平时为 3.3V，按复位键时为 0V。实修时，如果找不到该脚，也可先跳过此步。

d. 用户信息存储器的检查。测 U501 24C32 的 8 脚＋5V 电源，5、6 脚总线电压，如异常，查明原因，如正常，更换此芯片。

e. 程序存储器的检查：测 U903 程序存储器的 VCC（29LV040B 的 32 脚或 29LV800B 的 37 脚＋3.3V 供电），如异常，查明原因，如正常，可以升级本机的程序。

经验 有的电视机通过对程序存储器升级，可以判断含有 CPU 的主芯片工作是否正常，如采用 GS 公司 FLI8125 机芯的液晶电视机，在此机的 CPU 工作条件正常时，则用电脑接上液晶电视机的升级端口，打开升级界面，开机自检会出现 FLI8125，此时，如果升级数据可以写入到该机的程序存储器，则升级完成时，开机一切会正常工作；如果程序写入失败，故障原因一般是 FLI8125 损坏，或程序存储器自身及供电、通讯异常。

③ 主芯片的视频信号输入接口电路检修　主芯片的视频信号输入接口包括 VGA 接口、YPbPr（或 YCbCr）接口、DVI 接口、HDMI 接口、USB 接口及小卡接口。前后的三个接口在本章 8.1.2 节作了介绍。USB 是通用串行总线接口；HDMI 是高清晰度多媒体接口，输入的源编码格式包括视频像素数据、控制数据和数据包，其中数据包中包含有音频数据和辅助信息数据，同时 HDMI 为了获得声音数据和控制数据的高可靠性，数据包中还包括一个 BCH 错误纠正码。

当电视机上述某个模式无图像或图像异常，但 TV 或 AV 模式图声正常时，需要检修不能正常工作模式对应的输入接口。对于两个模式均异常时，则先检查这两个模式共享的电子开关芯片及选择切换电路，如图 8-7 所示的海信 LCD3201 液晶电视机出现 VGA、YPbPr 模式均不正常时，要检查 PI5330V 电子开关的 16 脚 VCC 供电、1 脚 SEL 选择控制脚电压（切换 VGA、YPbPr 模式时其电平应高低转换）。

(3) 帧存储器电路的检修

① 帧存储器电路引起的故障现象　帧存储器电路是主信号处理板上的故障高发区。这个存储器除负责图像格式变换过程的数字信号存储外，主芯片的 CPU 单元在开机的时候还需要将 FLASH 中的程序调入该存储后运行。若此存储器出现故障会引起液晶电视机出现花屏、图像有干扰、开机异常及以下各种故障现象。

a. 图像出现雨点状，线状干扰。

b. 图像出现局部或是大面积马赛克（花屏）现象。

c. 图像出现乱码，或是不同区域出现两幅或多幅相同图像，显示错乱。

d. 机器有异响，如刺耳的尖叫声，有的图像显示正常，有的则伴有花屏现象。

e. 图像出现花屏，且伴有机器卡死、遥控按键均失灵。

f. 整机开机慢，自动关机等。

g. 电视机不能正常开机。

② 帧存储器的检修方法

当出现上述 a～e 故障现象时，一定要首先对帧存储器补焊。如故障依然，则对其供电以及基准电压进行检测。供电一般为＋2.5V 或＋1.8V、＋1.5V。基准电压一般为供电电压的 1/2。

其次检查帧存储器和主芯片之间的通讯，重点检查这两者之间的排阻阻值。这些排阻的阻值一般相同，为数十欧，采用比较法即可确认是否存在问题。

然后检查帧存储器信号脚对地阻值，因为部分 PCB 板的板材问题导致过孔不通而引起帧存储器工作不正常。

以图 8-11 的帧存储器电路来讲，检查顺序则为测帧存储器 K4D263238M 的 2 脚供电应为 2.5V→58 脚基准电压应为 1.25V→比较排阻 RP706、RP708～RP713 的阻值应相同（47Ω）→测 K4D263238M 的 A1～A11 地址线，DQ0～DQ23 数据线，BA0、BA1、CLK、RAS、CAS、WE、DQS 控制对地电阻。

经验　供电和 BA 等控制线有故障，一般导致严重花屏，甚至死机，不开机。A1～A11 地址线不通往往伴随大面积的花屏或干扰，一般很难看清整幅画面。但 DQ0～DQ23 数据线不通引起的花屏一般表现为局部花屏或干扰，可以看清整幅画面，且字符显示正常。

目前很多液晶电视机内部软件具有电子狗功能，当运行程序跑飞，液晶电视机会自动关机，此时可以用热风枪对帧存储器加热，如故障较快就消失了，一般即为帧存储器附近虚焊或是过孔不良。

(4) 视频解码电路的检修

视频解码电路用于 TV 电视视频信号、外部 AV 视频信号、S-VIDEO 端子输入的亮度/色信号进行解码。所以，这部分电路损坏会引起液晶电视机上述模式时无图像（取消蓝屏后屏幕上无噪点），或图像异常，但 VGA 模式、DVI 模式、YPbPr 模式图像正常。

视频解码电路的检修方法基本同于 CRT 彩电，依次测彩色解码芯片的供电、时钟晶体两端电压或直接代换晶体、测 SDA 和 SCL 总线电压。如实修时不知哪个是供电电压测试点，可测试彩色解码芯片附近的电感或保险管电压，一般应为＋3.3V、5V。

(5) 主板上的输出控制电路检修

主信号处理板上的输出控制信号包括：开/关机控制，背光灯开关控制，背光灯亮度控制、遥控静音、信号源切换等。

① 开/关机控制电路的检修　开/关机控制电路损坏可能引起的故障现象有：指示灯亮、不能开机，遥控不能关机，自动关机。

考虑到主芯片及工作条件异常也会引起这三种故障，且共同的特点是电源板输出的＋5VS待机电源正常、遥控开/关机时电源板上相应插头的开/关机控制脚电压无变化。所以，实修时首要的任务是确认故障是否发生在开/关机控制电路。方法是强行对电源板输入开机指令（电源板上相应插头的开/关机控制脚，通过2kΩ电阻接＋5V电源或接地），并操作遥控器上的开/关键，如电视机能正常显示图像，可判断主芯片工作正常，故障在开/关机控制电路；反之相反。

对开/关机控制电路的检修，可沿着插头的开/关机控制脚，找到开/关机控制管，其C、B极电压应随遥控器上的开关键的操作切换高低电平，否则要查明原因。

② 背光灯开/关控制电路的检修　背光灯开/关控制电路损坏，会引起背光灯不亮，或关机后背光灯仍亮，且开/关时背光灯升压板的背光开/关脚电压不能高、低切换，有的还会伴有该板供电脚的＋12V或＋24V供电没有。

实修时，可沿着背光灯升压板插头的开/关机控制脚、供电脚，找到主板上的背光灯开/关机控制管，其C、B极（或MOS管D极、G极）电压应随着遥控器上的开/关键的操作切换高低电平，否则需检查本管及前级电路。

③ 背光灯亮度控制电路的检修　设置背光为不同的标准或亮度时，背光灯升压板上的亮度控制电压应有变化，否则应检查主板上的背光灯亮度控制脚所接的三极管等器件。

8.2.2 维修精要

本节仍以海信LCD3201液晶电视机为例，介绍主信号处理板上的主要芯片特点及内部框图、引脚功能等。

(1) GM1601主芯片

GM1601主芯片，顾名思义，主芯片是主信号处理板上的最主要的芯片。GM1601是PBGA封装416针超大规格集成电路，又称高分辨率显示控制器。其特点如下。

① 高质量的、先进的缩放比例；完全的可编程的缩放倍率；高质量的收缩缩放倍率；波纹删除；全景宽银幕适用于视频输入。

② 业内领先的去隔行；自适应降级、升级到1080i输入；出众的电影模式探测和3：2&2：2转向折叠式；适应的噪声降低动作低角度方向的插入。

③ 模拟RGB输入口。向上支持分辨率60Hz场频；支持可选择的模拟分量视频输入YPbPr。

④ 很可靠的DVI服从输入口。向上支持分辨率60Hz场频；直接连接到全部DVI接口服从的数字信号传输器；高带宽数字内容保护（HDCP）。

⑤ 视频输入口。可选择的ITBR656视频输入；可选择的24/16BitYUV输入。

⑥ 图像插入到图像，即画中画（PIP）。窗口任意大小；视频PIP在全屏幕图形之上做背景；图形PIP在全屏幕视频之上做背景；支持并行的窗口；支持4∶3到16∶10比例。

⑦ 帧频转换和接口（界面）。全帧速率转换；支持宽数据通路标准2M×32和4M×32DDR型同步动态随机存取记忆体。

⑧ 真色彩工艺。数字亮度、对比度、色彩、色饱和度控制；单独的完整的颜色控制；

允许终端用户在电视液晶显示屏上体验同样的视频和图形彩色风景；色彩校正适应 SRGB 色彩空间；适合的肤色调整。

⑨ 芯片上的微电脑控制器。16bit 微电脑控制器；并列式快闪只读存储器接口；输入系统能够胜任编程。

⑩ 芯片高级的 OSD（屏显）控制器。使用帧缓冲器到储存 Bit（比特，二进位制信息单位）产生 OSD 屏显字符；每对 1、2、4 和 8bit；水平和垂直蹦跳伸展组成 OSD 菜单。非常透明调配。

⑪ 输出格式。双通道 TTL（晶体管逻辑电路）双 LVDS 信号传送器直接连接到 LCD（液晶显示屏）模块。

⑫ 简单设计。芯片上有完整的独立的系统设计，适用于 LCD 模块和背投显示器。

⑬ 应用程序。多媒体 LCD 模块和高分辨率电视机。

图 8-20 是 GM1601 的功能块图像；图 8-21 是 GM1601 的应用样例。

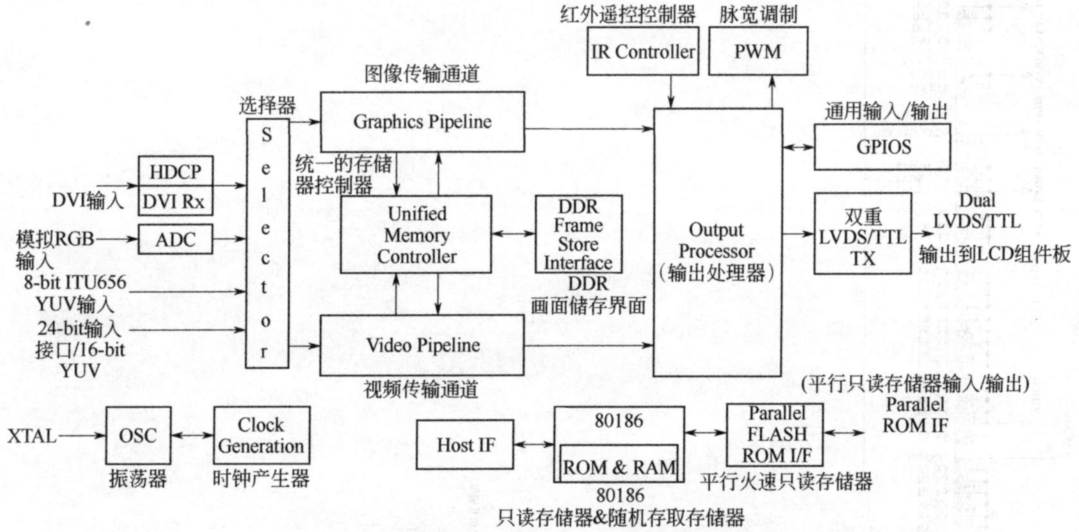
红外遥控控制器
脉宽调制
IR Controller
PWM
图像传输通道
选择器
Graphics Pipeline
通用输入/输出
GPIOS
HDCP
DVI Rx
DVI输入
统一的存储器控制器
S e l e c t o r
Unified Memory Controller
DDR Frame Store Interface
DDR 画面储存界面
Output Processor (输出处理器)
双重 LVDS/TTL TX
Dual LVDS/TTL
输出到LCD组件板
模拟RGB输入
ADC
8-bit ITU656 YUV输入
24-bit输入接口/16-bit YUV
Video Pipeline
视频传输通道
(平行只读存储器输入/输出)
Parallel ROM IF
XTAL
OSC
振荡器
Clock Generation
时钟产生器
Host IF
80186
ROM & RAM
80186 只读存储器&随机存取存储器
Parallel FLASH ROM I/F
平行火速只读存储器

图 8-20　GM1601 功能块图解

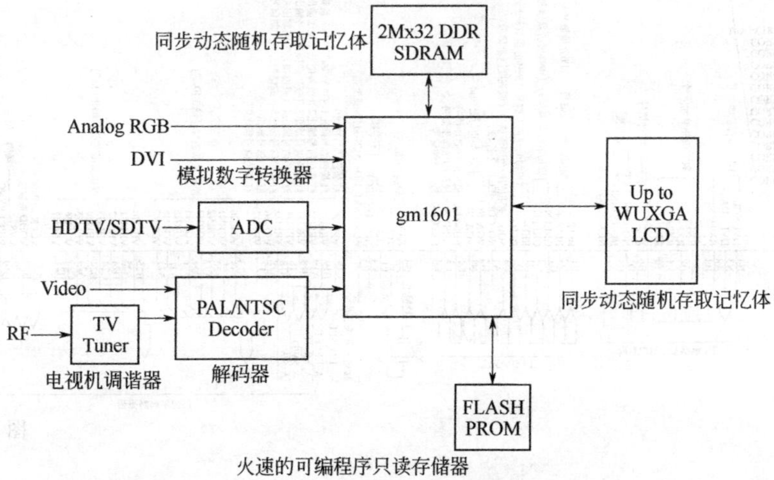
同步动态随机存取记忆体
2Mx32 DDR SDRAM
Analog RGB
DVI
模拟数字转换器
HDTV/SDTV
ADC
gm1601
Up to WUXGA LCD
同步动态随机存取记忆体
Video
RF
TV Tuner
电视机调谐器
PAL/NTSC Decoder
解码器
FLASH PROM
火速的可编程序只读存储器

图 8-21　GM1601 应用样例

图 8-22 是 GM1601 主芯片引脚功能。上侧引脚为电源输入端；下侧是地端；左侧主要是

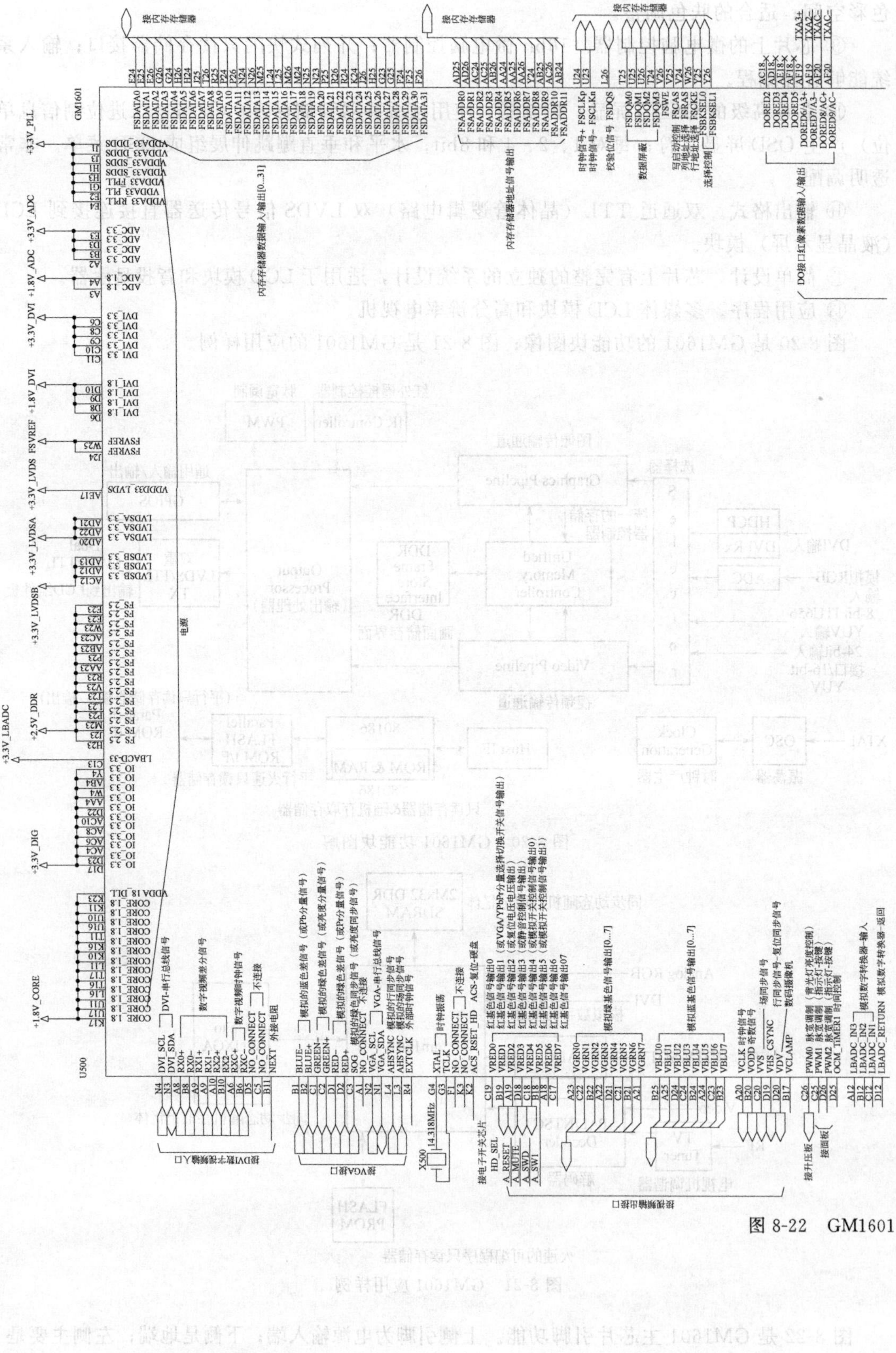

图 8-22 GM1601

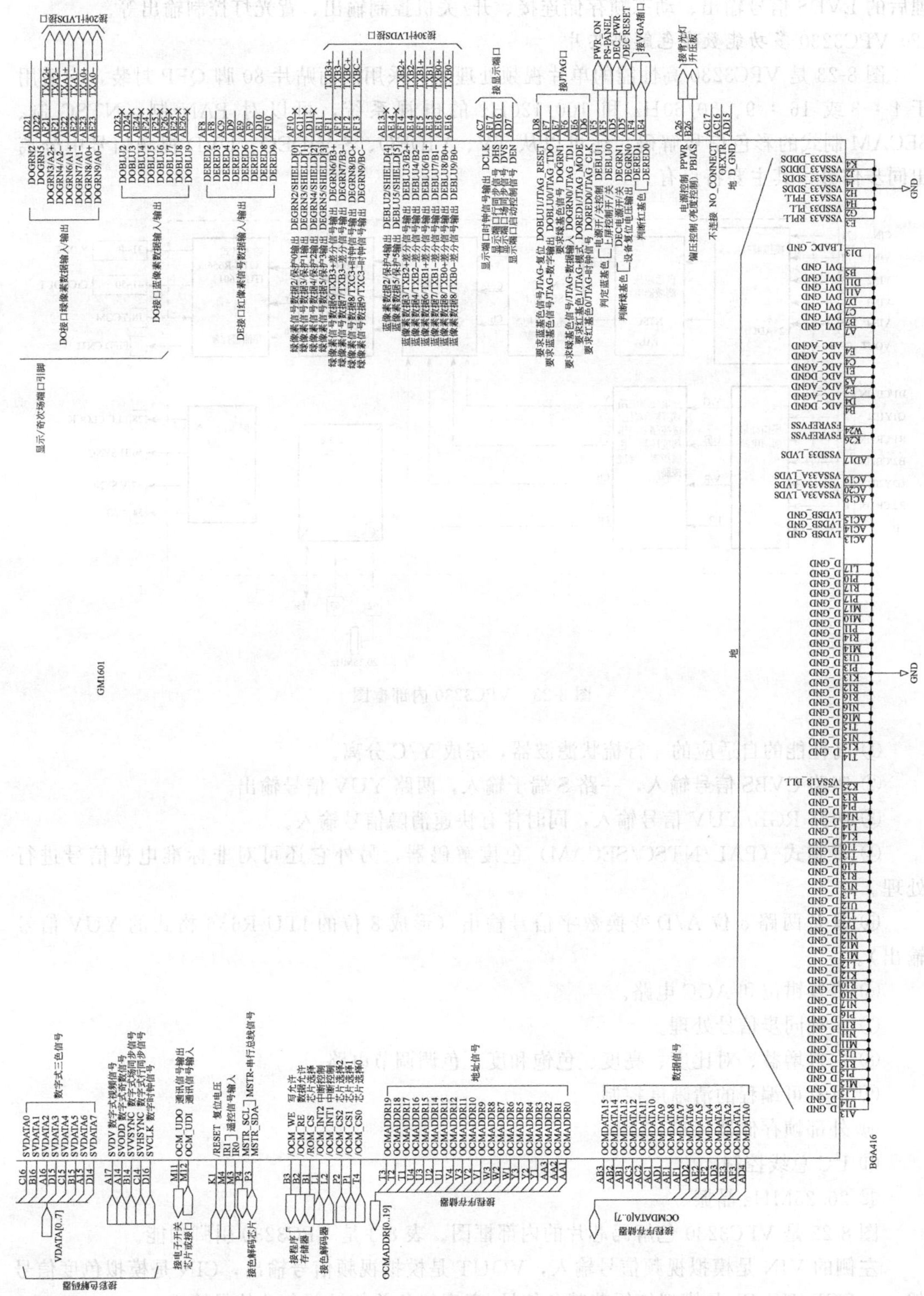
GM1601
BGA416
地
GND

引脚功能

工作条件、各种视频信号输入、用户指令输入、程序存储器连接；右侧主要是格式变换等处理后的 LVDS 信号输出、动态帧存储连接、开/关机控制输出、背光灯控制输出等。

(2) VPC3230 多功能数字色解码芯片

图 8-23 是 VPC3230 高性能的单片视频处理器，采用四面贴片 80 脚 QFP 封装，它适用于 4 ∶ 3 或 16 ∶ 9、50/60Hz 和 100/120Hz 的电视系统，可以对 PAN 制、NTSC 制、SECAM 制式的彩色信号解码，还可以从 TV、VIDEO、S-VIDEO、DVD 视频信号中分离出同步信号，其主要特点有。

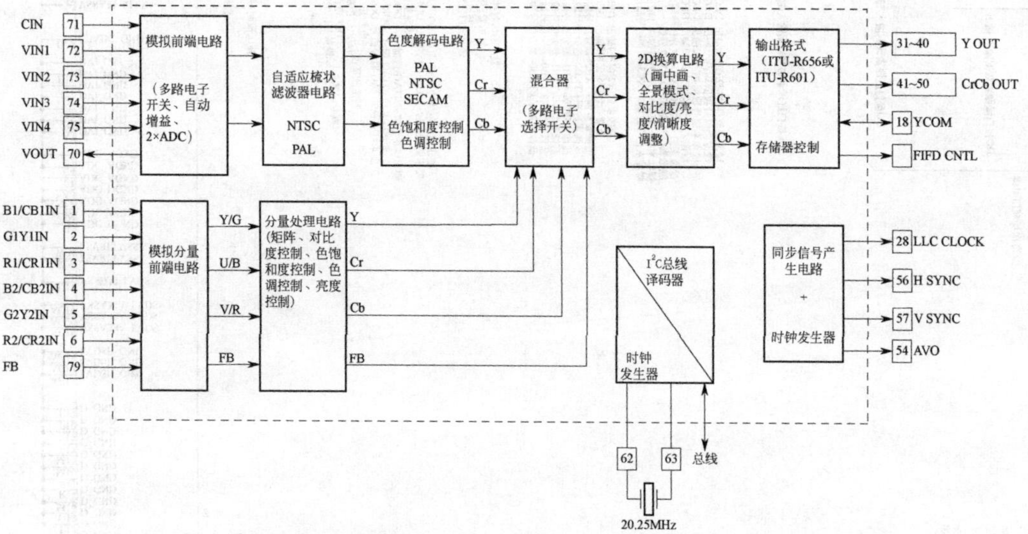
CIN 71
VIN1 72
VIN2 73
VIN3 74
VIN4 75
VOUT 70
模拟前端电路
（多路电子开关、自动增益、2×ADC）
自适应梳状滤波器电路
NTSC
PAL
色度解码电路
PAL
NTSC
SECAM
色饱和度控制
色调控制
混合器
（多路电子选择开关）
2D换算电路
（画中画、全景模式、对比度/亮度/清晰度调整）
输出格式
（ITU-R656或ITU-R601）
存储器控制
31~40 Y OUT
41~50 CrCb OUT
18 YCOM
FIFD CNTL
B1/CB1IN 1
G1Y1IN 2
R1/CR1IN 3
B2/CB2IN 4
G2Y2IN 5
R2/CR2IN 6
FB 79
模拟分量前端电路
Y/G
U/B
V/R
FB
分量处理电路（矩阵、对比度控制、色饱和度控制、色调控制、亮度控制）
Y
Cr
Cb
I²C总线译码器
时钟发生器
同步信号产生电路
+
时钟发生器
28 LLC CLOCK
56 H SYNC
57 V SYNC
54 AVO
62
63
总线
20.25MHz

图 8-23 VPC3230 内部框图

① 高性能的自适应的 4 行梳状滤波器，完成 Y/C 分离。

② 四路 CVBS 信号输入，一路 S 端子输入，两路 YUV 信号输出。

③ 两路 RGB/YUV 信号输入，同时伴有快速消隐信号输入。

④ 多制式（PAL/NTSC/SECAM）色度解码器，另外它还可对非标准电视信号进行处理。

⑤ 具备两路 8 位 A/D 变换数字信号输出（形成 8 位的 ITU-R656 格式的 YUV 信号输出）。

⑥ 内置钳位和 AGC 电路。

⑦ 多种同步信号处理。

⑧ 内置增益、对比度、亮度、色饱和度、色调调节电路。

⑨ 具有可编程的清晰度控制。

⑩ 外部帧存储器接口。

⑪ I^2C 总线控制。

⑫ 20.25MHz 晶振。

图 8-22 是 VPC3230 色解码芯片的内部框图。表 8-3 是 VPC3230 引脚功能。

左侧的 VIN 是模拟视频信号输入，VOUT 是模拟视频信号输出，CIN 是模拟色度信号输入，RGB/YCrCb 是模拟红绿蓝基色信号/亮度红色差信号蓝色差信号输入。

右侧的 Y OUT 是数字亮度信号输出，CrCb OUT 是数字红色差信号、蓝色差信号输出，YCOE 是亮度色度允许输出控制，FIFO CNTL 是先入先出控制输出，LLC Clock 是低电平时钟信号输出，H SYNC 是行同步信号输出，是 V SYNC 场同步信号输出，AVO 是模拟视频信号输出。

表 8-3 VPC3230 引脚功能

引脚	符号	功能
1	B1/CB1IN	模拟蓝基色 1/Cb1 分量输入
2	G1/Y1IN	模拟绿基色 1/亮度 1 输入
3	R1/CR1IN	模拟红基色 1/Cr1 分量输入
4	B2/CB2IN	模拟蓝基色 2/Cb2 分量输入
5	G2/Y2IN	模拟绿基色 2/亮度 2 输入
6	R2/CR2IN	模拟红基色 2/Cr2 分量输入
7	ASGF	模拟保护电路地
8	NC	空
9	VSUPCAP	供电电源滤波（数字电路）
10	VSUPD	供电电源（数字电路）
11	GNDD	地（数字电路）
12	GNDCAP	地（数字滤波电路）
13	SCL	I^2C 公共总线的时钟信号输入输出
14	SDA	I^2C 公共总线的数据信号输入输出
15	RESQ	复位输入，低电平有效
16	TEST	测试接地
17	VGAV	VGA 场同步信号输入
18	YCOEQ	亮度/色度输出的启动信号输入，低电平有效
19	FFIE	FIFO 输入的授权输出
20	FFWE	FIFO 写入授权输出
21	FFRSTW	FIFO 复位写/读输出
22	FFRE	FIFO 读取授权输出
23	FFOE	FIFO 输出授权
24	CLK20	主时钟输出。20.25MHz
25	GNDPA	地（滤波电路）
26	VSUPPA	供电电压（模拟电路）滤波
27	LLC2	倍频时钟输出 2
28	LLC1	倍频时钟输出 1
29	VSUPLLC	供电电压（时钟电路）
30	GNDLLC	地（时钟电路）

续表

引 脚	符 号	功 能
31	Y7	图像的亮度信号输出总线（MSB）
32～34	Y6～Y4	图像的亮度信号输出总线
35	GNDY	地（亮度输出电路）
36	VSUPY	供电电压（亮度输出电路）
37～39	Y3～Y1	图像的亮度信号输出总线
40	Y0	图像的亮度信号输出总线（LSB）
41	C7	图像的数字色度信号输出总线（MSB）
42～44	C6～C4	图像的数字色度信号输出总线
45	VSUPC	供电电压（色度信号输出电路）
46	GNDC	地（色度信号输出电路）
47～49	C3～C1	图像的数字色度信号输出总线
50	C0	图像的数字色度信号输出总线（LSB）
51	GNDSY	地（同步电路）
52	VSUPSY	供电电压（同步电路）
53	INTLC	交错输出，即隔行扫描控制输出（0—奇数场，1—偶数场）
54	AVO	主视频信号输出
55	FSY/HC	前面的同步信号/水平 Clamp 脉冲输出
56	MSY/HS	主同步/水平同步脉冲输入输出
57	VS	垂直同步脉冲输出
58	FPDAT	前面结束/后面结束数据输入输出
59	VSTBY	供电电压（待机供电电压）
60	CLK5	CCU5MHz 时钟输出
61	NC	空
62	XTAL1	20.25M 模拟晶体输入
63	XTAL2	20.25M 模拟晶体输出
64	ASGF	模拟保护电路地
65	GNDF	地（模拟前面结束电路地）
66	VRT	A/D 变换参考电压去耦
67	I^2CSEL	I^2C 公共总线地址选择
68	ISGND	地（信号电路）
69	VSUPF	供电电压（前端模拟结束电路）
70	VOUT	模拟复合视频信号输出
71	CIN	S 端子色度信号/模拟视频信号 5 输入
72	VIN1	S 端子亮度信号/模拟视频信号 1 输入

续表

引　脚	符　号	功　能
73	VIN2	外部模拟视频信号 2 输入
74	VIN3	TV 模拟视频信号 3 输入
75	VIN4	模拟视频信号 4 输入
76	VSUPAI	供电电压（前面模拟电路）
77	GNDAI	地（前端模拟输入电路）
78	VREF	参考电压输出（前端模拟输入电路）
79	FB1IN	快速消隐信号输入。选择 1～3 脚或 4～6 脚信号通过并送后级电路
80	AISGND	地（信号地对于模拟输入）

(3) Z8612912SS 双视窗子画面色解码芯片

图 8-24 是 Z8612912SS 芯片的框图。该芯片特点如下。

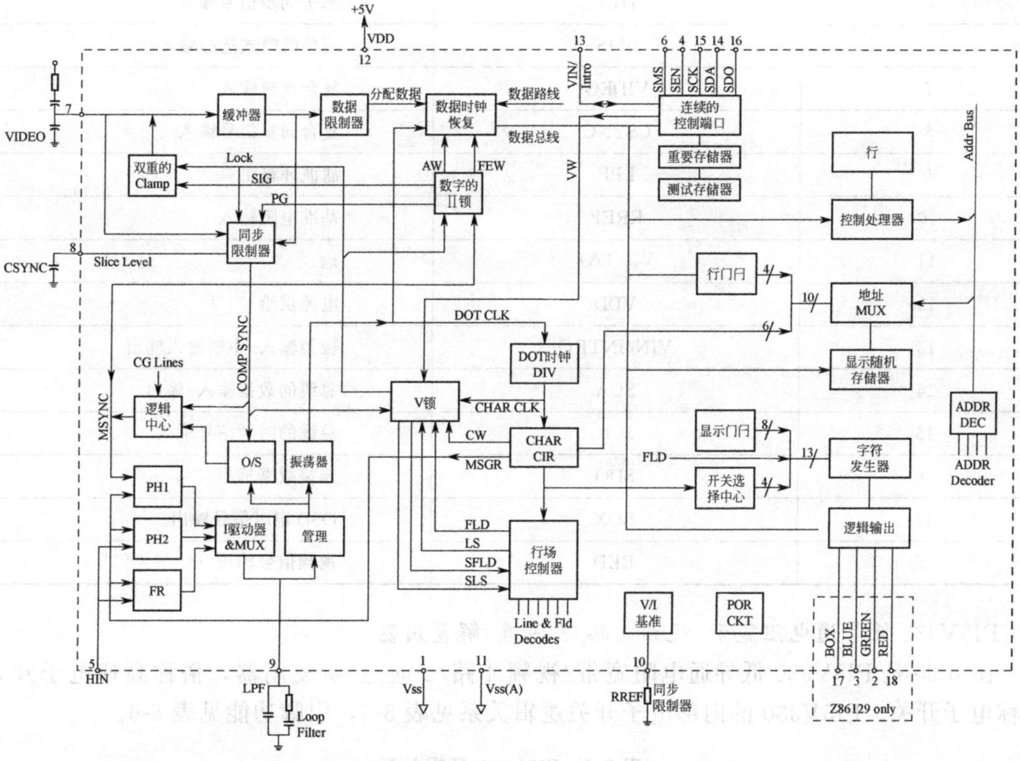

图 8-24　Z8612912SS 内部结构图

① 独自完成 21 制式解码器，适用于关闭字幕和扩展数据服务（XDS 扩展数据服务）。

② 预编程提供完全遵照 EIA-608 规格，扩展数据服务（XDS）。

③ 同样的节拍自动提取和连接输出专门的 XDS 数据包。显示当地的局部时区和节目收视率（程序复位能阻止过度暴烈或性感电视节目之收看的电脑晶片或其它电子装置）。

④ 成本效果好地解决关于 NTSC 封闭的性感电视节目，使用微软公司生产的“视窗”操作系统，实现在图画里面的图画显示（PIP 画中画）。

⑤ 最低通讯系统和高端控制装备，简单实现阻止性感节目；闭合字幕（在电视信号的音频部分同时叠加一节目说明信号，并显示在电视屏幕上，主要为聋人和听力有障碍的人开发）；自动时钟设置。

⑥ 可编程的全屏幕上的现场显示（OSD，屏显），在内部有一个微软公司生产的“视窗”操作系统，生成产生 OSD 或者字幕（插图说明），实现图画里面图画（PIP 画中画）。

⑦ I^2C 串行数据控制通讯。

⑧ 用户可编程的水平显示位置，为了容量调节设定 OSD 中心。

表 8-4 是 Z8612912SS 芯片引脚功能。

表 8-4 Z8612912SS 引脚功能

引 脚	符 号	功 能
1	V_{SS}	地
2	GREEN	视频输出（绿基色信号）
3	BLUE	视频输出（蓝基色信号）
4	SEN	连接的授权输入
5	HIN	水平同步信号输入
6	SMS	连接的模式选择输入
7	VIDEO	复合视频输入
8	CSYNC	复合同步信号输入
9	LPF	滤波环输出
10	RREF	基准电阻输入
11	V_{SS}（A）	地
12	VDD	电源供给
13	VIN/INTRO	视频输入/中断输入输出
14	SDA	总线的数据输入/输出
15	SCK	总线的时钟信号输入
16	SDO	连接数据输出
17	BOX	OSD 定时信号输出
18	RED	视频信号输出（红基色信号）

(4) PI5V330 低导通电阻宽带/视频 4 路/2 通道/解复用器

图 8-25 是 PI5V330 低导通电阻宽带/视频 4 路/2 通道/解复用器，俗称高速电子开关，简称电子开关。PI5V330 的内部电子开关逻辑关系见表 8-5，引脚功能见表 8-6。

表 8-5 PI5V330 逻辑关系

EN	IN	接 通 开 关
0	0	S1A，S1B，S1C，S1D
0	1	S2A，S2B，S2C，S2D
1	X	无用

注：0—低电平；1—高电平；X—任意。

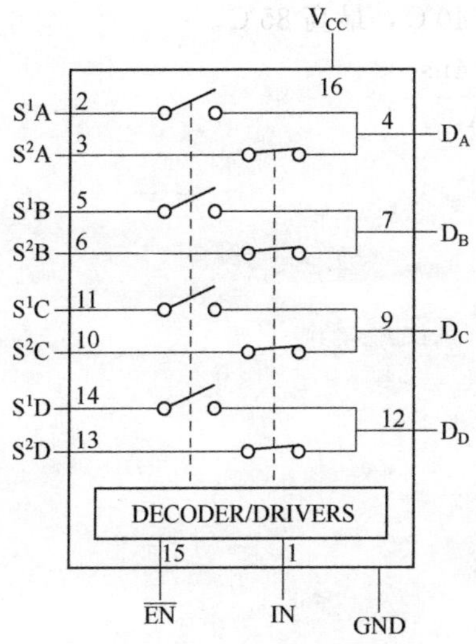
VCC
16
S1A
2
S2A
3
4
DA
S1B
5
S2B
6
7
DB
S1C
11
S2C
10
9
DC
S1D
14
S2D
13
12
DD
DECODER/DRIVERS
15
1
EN
IN
GND

图 8-25 PI5V330 内部结构示意图

表 8-6 PI5V330 的引脚功能

引　脚	功　能
S1A，S1B，S1C，S1D S2A，S2B，S2C，S2D	模拟视频信号输入
IN	选择输入
EN	授权
DA，DB，DC，DD	模拟视频输出
GND	地
V_{CC}	电源

(5) SN74LVC14APWR 施密特反相器逻辑数字电路

图 8-26 是 SN74LVC14APWR 框图。该芯片是十六进制双稳态电路，施密特反相触发器。其特点如下。

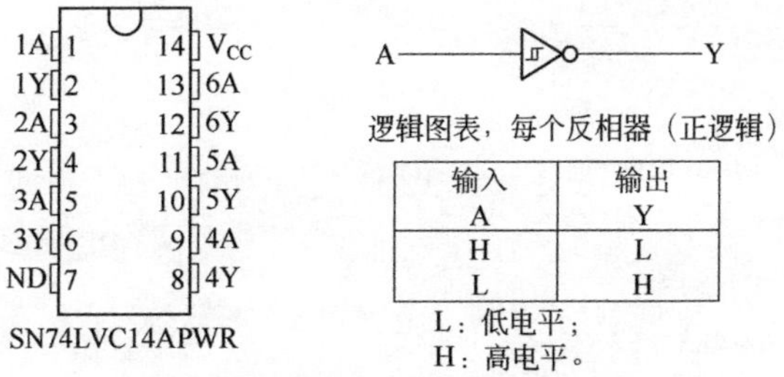
1A 1
1Y 2
2A 3
2Y 4
3A 5
3Y 6
ND 7
14 VCC
13 6A
12 6Y
11 5A
10 5Y
9 4A
8 4Y
SN74LVC14APWR
A
Y
逻辑图表，每个反相器（正逻辑）
输入 A
输出 Y
H
L
L
H
L：低电平；
H：高电平。

图 8-26 SN74LVC14APWR 的框图

① 电源电压（V_{CC}）范围：最大 6V，最小 2V（典型 5V）。

② 输入电压范围：最小 0V，最大 V_{CC}。

③ 输出电压范围：最小 0V，最大 V_{CC}（典型：导通时<0.8V，截止时>2V）。

④ 工作温度范围：最低－40℃，最高 85℃。

⑤ 最大传送延迟时间：6.4ns。

⑥ 过流保护值：＞100mA。

第9章 公用通道维修

为便于读者对信号处理板电路有一个整体的认识，本章仍以海信 LCD3201 液晶电视机的公用通道/伴音板为主线介绍，同时对其他的典型类型进行简介。

9.1 公用通道的精解

液晶电视机公用信道的任务与 CRT 电视机基本相同，即接收 RF 射频信号并变换为视频信号和伴音信号。目前液晶电视机的公用通道有两种电路结构：中频一体化高频调谐器、高频调谐器＋中频通道。

9.1.1 中频一体化高频调谐器式的公用通道

中频一体化高频调谐器，又称二合一组合型高频调谐器、一体化数码调频调谐器，其外型与普通高频调谐器相似，在液晶彩电中应用广泛。

图 9-1 是中频一体化高频调谐器的内部框图及工作条件。其内集成有频率合成式高频调谐器、中频信号处理两部分电路，输入的是 RF 无线电频率信号（俗称射频信号），输出的是全电视视频信号 CVBS、第二伴音中频信号 SIF 或音频信号 AUDIO。

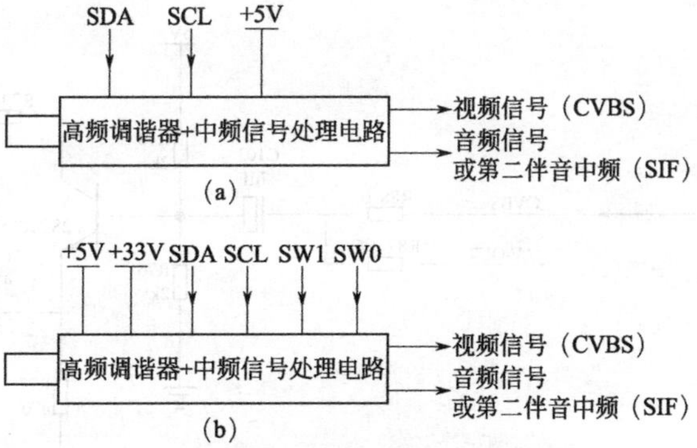

SDA
SCL
+5V
高频调谐器+中频信号处理电路
视频信号（CVBS）
音频信号
或第二伴音中频（SIF）
(a)
+5V
+33V
SDA
SCL
SW1
SW0
高频调谐器+中频信号处理电路
视频信号（CVBS）
音频信号
或第二伴音中频（SIF）
(b)

图 9-1　组合型高频调谐器内部结构图

中频一体化高频调谐器的工作条件肯定包括：＋5V 供电、总线控制信号 SDA 和 SCL。有的则在上述基本还要增加＋33V 供电、幅频特性选择控制信号 SW0 和 SW1。

经验 因高频调谐器的价位低、易于购买，且内部器件体积小，不便于检测和拆装，损坏后一般直接更换，不进行修理。所以，这里不对其内部结构和工作原理进行介绍。

(1) 海信 LCD3201 彩电的公用通道

图 9-2 是海信 LCD3201 液晶电视机的公用通道电路，采用二合一组合式高频调谐器 A1/RF。其工作条件包括＋5V 供电、SDA 和 SCL 总线信号、AS 总线地址选择。

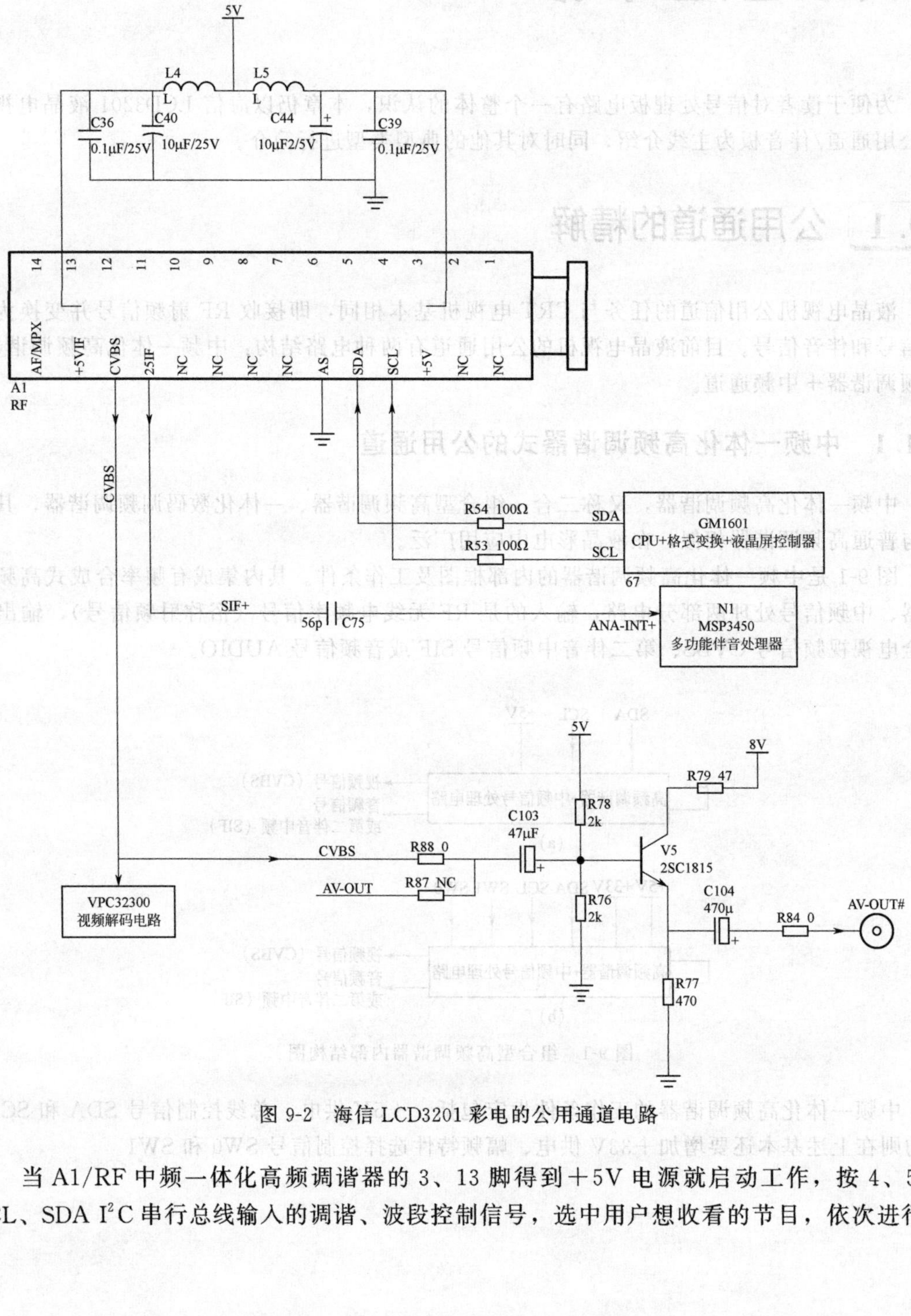

5V
L4
L
L5
L
C36
0.1μF/25V
C40
10μF/25V
C44
10μF2/5V
C39
0.1μF/25V
14
13
12
11
10
9
8
7
6
5
4
3
2
1
AF/MPX
+5VIF
CVBS
25IF
NC
NC
NC
NC
AS
SDA
SCL
+5V
NC
NC
A1
RF
CVBS
R54 100Ω
R53 100Ω
SDA
SCL
GM1601
CPU+格式变换+液晶屏控制器
67
SIF+
56p
C75
ANA-INT+
N1
MSP3450
多功能伴音处理器
5V
8V
R79 47
R78
2k
C103
47μF
CVBS
R88 0
AV-OUT
R87 NC
V5
2SC1815
VPC32300
视频解码电路
R76
2k
C104
470μ
R84 0
AV-OUT#
R77
470

图 9-2 海信 LCD3201 彩电的公用通道电路

当 A1/RF 中频一体化高频调谐器的 3、13 脚得到＋5V 电源就启动工作，按 4、5 脚 SCL、SDA I^2C 串行总线输入的调谐、波段控制信号，选中用户想收看的节目，依次进行高频/中频放大及检波后，由12脚输出全电视视频信号CVBS，由11脚输出第二伴音中频信号SIF+。前者除送视频解码电路外，还经V5放大后由AV-OUT接口对机外输出，后者送伴音板电路继续处理。

(2) 长虹LS10机芯的公用通道

图9-3是长虹LS10机芯的公用通道电路。U8是中频一体化高频调谐器。其工作条件包括两路+5V供电、一路+33V供电、一组SDA和SCL总线信号。对于伴音信号来讲，还包括SW1、SW0制式切换控制信号。

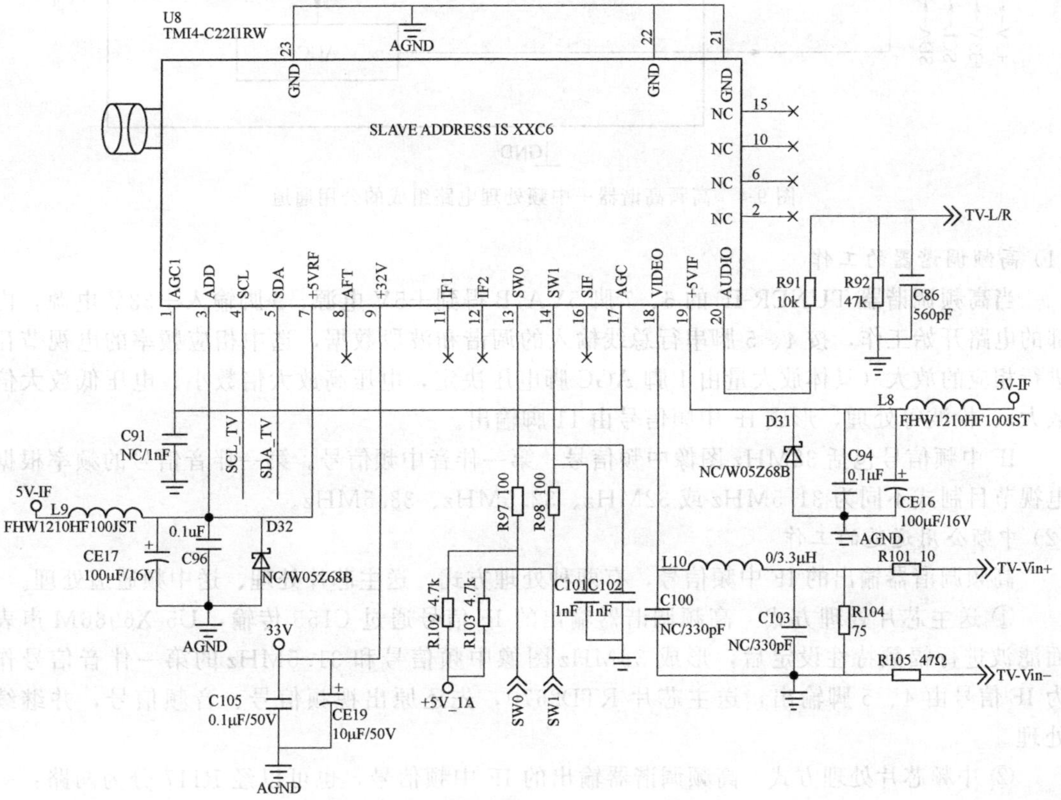
U8
TMI4-C22I1RW
AGND
SLAVE ADDRESS IS XXC6
GND
GND
GND
NC
NC
NC
NC
TV-L/R
AGC1
ADD
SCL
SDA
+5VRF
AFT
+32V
IF1
IF2
SW0
SW1
SIF
AGC
VIDEO
+5VIF
AUDIO
R91 10k
R92 47k
C86 560pF
L8
5V-IF
FHW1210HF100JST
D31
NC/W05Z68B
C94 0.1μF
CE16 100μF/16V
AGND
C91 NC/1nF
SCL_TV
SDA_TV
5V-IF
L9
FHW1210HF100JST
0.1uF
D32
C96
CE17 100μF/16V
NC/W05Z68B
AGND
33V
C105 0.1μF/50V
CE19 10μF/50V
AGND
R97 100
R98 100
R102 4.7k
R103 4.7k
C101 1nF
C102 1nF
+5V_1A
SW0
SW1
L10 0/3.3μH
R101 10
TV-Vin+
C100 NC/330pF
C103 NC/330pF
R104 75
R105 47Ω
TV-Vin-

图9-3 长虹LS10机芯二合一高频调谐器电路

当U8满足工作条件时，就会在总线的控制下，对RF无线电波的电视节目进行选择及处理，还原出视频信号、音频信号，分别由18脚、20脚输出。

经验 用户在菜单项中切换伴音制式在4.5MHz、5.5MHz、6.0MHZ、6.5MHz轮流变换时，这两个脚电压应至少高低变换一次。

9.1.2 高频调谐器+中频处理电路的公用通道

图9-4是高频调谐器+中频处理电路组成的公用通道框图。这种结构的公用通道，有的采用专用的图像中频信号放大、视频检波、伴音检波芯片，有的采用非独立的芯片（与液晶显示控制芯片或其他芯片合为一体）。无论采用哪种芯片，其工作原理都是相同的。下面以专用中频芯片为例分析中频公用通道的工作。

图9-5是海信TLM32E29液晶电视机的公用通道。包括普通高频调谐器TUNER-IN、伴音声表滤波器U6 N9455、图像声表面滤波器U8 6274、图像中频IC TDA9885/6等。

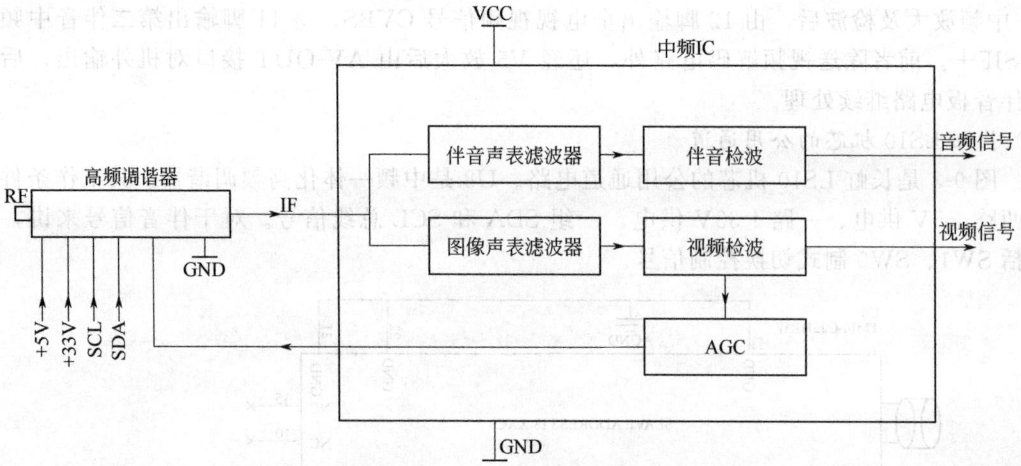
VCC
中频IC
高频调谐器
RF
IF
GND
伴音声表滤波器
伴音检波
音频信号
图像声表滤波器
视频检波
视频信号
AGC
+5V
+33V
SCL
SDA
GND

图 9-4　高频高谐器＋中频处理电路组成的公用通道

(1) 高频调谐器的工作

当高频调谐器 TUNER-IF 的 6、7 脚 5VA/B 得到＋5V 电源、9 脚输入＋33V 电源，内部的电路开始工作，按 4、5 脚串行总线输入的调谐和波段数据，选中相应频率的电视节目进行相应的放大（具体放大量由 1 脚 AGC 脚电压决定，电压高放大倍数小、电压低放大倍数大）、检波等处理，形成 IF 中频信号由 11 脚输出。

IF 中频信号包括 38MHz 图像中频信号、第一伴音中频信号。第一伴音信号的频率根据电视节目制式不同为 31.5MHz 或 32MHz、32.5MHz、33.5MHz。

(2) 中频公用通道的工作

高频调谐器输出的 IF 中频信号，有两种处理方式：送主芯片处理、送中频通道处理。

① 送主芯片处理方式　高频调谐器输出的 IF 信号通过 C155 传输，U5 X6966M 声表面滤波进行幅频特性设定后，形成 38MHz 图像中频信号和 31.5MHz 的第一伴音信号作为 IF 信号由 4、5 脚输出，送主芯片 RTD2670，先还原出视频信号、音频信号，并继续处理。

② 中频芯片处理方式　高频调谐器输出的 IF 中频信号，也可以经 R117 分为两路：一路经 C169 送 U8 N6274 声表面滤波器，选择通过其中的 38MHz 图像中频信号，送 TDA9885/6 中频芯片的 1、2 脚；另一路经 U6 N9445 声表滤波器选择通过其中第一伴音中频信号，送 TDA9885/6 中频芯片的 23、24 脚。

TDA9885/6 具备工作条件（20 脚 VCC 得到＋5V 电源，15 脚基准频率的外接电容、晶体参数正确），就开始工作，对 1 和 2 脚输入 38MHz 图像中频信号进行放大及检波，一方面形成 CVBS 全电视视频信号由 17 脚输出，再经 Q9 放大后，通过插头送后级的彩色解码电路；另一方面形成能体现 CVBS 幅度的 AGC 电压由 14 脚输出，送给高频调谐器的 1 脚进行自动增益控制；同时还形成能体现 38MHz 中频信号频率的 AFC 电压体现在 21 脚，以自动调整内部的检波器工作频率，保证检波出的 CVBS 信号完整不失真。

另外，TDA9885/6 还会根据 10 和 11 脚 I^2C 总线输入的制式控制信号，对 23、24 脚输入的第一伴音中频信号，依次进行选择、差拍混频后，形成第二伴音信号 SIF（其频率为 6.5MHz 或 6MHz、5.5MHz、4.5MHz），一方面进行音频解调还原出单声道音频信号由 8 脚输出；一方面可以由 12 脚输出通过插头 SIFP OUT 送主芯片 RTD2670 进行音频解调。

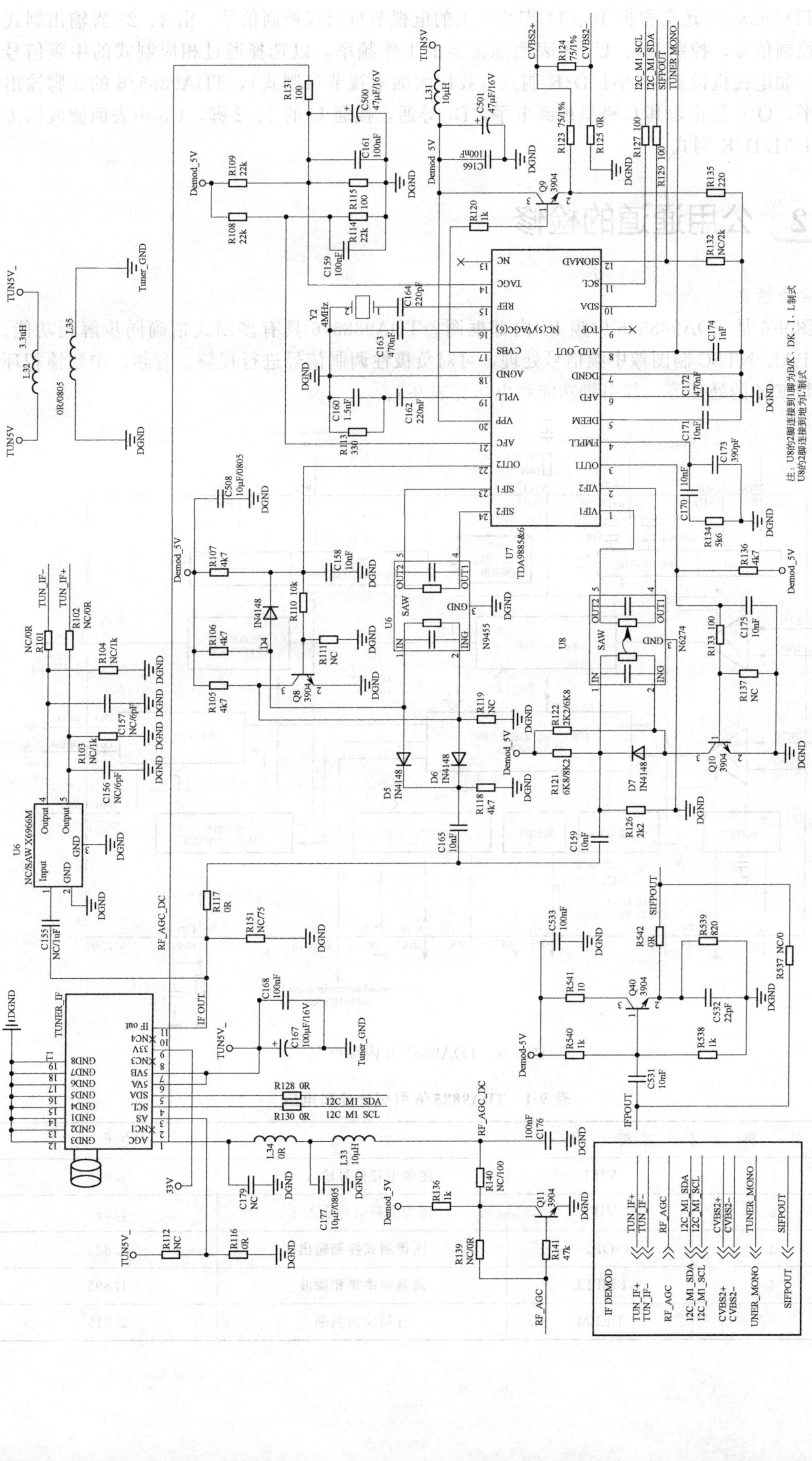
U7 TDA9885&6
U8
U6
注：U8的2脚连接到1脚为B/K、DK、I、L制式
U8的2脚连接到地为L'制式

图 9-5 海信 TLM32E29 彩电的公用通道电路

TDA9885/6 还会根据 10、11 脚总线上的电视节目制式控制信号，由 3、22 脚输出制式切换控制信号，控制 U8、U7 声表面滤波器的工作频率，以选择通过相应制式的中频信号通过。如电视机设置于 PAL D/K 制式（我国大陆电视节目制式），TDA9885/6 的 3 脚输出低电平，Q10 截止，其 C 极呈现高电平，D7 导通，接通 U 的 1、2 脚，U8 声表面滤波器工作在 PAL D/K 制式。

9.2 公用通道的检修

(1) 维修精要

图 9-6 是 TDA9885/6 中频 IC 内部框图。TDA9885/6 具有多制式精确同步解调功能，用于 PAL/NTSC 制图像中频信号处理，可对负极性调制信号进行视频、音频、中频锁相环和调频 FM 的处理等。其引脚功能和电压见表 9-1。

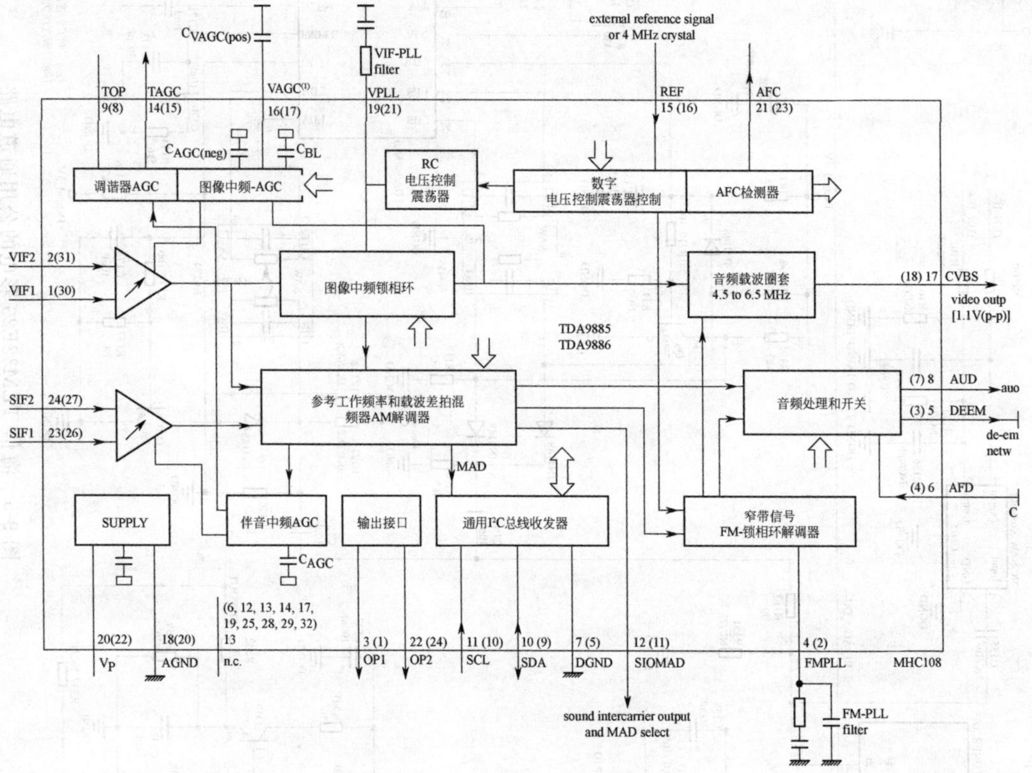

external reference signal or 4 MHz crystal
VIF-PLL filter
TOP 9(8)
TAGC 14(15)
VAGC 16(17)
VPLL 19(21)
REF 15 (16)
AFC 21 (23)
调谐器AGC
图像中频-AGC
RC 电压控制震荡器
数字 电压控制震荡器控制
AFC检测器
VIF2 2(31)
VIF1 1(30)
图像中频锁相环
音频载波圈套 4.5 to 6.5 MHz
(18) 17 CVBS
video outp [1.1V(p-p)]
TDA9885 TDA9886
SIF2 24(27)
SIF1 23(26)
参考工作频率和载波差拍混频器AM解调器
音频处理和开关
(7) 8 AUD
(3) 5 DEEM
de-em netw
(4) 6 AFD
MAD
SUPPLY
伴音中频AGC
输出接口
通用I²C总线收发器
窄带信号 FM-锁相环解调器
(6, 12, 13, 14, 17, 19, 25, 28, 29, 32) 13
20(22) VP
18(20) AGND
n.c.
3 (1) OP1
22 (24) OP2
11 (10) SCL
10 (9) SDA
7 (5) DGND
12 (11) SIOMAD
4 (2) FMPLL
MHC108
sound intercarrier output and MAD select
FM-PLL filter

图 9-6 TDA9855/6 内部框图

表 9-1 TDA9885/6 引脚功能和电压

引脚	符号	功能	电压/V
1	VIF1	图像中频信号输入 1	1.995
2	VIF2	图像中频信号输入 2	1.994
3	OP1	图像制式控制输出	1.823
4	FMPLL	调频频率锁相滤波	1.895
5	DEEM	音频输出判断	2.315

续表

引　脚	符　号	功　能	电压/V
6	AFD	音频输入退耦滤波	1.25
7	DGND	地	0
8	AUD	音频输出	2.39
9	TOP	射频 AGC 接收点	3.21
10	SDA	总线数据输入输出	3.273
11	SCL	总线时钟输入	3.29
12	SIOMAD	伴音载波差拍输出和地址识别	1.99
13	NC	空	0
14	TAGC	射频 AGC 输出	4.07
15	REF	基准（4M 晶振输入）	2.59
16	VAGC	视频 AGC 稳压电容	—
17	CVBS	视频输出（全电视信号）	2.78
18	AGND	地（模拟电路）	0
19	VPLL	视频检波锁相	2.39
20	V_P	＋5V 供电	5.05
21	AFC	AFC 输出	4.78
22	OP2	伴音制式控制输出	0
23	SIF1	第二伴音中频信号输入 1	1.95
24	SIF2	第二伴音中频信号输入 2	1.95

(2) 故障检修

公用通道有问题引起的常见故障现象主要表现为 TV 接收模式异常，如①TV 状态无图像但 AV 等状态正常；②收台少；③跑台；④自动搜台锁不住（节目号不翻转），或搜台多锁台少；⑤某个频段接收不到节目；⑥无伴音；⑦伴音有“嗡嗡”干扰声；⑧不能开机等。

① TV 状态无图声，但 AV 状态正常　这种故障一般发生在公用通道或 TV/AV 切换芯片电路，检修时可通过菜单把蓝背关闭，以初步判断故障部位。

a. 如果屏幕出现噪波点，故障发生在公用通道的高频调谐器电路，可先测试高频调谐器工作条件（＋5V、＋33V 供电，SDA、SCL 总线电压，AGC 电压），然后考虑更换高频调谐器。

b. 如果屏幕呈现纯净白光栅，可用表笔碰触高频调谐器视频信号输出脚，如屏幕有干扰出现时，可判断后级的中频通道正常，故障在高频调谐器及＋5V 供电、AGC 供给；如屏幕上无干扰出现时，判断故障在后级电路，对于如图 9-5 所示的高频调谐器＋中频公用通道式的机型，应检查中频公用通道，可用如下方法分区域检查。

● U8 图像声表滤波器的好坏判断，可用 0.01μF 电容跨接其 1 脚输入、5 脚输出证实。

● TDA9885/6 中频信号芯片的好坏判断，在表笔碰触其 17 脚视频信号输出屏幕有干扰，但碰触 1、2 脚图像中频信号输入端屏幕上无干扰，说明此芯片没有正常工作。可先测试影响内部放大电路工作的引脚电压，包括 20 脚 5V 供电、14 脚高放 AGC 输出、18 脚中放AGC、17脚视频信号输出、11脚SDA数据总线、12脚SCL串行总线时钟信号电压及电阻，再考虑更换芯片。

- Q9视频播放器的好坏判断，可测试其各极电压，也可用1μF电容跨接其B、E极证实。

② TV模式某一频段收不到节目　这种故障只发生在高频调谐器，先测试高频调谐器的+5V、+33V供电，后试着更换高频调谐器。

③ TV模式跑台或收台少　这种故障肯定发生在公用通道。先测高频调谐器的+5V、+33V供电，其次更换高频调谐器。对于如图9-5所示类型的公用通道，还要继续检查中频公用通道中影响视频检波的器件，如TDA9885/6的14脚基准频率器件Y2晶体和C164、19脚视频检波锁相环外接的电容、21脚AFC自动频率调整器器件。

④ 自动搜台锁不住节目，或搜台多但锁台少　这种故障也肯定发生在公用通道，具体是中频IC输出的视频信号差造成位于其顶部的同步信号失真或局部丢失、AFC自动频率信号失真，导致主信号处理板上的CPU无法正确识别电台识别信号或调谐程序。对于中频一体化高频调谐器机型，更换高频调谐器即可；对于如图9-5所示的高频调谐器+中频公用通道机型，则重点检查TDA9885/6的5脚电台识别、TDA9885/6的14脚基准频率器件Y2晶体和C164、19脚PLL视频检波锁相环外接的电容、21脚AFC自动频率调整器器件。

⑤ TV状态无伴音或伴音有“嗡嗡”干扰，但AV状态正常

a. TV无伴音故障，如用表笔碰触TDA9885/6的12脚第二伴音输出端或8脚音频输出，喇叭发出“喀啦”干扰声，但碰触23脚第一伴音输入时喇叭无干扰声，则要考虑TDA9885/6损坏。

b. 对于伴音有“嗡嗡”干扰声，可用0.01μF电容跨到高频调谐器的IF输出脚、声表面滤波U6的5脚输出端，如果效果明显好转，可能是U6性能不良，也可能是1脚输入的制式切换控制电压不对，可试着把Q8的C极脱开、与地短路后看伴音效果来区分。

⑥ 不能开机　依次脱开高频调谐器和中频IC的SDA、SCL脚后试机，如果能开机，则说明高频调谐器或中频IC内的总线控制脚有短路故障。

第10章 伴音板维修

液晶电视机的型号不同，伴音板的功能和电路结构可能不同，但大同小异。为了便于从整体上掌握液晶电视机的电路结构，本章仍以海信 LCD3201 液晶电视机为例介绍伴音板的工作，以便于读者与第 8 章、第 9 章配合，从整体上了解液晶电视机信号处理电路的结构。

10.1 伴音板的工作原理

图 10-1 是海信 LCD3201 液晶电视机的伴音板处理电路图。MSP3450 多功能伴音处理电路芯片负责伴音信号源切换及检波，TDA7266B 功率放大器负责左右两个声道音频信号的功率放大，LM358 双运算放大器负责耳机音频信号的功率放大。

(1) TV 伴音处理电路

当 MSP3450 的 11 脚和 65 脚得到 5V 电源、38 脚得到＋8V 电源、71 脚和 72 脚外接晶体振荡器件、21 脚复位电压正常时，就满足了工作条件，内部的伴音电路开始工作，根据 2、3 脚 I^2C 串行总线输入的收看模式、伴音制式、音量、音效等控制信号，选择通过 67 脚输入的 SIF 第二伴音信号，并进行检波还原出音频信号，再依次进行音量、左右平衡控制调整后，由 27、28 脚输出模拟的 L、R 左右声道音频信号分为两路：一路送 TDA7266B 音频功率放大器的 4、12 脚被放大后，从 1 和 2 脚、14 和 15 脚输出，通过插头 XP19 驱动左右喇叭发声；另一路送 LM358 运算器的 2、6 脚，与 3、5 脚的 4 基准电压进行相运算放大后，由 1、7 脚输出相应幅度的音频信号，送耳机输出插口 XP18。

(2) 外部音频信号的处理

MSP3450 的 56 和 57 脚输入话筒左右音频信号、53 和 52 脚输入耳机左右音频信号、50 和 51 脚输入 AV2 左右音频信号、47 和 48 脚输入 AV1 左右音频信号。当电视机工作在非 TV 状态时，MSP3450 会根据 2、3 脚 I^2C 串行总线输入的电视机工作模式，选择上述某一路左右音频信号处理后，由 27、28 脚输出，以后的处理同于 TV 伴音电路。

(3) 静音控制电路

① 遥控静音控制　当用户按动遥控器上的静音键时，XP3 插头的 6 脚 MUTE 输入来自主控芯片的高电平静音控制信号，通过 VD11 加至 V3 基极，使 V3 饱和导通，其 C 极为 0V 低电平，把 TDA7266B 的 6、7 脚拉低至 0V，通过内部电路将左右音频信号输入端短路，电视机无伴音输出。

② 开/关静音控制　由 V4、C100、C101 等组成，利用电容两端电压不能突变，只能性能变化的特性进行。开机时，＋12V→C100→VD18→R73→V3 基极，此时由于 C100 两端

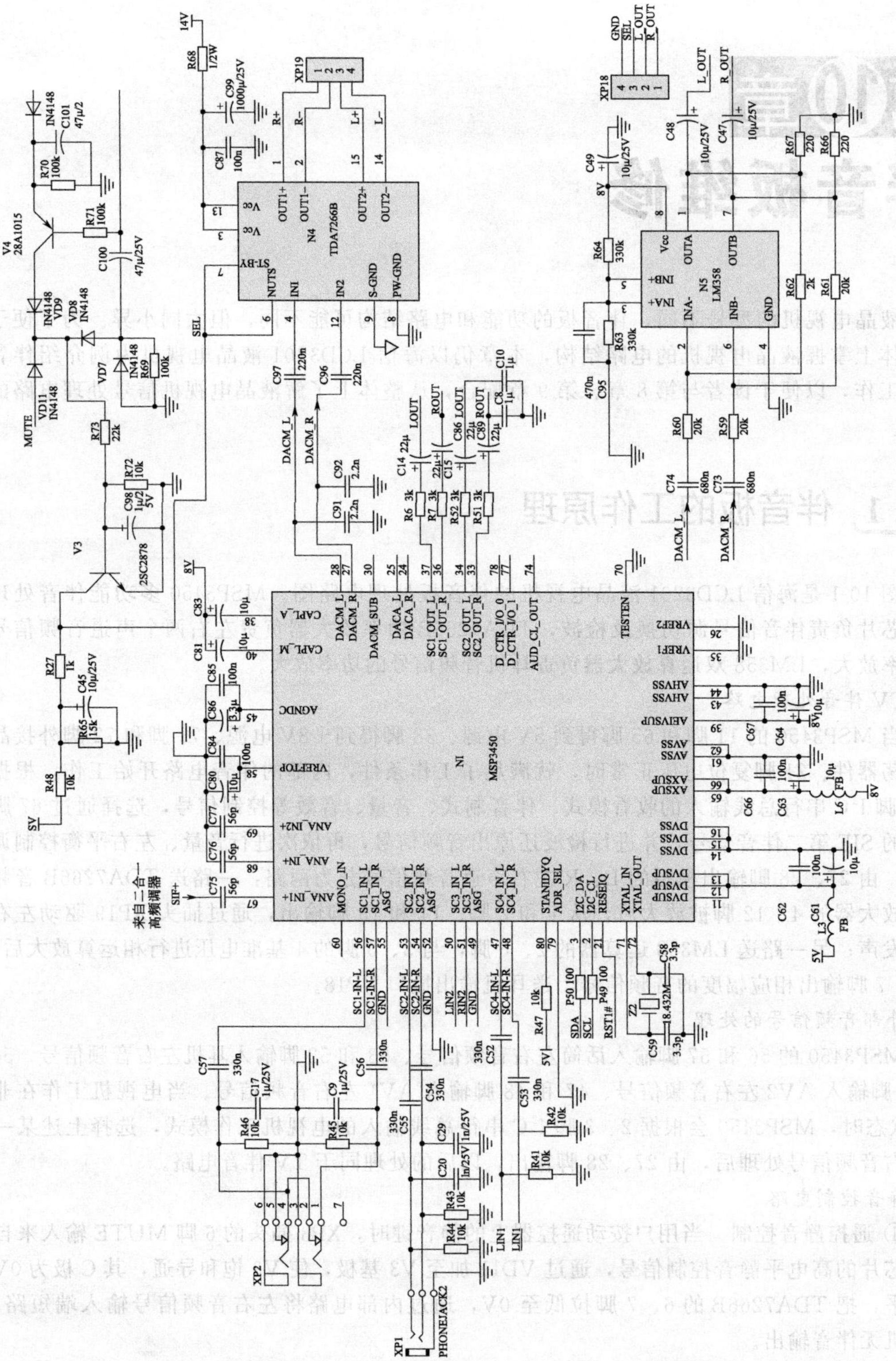
TDA7266B
MSP3450
LM358
XP19
XP18
XP1
XP2
PHONEJACK2
2SC2878
2SA1015
来自二合一高频调谐器
MUTE
14V
8V
5V

(a) 伴音处理电路图

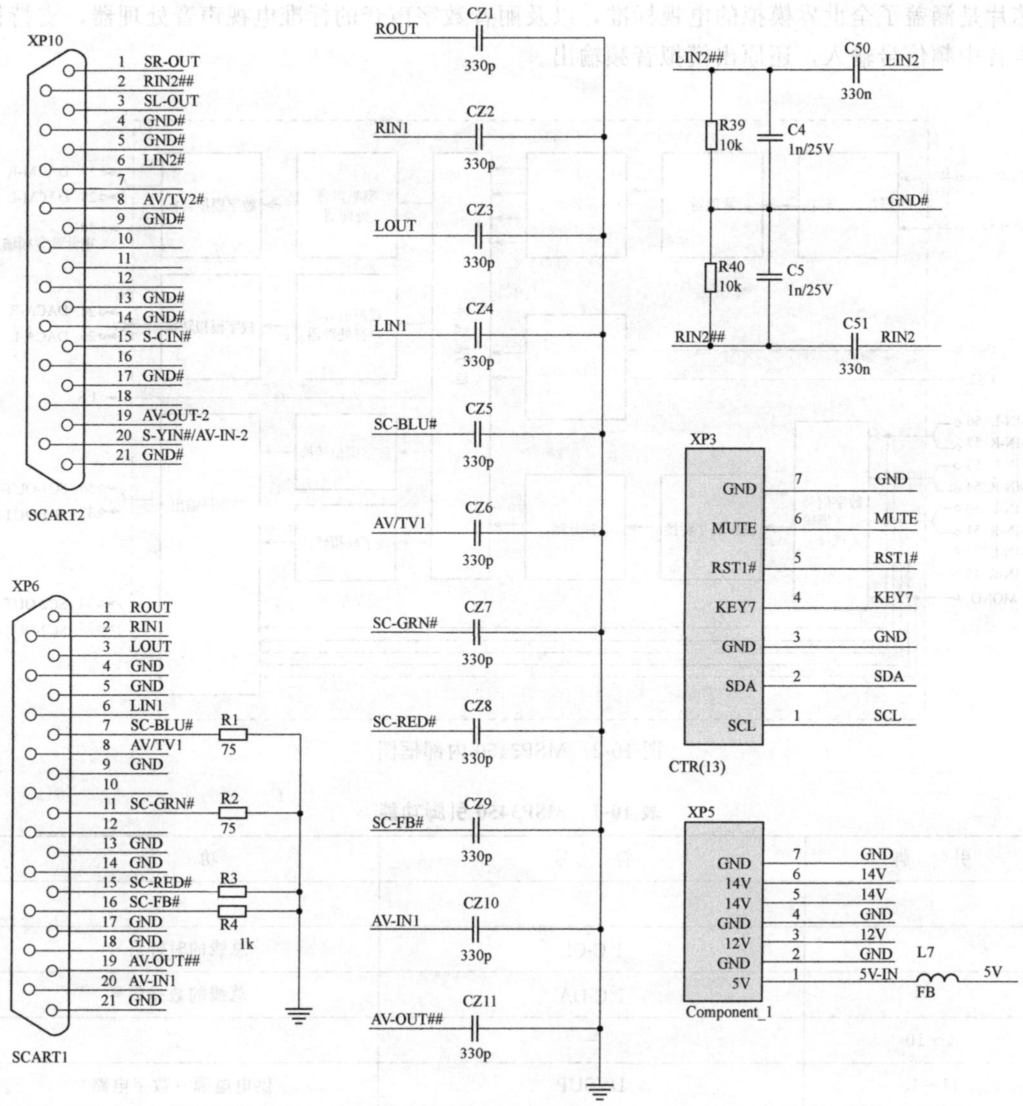
XP10
1 SR-OUT
2 RIN2##
3 SL-OUT
4 GND#
5 GND#
6 LIN2#
7
8 AV/TV2#
9 GND#
10
11
12
13 GND#
14 GND#
15 S-CIN#
16
17 GND#
18
19 AV-OUT-2
20 S-YIN#/AV-IN-2
21 GND#
SCART2
XP6
1 ROUT
2 RIN1
3 LOUT
4 GND
5 GND
6 LIN1
7 SC-BLU#
8 AV/TV1
9 GND
10
11 SC-GRN#
12
13 GND
14 GND
15 SC-RED#
16 SC-FB#
17 GND
18 GND
19 AV-OUT##
20 AV-IN1
21 GND
SCART1
R1
75
R2
75
R3
R4
1k
ROUT
CZ1
330p
RIN1
CZ2
330p
LOUT
CZ3
330p
LIN1
CZ4
330p
SC-BLU#
CZ5
330p
AV/TV1
CZ6
330p
SC-GRN#
CZ7
330p
SC-RED#
CZ8
330p
SC-FB#
CZ9
330p
AV-IN1
CZ10
330p
AV-OUT##
CZ11
330p
LIN2##
C50
LIN2
330n
R39
10k
C4
1n/25V
GND#
R40
10k
C5
1n/25V
RIN2##
C51
RIN2
330n
XP3
GND 7 GND
MUTE 6 MUTE
RST1# 5 RST1#
KEY7 4 KEY7
GND 3 GND
SDA 2 SDA
SCL 1 SCL
CTR(13)
XP5
GND 7 GND
14V 6 14V
14V 5 14V
GND 4 GND
12V 3 12V
GND 2 GND
5V 1 5V-IN
L7
FB
5V
Component_1

(b) 音频输入/输出接口电路

图 10-1 海信 LCD3201 彩电伴音板电路图

电压为 0V，会使 V3 的基极为高电平静音值，以避免喇叭开机时产生干扰声。开机后＋12V 对 C100 充满电后，停止对 VD8 供电，开机静音工作结束，同时＋12V 通过 R80、VD10 对 C101 充电至＋12V 待用。关机时，＋12V 电源消失，C101 存储的电压对 V4 管的 E 极供电，C100 存储的电压变为左正右负并通过 R69 放电外，还会使 V4 的 B 极电压变低，V4 导通，其 C 极输出高电平，提供给 V3 的 B 极，实现关机瞬间控制。

10.2 伴音电路的检修

（1）维修精要

① MSP3450 多重标准声音处理器　图 10-3 是 MSP3450 内部框图，其引脚功能见表 10-1。

该芯片是涵盖了全世界模拟的电视标准，以及丽音数字声音的标准电视声音处理器，支持模拟声音中频信号输入，还原出模拟音频输出。

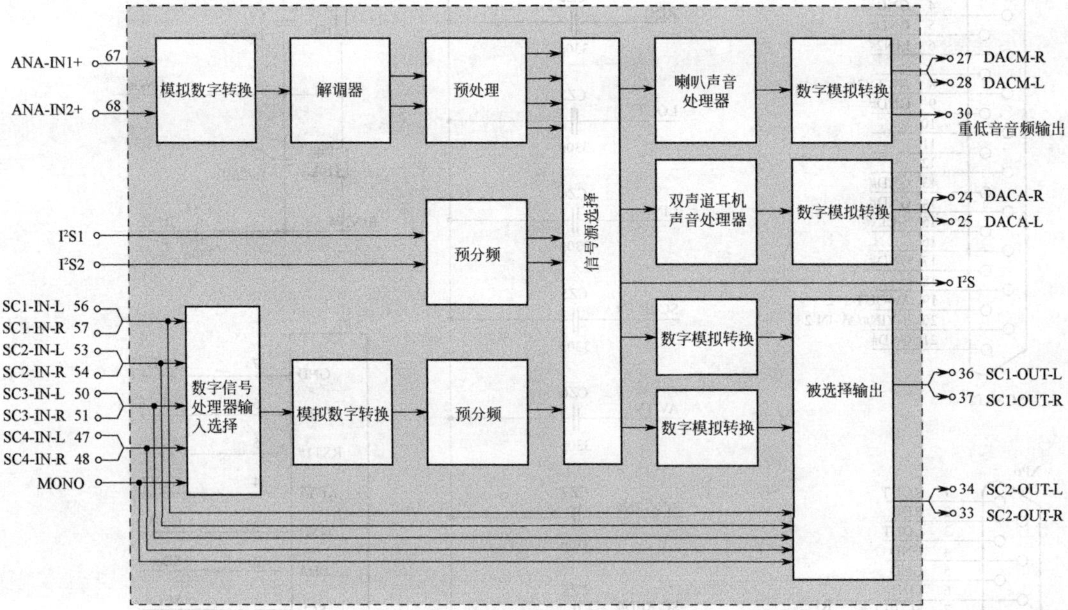

ANA-IN1+ 67
ANA-IN2+ 68
模拟数字转换
解调器
预处理
信号源选择
喇叭声音处理器
数字模拟转换
27 DACM-R
28 DACM-L
30 重低音音频输出
双声道耳机声音处理器
24 DACA-R
25 DACA-L
I²S1
I²S2
预分频
I²S
SC1-IN-L 56
SC1-IN-R 57
SC2-IN-L 53
SC2-IN-R 54
SC3-IN-L 50
SC3-IN-R 51
SC4-IN-L 47
SC4-IN-R 48
MONO
数字信号处理器输入选择
被选择输出
36 SC1-OUT-L
37 SC1-OUT-R
34 SC2-OUT-L
33 SC2-OUT-R

图 10-2　MSP3450 内部框图

表 10-1　MSP3450 引脚功能

引　脚	符　号	功　能
1	—	空
2	I^2C-CL	总线的时钟信号
3	I^2C-DA	总线的数据信号
4～10	—	空
11～13	DVSUP	供电电源（数字电路）
14～16	DVSS	地（数字电路）
17～20	—	空
21	RESETQ	复位
22～23	—	空
24	DACA-R	模拟音频信号输出-R
25	DACA-L	模拟音频信号输出-L
26	VREF2	参考电压 2
27	DACM-R	主音频信号输出-R
28	DACM-L	主音频信号输出-L
29	—	空
30	DACM-SUB	重低喇叭音频信号输出
31～32	—	空

续表

引　脚	符　号	功　能
33	SC2-OUT-R	SC2-R 音频信号输出
34	SC2-OUT-L	SC2-L 音频信号输出
35	VREF1	参考电压 1
36	SC1-OUT-L	SC1-L 音频信号输出
37	SC1-OUT-R	SC1-R 音频信号输出
38	CAPL-A	电容滤波
39	AHVSUP	供电电压（模拟电源）
40	CAPL-M	电容滤波
41～42	—	空
43～44	AHVSS	地（模拟电路）
45	AGNDC	外接滤波电容
46	—	空
47	SC4-IN-L	SC4-L 音频信号输入
48	SC4-IN-R	SC4-R 音频信号输入
49	ASG	地
50	SC3-IN-L	SC3-L 音频信号输入
51	SC3-IN-R	SC3-R 音频信号输入
52	ASG	地
53	SC2-IN-L	SC2-L 音频信号输入
54	SC2-IN-R	SC2-R 音频信号输入
55	ASG	地
56	SC1-IN-L	SC3-1 音频信号输入
57	SC1-IN-R	SC3-1 音频信号输入
58	VREFTOP	参考电压测试点
59	—	空
60	MONO-IN	单声道音频信号输入
61～62	AVSS	地（模拟电路）
63～64	—	空
65～66	AVSUP	供电电源（模拟电路）
67	ANA-IN1＋	第二伴音信号同相输入 1
68	ANA-IN1－	第二伴音信号反相输入 1
69	ANA-IN2＋	第二伴音信号同相输入 2
70	—	空
71	XTAL-IN	时钟振荡输入
72	XTAL-OUT	时钟振荡输出

续表

引　脚	符　号	功　能
73	—	空
74	AUD-CL-OUT	音频去加重输出
75～78	—	空
79	STANDBYQ	待机控制
80	ADR-SEL	地址-设置

② TDA7266B 10＋10W 双桥放大器　图 10-3 是 TDA7266B 双桥放大器内部框图，俗称伴音功放块。该芯片具有宽电源电压范围（6～18V）、外部元件最少、无输出耦合电容、无自举升压、内部固定增益，具有静音功能、短路保护、过热保护功能。TDA7266B 引脚功能见表 10-2。

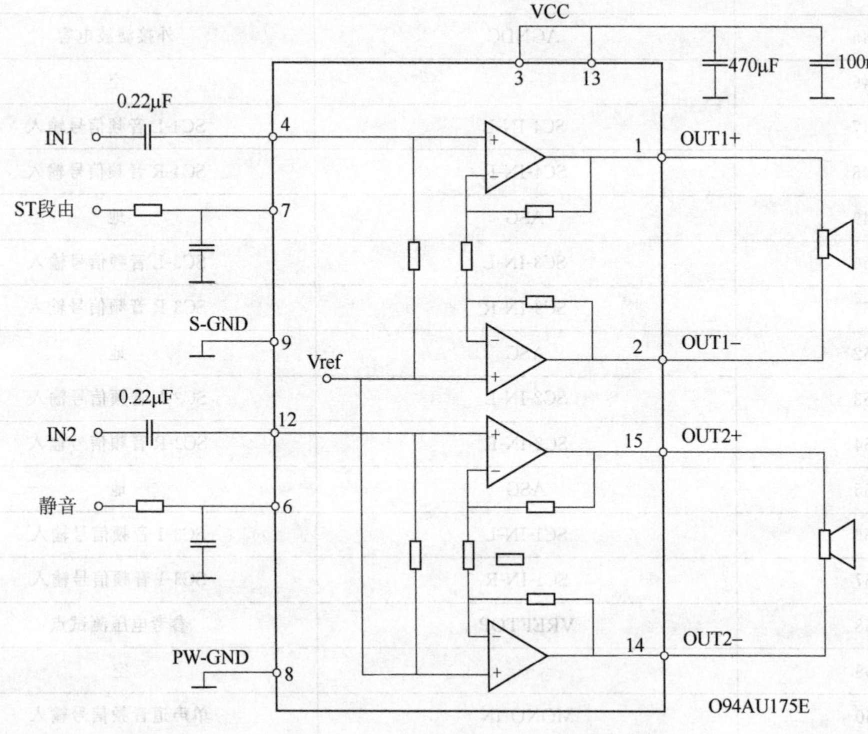
VCC
3
13
470μF
100nF
0.22μF
IN1
4
1
OUT1+
ST段由
7
S-GND
9
Vref
2
OUT1−
0.22μF
12
IN2
15
OUT2+
静音
6
PW-GND
8
14
OUT2−
O94AU175E

图 10-3　TDA7266B 的内部框图

表 10-2　TDA7266B 引脚功能

引　脚	符　号	功　能	电压/V
1	OUT1＋	左声道音频信号同相输出	6～7
2	OUT1－	左声道音频信号反相输出	6～7
3	VCC	电源	14
4	IN1	左声道音频信号输入 1	
5	—	空	
6	MUTE	静音控制信号输入	

续表

引　脚	符　号	功　能	电压/V
7	ST-BY	待机控制	
8	PW-GNG	地	
9	S-GND	地	
10	—	—	
11	—	—	
12	IN2	右声道音频信号输入 2	
13	VCC	电源	
14	OUT2－	右声道音频信号反相输入	6～7
15	OUT2＋	右声道音频信号同相输入	6～7

(2) 伴音板的检修

① 伴音功放的检修　伴音功放块损坏引起的现象有：无伴音，伴音失真，伴音音小，一个声道异常，电源指示亮、不能开机，开机保护。伴音功放块的好坏判断方法如下。

表笔分别碰触伴音功放块 TDA7266B 的 4、12 脚音频输入端，如果左右喇叭分别发出“喀啦”声，说明该块能工作正常，并由此推理出其 6、7 脚静音信号正常；如果喇叭无反映，说明该块不能对音频信号进行放大。

也可通过测伴音功放块 TDA7266B 引脚电压来确定，先测 3 和 13 脚＋14V 供电，如过低可能是该块击穿，可脱这两脚电压再测试外围电压进行证实；其次测 1 和 2 脚、14 和 15 脚输出端电压，这几个脚电压应为 3 脚供电电压的 1/2 左右，否则是该块损坏；然后测 6 和 7 脚静音控制端，应为高电平，否则是外接的 V3 静音控制管击穿或因故导通。

② 多制式多功能伴音芯片电路的检修　这部分电路损坏会引起无伴音、TV 或 AV 某个模式无伴音、TV 模式伴音失真、不能开机。其检修方法如下。

在表笔碰触 MSP3450 的 27 和 28 脚音频输出喇叭发现“喀啦”声，但碰触 67 脚 TV 第二伴音信号输入或 55、56 等伴音输入脚喇叭无反映时，判断该芯片没有正常工作。可依次测试下列引脚电压：11 和 65 脚＋5V 供电，38 脚＋8V 供电，71 和 72 脚时钟振荡，对地均应有电压，两脚之间应有压差，查 C58、C59 击穿否，否则换晶体；测 2、3 脚 SDA 和 SCL 总线电压。

③ 静音控制电路检修　测 TDA7266B 功放块的 6、7 脚静音电压，应随遥控器“静音”键的操作高、低电平变换。否则，说明静音控制电路有问题，可用此脚继续 V3 的 B 极电压，也可分别脱开静音控制二极管的 VD8～VD11 试机。

第11章 液晶屏组件维修

液晶是一种介于固态和液态之间的物质，是具有规则性分子排列的有机化合物。如果把它加热会呈现透明状的液体状态，把它冷却则会出现结晶颗粒的混浊固体状态，具有液体与晶体的特性，故称之为液晶。液晶显示的原理简单地说，就是将置于两个电极之间的液晶通电，液晶分子的排列顺序在电极通电时会发生改变，从而改变透射光的光路，实现对影像的控制。

液晶屏的英文是 Thin Film Transistor Liquid Crystal Display，缩写为 Thin Film Transistor-LCD，简写为 TFT-LCD 或 LCD，译为超薄膜晶体管液晶显示屏，是在画面中的每个像素内建晶体管，属于主动矩阵式液晶显示屏。

液晶屏组件按液晶屏的背光源类型分为两种：CCFL 冷阴极背光源液晶屏组件、LED 背光源液晶屏组件。前者方法应用在目前的液晶电视机上，后者仅用在少数高端液晶电视机上。两者区别也只是背光原理不一样。

11.1 液晶屏组件的结构和工作原理

图 11-1 是液晶屏组件的内部结构及示意图。上部的前框、水平偏光片、彩色滤波片、液晶、TFT 玻璃、垂直偏光片组装在一起称为液晶面板，俗称液晶屏；中部的驱动 IC 与印刷电路称为行列驱动电路；下部的扩散片、扩散板、胶框、背光源、背板合称为背光源。

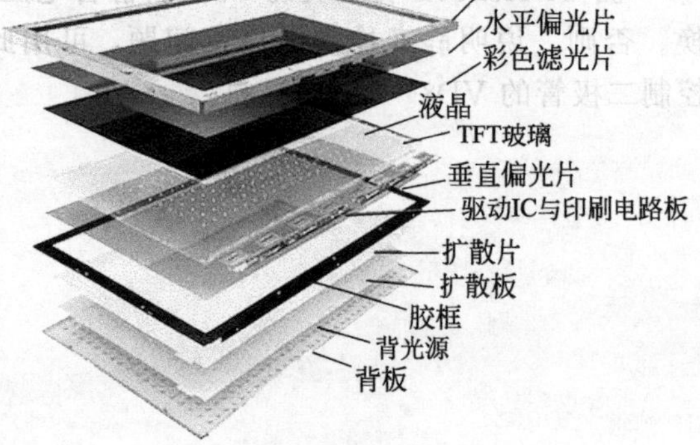

前框
水平偏光片
彩色滤光片
液晶
TFT玻璃
垂直偏光片
驱动IC与印刷电路板
扩散片
扩散板
胶框
背光源
背板

(a) 结构图

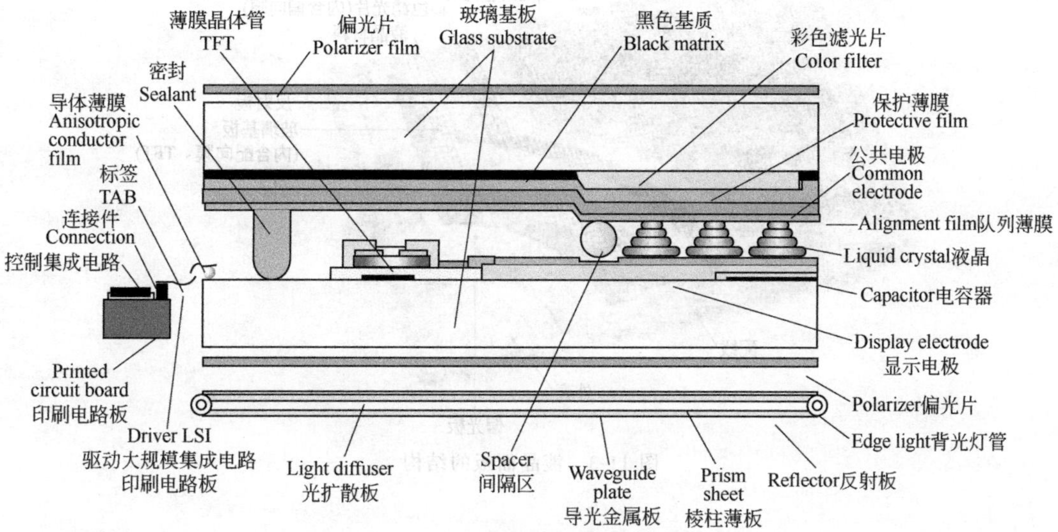

薄膜晶体管
TFT
偏光片
Polarizer film
玻璃基板
Glass substrate
黑色基质
Black matrix
彩色滤光片
Color filter
密封
Sealant
导体薄膜
Anisotropic conductor film
保护薄膜
Protective film
公共电极
Common electrode
标签
TAB
连接件
Connection
Alignment film队列薄膜
控制集成电路
Liquid crystal液晶
Capacitor电容器
Display electrode
显示电极
Printed circuit board
印刷电路板
Polarizer偏光片
Driver LSI
驱动大规模集成电路
印刷电路板
Edge light背光灯管
Light diffuser
光扩散板
Spacer
间隔区
Waveguide plate
导光金属板
Prism sheet
棱柱薄板
Reflector反射板

(b) 切换图

图 11-1 液晶屏组件的结构

图 11-2 是液晶屏组件的电路框图。包括背光源、液晶面板（液晶屏）及行/列驱动电路。其中的行、列驱动电路直接连接在液晶屏的水平和垂直边缘上。

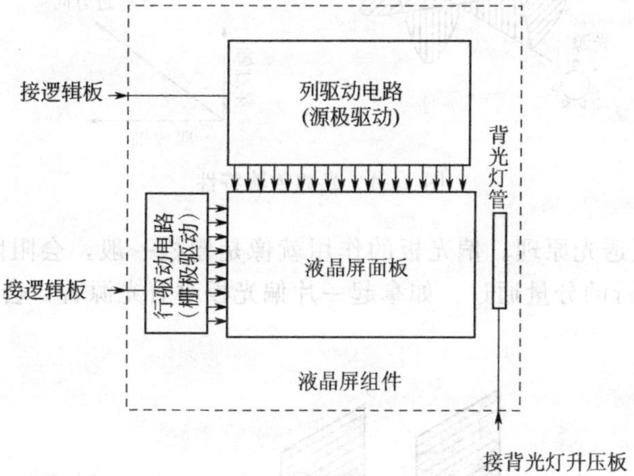

接逻辑板
列驱动电路
(源极驱动)
背光灯管
行驱动电路
(栅极驱动)
液晶屏面板
接逻辑板
液晶屏组件
接背光灯升压板

图 11-2 液晶屏组件的电路框图

11.1.1 液晶面板

图 11-3 是液晶屏面板的结构及示意图。上下设置有两块偏光板，两块偏光板内置两块玻璃基板，两块玻璃基板设置彩色滤光片、液晶材料、配线、反射板、导光板等。

(1) 偏光板

图 11-4 是光的传输特性。从图 11-4 中可以看出，光波的行进方向是与电场及磁场互相垂直的，同时光波本身的电场与磁场分量，彼此也是互相垂直的。也就是说行进方向与电场及磁场分量，彼此是两两互相平行的。

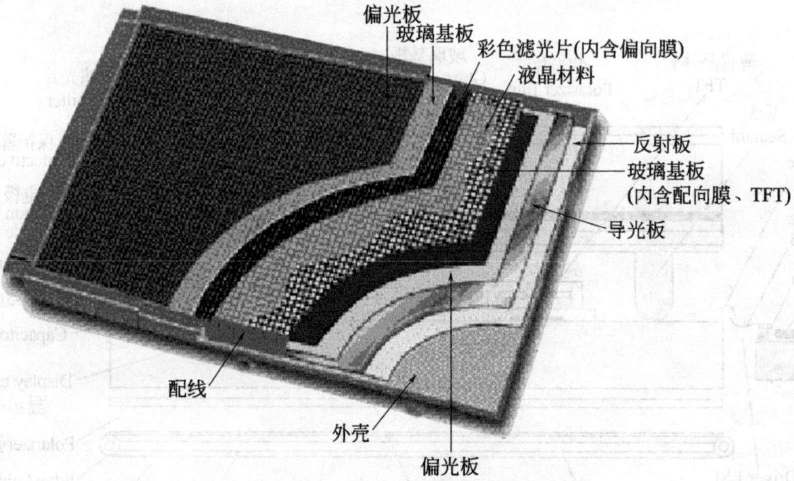
偏光板
玻璃基板
彩色滤光片(内含偏向膜)
液晶材料
反射板
玻璃基板
(内含配向膜、TFT)
导光板
配线
外壳
偏光板

图 11-3　液晶面板的结构

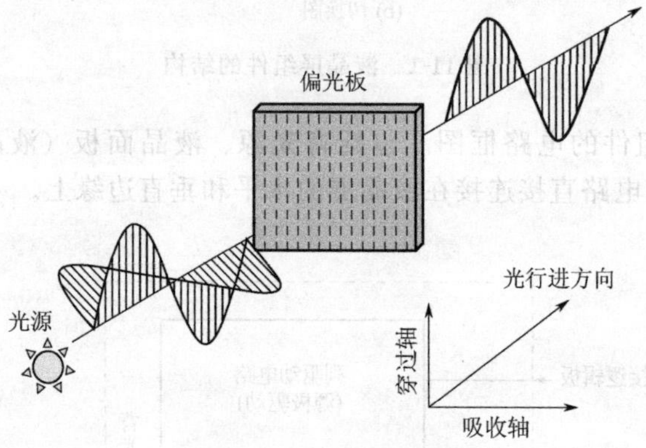
偏光板
光行进方向
光源
穿过轴
吸收轴

图 11-4　光的传输特性

图 11-5 是偏光板透光原理。偏光板的作用就像是栅栏一般，会阻隔掉与栅栏垂直的分量，只准许与栅栏平行的分量通过。如拿起一片偏光板对着光源看，会感觉像是戴了太阳眼

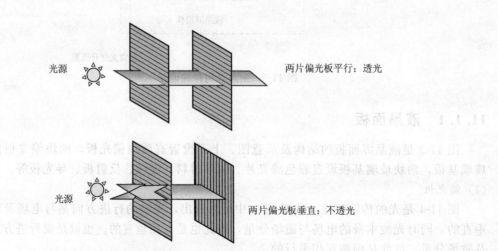

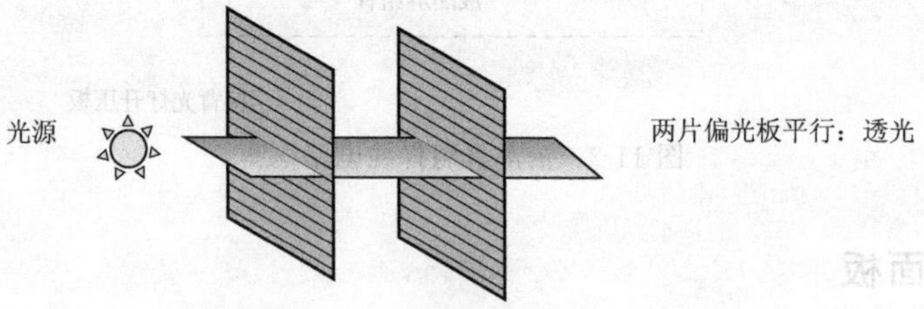
光源
两片偏光板平行：透光
光源
两片偏光板垂直：不透光

图 11-5　偏光板工作原理

镜一般，光线变得较暗。如把两片偏光板叠在一起，旋转两片偏光板的相对角度，光线的亮度会越来越暗，当放置至两片偏光板的栅栏角度互相垂直时，光线就完全无法通过了。

液晶显示屏就是利用这个特性来完成的，在上下两片栅栏互相垂直的偏光板之间充满液晶，再利用电场控制液晶转动，来改变光的行进方向，如此一来，不同的电场大小就会形成不同灰阶亮度了。

(2) 彩色滤光片

图 11-6 是彩色滤光片的常见排列方式。平时我们讲液晶屏的分辨率是多少，那么这个屏显示一幅图像的构成像素就有多少。每个像素均是由红、绿、蓝三原色按比例合成的。每个像素的红、绿、蓝原色的量值，则由这个像素点前面的红、绿、蓝滤光片各自的透过量决定。彩色滤光层的形状、尺寸、色泽配滤光层的形状、尺寸、色泽配列依不同用途的液晶显示屏而异。

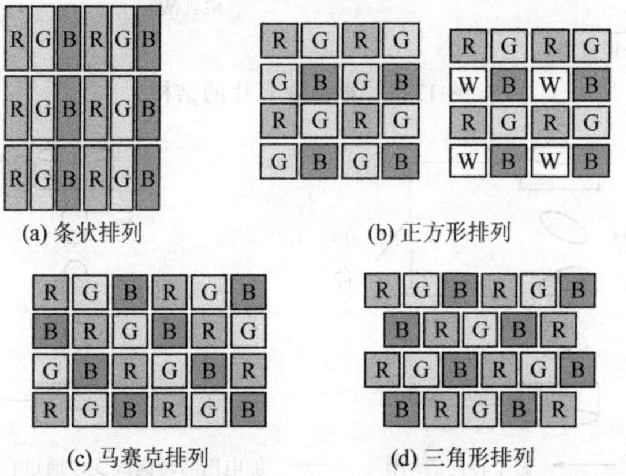
(a) 条状排列
(b) 正方形排列
(c) 马赛克排列
(d) 三角形排列

R—红色；G—绿色；B—蓝色；W—白色

图 11-6 彩色滤光片的排列类型

资料 红、绿、蓝混色原理：如红色+绿色=黄色，红色+蓝色=紫色，绿色+蓝色=青色，适量的红绿蓝混合=白色，红、绿、蓝均为零则为黑色。

图 11-7 是液晶电视机彩色滤光片的结构。在玻璃基板（Glass substrate）上制作防反射的黑色遮光层（又称 BM 层），再依序制作上具有透光性红、绿、蓝三原色的彩色滤光膜层，最后镀上透明导电膜（ITO Indium Tin Oxide）。

从图 11-7 中可以看出，每一组 RGB 滤光片并不是矩形，在其左下角有一块被黑色遮光层遮挡的部分，这一块黑色缺角的部分就是 TFT（薄膜晶体管）的所在位置，主要是用来遮住不打算透光的部分，比如像是一些 ITO 的走线，或是 Cr/Al 的走线，或者是 TFT 的部分。

(3) 液晶

图 11-8 是液晶的工作原理。液晶可以被光穿透，并影响光的偏振性。在液晶分子两端所加的电压不同，液晶分子的翻转程度不同，透过光的偏振性也不同。

液晶极性要求反转驱动，液晶必须以交流信号驱动。驱动方式有正极性驱动、负极性驱动两种。

正极性驱动要求：$V_{pixel} > V_{com}$，即 $V_{像素电压} > V_{公共极电压}$。

负极性驱动要求：$V_{pixel} < V_{com}$，即 $V_{像素电压} < V_{公共极电压}$。

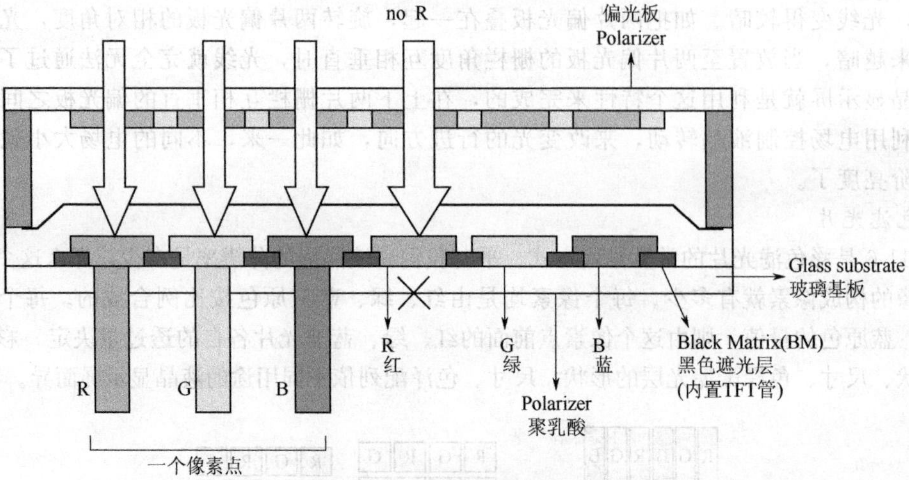
no R
偏光板
Polarizer
Glass substrate
玻璃基板
R
红
G
绿
B
蓝
Black Matrix(BM)
黑色遮光层
(内置TFT管)
Polarizer
聚乳酸
R G B
一个像素点

图 11-7 彩色滤光片的结构

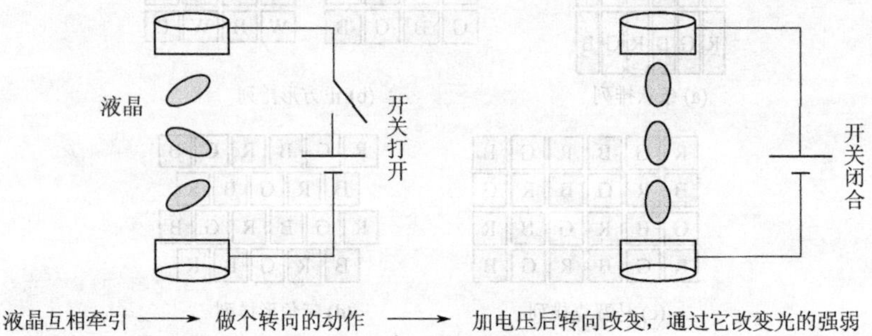
液晶
开关打开
开关闭合
液晶互相牵引 ⟶ 做个转向的动作 ⟶ 加电压后转向改变，通过它改变光的强弱

图 11-8 液晶体的工作

图 11-9 是液晶的亮度控制原理。从图 11-9 中可以看出，当 TFT 薄膜晶体管的 G、D 极输入的信号不同，该管的导通量不同，对电容充电电压不同，使两块玻璃电极之间的电压不同，液晶的转向角度不同，通过透光率不同，液晶屏的亮度不同。

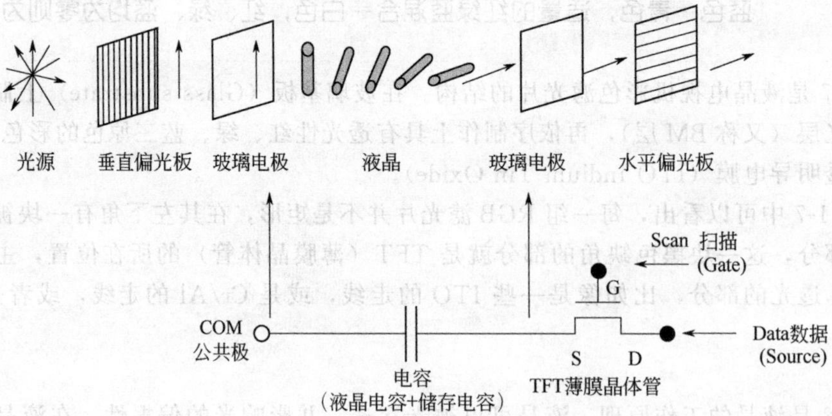
光源
垂直偏光板
玻璃电极
液晶
玻璃电极
水平偏光板
Scan 扫描
(Gate)
G
COM
公共极
S
D
Data数据
(Source)
电容
(液晶电容+储存电容)
TFT薄膜晶体管

图 11-9 液晶的亮度控制原理

(4) TFT 管在液晶面板上的排列

图 11-10 是液晶面板上的 TFT 晶体管的排列图。行、列线有序连接有若干个 TFT 薄膜晶体管。

每一个 TFT 与并联的液晶电容 C_{Lc}、Cs 存储电容表示一个显示的点，水平方向相邻的

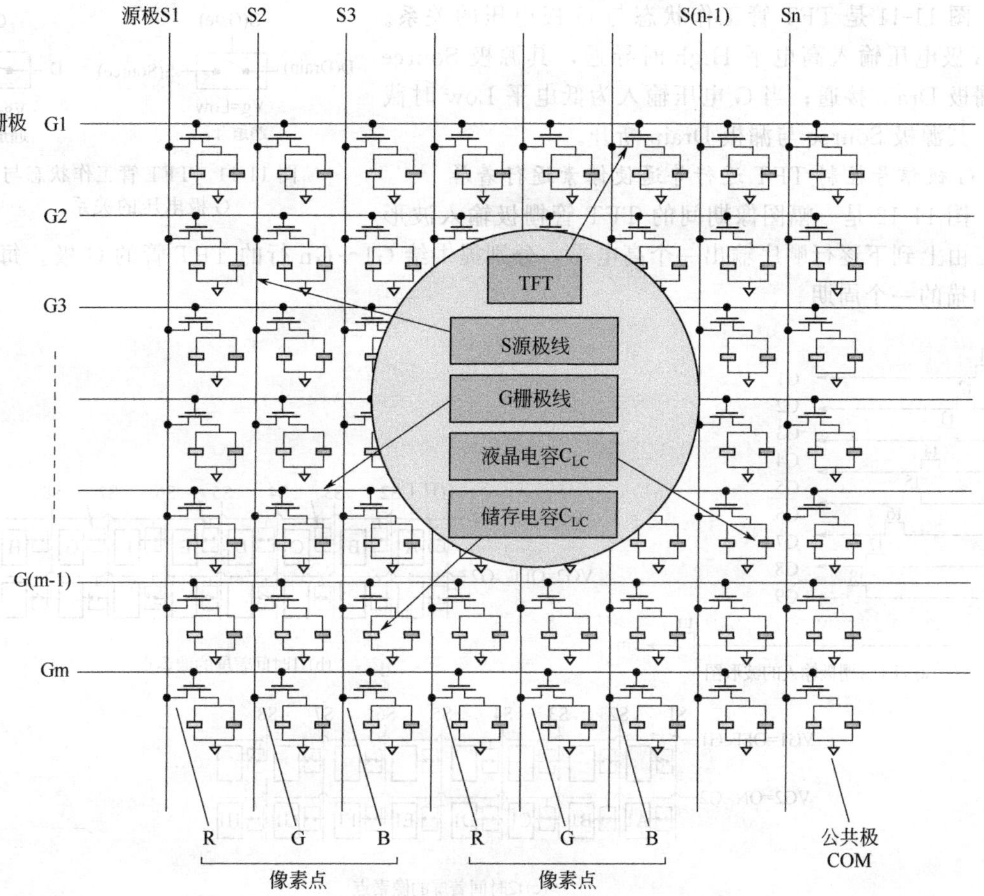
源极S1
S2
S3
S(n-1)
Sn
栅极 G1
G2
G3
G(m-1)
Gm
TFT
S源极线
G栅极线
液晶电容C_LC
储存电容C_LC
R
G
B
R
G
B
像素点
像素点
公共极
COM

图 11-10　TFT 管在液晶面板上的排列

三个显示点组成一个像素。

换言之，水平方向每三个 TFT 管一组，分别控制一个像素点的红、绿、蓝滤光片的透光量，以控制该像素点的发光颜色。

① G 栅极线　G（Gate）栅极线，又称为行驱动线、扫描线（scan line）。对该行线的 TFT 管的栅极输入控制信号，用于控制像素在屏幕的逐行显示时间。

② S 源极线　S（source）源极线，又称列驱动线、数据线（DATA Line）。对该列线的 TFT 管源极输入数据式像素信号。

③ 液晶电容 C_{LC}　C_{LC}，全称 Capacitor of Liquid Crystal，译为液晶电容，是液晶的上下两层玻璃之间形成的平行板电容器，其容量很少，约为 0.1pF，其上充得的电压无法保持到下一次再更新画面数据的时候。一般 60Hz 的画面更新频率，需要保持约 16ms 的时间。这样一来，电压有了变化，所显示的灰阶就会不正确。因此一般在面板的设计上，会再加一个电容，以便让充好电的电压能保持到下一次更新画面的时候。这个电容就是下面讲的储存电容。

④ 储存电容 C_S　C_S 全称 storage capacitor，译为储存电容，其容量约为 0.5pF。

⑤ TFT 薄膜晶体管　TFT 全称 Thin Film Transistor，译为薄膜晶体管，镶嵌在玻璃基板上，它相当于一个开关，主要的工作是决定液晶屏源极驱动（LCD source driver）上的电压是不是要充到这个显示点的液晶电容和储存电容来存。至于这个点的电容是否充电由外面输入的 Gate 电压高低决定，这个点要充到多高的电压，以便显示出怎样的灰阶，都是由外面的 LCD source driver（电路图中多用 source 或 S、DATA 表示）信号决定。

图 11-11 是 TFT 管工作状态与 G 极电压的关系。当 G 极电压输入高电平 High 时导通，其源极 Source 与漏极 Drain 接通；当 G 电压输入为低电平 Low 时截止，其源极 Source 与漏极 Drain 断开。

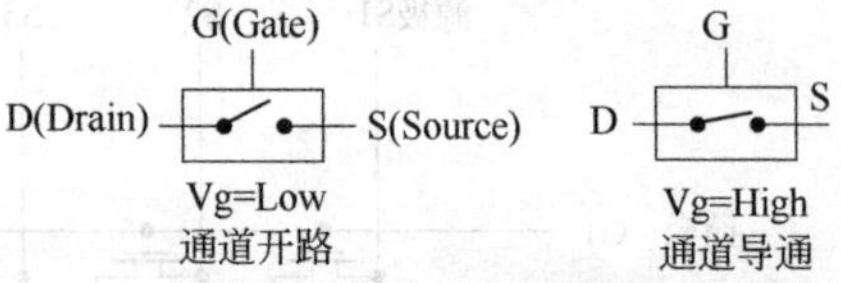

G(Gate)
D(Drain)
S(Source)
Vg=Low
通道开路
G
D
S
Vg=High
通道导通

图 11-11 TFT 管工作状态与 G 极电压的关系

(5) G 极信号控制 TFT 逐行导通使像素逐行着屏

图 11-12 是一幅图像期间的 TFT 管栅极输入波形图，由上到下逐行顺序输出一个高电平，分别提供给 G1～Gn 行的 TFT 管的 G 极。每行为行扫描的一个周期。

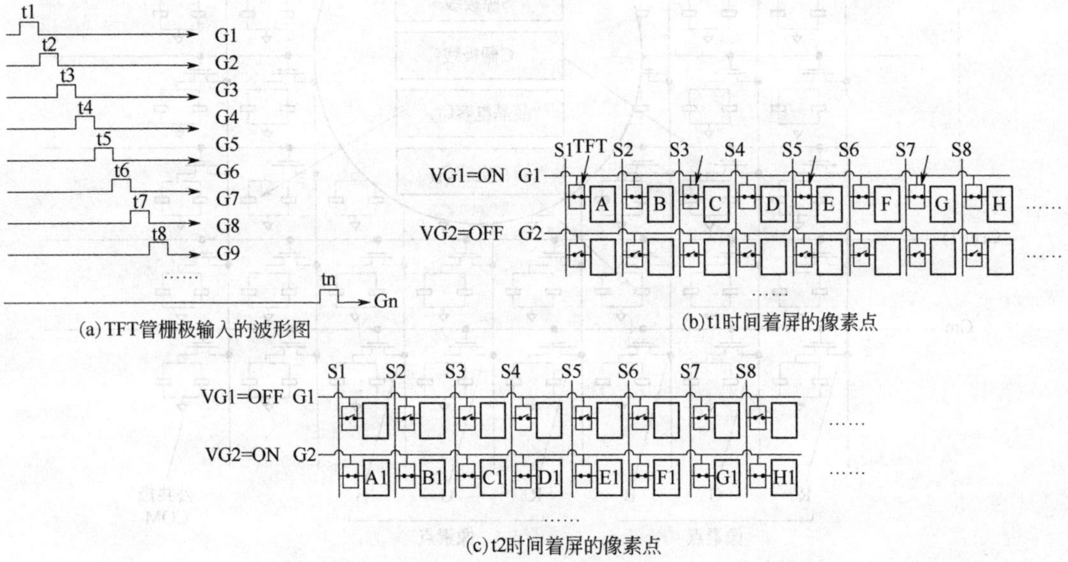

t1 G1
t2 G2
t3 G3
t4 G4
t5 G5
t6 G6
t7 G7
t8 G8
G9
……
tn Gn
(a) TFT管栅极输入的波形图
S1 TFT S2 S3 S4 S5 S6 S7 S8
VG1=ON G1
A B C D E F G H ……
VG2=OFF G2
……
(b) t1时间着屏的像素点
S1 S2 S3 S4 S5 S6 S7 S8
VG1=OFF G1
……
VG2=ON G2
A1 B1 C1 D1 E1 F1 G1 H1 ……
……
(c) t2时间着屏的像素点

图 11-12 像素着屏控制方式

t1 时间，即第一行扫描期间，G1 输入高电平，开启第一行的 TFT 管，该行的所有 TFT 管导通，分别通过 S1、S2、S3、S4、S5、S6、S7、S8……Sm 源极输入的像素信号，同时对 A、B、C、D、E、F、G、H……m 行的电容充电，此行的上述像素点同时着屏。在 t1 这个时间由于其他行 TFT 管的 G 极输入低电平，TFT 管截止，阻断像素信号。

t2 时间，即第二行扫描期间，G2 输入高电平，开启第二行的所有 TFT 管，该行的所有 TFT 管导通，分别通过 S1、S2、S3、S4、S5、S6、S7、S8……Sm 源极输入的像素信号，同时着屏在 A1、B1、C1、D1、E1、F1、G1、H1……m1 像素点上。

其他时间依次类推。

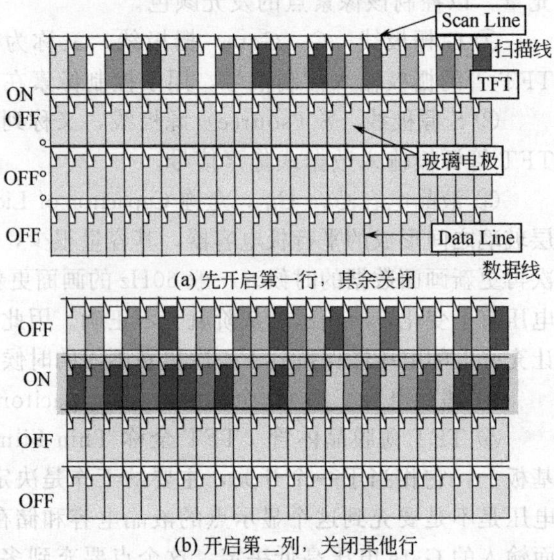

Scan Line
扫描线
TFT
ON
OFF
玻璃电极
OFF
OFF
Data Line
数据线
(a) 先开启第一行，其余关闭
OFF
ON
OFF
OFF
(b) 开启第二列，关闭其他行

图 11-13 像素在液晶屏的着屏方式

图 11-13 是像素在液晶屏的着屏方式示意图。由上述的控制原理可知，像素一行一行着屏，先开启第一行，关闭其他行。接着关闭第一行（电极已经固定，所以显

示颜色也已固定），开启第二行，其余仍保持关闭。依此类推，可完成整个图面的显示。

由上述分析可以看出，TFT 薄膜晶体管作为一种电压控制开关，通过控制液晶屏上像素电压的写入与保持，以达到寻址的目的。

(6) TFT 流入通过量与液晶电压

图 11-14 是 TFT 流入通过量提供给液晶的电压示意图。从图 11-14 中可以看出，液晶分子两极的输入电压，实则是 C_{LC}、C_S 的液晶电容和储存电容两端的电压，这个电压值的影响因素主要有三个：V_g 栅极驱动电压变化，V_s 源极驱动电压变化，V_{com} 屏公共极电压变化，而这其中影响最大的就是 V_g 电压变化（经由 C_{gd} 或是 C_S）。

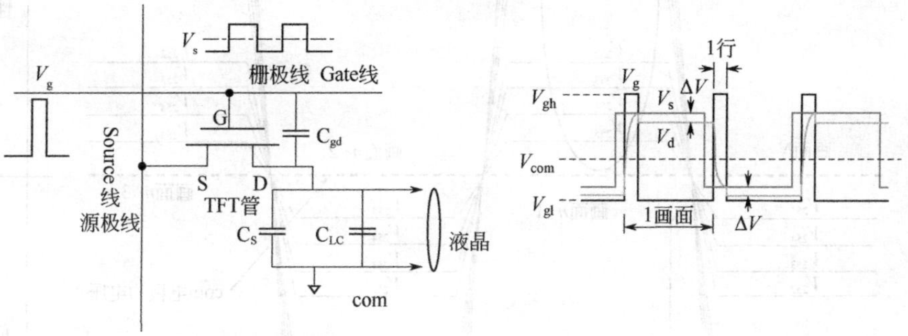
V_s
V_g
栅极线 Gate线
G
C_{gd}
Source线
源极线
S
D
TFT管
C_S
C_{LC}
液晶
com
1行
V_g
ΔV
V_{gh}
V_s
V_d
V_{com}
V_{gl}
1画面
ΔV

图 11-14 TFT 管的驱动方式

当 V_g 栅极驱动脉冲为高电平期间（V_{gh}），TFT 管 G 极电压高于 D 极，满足导通条件，TFT 管导通，使 S 极输入的 V_s 源极驱动信号（像素信号）被通过并由 D 极输出 V_d，对 C_{LC}、C_S 电容充电，在 C_{LC}、C_S 两端形成电压，提供给液晶分子两极，控制液晶扭转。

V_S 源极驱动输入的像素信号幅度越高，对 C_{LC}、C_S 充电量越大，C_{LC}、C_S 两端电压越高，液晶扭曲度越大，透射比越大，透过的光通量越大，显示点发光强，反之相反。

改变 V_{com} 公共极电压，可以改变所有 C_{LC}、C_S 电容底部基准电压，以改变其两端电压差，改变整幅画面的亮度。

(7) V_{com} 屏公共极电压

图 11-15 是 V_{com} 屏公共极对液晶透光率的影响。液晶本身感受到的电压是 V_{com} 与 Gamma（伽马校正）电压之间的压差。但实际上，每一灰阶是由 V_{com} 与两正负周期的 Gamma 电压组成。所以当正负周期的压差不一样时，就会产生闪烁的现象。

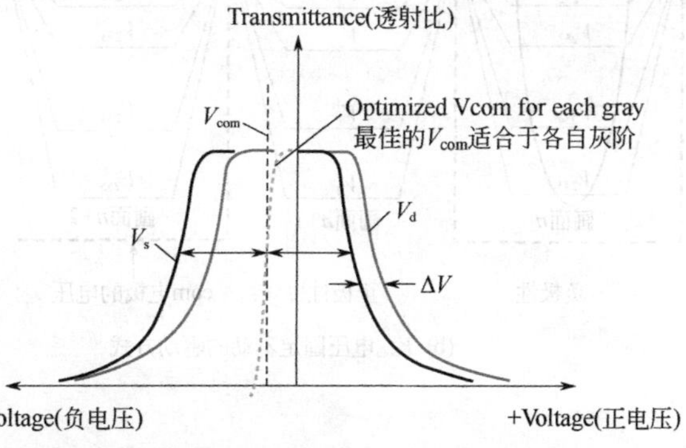
Transmittance(透射比)
V_{com}
Optimized Vcom for each gray
最佳的V_{com}适合于各自灰阶
V_d
V_s
ΔV
−Voltage(负电压)
+Voltage(正电压)

V_s—TFT管源极输入的像素信号波形；
V_d—TFT管漏极输出的像素信号，也是液晶两端的电压波形

(a) V_{com}电压与液晶透光比的关系

图 11-15

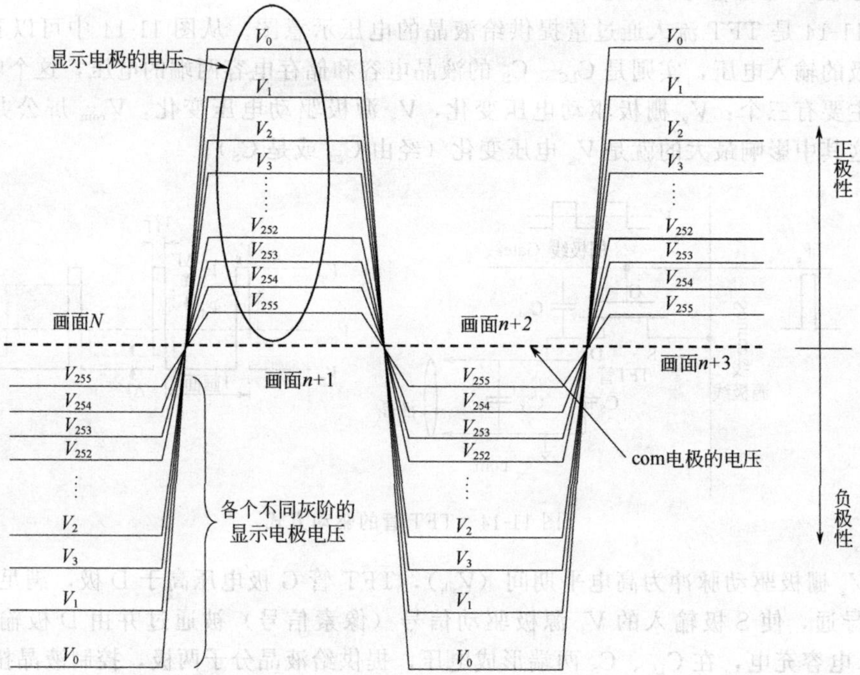
显示电极的电压
V_0
V_1
V_2
V_3
V_{252}
V_{253}
V_{254}
V_{255}
画面N
画面n+1
画面n+2
画面n+3
com电极的电压
各个不同灰阶的显示电极电压
正极性
负极性

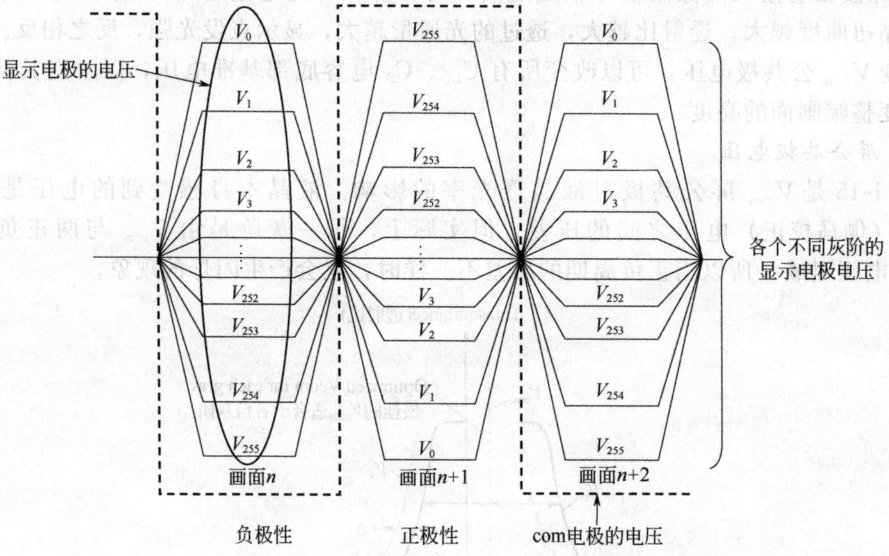
显示电极的电压
V_0
V_1
V_2
V_3
V_{252}
V_{253}
V_{254}
V_{255}
画面n
画面n+1
画面n+2
各个不同灰阶的显示电极电压
负极性
正极性
com电极的电压

(b) V_{com}电压固定不动的驱动方式

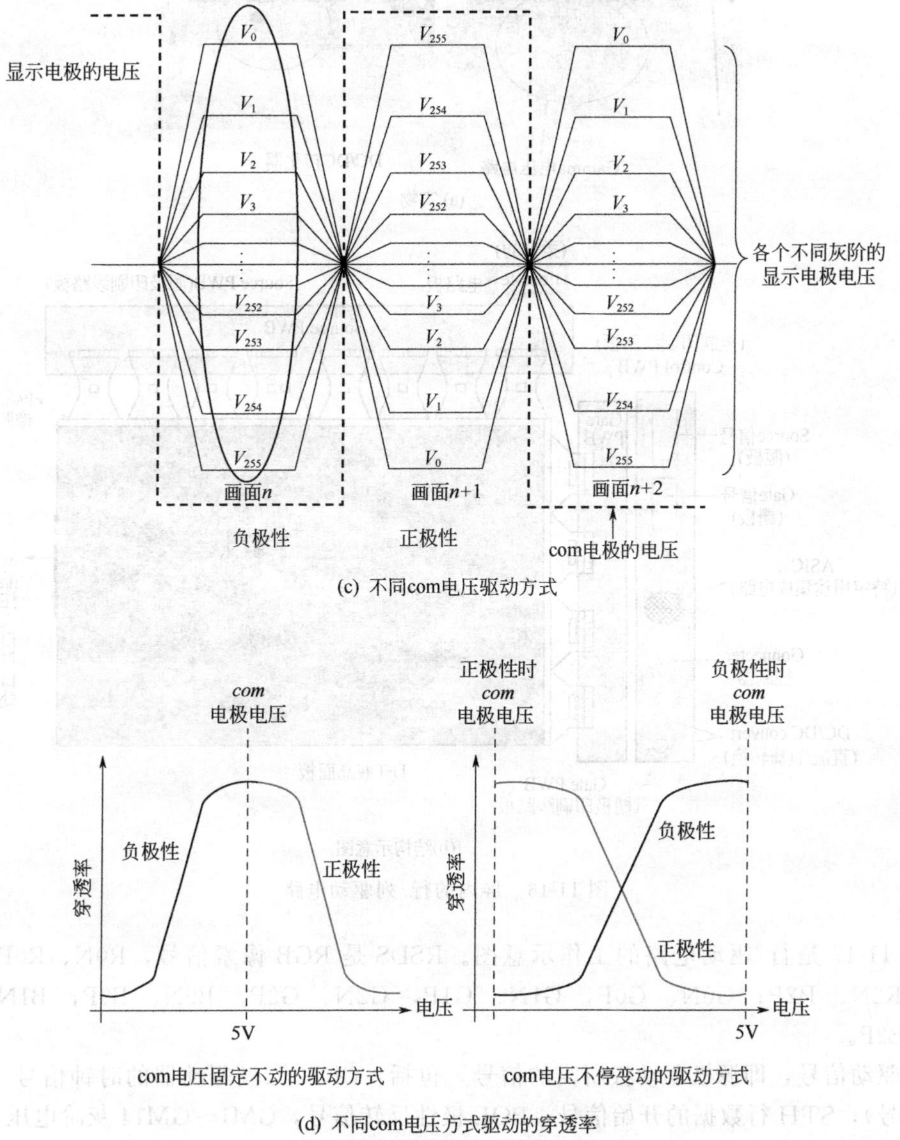
显示电极的电压
V_0
V_1
V_2
V_3
V_{252}
V_{253}
V_{254}
V_{255}
画面n
负极性
正极性
画面n+1
画面n+2
各个不同灰阶的
显示电极电压
com电极的电压
(c) 不同com电压驱动方式
com
电极电压
正极性时
com
电极电压
负极性时
com
电极电压
负极性
正极性
穿透率
电压
5V
com电压固定不动的驱动方式
com电压不停变动的驱动方式
(d) 不同com电压方式驱动的穿透率

图 11-15 V_{com} 电压与液晶透光率的关系

11.1.2 屏内的行/列驱动电路

图 11-16 是屏内的行/列驱动板结构图。从图 11-16 中可以看出，栅极驱动电路板、源极驱动电路板，分别连接在液晶屏的水平、垂直边缘上，把控制电路板输出的栅极、源极驱动信号处理后，分别控制液晶屏内的行、列上 TFT 管的工作，以控制液晶屏行、列像素的显示。

经验 从实物上看，液晶屏组件内的源极驱动与栅极驱动外观一样，只不过栅极驱动电路是驱动横线，当其中一个源极驱动开路时，会出现竖带问题；一个栅极驱动开路时，会出现横带故障。

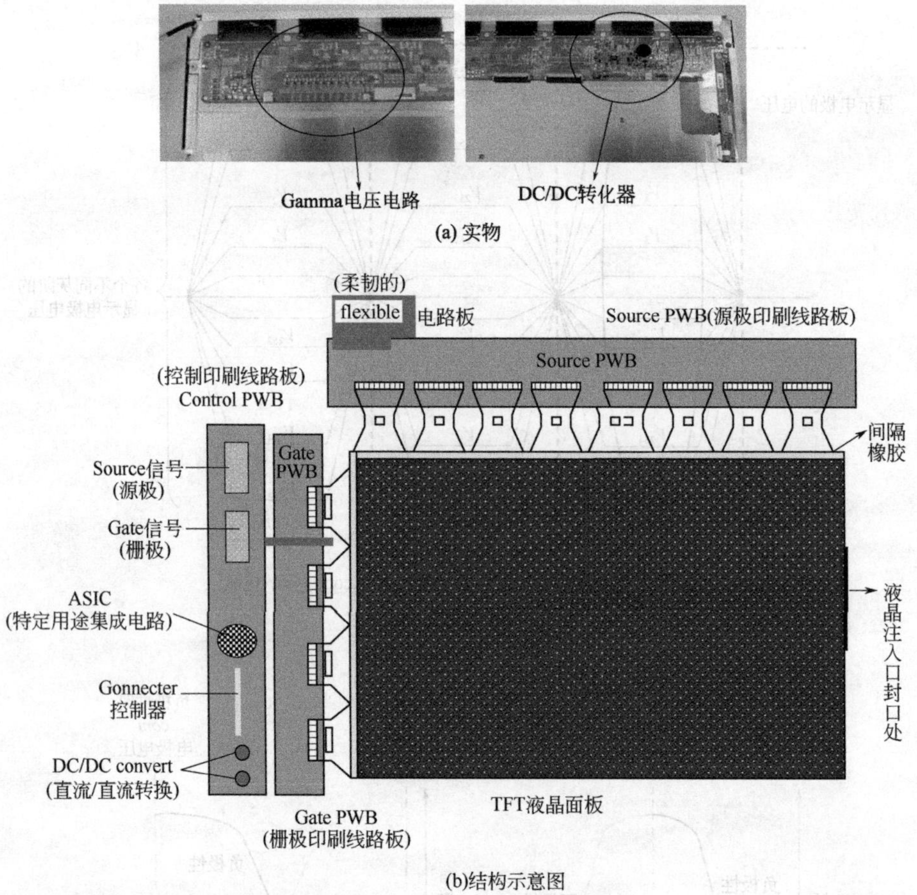
Gamma电压电路
DC/DC转化器
(a) 实物
(柔韧的)
flexible
电路板
Source PWB(源极印刷线路板)
Source PWB
(控制印刷线路板)
Control PWB
Gate PWB
间隔橡胶
Source信号
(源极)
Gate信号
(栅极)
ASIC
(特定用途集成电路)
Gonnecter
控制器
DC/DC convert
(直流/直流转换)
液晶注入口封口处
TFT液晶面板
Gate PWB
(栅极印刷线路板)
(b)结构示意图

图 11-16 屏内的行/列驱动电路

图 11-17 是行/驱动电路的工作示意图。RSDS 是 RGB 像素信号，R0N、R0P，R1N、R1P，R2N、R2P；G0N、G0P，G1N、G1P，G2N、G2P；B0N、B0P，B1N、B1P，B2N、B2P。

列驱动信号，即源极驱动板所需的信号，包括：CKH 源极驱动器的时钟信号（数据的同步信号），STH 行数据的开始信号，POL 极性反转信号，GM1～GM14 灰阶电压。

行驱动电路，即栅极驱动板所需的信号，包括：CKV 栅极驱动电路的垂直位移触发时钟信号，STV 栅极驱动电路的垂直位移启动信号，VGH（21V 左右）TFT 栅极打开电压，VGL（－5.6V 左右）TFT 栅极关闭电压。

(1) 行（TFT 栅极）驱动电路

行驱动电路，又称栅极驱动电路、扫描驱动电路。由水平移动装置寄存器在 STV 等辅助信号的配合下，产生一个逐行的由上向下的正触发脉冲，以便触发液晶屏该行电极线连接的所有 TFT 开关管，使其导通，使液晶屏列（源极）驱动电路送来的一排一排像素信号逐行向下“着屏”，排列组合成图像。

行驱动电路产生的逐行向下位移的触发正脉冲，要求有较高的电压幅度约＋25～＋35V，在脉冲离开电极线时，又要保证这一行电极线上的开关必须充分关断。那么在触发脉冲离开行电极线后，为了保证开关的彻底关闭，行电极线上的电压应为负电压，一般选取－5V 左右。

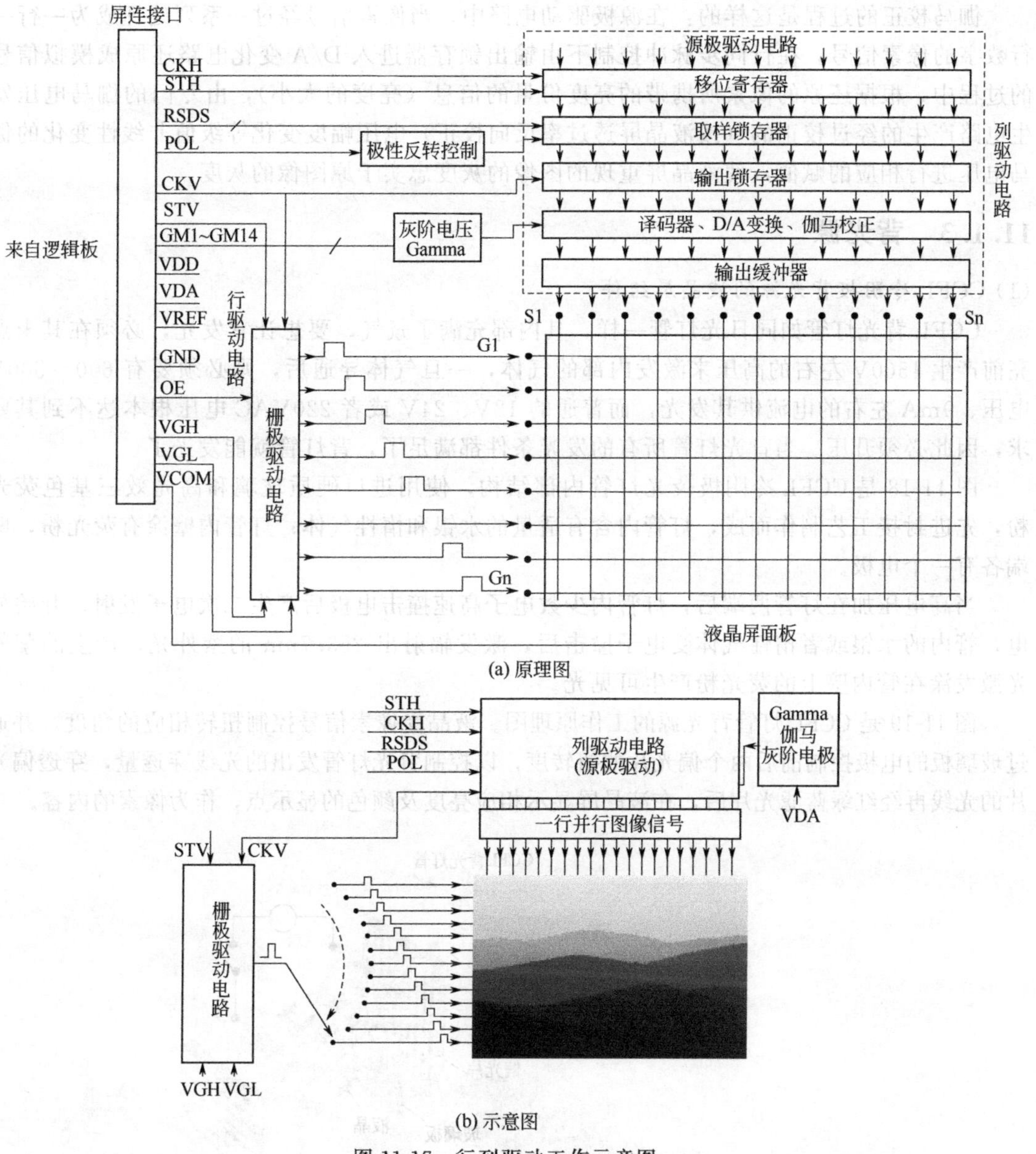
屏连接口
CKH
STH
RSDS
POL
CKV
STV
GM1~GM14
VDD
VDA
VREF
GND
OE
VGH
VGL
VCOM
来自逻辑板
极性反转控制
灰阶电压
Gamma
源极驱动电路
移位寄存器
取样锁存器
输出锁存器
译码器、D/A变换、伽马校正
输出缓冲器
列驱动电路
行驱动电路
栅极驱动电路
S1
Sn
G1
Gn
液晶屏面板
(a) 原理图
STH
CKH
RSDS
POL
列驱动电路
(源极驱动)
Gamma
伽马
灰阶电极
VDA
一行并行图像信号
STV
CKV
栅极驱动电路
VGH VGL
(b) 示意图

图 11-17 行列驱动工作示意图

经验 如果屏幕出现某种颜色垂直竖条或竖带，一般为相对应的竖带部分的 TFT 源极电路损坏，或 TFT 源极驱动的 TAV 与液晶屏接触不良造成，目前的维修工艺无法进行焊接。

(2) 列驱动电路

列驱动电路，又称为 TFT 管源极驱动电路、数据驱动电路。这个电路向液晶屏列电极施加一个幅度逐步变化的电压 OUT1～OUT384（像素信号电压），这个信号是由串行排列 RSDS 格式的图像数据信号经转换获得的，信号必须具有驱动液晶屏成像的如下特点。

① 信号必须是以“行”为单位的并行信号。

② 信号极性必须是逐行翻转的模拟信号，同一像素点相邻场信号是反相的。

③ 信号的幅度变化必须是经过伽马校正（Gamma）的符合液晶分子透光特性的像素信号。

伽马校正的过程是这样的：在源极驱动电路中，当像素信号经过一系列处理成为一行一行数字的像素信号，在行同步脉冲控制下由输出锁存器进入 D/A 变化电路还原成模拟信号的过程中，根据还原的像素所携带的亮度份量的信息（亮度的大小），由专门的伽马电压发生电路产生的经过校正的（按液晶屏透过率反向校正）电压幅度变化等级值非线性变化的伽马电压进行相应的赋值，使液晶屏重现的图像的灰度忠实于原图像的灰度。

11.1.3 背光源

(1) CCFL 冷阴极背光源的液晶屏组件

CCFL 背光灯管如同日光灯管一样，其内部充满了氖气，要想让它发光，必须在其未点亮前产生 1500V 左右的高压来激发内部的气体，一旦气体导通后，则必须要有 600～800V 电压、9mA 左右的电流供其发光，而普通的 12V、24V 或者 220VAC 电压根本达不到其要求，因此必须升压。当背光灯管所有的发光条件都满足了，背灯管就能发光了。

图 11-18 是 CCFL 冷阴极荧光灯管内部结构，使用进口硬质玻璃和高光效三基色荧光粉，先进封接工艺制作而成，灯管内含有适量的水银和惰性气体；灯管内壁涂有荧光粉，两端各有一个电极。

当高电压加在灯管两端后，灯管内少数电子高速撞击电极后产生二次电子发射，开始放电，管内的水银或者惰性气体受电子撞击后，激发辐射出 253.7nm 的紫外光，产生的紫外光激发涂在管内壁上的荧光粉产生可见光。

图 11-19 是 CCFL 灯管背光源的工作原理图。液晶受像素信号控制扭转相应的角度，并通过玻璃板的电极控制前后两个偏光片的扭转度，以控制背光灯管发出的光线穿透量，穿透偏光片的光线再经红绿蓝滤光片后，在液晶屏显示相应亮度及颜色的显示点，作为像素的内容。

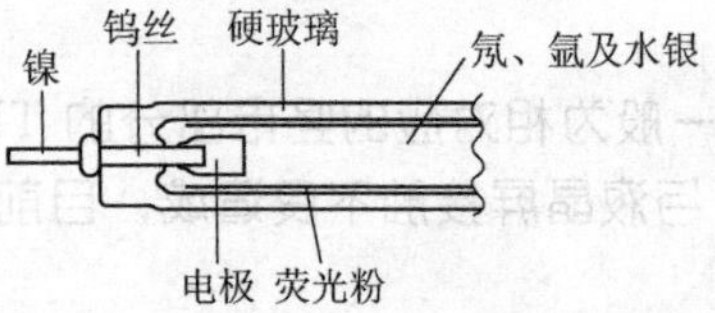
镍
钨丝
硬玻璃
氖、氩及水银
电极
荧光粉

图 11-18 冷阴极灯管结构

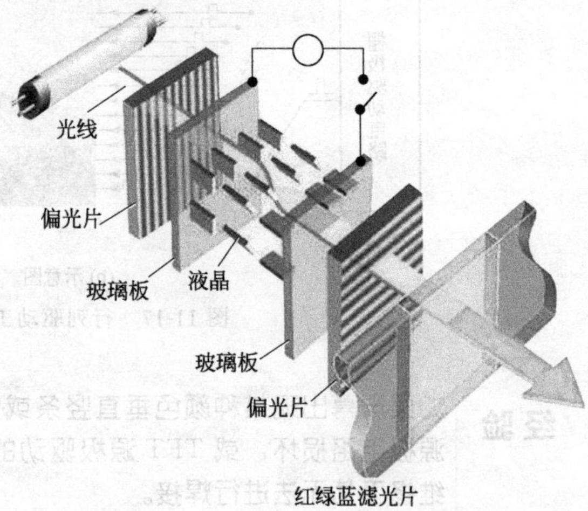
CCFL背光灯管
光线
偏光片
玻璃板
液晶
玻璃板
偏光片
红绿蓝滤光片

图 11-19 CCFL 灯管背光源的液晶屏组件工作原理图

经验 CCFL 冷阴极背光灯管故障，主要表现是背光亮一下出现开机之后背光灭。这是由于灯管断开损坏，导致背光驱动保护。有时灯管没有完全断开，这时背光驱动就不会自动保护，这样就能够看到液晶屏上某个部分亮度明显比其它地方暗，但是图像整体显示正常。

(2) LED 背光源的液晶屏组件

图 11-20 是 LED 背光源的液晶屏组件。LED 背光源，就是 LED 发光二极管组成的发光矩阵。按 LED 背光源按发光的颜色分类有两种：RGB（红绿蓝）-LED；白光 LED。

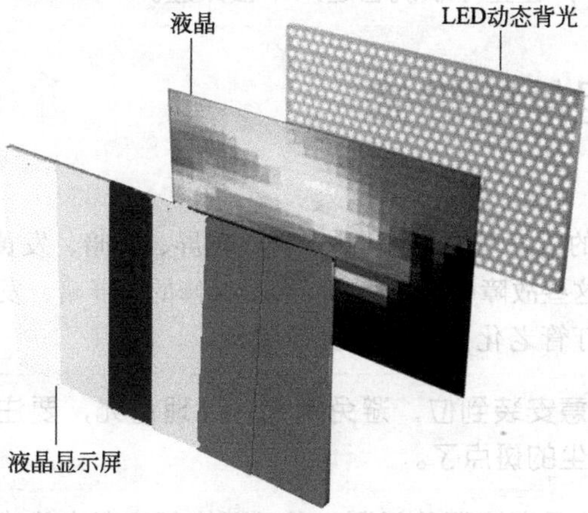
液晶
LED动态背光
液晶显示屏

图 11-20 LDE 背光的液晶电视机

① 白光 LED 背光源 采用只能发出白色光线的 LED 光源代替原来的 CCFL 荧光管，可实现亮度动态调节、区域背光控制，也能实现很好的对比度，在色域范围上较普通 CCFL 液晶电视也有所提升，成本较 RGB-LED 背光源要低。

白光 LED 由于不像 RGB-LED 那样需要涉及背光源的调光，因此在电路结构方面的要求相对不高。但是白光 LED 的光谱特性和 RGB-LED 相比还是有所欠缺的，这也导致此种 LED 电视在色彩表现上并不如 RGB-LED 电视那么优秀。

经验 白光 LED 背光管损坏，会出现屏局部暗影的现象，是由于背光驱动的其中一个出现故障或者线没有连好，造成控制对应区域的 LED 管不工作。

② RGB-LED 背光源 采用红、绿、蓝三种颜色的 LED 发光二极管，按要求排列成矩阵式。排列方式也有两种：1：1：1、1：2：2。

1：1：1 式 RGB-LED 背光源，是把红、绿、蓝发光二极管，按 1：1：1 的数量排列组合，即每个单元分别由 1 只红色、绿色、蓝色的 LED 发光二极管组成。

1：2：2 式 RGB-LED 背光源，是按照 1 只红色、2 只绿色、2 只蓝色发光二极管，组成一个单元的背光源。这种组合方式能有效避免 LED 在发光效率上的差异，目前使用相对较多。

RGB-LED 背光源，不是简单地代替 CCFL 光源。RGB-LED 采用色序法（color sequential）技术，利用人类视觉暂留的特性，达到全彩的效果，因此可以取代彩色滤光片，同时跟随图像亮度控制 LED 发光亮度，可有效提高对比度，能耗更小。

RGB-LED 背光源液晶电视机的优点主要体现在色彩表现力和对比度两方面。由于采用了 RGB 三原色独立发光元件，因此 RGB-LED 电视的色域范围大都能达到 NTSC 的 120%以上，部分经过良好调教的机型甚至可以达到 150%左右的色域范围，完全超越了等离子电视的水准。RGB-LED 电视也可以支持背光区域调整技术，亮度调节更容易实现，因此在对比度方面，往往能够达到千万比一级的动态对比度，这对于提升电视的图像质量有着非常关键的作用。

RGB-LED 电视虽然性能很优秀，但是也并非十全十美。第一是成本方面没有很大优势；第二是 RGB-LED 需要单独的调光电路和更好的散热结构，这也会在一定程度上导致电视结构复杂。

经验 RGB-LED 背光源的一只 LED 发光二极管坏了，在整个屏幕上会相当明显，反之，白光 LED 发光二极管因为是旁射关系，可以均匀地补足某颗坏掉的 LED，让整体状况看起来不会太差。

11.2 液晶屏组件的维修

(1) 液晶屏组件的检修

液晶屏组件损坏产生的故障现象：白屏、花屏、黑屏、屏暗、发黄、白斑、亮线、亮带、暗线、暗带、外膜刮伤等。这些故障中相对而言较容易维修的是屏暗、发黄、白斑、外膜刮伤。

① 屏暗　其实就是灯管老化了，直接更换就行。

警告 换灯管要注意安装到位，避免漏光；处理背光，要注意防尘，否则屏点亮后就会看到灰尘的斑点了。

② 屏发黄和白斑　均是背光源的问题，通过更换相应背光片或导光板均可解决。

③ 黑斑　如开机 10min 左右消失，通常是液晶不良产生；如全屏有黑斑，一般是液晶长时间使用，其扩散板发黄所致，更换发黄的扩散板即可；如局部有黑斑，可能是液晶屏的反射板靠背光灯一面有污渍或灰尘，进行清除或更换反射板即可，也可能是液晶不良。

④ 黑影呈现一条弧形　通常是液晶与光扩散板之间的绝缘垫脱落引起的。把绝缘垫复位固定好，并用酒精清洁留在光扩散板和液晶上的污渍。

⑤ 黑屏　一般由电路故障产生的。首先应该排除屏线的断裂，而后看 3.3V（或 5V）是否已经加到屏上，再依次检查后级是否有 VGH 高压、VGL 负压输出、主控制芯片是否有输出等。

⑥ 白屏无图像无字符　同上。

⑦ 白屏有图像但像一层雾　通常是液晶不良。这无法修复，只能更换液晶屏。

⑧ 花屏　有相当一部分花屏是由于行驱动没有工作，简单到飞几根线就可以解决问题。少部分的花屏是由于行或列的第一片驱动模块虚焊或损坏，其焊脚极细，凭肉眼是无法分清的，也不是烙铁或是风枪所能焊接的，要在高倍放大镜下，将焊脚对应后利用专门的设备进行热压，同时所需要的辅助材料（ACF 胶、ACF 清洗液）也是非常昂贵，而且操作环境的洁净度也直接影响到修复的成功率，操作机器因素和人的经验因素差不多各占一半。

⑨ 横线或竖线　可能是行/列驱动电路有问题，也可能是液晶不良。

⑩ 外膜刮伤　是指液晶玻璃表面所覆的偏光膜受损，同样可以更换。

警告 更换偏光膜要避免撕膜的时候把屏压伤，灰尘更是大忌，一旦在覆膜时有灰尘进入，则会产生气泡，基本就要报废一张膜重新再来了。

⑪ 屏左或右半部分有很多竖线：一般是屏左或右与逻辑板的连接软排线。这个软排线一端是接插的，另一端是热压的。在检查热压端无异常时，应仔细观察插接口的引脚，如有氧化，去除氧化层后重新插上即可。

(2) 液晶屏组件的维修注意事项

组装整个背光组的环境要求也相当高，要求在无尘的环境下组装整个背光组，因为如果有灰尘渗透到背光组里面，那么点亮后，屏幕会看得非常清楚和明显，内业一般管制 0.2 毫米以内的颗粒。更换背光灯并不是换个灯管那么简单，最好的办法还是由专业的厂家在无尘的状态下进行更换。维修前需向用户讲明并征得用户的同意。

① 液晶屏由于没有图纸以及比较娇贵，所以在维修最好不要带电维修，宜采用电阻测量维修法。

② 在维修时最好戴上防静电手腕，或者在维修前洗一下手，用湿手巾擦一下手或身上。放一下静电，以免引起不必要的故障。

③ 由于难找到原型号的元件，在进行元件的代换时，尽量用规格相近的元件。在代换保险丝时，要注意保险丝的额定电压和电流，不要用相差过多的代替，更不能用短路线代替。

欢迎订阅化学工业出版社家电维修图书

书　名	定价/元	书　号
家电维修完全掌握丛书——空调器维修技能完全掌握	48	978-7-122-13886-6
家电维修完全掌握丛书——电冰箱维修技能完全掌握	46	978-7-122-13740-1
彩电开关电源电路精选图集	88	978-7-122-13443-1
双色图解空调器维修从入门到精通	49.8	978-7-122-14227-6
跟高手学家电维修丛书——液晶彩电维修完全图解	48	978-7-122-13963-4
跟高手学家电维修丛书——彩色电视机维修完全图解	58	978-7-122-13638-1
图解液晶电视机速学速修技巧	36	978-7-122-11925-4
名优液晶电视机电路精选图集	68	978-7-122-13129-4
液晶彩电维修精要完全揭秘	56	978-7-122-09604-3
空调器维修技能从新手到高手	29.8	978-7-122-11228-6
电磁炉维修技能从新手到高手	46	978-7-122-10969-9
图解万用表使用技巧快速精通	29	978-7-122-11190-6
图解空调器维修快速精通	39	978-7-122-08345-6
图解电磁炉维修快速精通	36	978-7-122-08946-5
图解电子元器件检测快速精通	39.8	978-7-122-09383-7
图解液晶彩色电视机维修快速精通	48	978-7-122-12524-8
图解小家电维修快速精通	46	978-7-122-12133-2
打印机故障维修全程指导（双色版＋配光盘）	39	978-7-122-08768-3
笔记本电脑故障维修全程指导（彩色版＋配光盘）	48	978-7-122-09382-0
液晶显示器故障维修全程指导（双色版＋配光盘）	38	978-7-122-09386-8
计算机主板故障维修全程指导（彩色版＋配光盘）	49.8	978-7-122-08040-0
彩色电视机故障维修全程指导（双色版＋配光盘）	29.8	978-7-122-07283-2
电磁炉故障维修全程指导（双色版＋配光盘）	29.8	978-7-122-07582-6
液晶、等离子彩电故障维修全程指导（双色版＋配光盘）	36	978-7-122-07367-9
空调器故障维修全程指导（双色版＋配光盘）	29.8	978-7-122-07801-8
变频空调器故障维修全程指导（双色版＋配光盘）	39	978-7-122-10464-9
小家电故障维修全程指导（双色版＋配光盘）	39	978-7-122-10376-5
电冰箱故障维修全程指导（双色版＋配光盘）	29.8	978-7-122-07830-8
手机故障维修全程指导（双色版＋配光盘）	29.8	978-7-122-07282-5
洗衣机故障维修全程指导（双色版＋配光盘）	29.8	978-7-122-07716-5
图解空调器、电冰箱常见故障速查巧修	36	978-7-122-06404-2
图解电磁炉、微波炉常见故障速查巧修	29	978-7-122-06948-1
国产名优超级芯片彩色电视机电路精选图集	46	978-7-122-06749-4
国产名优高清彩色电视机电路精选图集	48	978-7-122-08011-0
名优空调器电路精选图集	46	978-7-122-11316-0
名优超级芯片、数字高清彩色电视机检测数据速查大全	46	978-7-122-08365-4
名优彩色电视机 I2C 总线调整速查手册	32	978-7-122-10249-2

以上图书由**化学工业出版社　电气分社**出版。如要以上图书的内容简介和详细目录，或者更多的专业图书信息，请登录 www. cip. com. cn。如要出版新著，请与编辑联系。

地址： 北京市东城区青年湖南街 13 号（100011）

编辑电话： 010-64519274

投稿邮箱： qdlea2004@163. com